Max Tegmark
Leben 3.0

Für das FLI-Team,
das alles möglich machte

Max Tegmark

Leben 3.0

Mensch sein im Zeitalter Künstlicher Intelligenz

Aus dem Amerikanischen
von Hubert Mania

Süddeutsche Zeitung Edition

Die Originalausgabe erschien 2017
unter dem Titel *Life 3.0*
bei Alfred A. Knopf, New York.

Sonderausgabe für die Süddeutsche Zeitung Edition 2018
in der Süddeutsche Zeitung GmbH, München

MIX
Papier aus verantwortungsvollen Quellen
FSC® C014496

ISBN: 978-3-86497-464-9

Lektorat: Tanja Ruzicska
Umschlaggestaltung: Philipp von Keisenberg, München
Umschlagfoto: © SHUTTERSTOCK
Gesetzt aus der Scala und Office Code Pro
Satz: LVD GmbH, Berlin
Druck und Bindearbeiten: GGP Media GmbH, Pößneck
Printed in Germany

Inhaltsverzeichnis

Dank 009

Einleitung
Die Geschichte des Omega-Teams 011
Die ersten Millionen 013
Gefährliche Spiele 015
Die ersten Milliarden 019
Neue Technologien 024
Machtzuwachs 028
Konsolidierung 035

Kapitel 1
Willkommen zum wichtigsten
Gespräch unserer Zeit 039
Eine kurze Geschichte der Komplexität 040
Die drei Stufen des Lebens 042
Kontroversen 050
Missverständnisse 061
Terminologie-Spickzettel 063
Der Weg vor uns 073
Fazit 077

Kapitel 2
Materie wird intelligent 079
Was ist Intelligenz? 079
Was ist Gedächtnis/Speicher? 087
Was ist Rechnen? 095
Was ist Lernen? 109
Fazit 123

Kapitel 3

Die nahe Zukunft: Durchbrüche, Softwarefehler, Gesetze, Waffen und Jobs 125
Durchbrüche 126
Programmfehler statt stabile KI 142
Gesetze 158
Waffen 166
Jobs und Löhne 178
Intelligenz auf menschlichem Niveau? 195
Fazit 199

Kapitel 4

Intelligenzexplosion? 201
Totalitäre Systeme 204
Prometheus übernimmt die Welt 207
Langsamer Start und multipolare Szenarien 224
Cyborgs und Uploads 231
Was wird tatsächlich geschehen? 234
Fazit 239

Kapitel 5

Nachwirkungen: die nächsten 10 000 Jahre 241
KI - Nachwirkungsszenarien 243
Libertäres Utopia 246
Wohlwollender Diktator 253
Egalitäres Utopia 259
Torwächter 264
Schutzgott 266
Versklavter Gott 268
Eroberer 277
Nachkommen 282
Zoowärter 285
1984 286
Rückfall 290

Selbstzerstörung 292
Was wollen Sie? 300
Fazit 301

Kapitel 6
Unsere kosmische Mitgift: die nächsten Jahrmilliarden und darüber hinaus 303
Der Umgang mit unseren Ressourcen 306
Ressourcengewinnung durch kosmische Besiedlung 325
Kosmische Hierarchien 347
Fazit 368

Kapitel 7
Ziele 371
Physik: der Ursprung von Zielen 372
Biologie: die Evolution von Zielen 376
Psychologie: die Verfolgung von Zielen und die Rebellion dagegen 380
Technik: Ausgliederung von Zielen 383
Freundliche KI: Ziele abstimmen 386
Ethik: eine Zielauswahl treffen 400
Endgültige Ziele? 409
Fazit 416

Kapitel 8
Bewusstsein 419
Wen interessiert‘s? 419
Was ist Bewusstsein? 421
Was ist das Problem? 423
Ist die Frage nach dem Bewusstsein eine wissenschaftliche? 426
Experimentelle Anhaltspunkte für Bewusstsein 431

Bewusstseinstheorien 443
Kontroversen um das Bewusstsein 453
Wie könnte sich KI-Bewusstsein anfühlen? ... 457
Bedeutung 464
Fazit 467

Nachwort
Die Geschichte des FLI-Teams 471
Das FLI ist da 472
Das Abenteuer von Puerto Rico 476
KI-Sicherheit wird Mainstream 483
Die KI-Prinzipien von Asilomar 489
Achtsamer Optimismus 493

Anmerkungen 499

Register 517

Dank

Ich danke allen, die mich ermutigt und mir geholfen haben, dieses Buch zu schreiben: meiner Familie, meinen Freunden, Lehrern, Kollegen und Mitarbeitern für die Unterstützung und die Inspiration über die Jahre hinweg, Mom, weil sie meine Neugier für Bewusstsein und Bedeutung geweckt hat, Dad für den Kampfgeist, die Welt zu einem besseren Ort zu machen, meinen Söhnen Philip und Alexander, weil sie mir das Wunder der in Erscheinung tretenden menschlichen Intelligenz zeigten, allen begeisterten Wissenschaftlern und Technikern auf der ganzen Welt, die mich im Lauf der Jahre kontaktiert, mir Fragen gestellt, Kommentare abgegeben und mich ermutigt haben, meine Ideen weiter zu verfolgen und zu veröffentlichen, meinem Agenten John Brockman, der so lange auf mich eingeredet hat, bis ich einverstanden war, dieses Buch zu schreiben, Bob Penna, Jesse Thaler und Jeremy England für hilfreiche Diskussionen über Quasare, Sphaleronen und Thermodynamik, jenen, die sich zu Teilen des Manuskripts äußerten, zu denen Mom, mein Bruder Per, Luisa Bahet, Rob Bensinger, Katerina Bergström, Erik Brynjolfsson, David Chalmers, Daniela Chita, Nima Deghani, Henry Lin, Elin Malmsköld, Toby Ord, Jeremy Owen, Lucas Perry, Anthony Romero, Nate Soares und Jaan Tallinn gehören, jenen Superhelden, die Entwürfe des ganzen Buchs kommentierten, und zwar Meia, Dad, Anthony Aguirre, Paul Almond, Matthew Graves, Phillip Helbig (auch die deutsche Übersetzung), Richard Mallah, David Marble, Howard Messing, Luiño Seoane, Marin Soljačić und mein Lektor Dan Frank, vor allem aber Meia, meine geliebte Muse und Gefährtin für ihre fortwährende Ermutigung, Unterstützung und Inspiration, ohne die dieses Buch nicht zustandegekommen wäre.

Glauben Sie, dass übermenschliche Intelligenz noch in diesem Jahrhundert in Erscheinung treten kann?

Nein

Schlagen Sie Kapitel 1 (Seite 39) auf.

Ja

Springen Sie zur nächsten Seite.

Einleitung

Die Geschichte des Omega-Teams

Das Omega-Team war die Seele der Firma. Während der Rest des Unternehmens mit unterschiedlichen kommerziellen Anwendungen schmalspuriger KI (Künstliche Intelligenz) das Geld verdiente, um den Betrieb am Laufen zu halten, verfolgte das Omega-Team den langgehegten Traum des Firmenchefs: die Entwicklung einer Allgemeinen Künstlichen Intelligenz. Die meisten anderen Angestellten betrachteten »die Omegas«, wie man sie liebevoll nannte, als einen Haufen Träumer im Wolkenkuckucksheim, ständig Jahrzehnte von ihrem Ziel entfernt. Dennoch waren sie ihnen freundlich gesinnt, weil sie das Prestige genossen, das die Firma mit der innovativen Arbeit der Omegas gewann. Außerdem wussten sie die verbesserten Algorithmen zu schätzen, die ihnen die Omegas gelegentlich überließen.

Allerdings erkannten sie nicht, dass das Omega-Team sein Image so überzeugend aufgebaut hatte, um ein Geheimnis zu bewahren: Sie standen unmittelbar vor der Verwirklichung des verwegensten Plans der Menschheitsgeschichte. Ihr charismatischer Chef hatte sie sorgfältig ausgewählt, nicht nur weil sie herausragende Forscher waren, sondern weil sie Ehrgeiz, Idealismus und eine unbedingte Verpflichtung gegenüber der Menschheit auszeichneten. Er erinnerte sie daran, wie gefährlich ihr Plan war, und falls eine mächtige Regierung ihn je entdeckte, diese praktisch alles tun würde, auch Entführungen gehörten dazu, um den Laden dichtzumachen oder am liebsten gleich ihren Code zu stehlen. Aber die Omegas waren alle hundertprozentig dabei, und zwar aus demselben Grund, warum viele der weltbesten Physiker beim Manhattan-Projekt, aus dem die Atombombe hervorging, mitgearbeitet hatten: Sie waren überzeugt, dass es jemand mit zweifelhaften Idealen tun würde, wenn sie ihm nicht zuvorkämen.

Die KI, die sie konstruiert und der sie den Spitznamen Prometheus verpasst hatten, wurde immer leistungsfähiger. Obwohl ihre kognitiven Fähigkeiten in vielen Bereichen wie zum Beispiel bei der Sozialkompetenz noch weit hinter denen des Menschen zurückblieben, hatten die Omegas den Schwerpunkt darauf gelegt, sie bei einer ganz speziellen Aufgabe Außergewöhnliches leisten zu lassen, nämlich bei der Programmierung von KI-Systemen. Diese Strategie hatten sie absichtlich verfolgt, denn sie teilten die Vorstellung einer Intelligenzexplosion, die der englische Mathematiker Irving Good bereits 1965 formuliert hatte:

> *Lassen Sie uns eine ultraintelligente Maschine als eine Maschine definieren, die bei weitem jegliche intellektuelle Aktivität eines beliebigen Menschen übersteigt, wie intelligent dieser auch sein mag. Da der Entwurf von Maschinen zu diesen intellektuellen Aktivitäten gehört, könnte eine ultraintelligente Maschine noch bessere Maschinen konstruieren. Dann gäbe es zweifellos eine »Intelligenzexplosion«, die die menschliche Intelligenz weit hinter sich ließe. Deshalb ist die erste ultraintelligente Maschine die letzte Erfindung, die der Mensch je machen muss, vorausgesetzt, die Maschine ist fügsam genug, um uns zu sagen, wie man sie unter Kontrolle behält.*[1]

Falls sie dieses rekursive Selbstverbesserungssystem in Gang setzen könnten, würde die Maschine, so vermuteten sie, schon bald klug genug sein, um sich selbst all die menschlichen Fähigkeiten beibringen zu können, die hilfreich wären.

Die ersten Millionen

An einem Freitagmorgen um neun Uhr beschlossen sie, die KI aus der Taufe zu heben. Prometheus summte in seinem eigens für ihn angefertigten Rechnerverbund vor sich hin, der sich in einem großzügig dimensionierten, streng bewachten und klimatisierten Raum auf langen Regalen ausbreitete. Aus Sicherheitsgründen war er vollständig vom Internet getrennt, doch enthielt er zu Trainingszwecken, quasi um sich in Schwung zu bringen, eine lokale Kopie eines großen Teils des Netzes (Wikipedia, die Bibliothek des US-Kongresses, Twitter, eine YouTube-Auswahl, einen großen Teil von Facebook und dergleichen).[2] Sie hatten diese Startzeit gewählt, um ungestört arbeiten zu können. Ihre Familien und Freunde glaubten, sie wären auf einem betrieblichen Wochenendausflug. Die Teeküche war vollgestopft mit Energydrinks und Mikrowellen-Fertiggerichten, und alle waren wild entschlossen, sich richtig reinzuknien.

Als sie Prometheus starteten, war er ihnen bei der Programmierung von KI-Systemen geringfügig unterlegen, machte das aber wett, indem er wesentlich schneller war und sich mit dem Gegenwert von einigen Tausend Personenjahren in der Zeitspanne ein Problem zu Gemüte führte, die sie brauchten, um eine Dose Red Bull auf Ex zu trinken. Um zehn Uhr vormittags hatte er Version 2.0 gestaltet, das erste Neudesign seiner selbst, was schon etwas besser, aber immer noch unter menschlichem Niveau arbeitete. Als dann um 14 Uhr Prometheus 5.0 an den Start ging, erstarrten die Omegas in Ehrfurcht: Das System hatte ihre Leistungsmaßstäbe einfach weggefegt, und die Fortschrittsgeschwindigkeit schien sich noch zu beschleunigen. Als die Dämmerung einsetzte, beschlossen sie, Prometheus 10.0 zu installieren, um zu Phase 2 ihres Plans überzugehen, nämlich Geld zu verdienen.

Ihr erstes Ziel war *MTurk*, der Amazon Mechanical Turk. Nach seinem Start im Jahr 2005 als Internetmarktplatz auf

Crowdsourcing-Basis war er rasch angewachsen und hatte Zehntausende Menschen aus aller Welt angezogen, die anonym und rund um die Uhr miteinander konkurrierten, um hochstrukturierte Aufgaben zu erledigen, die HITs genannt wurden, »Human Intelligence Tasks«. Dabei ging es um das Transkribieren von Audiodateien, die Kategorisierung von Bildern und die Beschreibung von Websites. Alle Arbeiten hatten eines gemeinsam: Wenn du sie gut machtest, ahnte niemand, dass du eine KI warst. Prometheus 10.0 war imstande, ungefähr die Hälfte der Aufgabenkategorien akzeptabel durchzuführen. Die Omegas ließen Prometheus für jede Aufgabenkategorie ein schlankes, maßgeschneidertes, begrenztes KI-Softwaremodul schreiben, das genau solche Arbeiten und sonst nichts erledigen konnte. Anschließend luden sie dieses Modul auf die Amazon Web Services hoch, eine Rechnerplattform in der Cloud, die auf so vielen virtuellen Maschinen laufen konnte, wie man zu mieten bereit war. Für jeden Dollar, den sie der Rechnerabteilung in der Amazon-Cloud zahlten, verdienten sie mehr als zwei Dollar in Amazons MTurk-Abteilung. Amazon hatte keinen Schimmer, dass eine derart verblüffende Möglichkeit zur Gewinnerzielung in ihrem eigenen Unternehmen existierte!

Um ihre Spuren zu verwischen, hatten sie in den vergangenen Monaten insgeheim im Namen fiktiver Personen Tausende von MTurk-Konten eingerichtet, und die von Prometheus gebauten Module übernahmen jetzt deren Identitäten. Normalerweise zahlten die MTurk-Kunden nach ungefähr acht Stunden. Dieses Geld reinvestierten die Omegas in weitere Cloud-Rechenzeit und setzten verbesserte Aufgabenmodule ein, die von der neuesten Version des sich fortwährend verbessernden Prometheus erzeugt worden waren. Da sie ihr Geld alle acht Stunden verdoppeln konnten, war das Aufgabenangebot von MTurk bald gesättigt. Sie stellten fest, dass sie nicht mehr als eine Million Dollar pro Tag verdienen konnten, ohne unerwünschte Aufmerksamkeit auf sich zu lenken. Aber es reichte voll aus, um ihren nächsten Schritt zu finanzieren, so dass sie den Finanzabteilungsleiter der Firma nicht um Bargeld bitten mussten.

Gefährliche Spiele

Den größten Spaß – abgesehen von den Durchbrüchen im Bereich der KI – hatten die Omegas, als sie planten, wie sie nach dem Start von Prometheus so schnell wie möglich Geld verdienen konnten. Im Prinzip war die ganze digitale Wirtschaft zum Greifen nahe, aber war es besser, mit Computerspielen, Musik, Filmen und Software anzufangen, Bücher und Artikel zu schreiben, an der Börse zu spekulieren oder Erfindungen voranzutreiben und sie anschließend zu verkaufen? Es lief schließlich darauf hinaus, die Kapitalrendite zu maximieren, aber normale Anlagestrategien waren nur eine Zeitlupenparodie dessen, was sie jetzt tun konnten: Wären normale Investoren über eine Rendite von 9 Prozent im *Jahr* froh gewesen, hatten ihre MTurk-Investitionen 9 Prozent pro *Stunde* eingebracht, womit sie achtmal so viel Geld pro Tag erwirtschafteten.

Ihr erster Gedanke war gewesen, einen Riesenreibach an der Börse zu machen. Immerhin hatten sie fast alle zu irgendeinem Zeitpunkt lukrative Jobangebote ausgeschlagen, eine KI für Hedgefonds zu entwickeln, deren Manager enorm viel Geld in genau diese Idee steckten. Einige erinnerten sich, dass die KI in dem Film *Transcendence* genau so ihre ersten Millionen verdient hatte. Doch die neuen Vorschriften für Derivate nach dem Crash im Jahr zuvor hatten ihre Chancen verringert. Schon bald stellten sie Folgendes fest: Obwohl sie viel größere Renditen erzielten als andere Investoren, würden sie höchstwahrscheinlich in keinem Bereich auch nur annähernd so viel verdienen wie mit dem Verkauf ihrer eigenen Produkte. Ließ man die erste superintelligente KI der Welt für sich arbeiten, war man bessergestellt, wenn man in seine eigenen Unternehmen investierte statt in fremde! Wenngleich es gelegentlich Ausnahmen gegeben haben mochte (wie zum Beispiel die übermenschliche Hackerkompetenz von Prometheus einzusetzen, um Insiderinformationen zu bekommen und anschließend Bezugsoptionen auf Aktien zu kaufen, deren Kurs bald ansteigen würde), hatten die Omegas das Gefühl, dass sich diese Strategie wegen der damit eventuell verbundenen unerwünschten Aufmerksamkeit nicht auszahlte.

Als sie ihren Schwerpunkt auf Produkte verlagerten, die sie selbst entwickeln und verkaufen konnten, waren zunächst Computerspiele die erste Wahl. Prometheus wurde schnell außerordentlich geschickt darin, ansprechende Spiele zu gestalten. Die Programmierung, das Grafikdesign, das Raytracing von Bildern sowie alle anderen Aufgaben, die nötig waren, um ein endgültiges, versandfertiges Produkt herzustellen, gingen Prometheus leicht von der Hand. Obendrein hatte sich die KI sämtliche Daten, die im Netz über die Vorlieben der Nutzer verfügbar waren, einverleibt, so dass sie ganz genau wusste, was sich die Spieler jeder Kategorie wünschten. So konnte sie eine übermenschliche Fähigkeit entwickeln, ein Spiel für Verkaufserlöse zu optimieren. *The Elder Scrolls V: Skyrim*, ein Spiel, mit dem viele aus dem Omega-Team mehr Stunden verplempert hatten, als sie zugeben mochten, hatte in der ersten Woche nach der Veröffentlichung im Jahr 2011 mehr als 400 Millionen Dollar eingespielt. Jetzt waren sie überzeugt, dass Prometheus mit 1 Million Dollar Rechenzeit in der Cloud innerhalb von 24 Stunden ein ähnlich süchtig machendes Spiel kreieren könnte. Das würden sie dann online verkaufen, während Prometheus in die Rolle von Menschen schlüpfte, die in der Blogosphäre das Spiel anpriesen. Wenn ihnen das 250 Millionen Dollar pro Woche einbrächte, hätten sie ihre Investitionen acht Mal in acht Tagen verdoppelt, was einer Rendite von 3 Prozent pro Stunde entspräche – etwas schlechter als ihr Start mit MTurk, aber wesentlich nachhaltiger. Wenn sie täglich eine Suite neuer Spiele entwickelten, dann wären sie imstande, so vermuteten sie, in Kürze 10 Milliarden Dollar zu verdienen, ohne den Spielemarkt auch nur annähernd gesättigt zu haben.

Doch eine Spezialistin für Internetsicherheit in ihrem Team redete ihnen diese Strategie aus. Sie wies darauf hin, dass sie das unannehmbare Risiko eines Ausbruchs bedeutete und Prometheus die Kontrolle über sein eigenes Schicksal ergreifen könnte. Weil sie nicht sicher waren, welche Ziele sich während seiner rekursiven Selbstverbesserung herausbilden würden, hatten sie beschlossen, die sichere Variante zu wählen und Prometheus mit großem Aufwand »einzusperren«, so dass er nicht ins Internet entkommen konnte. Für die wichtigste Prometheus-Maschine, die in ihrem Serverraum lief, setzten sie auf eine physisch greifbare Einschränkung: Es gab einfach keine Internetverbindung, und der einzige Output von Prometheus landete in Form von Botschaften und Dokumenten auf einem Computer, den die Omegas unter Kontrolle hatten.

Ließ man andererseits irgendein von Prometheus erzeugtes, kompliziertes Programm auf einem mit dem Internet verbundenen Computer laufen, war das ein riskantes Unterfangen. Da die Omegas keine Möglichkeit hatten, umfassend zu verstehen, was er tun würde, konnten sie auch nicht wissen, ob er nicht zum Beispiel anfangen würde, sich online viral auszubreiten. Als die Omegas die Software testeten, die Prometheus für die MTurk-Aufgaben geschrieben hatte, schützten sie sich vor dieser Möglichkeit und ließen sie lediglich auf einer virtuellen Maschine laufen. Das ist ein Programm, das einen Computer simuliert. So kaufen beispielsweise etliche Mac-Nutzer virtuelle Maschinensoftware, mit deren Hilfe sie Windows-Programme einsetzen können, da die Software den Programmen vorgaukelt, sie befänden sich in einer Windows-Maschine. Die Omegas hatten sich ihre eigene virtuelle Maschine geschaffen, der sie den Spitznamen »Büchse der Pandora« gaben. Sie simulierte eine äußerst vereinfachte Maschine ohne den ganzen Schnickschnack, den man sonst mit einem Computer verbindet: keine Tastatur, keinen Monitor, keine Lautsprecher, keine Internetverbindung – rein gar nichts. Für die Audiotranskriptionen von MTurk arrangierten die Omegas das Ganze so, dass lediglich eine einzelne Audiodatei in Pandoras Büchse hineinging, und das Einzige, was herauskam, war ein einzelnes Textdokument – nämlich die Transkription. Diese Gesetze der Büchse waren für die darin arbeitende Software das, was die Naturgesetze für uns in unserem Universum sind: Die Software konnte genauso wenig der Büchse entkommen, wie wir uns nicht schneller als das Licht fortbewegen können, ganz gleich, wie schlau wir sind. Abgesehen von dieser einzigen Datenein- und -ausgabe, war die Software in der Büchse der Pandora praktisch in einem Paralleluniversum mit eigenen Rechenvorschriften gefangen. Die Omega-Leute hatten eine derart gravierende Paranoia hinsichtlich eines Ausbruchs entwickelt, dass sie obendrein noch ein Zeitlimit hinzufügten, um die Lebensdauer eines nicht vertrauenswürdigen Codes abzukürzen. Jedes Mal, wenn beispielsweise die eingeschränkte Transkriptionssoftware eine Audiodatei umgewandelt hatte, wurde der gesamte Speicherinhalt von Pandora automatisch gelöscht und das Programm von Grund auf neu installiert. Auf diese Weise wusste die Maschine nichts über vorangegangene Ereignisse, wenn sie eine neue Transkriptionsaufgabe begann. So war sie auch der Fähigkeit beraubt, im Lauf der Zeit etwas zu lernen.

Als die Omegas die Amazon-Cloud für ihr MTurk-Projekt benutzten, waren sie in der Lage, all ihre von Prometheus kreierten Aufgabenmodule in solchen virtuellen Büchsen in der Cloud unterzubringen, weil Dateneingaben und -ausgaben für MTurk so einfach konzipiert waren. Diese Vorgehensweise funktionierte allerdings nicht für grafiklastige Computerspiele, die nicht eingeschränkt werden konnten, weil sie Zugriff auf die gesamte Hardware des Spielercomputers benötigten. Außerdem wollten sie nicht riskieren, dass ein paar versierte Nerds ihren Spielcode analysierten, die Büchse der Pandora entdeckten und beschlossen, deren Inneres zu untersuchen. Das Ausbruchsrisiko verschloss ihnen also vorerst nicht nur den Zugang zum Spielemarkt, sondern auch den Einstieg in enorm lukrative Geschäfte mit anderer Software, deren Umsätze von etlichen Hundert Milliarden Dollar zum Greifen nahe waren.

Die ersten Milliarden

Die Omegas hatten ihre Suche nach Produkten auf solche eingeschränkt, die hochwertig, rein digital (um eine langsame Herstellung zu vermeiden) und leicht verständlich waren (zum Beispiel Texte oder Filme, die, wie sie wussten, kein Ausbruchsrisiko darstellten). Letztlich hatten sie beschlossen, ein Medienunternehmen aufzubauen und mit Zeichentrickfilmen anzufangen. Die Website, der Marketingplan und die Presseankündigungen waren fertiggestellt worden, noch bevor Prometheus superintelligent wurde – das Einzige, das fehlte, waren Inhalte.

Obwohl Prometheus am Sonntagmorgen erstaunliche Kompetenzen zeigte und kontinuierlich Geld von MTurk scheffelte, waren seine intellektuellen Kapazitäten eher begrenzt: Prometheus war absichtlich dafür optimiert worden, KI-Systeme zu entwerfen und Software zu schreiben, die ziemlich nervtötende MTurk-Aufgaben erledigte. Als Filmemacher hingegen war er miserabel. Miserabel nicht aus irgendwelchen fundierten Gründen, sondern aus demselben Grund, weshalb James Cameron ein schlechter Filmemacher war, als er geboren wurde: weil es eine Fähigkeit ist, für die man Zeit benötigt, um sie zu erlernen. Prometheus konnte, wie ein Kind, lernen, was immer er wollte. Er musste nur Zugriff auf die entsprechenden Daten haben. Während James Cameron Jahre gebraucht hatte, um Lesen und

Schreiben zu lernen, hatte Prometheus das im Lauf des Freitags erledigt, als er noch die Zeit fand, die ganze Wikipedia und ein paar Millionen Bücher zu lesen. Filme zu drehen war schon etwas anspruchsvoller. Ein Drehbuch zu schreiben, das Menschen interessant fanden, war genauso schwer, wie ein Buch zu schreiben, und erforderte ein detailliertes Verständnis der menschlichen Gesellschaft. Obendrein musste man wissen, was Menschen unterhaltsam fanden. Für die Umsetzung des Drehbuchs in ein fertiges Video waren Unmengen von Raytracing-Darstellungen simulierter Schauspieler und der komplexen Szenen erforderlich, durch die sie sich bewegten. Auf dieselbe Weise wurden simulierte Stimmen, die Produktion fesselnder Soundtracks und dergleichen berechnet. Nachdem Prometheus einige Hundert Filme am Stück verschlungen hatte, stellten die Omegas fest, dass er ziemlich gut vorhersagen konnte, welche Art von Rezensionen ein Film bekommen und wie er unterschiedlichen Zuschauern gefallen würde. Tatsächlich lernte Prometheus, seine eigenen Rezensionen zu schreiben, die echtes Verständnis zeigten und alles kommentierten – von den Handlungsabläufen über die Leistung der Schauspieler bis zu solch technischen Details wie Beleuchtung und Kameraperspektive. Das Team deutete dies so: Falls Prometheus seine eigenen Filme drehte, würde er wissen, was erfolgversprechend war.

Die Omegas wiesen Prometheus an, sich zuerst auf Animationsfilme zu konzentrieren, um peinliche Fragen nach der Identität der simulierten Schauspieler zu vermeiden. Am Samstagabend krönten sie ihr turbulentes Wochenende, schnappten sich Bier und Mikrowellen-Popcorn, dämpften das Licht und sahen sich Prometheus' Debütfilm an. Es war ein Zeichentrickfilm und eine Fantasy-Komödie, inspiriert von Disneys *Die Eiskönigin* (*Frozen*). Das Raytracing war von einem verschleierten und von Prometheus entwickelten Code in der Amazon-Cloud durchgeführt worden, was den größten Teil des MTurk-Tagesprofits von einer Million Dollar verschlungen hatte. Als der Film anfing, fanden sie ihn faszinierend und beunruhigend zugleich, weil er ohne menschliche Anleitung von einer Maschine kreiert worden war. Schon bald jedoch lachten sie über die Gags und hielten während der dramatischen Momente die Luft an. Manche von ihnen bekamen beim gefühlvollen Ende sogar feuchte Augen und waren so sehr in die fiktive Wirklichkeit versunken, dass sie ihren Schöpfer ganz und gar vergaßen.

Die Omegas legten den Start ihrer Website auf den nächsten Freitag fest, um Prometheus Zeit zu geben, noch mehr Inhalte zu produzieren. Sie brauchten Zeit, um selbst Dinge zu erledigen, die sie Prometheus nicht anvertrauen wollten: zum Beispiel Werbung zu schalten und mit der Einstellung von Personal für die Briefkastenfirmen zu beginnen, die sie im Lauf der vergangenen Monate eingerichtet hatten. Um ihre Spuren zu verwischen, sollte es in der offiziellen Legende darum gehen, dass ihr Medienunternehmen (das keine öffentlich sichtbare Verbindung zu den Omegas hatte) den größten Teil seines Angebots von unabhängigen Produzenten kaufte, von typischen Hightech-Start-ups in Regionen mit niedrigem Einkommen. Diese vorgetäuschten Lieferanten waren praktischerweise in fernen Weltgegenden wie im indischen Tiruchirappalli und Jakutsk im Osten Russlands beheimatet, wohin die meisten neugierigen Journalisten bestimmt nicht reisen würden. Die einzigen Mitarbeiter, die sie wirklich dort einstellten, arbeiteten in den Bereichen Marketing und Verwaltung und würden jedem, der nachfragte, erzählen, ihr Produktionsteam halte sich gerade an einem anderen Ort auf und könne augenblicklich keine Interviews geben. Damit ihre Legende plausibel klang, wählten sie den Firmenslogan »*Inspiriert durch die kreativen Talente der Welt*« und bezeichneten ihr Unternehmen als umwälzend anders, da sie mit dem Einsatz innovativer Technik kreative Menschen vor allem in Entwicklungsländern ermutigen wollten.

Als der Freitag kam und neugierige Menschen ihre Website

besuchten, stießen diese auf etwas, das sie an die Online-Unterhaltungsangebote von Netflix und dem Videoportal Hulu erinnerte, allerdings mit interessanten Unterschieden. Sämtliche Zeichentrickserien waren neue Filme, von denen sie nie zuvor gehört hatten. Sie waren hinreißend. Die meisten Serien bestanden aus fünfundvierzigminütigen Episoden mit einem starken Handlungsstrang, und jede Episode endete mit einem Cliffhanger. Außerdem waren sie billiger als die Konkurrenz. Die erste Episode jeder Serie war kostenlos, die anderen kosteten 49 Cents, und auf die komplette Serie gab es Rabatt. Anfangs waren nur drei Serien mit jeweils drei Folgen verfügbar, doch täglich kamen sowohl neue Episoden als auch neue Serien hinzu, die auf unterschiedliche Bevölkerungsgruppen zugeschnitten waren. Im Lauf der ersten zwei Wochen von Prometheus' Existenz verbesserten sich seine Kompetenzen als Filmemacher rasch. Das betraf nicht nur die Filmqualität, sondern auch die Algorithmen für die Simulation der Filmfiguren und das Raytracing, was die Kosten für die Cloud-Rechenzeit und damit die Produktionskosten jeder neuen Episode drastisch reduzierte. Dadurch waren die Omegas in der Lage, im ersten Monat Dutzende neuer Serien auf den Markt zu bringen und Bevölkerungsgruppen vom Kleinkind bis zum Erwachsenen anzusprechen. Außerdem gelang es ihnen, in allen wichtigen Weltsprachenmärkten Fuß zu fassen, was ihrer Website im Vergleich zu allen Konkurrenten einen bemerkenswert internationalen Anstrich verlieh. Etliche Kommentatoren waren von der Tatsache beeindruckt, dass nicht allein die Soundtracks mehrsprachig waren, sondern auch die Videos selbst. Sprach beispielsweise eine Filmfigur Italienisch, dann stimmten die Mundbewegungen mit den italienischen Worten überein, was auch für die typisch italienischen Handzeichen galt. Obwohl Prometheus jetzt imstande war, Filme mit simulierten Schauspielern zu drehen, die sich nicht von Menschen unterscheiden ließen, vermieden die Omegas deren Einsatz, um sich nicht zu verraten. Stattdessen brachten sie viele Serien mit halbrealistischen menschlichen Figuren heraus, und zwar in Genres, die traditionellen Fernsehshows mit Live-Action und Filmen Konkurrenz machten.

Ihr Netzwerk erwies sich als hochgradig suchterzeugend und erfreute sich spektakulär anwachsender Zuschauerzahlen. Viele Fans fanden die Figuren und Handlungsstränge cleverer und sogar interessanter als Hollywoods teuerste Großleinwandproduktionen und waren entzückt, dass sie viel erschwinglicher waren. Gepuscht durch offensive Werbung (die sich die Omegas wegen ihrer annähernd bei null liegenden Produktionskosten leisten konnten), ausgezeichnete Medienberichterstattung und schwärmerische Mundpropaganda, war ihre globale Rendite einen Monat nach dem Start auf zehn Millionen Dollar am Tag emporgeschossen. Zwei Monate später hatten sie Netflix übernommen, und nach drei Monaten scheffelten sie hundert Millionen Dollar am Tag und wurden als eines der größten Medienimperien der Welt zu ernsthaften Konkurrenten von Time Warner, Disney, Comcast und Fox.

Ihr sensationeller Erfolg führte zu unerwünschter Aufmerksamkeit und heizte Spekulationen über den möglichen Besitz von schlagkräftiger KI an, doch da die Omegas nur einen Bruchteil ihres Gewinns ausgaben, brachten sie eine recht erfolgreiche Desinformationskampagne ins Rollen. In einem schicken neuen Büro in Manhattan ließen sich ihre frisch engagierten Sprecher detailliert über die Legenden des Unternehmens aus. Viele Leute wurden als Strohmänner eingestellt. Dazu gehörten echte Drehbuchautoren aus aller Welt, die neue Serien entwickeln sollten und die nichts über Prometheus wussten. Das aus Subunternehmern bestehende internationale Netzwerk stiftete Verwirrung und bestärkte die meisten Angestellten in der Annahme, dass andere Kollegen irgendwo anders auf der Welt den größten Teil der Arbeit leisteten.

Um sich selbst weniger verwundbar zu machen und Stirnrunzeln wegen exzessiver Datenverarbeitung in der Cloud zu vermeiden, stellten sie Ingenieure ein, die eine Reihe gewaltiger Computeranlagen auf der ganzen Welt errichteten, deren Eigentümer scheinbar nicht angegliederte Briefkastenfirmen waren. Obwohl sie den Einheimischen als »grüne Datenzentren« verkauft wurden, weil sie größtenteils mit Solarenergie betrieben wurden, lag ihr Schwerpunkt eher auf Datenverarbeitung als auf Speicherung. Prometheus selbst hatte ihre Baupläne bis ins kleinste Detail entworfen, wobei er ausschließlich handelsübliche Hardware benutzte und sie optimierte, um die Konstruktionszeit zu minimieren. Die Leute, die diese Zentren bauten und leiteten, hatten keine Ahnung, was hier berechnet wurde. Sie glaubten, sie managten kommerzielle Einrichtungen für Cloud-Datenverarbeitung, die denen von Amazon, Google und Microsoft ähnelten. Sie wussten lediglich, dass alle Umsätze aus der Ferne organisiert wurden.

Neue Technologien

Innerhalb weniger Monate fasste das Geschäftsimperium der Omegas dank Prometheus' übermenschlicher Planungen in immer mehr Bereichen der Weltwirtschaft Fuß. Anhand sorgfältiger Analysen weltumspannender Daten hatte er bereits im Lauf der ersten Wochen dem Omega-Team einen detaillierten Schritt-für-Schritt-Plan präsentiert, den er mit zunehmenden Rechner- und Datenressourcen verbesserte und verfeinerte. Obwohl Prometheus von Allwissenheit noch weit entfernt war, waren seine Kompetenzen jetzt denen der Menschen so haushoch überlegen, dass die Omegas ihn als das perfekte Orakel betrachteten, das pflichtbewusst bedeutsame Antworten auf all ihre Fragen gab und ihnen Ratschläge erteilte.

Prometheus' Software war inzwischen hochgradig optimiert worden, um das Beste aus der von Menschen erfundenen und ziemlich mittelmäßigen Hardware herauszuholen, auf der sie lief, und für deren deutliche Verbesserung er, wie es die Omegas vorhergesehen hatten, fruchtbare Methoden ersann. Aus Furcht vor einem Ausbruch lehnten sie es ab, Anlagen zum Bau von Robotern zu errichten, die Prometheus direkt kontrollieren konnte. Stattdessen stellten sie an mehreren Standorten eine Menge erstklassiger Wissenschaftler und Ingenieure ein und versorgten sie mit Forschungsberichten, die Prometheus geschrieben hatte, taten aber so, als kämen sie von Wissenschaftlern aus anderen Einrichtungen. In diesen Berichten wurden detailliert neue physikalische Effekte und Herstellungstechniken beschrieben, die die Ingenieure sogleich testeten, verstanden und zu beherrschen lernten. Normalerweise brauchen menschliche Zyklen für Forschung und Entwicklung Jahre, hauptsächlich deshalb, weil mit ihnen viele langsame Kreisläufe von Versuch und Irrtum einhergehen. Die augenblickliche Situation war eine völlig andere: Prometheus hatte bereits die nächsten Schritte geplant, so dass der einschränkende Faktor lediglich aus dem Tempo bestand, in dem die Leute angeleitet werden konnten, die Dinge richtig zu verstehen und zu konstruieren. Ein guter Lehrer kann seinen Schülern helfen, sich wissenschaftliche Kenntnisse viel schneller anzueignen, als wenn sie auf sich allein gestellt alles von Grund auf selbst entdecken müssen. Prometheus machte insgeheim dasselbe mit diesen Forschern. Da er genau vorhersagen konnte, wie lange Menschen brauchten, um mit Hilfe verschiedener Werkzeuge Dinge zu verstehen und herzustellen, erarbeitete er den schnellsten Weg zu diesem Ziel. Neuen Hilfsmitteln, die schnell verstanden und hergestellt werden konnten und die nützlich für die Entwicklung noch fortschrittlicherer Werkzeuge waren, räumte er Priorität ein.

Im Geist der »Macher-Bewegung« wurden die Ingenieurteams ermutigt, ihre eigenen Maschinen zu benutzen, um bessere Maschinen zu konstruieren. Diese Art wirtschaftlicher Unabhängigkeit sparte nicht nur Geld ein, sondern machte sie auch weniger anfällig für künftige, von außen kommende Bedrohungen. Innerhalb von zwei Jahren produzierten sie bessere Computer-Hardware, als die Welt sie je zuvor gesehen hatte. Um Konkurrenz von außen zu vermeiden, hielten sie diese technischen Errungenschaften aber unter Verschluss und benutzten sie nur, um Prometheus damit aufzurüsten.

Was die Welt jedoch bemerkte, war ein einzigartiger Technikboom. Neue Firmen in aller Welt brachten in fast allen Bereichen revolutionäre neue Produkte auf den Markt. Ein südkoreanisches Start-up stellte eine neue Batterie vor, die doppelt so viel Energie wie ein Laptop-Akku in der Hälfte der Masse speicherte und in weniger als einer Minute wiederaufgeladen werden konnte. Eine finnische Firma stellte einen billigen Sonnenkollektor her, der doppelt so effizient war wie seine Konkurrenzprodukte. Ein deutsches Unternehmen kündigte die Massenherstellung eines neuen Drahttyps an, der bei Zimmertemperatur supraleitend war und den Energiesektor revolutionierte. Eine Biotech-Gruppe in Boston berichtete von einer klinischen Phase-II-Studie über ein Medikament, das, wie sie behauptete, das erste wirksame und nebeneffektfreie Präparat zur Gewichtsabnahme sei, während Gerüchte die Runde machten, dass ein indisches Team bereits etwas Ähnliches auf dem Schwarzmarkt verkaufte. Eine Firma aus Kalifornien konterte mit der Phase-II-Studie eines kommerziell vielversprechenden Krebsmedikaments, das das Immunsystem des Körpers veranlasste, Zellen mit den geläufigsten krebsartigen Mutationen zu identifizieren und anzugreifen. Fortwährend kamen weitere Neuheiten ans Tageslicht, die Debatten über ein neues goldenes Zeitalter der Wissenschaft auslösten. Zu guter Letzt schossen auf der ganzen Welt Roboterunternehmen wie Pilze aus dem Boden. Keiner der Bots kam der menschlichen Intelligenz nahe, und die meisten von ihnen sahen dem Menschen auch nicht ähnlich. Aber sie brachten die Wirtschaft auf dramatische Weise ins Wanken, und im Verlauf der nächsten Jahre ersetzten sie allmählich die meisten Arbeiter in der Herstellung, im Transportwesen, in der Lagerhaltung, im Einzelhandel, auf dem Bau, im Bergbau, in der Landwirtschaft, Forstwirtschaft und in der Fischerei.

Dank der harten Arbeit eines Spitzenteams von Rechtsanwälten bemerkte die Welt jedoch nicht, dass all diese Firmen über etliche Vermittler von den Omegas kontrolliert wurden. Prometheus überflutete mit Hilfe unterschiedlicher Vertretungen die Patentbüros in aller Welt mit sensationellen Erfindungen, und es waren diese Innovationen, die allmählich zur Dominanz auf allen Gebieten der Technik führten.

Obwohl sich diese revolutionären neuen Unternehmen mächtige Feinde unter ihren Konkurrenten machten, gewannen sie noch mächtigere Freunde hinzu. Sie waren außerordentlich profitabel, und mit Werbeslogans wie »*In unsere Gemeinde investieren*« gaben sie einen beträchtlichen Teil ihrer Profite aus, um Leute für Gemeinschaftsprojekte einzustellen – häufig waren es dieselben Leute, die von nicht mehr konkurrenzfähigen Unternehmen entlassen worden waren. Sie verwendeten detaillierte, von Prometheus angefertigte Analysen, um Jobs zu ermitteln, die bei geringsten Kosten für die Angestellten und die Gemeinschaft am einträglichsten und auf die jeweiligen örtlichen Umstände zugeschnitten waren. In Regionen mit einem hohen Niveau staatlicher Dienstleistungen lag der Schwerpunkt häufig auf Städtebau, Kultur und Krankenpflege, während in ärmeren Gegenden auch der Bau und die Instandhaltung von Schulen, das Gesundheitswesen, Tagesstätten, Altenheime, erschwingliche Wohnungen, Parks und die elementare Infrastruktur in Angriff genommen wurden. Fast überall waren sich die Menschen einig, dass diese Dinge längst hätten erledigt werden müssen. Lokalpolitiker erhielten großzügige Spenden, und es wurde darauf geachtet, dass sie eine gute Figur machten, um diese unternehmerischen Investitionen in die Gemeinschaft zu unterstützen.

Machtzuwachs

Das Omega-Team hatte ein Medienunternehmen gegründet, um nicht nur seine frühen Tech-Projekte, sondern auch den nächsten Schritt seines verwegenen Plans zu finanzieren, der auf die Übernahme der Weltherrschaft hinauslief. Ein Jahr nach der Markteinführung hatten sie ihrem ausgestrahlten Programm auf der ganzen Welt bemerkenswert gute Nachrichtenkanäle hinzugefügt. Im Gegensatz zu ihren anderen Kanälen waren diese ins Leben gerufen worden, um absichtlich Verluste zu machen, wobei sie als öffentliche Dienste angepriesen wurden. Genau genommen erzielten ihre Nachrichtenkanäle überhaupt keinen Gewinn. Es gab keine Werbung, und sie waren für jeden Bürger mit einer Internetverbindung kostenlos zu empfangen. Der Rest ihres Medienimperiums war eine so profitable Geldmaschine, dass sie viel mehr Ressourcen für ihre Nachrichtendienste aufwenden konnten, als es je irgendeine journalistische Bemühung in der Weltgeschichte getan hatte – und es machte sich bemerkbar. Mit offensiver Anwerbung von Journalisten und Enthüllungsreportern durch verlockende Gehälter brachten sie erstaunliche Talente und Ergebnisse auf den Schirm. Mit Hilfe eines globalen Netzdienstes, der jeden bezahlte, der etwas Berichtenswertes – von lokaler Korruption bis zu herzerwärmenden Ereignissen – mitteilen konnte, waren sie normalerweise die Ersten, die über eine Neuigkeit berichteten. Zumindest glaubten das die Menschen. In Wirklichkeit waren sie häufig deshalb die Ersten, weil die den Graswurzel-Journalisten zugeschriebenen Geschichten eigentlich von Prometheus mit Hilfe von Echtzeitüberwachung des Internets entdeckt worden waren. Auf all diesen Videonachrichten-Websites konnte man auch Podcasts und Texte abrufen.

In Phase 1 ihrer Nachrichtenstrategie wollten sie das Vertrauen der Bevölkerung gewinnen, womit sie sehr erfolgreich waren. Ihre beispiellose Bereitschaft, Verluste zu machen, führte zu bemerkenswert sorgfältigen Regional- und Lokalnachrichten, wobei Enthüllungsjournalisten häufig Skandale aufdeckten, die ihr Publikum ernsthaft beschäftigten. Wann immer ein Land politisch tief gespalten und an parteiische Nachrichten gewöhnt war, eröffneten sie einen Nachrichtenkanal, der auf jedes Lager einging. Vordergründig gehörten diese Kanäle unterschiedlichen Gesellschaften und erwarben allmählich das Vertrauen jener Interessengruppe. Wo es möglich war, erreichten sie dies mit Hilfe von Vermittlern, die die einflussreichsten existierenden Kanäle kauften, sie allmählich verbesserten, indem sie keine Werbung mehr brachten, und schließlich ihre eigenen Inhalte vorstellten. In Ländern, wo Zensur und politische Einmischung diese Bemühungen bedrohten, nahmen sie stillschweigend hin, was die Regierung von ihnen verlangte, um im Geschäft zu bleiben, und hielten sich an den geheimen internen Slogan »*die Wahrheit, nichts als die Wahrheit, aber vielleicht nicht die ganze Wahrheit*«. Prometheus war in solchen Situationen stets mit ausgezeichnetem Rat zur Stelle, empfahl, welche Politiker in einem guten Licht dargestellt werden mussten und welche bloßgestellt werden sollten – normalerweise die korrupten Lokalpolitiker. Prometheus lieferte außerdem unschätzbare Hinweise darauf, welche Beziehungen man spielen lassen sollte, wen man bestach und wie man am besten dabei vorging.

Diese Strategie war auf der ganzen Welt überaus erfolgreich, und die von Omega kontrollierten Kanäle gingen als vertrauenswürdigste Nachrichtenquellen daraus hervor. Selbst in Ländern, in denen die Regierungen bisher ihre Massenrezeption vereitelt hatten, erwarben sie sich den Ruf, glaubwürdig zu sein, und etliche ihrer Berichte verbreiteten sich per Mundprogaganda. Konkurrierende Nachrichtenchefs hatten das Gefühl, auf verlorenem Posten zu kämpfen. Wie sollte man denn Profit machen, wenn die Konkurrenz mit besseren finanziellen Mitteln ausgestattet war und ihre Produkte auch noch verschenkte?

Immer mehr Sendeanstalten mit schwindenden Zuschauerzahlen beschlossen, ihre Nachrichtenkanäle zu verkaufen – meistens an irgendeine Unternehmensgruppe, die, wie sich später herausstellte, von den Omegas kontrolliert wurde.

Ungefähr zwei Jahre nach dem Start von Prometheus, als die Phase des Vertrauensgewinns zum größten Teil abgeschlossen war, hoben die Omegas Phase 2 ihrer Nachrichtenstrategie aus der Taufe: Überzeugung. Schon vor dieser Phase hatten scharfsinnige Beobachter Hinweise auf eine politische Agenda hinter den neuen Medien entdeckt. Offenbar gab es einen sanften Ruck hin zur Mitte, weg von Extremismen jeder Art. Ihre Bandbreite von Kanälen, die auf unterschiedliche Gruppen eingingen, spiegelte immer noch die Feindseligkeit zwischen den Vereinigten Staaten von Amerika und Russland, zwischen Indien und Pakistan, unterschiedlichen Religionen und politischen Lagern wider, aber die Kritik war jetzt ein wenig abgeschwächt und konzentrierte sich auf konkrete Anlässe, bei denen es um Geld und Macht ging, anstatt Menschen persönlich anzugreifen, Panik zu schüren und kaum bestätigte Gerüchte in die Welt zu setzen. Sobald Phase 2 ernsthaft in Gang gesetzt wurde, kam dieser Vorstoß, alte Konflikte zu entschärfen, offensichtlicher zum Vorschein. Häufig wurden bewegende Geschichten über die Zwangslage traditioneller Widersacher erzählt, versetzt mit investigativen Reportagen darüber, wie sehr etliche lautstarke Konfliktschürer von persönlichem Profitstreben motiviert gewesen waren.

Politische Kommentatoren bemerkten, dass es parallel zum Abklingen regionaler Konflikte einen konzertierten Vorstoß zur Reduzierung globaler Bedrohungen gab. So wurden beispielsweise plötzlich überall die Risiken eines nuklearen Kriegs diskutiert. In etlichen erfolgreichen Filmen gab es Szenarien, wo per Zufall oder absichtlich ein Atomkrieg ausgelöst und die dystopischen Folgen mit nuklearem Winter, dem Zusammenbruch der Infrastruktur und Hungersnöten dramatisiert wurden. Raffinierte neue Dokumentarfilme schilderten detailliert, wie sich der nukleare Winter auf alle Länder auswirken würde. Wissenschaftler und Politiker, die die nukleare Deeskalation befürworteten, bekamen reichlich Sendezeit, nicht zuletzt, um die Ergebnisse einiger neuer Studien zu diskutieren, in denen es um Maßnahmen ging, die geeignet wären, die Deeskalation zu unterstützen. Die Untersuchungen waren von Wissenschaftsorganisationen finanziert worden, die großzügige Spenden von neuen Tech-Unternehmen bekommen hatten. Daraufhin entwickelte sich eine politische Eigendynamik, die dazu führte, Raketen aus der Alarmbereitschaft herauszunehmen und die Kernwaffenarsenale zu verringern. Auch dem globalen Klimawandel wurde wieder mehr Aufmerksamkeit entgegengebracht. Wiederholt würdigte man die jüngst durch Prometheus ermöglichten Durchbrüche, die die Kosten erneuerbarer Energie drastisch reduzierten und Regierungen anspornten, in solch eine neue Infrastruktur zu investieren.

Parallel zu ihrer Medienübernahme spannte das Omega-Team Prometheus für die Revolutionierung der Bildung ein. Angesichts der Fähigkeiten und des Wissens einer beliebigen Person bestimmte Prometheus die effektivste Methode, wie sie jedes beliebige Fachgebiet so studieren konnte, dass sie hochengagiert und motiviert am Ball blieb. Prometheus stellte dafür die entsprechend optimierten Videos, passende Lektüre, Übungen und andere Lernhilfsmittel zur Verfügung. Von Omega kontrollierte Firmen brachten deshalb Online-Kurse für praktisch alles Mögliche auf den Markt, die nicht nur hinsichtlich der Sprache und des kulturellen Hintergrunds auf den Kunden zugeschnitten waren, sondern auch sein Einstiegsniveau berücksichtigten. Prometheus hatte immer den perfekten Kurs parat, ob man nun ein vierzigjähriger Analphabet war, der lesen lernen wollte, oder ein promovierter Biologe, der das Neueste über Krebsimmuntherapie suchte. Diese Angebote hatten wenig Ähnlichkeit mit dem heute verfügbaren Material. Da

Prometheus sich sein Filmemachertalent zunutze machte, fesselten die Videobeiträge den Kunden mit beeindruckenden Metaphern. Man konnte sich mit ihren Inhalten identifizieren und wollte um jeden Preis weiter lernen. Manche Kurse wurden um des Profits willen verkauft, aber viele waren kostenlos erhältlich, was jeden, der erpicht darauf war, etwas zu lernen, erfreute, genauso wie Lehrer auf der ganzen Welt, die sie in den Klassenzimmern verwenden konnten.

Diese superklugen Bildungsangebote erwiesen sich als leistungsfähige Hilfsmittel für politische Zwecke. Sie machten im Internet Platz für eine Videoplattform mit »Überzeugungsserien«, wo Erkenntnisse Einzelner die Meinungen anderer auf den neuesten Stand brachten und sie motivierten, sich ein weiteres Video zu einem verwandten Thema anzusehen, durch das sie voraussichtlich in ihrer Überzeugung bestärkt wurden. Wenn es beispielsweise erwünscht war, einen Konflikt zwischen zwei Nationen zu entschärfen, wurden unabhängig voneinander historische Dokumentationen in beiden Ländern veröffentlicht, in denen Ursprünge und Verlauf des Konflikts etwas differenzierter dargestellt wurden. Pädagogische Berichte erklärten, wer auf eigener Seite vom fortgesetzten Konflikt profitierte und welche Mittel er einsetzte, um ihn anzuheizen. Gleichzeitig traten charismatische Personen der anderen Nation in populären Sendungen der Unterhaltungskanäle auf, ähnlich wie sympathisch porträtierte Vertreter von Minderheiten die Bewegungen für die Rechte von Bürgern und Homosexuellen in der Vergangenheit gestärkt hatten.

Schon bald mussten die politischen Kommentatoren eingestehen, dass sie anwachsende Unterstützung für eine politische Agenda bemerkten, die sich um sieben Slogans drehte:

1. Demokratie
2. Steuersenkungen
3. Kürzungen der staatlichen Sozialleistungen

4. Senkungen des Militärbudgets
5. Freier Handel
6. Offene Grenzen
7. Gesellschaftliche Verantwortung von Unternehmen

Weniger offensichtlich war das zugrunde liegende Ziel, nämlich alle früheren Machtstrukturen in der Welt zu untergraben. Die Punkte 2–6 schwächten die staatliche Macht, und die Demokratisierung der Welt gab dem Geschäftsimperium der Omegas mehr Einfluss auf die Auswahl der politischen Anführer. Unternehmen mit gesellschaftlicher Verantwortung höhlten die Staatsmacht weiter aus, da sie immer mehr Leistungen, die der Staat zur Verfügung stellte (oder zumindest stellen sollte), selbst übernahmen. Die traditionelle Geschäftselite war schlicht deshalb geschwächt, weil sie mit den von Prometheus unterstützten Firmen auf dem freien Markt nicht konkurrieren konnte und daher ihr Anteil an der Weltwirtschaft kontinuierlich schrumpfte. Den angestammten Meinungsmachern in den politischen Parteien und Glaubensgemeinschaften fehlte die Überzeugungsmaschinerie, um mit dem Medienimperium der Omegas in Wettbewerb treten zu können.

Wie bei jeder umwälzenden Veränderung gab es Gewinner und Verlierer. Obwohl in den meisten Ländern ein neuer Optimismus spürbar wurde, weil sich Bildung, Sozialleistungen und Infrastruktur verbesserten, Konflikte abebbten und Unternehmen wegweisende, die Welt erobernde Technologien herausbrachten, waren nicht alle glücklich und zufrieden. Während viele Arbeitslose für Gemeinschaftsprojekte eingestellt wurden, sahen die bisher Mächtigen und Reichen ihre Felle davonschwimmen. Es begann in den Bereichen Medien und Technik, breitete sich aber praktisch überall aus. Der Rückgang der Weltkonflikte führte zu Kürzungen der Verteidigungsetats, was die Zulieferer für das Militär in Verlegenheit brachte. Boomende sogenannte Upstarts waren nicht börsennotiert. Die

Rechtfertigung lautete, dass profitmaximierende Aktionäre die enormen Ausgaben für Gemeinschaftsprojekte blockieren würden. Deshalb verlor der globale Aktienmarkt zunehmend an Wert und bedrohte Finanzmagnaten, aber auch normale Bürger, die sich auf ihre Pensionsfonds verlassen hatten. Und als wären die schrumpfenden Profite börsennotierter Unternehmen noch nicht schlimm genug, bemerkten Investmentfirmen auf der ganzen Welt einen beunruhigenden Trend: All ihre früher einmal erfolgreichen Handelsalgorithmen versagten offenbar und brachten sogar weniger ein als einfache Indexfonds. Irgendjemand da draußen schien sie stets zu überlisten und mit ihren eigenen Waffen zu schlagen.

Obwohl sehr viele mächtige Leute Widerstand gegen die Welle des Wandels leisteten, blieben ihre Reaktionen auffällig ineffektiv, so als seien sie in eine sorgfältig präparierte Falle getappt. Gewaltige Veränderungen fanden mit einer verblüffenden Geschwindigkeit statt, so dass es schwerfiel, damit Schritt zu halten und eine koordinierte Reaktion auszuarbeiten. Außerdem blieb es äußerst unklar, worauf man drängen sollte. Die traditionelle politische Rechte hatte die meisten ihrer Slogans bestätigt gefunden, dennoch halfen die Steuersenkungen und das verbesserte Geschäftsklima zum größten Teil ihren Konkurrenten, die sich fortschrittlicher Hightech verschrieben hatten. Praktisch jede traditionelle Branche schrie jetzt nach finanziellen Rettungsschirmen, doch wegen begrenzter staatlicher Mittel befanden sie sich untereinander in aussichtslosem Kampf, während die Medien sie als Dinosaurier darstellten, die staatliche Unterstützung forderten, einfach weil sie nicht wettbewerbsfähig waren. Die traditionelle politische Linke lehnte den freien Handel und die Kürzungen der staatlichen Sozialleistungen ab, freute sich aber über Einschnitte im Militärhaushalt und über den Rückgang der Armut. Tatsächlich verloren sie eine Menge Zunder durch die unleugbare Tatsache, dass die Sozialleistungen verbessert worden waren, weil sie inzwischen von idealistischen Unternehmen anstatt vom Staat zur Verfügung gestellt wurden. Eine Wahl nach der anderen zeigte, dass die meisten Wähler auf der Welt das Gefühl hatten, ihre Lebensqualität habe sich verbessert und dass die Dinge sich generell in eine gute Richtung bewegten. Dafür gab es eine einfache mathematische Erklärung: Vor Prometheus hatten die ärmsten fünfzig Prozent der Erdbevölkerung nur rund vier Prozent des globalen Einkommens erzielt. Da nun die von Omega kontrollierten Unternehmen einen wenn auch nur bescheidenen Bruchteil ihrer Profite mit den Armen teilten, gewannen sie ihre Herzen (und Stimmen).

Konsolidierung

In Folge dieser Entwicklung meldete eine Nation nach der anderen Erdrutschsiege für Parteien, die sich die sieben Omega-Slogans zu eigen gemacht hatten. In sorgfältig optimierten Kampagnen porträtierten sie sich selbst als das Zentrum des politischen Spektrums, denunzierten die Rechte als gierige, Rettungsschirme fordernde Konfliktschürer und schalten die Linke als Büttel der Steuer- und Ausgabenpolitik eines übermächtigen Staates und als Verhinderer von Innovationen. Niemand bemerkte, dass Prometheus sorgfältig die am besten geeigneten Leute ausgesucht hatte, um sie als Kandidaten aufzubauen. Er zog alle Fäden, um ihre Siege zu sichern.

Vor Prometheus hatte das bedingungslose Grundeinkommen immer mehr Unterstützung erfahren. Dabei ging es um ein steuerfinanziertes Mindesteinkommen für jeden, als Abhilfe für technologiebedingte Arbeitslosigkeit. Diese Bewegung brach in sich zusammen, als die von Unternehmen finanzierten Gemeinschaftsprojekte starteten, denn das von Omega kontrollierte Geschäftsimperium bot faktisch genau diese Unterstützung an. Mit dem Vorwand, die Koordinierung ihrer

Gemeinschaftsprojekte zu verbessern, rief eine internationale Unternehmensgruppe die »Humanitäre Allianz« ins Leben, eine Nichtregierungsorganisation, deren Ziel es war, die wertvollsten humanitären Bemühungen weltweit zu ermitteln und zu finanzieren. Schon bald wurde die Allianz (wie sie umgangssprachlich bekannt wurde) praktisch vom ganzen Omega-Imperium unterstützt. Globale Projekte wurden in einem beispiellosen Ausmaß ins Leben gerufen, selbst in Ländern, die den Tech-Boom verpasst hatten, was auch dort Bildung, Gesundheit, Wohlstand und Staatsführung verbesserte. Selbstverständlich stellte Prometheus hinter den Kulissen sorgfältig ausgearbeitete Projektpläne bereit, in einer Rangordnung aufgereiht nach positivem Effekt pro Dollar. Anstatt einfach nur Bargeld auszuhändigen, wie es das bedingungslose Grundeinkommen vorsah, stellte die Allianz jene ein, die sie unterstützte, damit diese sich für ihre Ziele einsetzten. Deshalb kam es letztlich so, dass ein großer Teil der Weltbevölkerung der Allianz gegenüber dankbar und loyal war – oftmals mehr als gegenüber ihrer eigenen Regierung.

Mit der Zeit übernahm die Allianz zunehmend die Rolle einer Weltregierung, während die Macht der Nationalregierungen kontinuierlich schwand. Wegen der Steuersenkungen schrumpften auch die staatlichen Budgets, während der Etat der Allianz wuchs und die Haushalte aller Regierungen zusammengenommen übertraf. Die herkömmlichen Rollen nationaler Regierungen wurden im Lauf der Zeit überflüssig und bedeutungslos. Die Allianz sorgte für die bei weitem besten Sozialleistungen, Bildungsmöglichkeiten und Infrastrukturen. Die Medien hatten die internationalen Konflikte so weit entschärft, dass Militärausgaben größtenteils unnötig waren, während wachsender Wohlstand die meisten Wurzeln alter Konflikte beseitigt hatte, die sich auf den Kampf um knappe Ressourcen zurückführen ließen. Ein paar Diktatoren und andere Querköpfe hatten gewaltsam Widerstand gegen die neue Weltordnung geleistet, aber sie waren alle in sorgfältig orchestrierten Coups und Massenerhebungen gestürzt worden.

Die Omegas hatten jetzt den dramatischsten Wandel in der Geschichte des irdischen Lebens vollendet. Zum ersten Mal überhaupt wurde unser Planet von einer einzigen Macht regiert, verstärkt durch eine so unermessliche Intelligenz, dass sie potentiell das Leben in die Lage versetzen konnte, Milliarden von Jahren auf der Erde und im ganzen Universum zu gedeihen – aber was genau war ihr Plan?

* * *

Das war die Geschichte des Omega-Teams. Im Rest des Buches geht es um eine andere Geschichte – eine, die noch nicht geschrieben worden ist: die Geschichte unserer eigenen Zukunft mit Künstlicher Intelligenz. Wie sollte sie sich Ihrer Meinung nach abspielen? Könnte etwas so fern Liegendes wie die Omega-Geschichte tatsächlich passieren und, wenn dem so ist, wären Sie mit diesem Ablauf einverstanden? Abgesehen von Spekulationen über übermenschliche KI, womit würden Sie die Erzählung dieser Geschichte beginnen? Welche Auswirkungen der KI auf Jobs, Gesetze und Waffen möchten Sie im kommenden Jahrzehnt verwirklicht sehen? Wie würden Sie bei einem noch tieferen Blick in die Zukunft das Ende gestalten? Diese Geschichte hat wahrhaft kosmische Dimensionen, denn letztendlich geht es dabei um nichts Geringeres als um die Zukunft des Lebens in unserem Universum. Und es ist unsere Aufgabe, diese Geschichte zu schreiben.

Kapitel 1

Willkommen zum wichtigsten Gespräch unserer Zeit

Die Technologie verleiht dem Leben das Potential, zu gedeihen wie nie zuvor – oder sich selbst zu zerstören.
FUTURE OF LIFE INSTITUTE

13,8 Milliarden Jahre nach seiner Geburt ist das Universum erwacht und sich seiner selbst bewusst geworden. Von einem kleinen, blauen Planeten aus haben winzige, bewusste Elemente unseres Universums angefangen, mit Teleskopen ins Weltall hinauszuschauen, und wiederholt entdeckt, dass alles, was ihrer Ansicht nach existierte, lediglich ein kleiner Teil von etwas Großartigerem ist: ein Sonnensystem, eine Galaxie und ein Universum mit über einhundert Milliarden anderer Galaxien, arrangiert zu einem komplizierten Muster aus Gruppen, Haufen und Superhaufen. Wenngleich diese bewusstseinsfähigen Sterngucker über manche Dinge uneins sind, neigen sie doch alle dazu, diese Galaxien schön und ehrfurchtgebietend zu finden.

Schönheit liegt jedoch im Auge des Betrachters und nicht in den Naturgesetzen, so dass es, bevor unser Universum erwachte, keine Schönheit gab. Das macht unser kosmisches Erwachen umso großartiger und bewundernswerter: Es verwandelte unser Universum von einem stumpfsinnigen Zombie ohne Bewusstseinsfähigkeit in ein lebendiges Ökosystem, das

Selbstreflexion, Schönheit und Hoffnung zulässt – sowie das Verfolgen von Zielen, Bedeutung und Absicht. Hätte es dieses Erwachen nicht gegeben, dann wäre unser Universum, zumindest meiner Meinung nach, völlig sinnlos gewesen – lediglich eine gigantische Platzverschwendung. Sollte es wegen kosmischer Katastrophen oder selbstverschuldeten Missgeschicks dauerhaft wieder einschlafen, wird es leider erneut der Bedeutungslosigkeit verfallen.

Andererseits könnte alles sogar noch besser werden. Bis jetzt wissen wir noch nicht, ob wir Menschen die einzigen oder gar die ersten Sterngucker im Weltall sind, aber wir haben bereits genug über unser Universum herausgefunden, um zu wissen, dass es das Potential hat, ein noch vollständigeres Erwachen zu erreichen als bisher. Vielleicht gleichen wir dem ersten schwachen Schimmer einer Bewusstseinsfähigkeit, ähnlich der, die Sie heute früh erlebt haben, während Sie aus Ihrem Schlaf erwachten: eine Vorahnung des viel größeren Bewusstseins, das einsetzen würde, sobald Sie Ihre Augen öffnen und ganz erwachen. Vielleicht wird sich das Leben über das ganze Weltall hinweg ausbreiten und viele Milliarden und Billionen Jahre gedeihen – und womöglich wird es deshalb so kommen, weil wir hier, auf unserm kleinen Planeten, zu unseren Lebzeiten die entsprechenden Entscheidungen getroffen haben.

Eine kurze Geschichte der Komplexität

Wie kam es also zu diesem erstaunlichen Erwachen? Es war kein isoliertes Ereignis, sondern bloß ein Schritt in einem unermüdlichen, 13,8 Milliarden Jahre dauernden Prozess, der unser Universum immer komplexer und interessanter machte – und sich mit beschleunigtem Tempo fortsetzt.

Als Physiker hatte ich das Glück, im letzten Vierteljahrhundert viel Zeit damit zu verbringen, einen Beitrag zur näheren

Bestimmung unserer kosmischen Geschichte zu leisten. Es ist eine faszinierende Entdeckungsreise gewesen. Seit meiner Zeit als Doktorand ist aus dem Streit darüber, ob das Universum 10 oder 20 Milliarden Jahre alt ist, die Frage geworden, ob es 13,7 oder 13,8 Milliarden Jahre sind, was wir besseren Teleskopen, besseren Computern und einem besseren Verständnis zu verdanken haben. Wir Physiker können trotzdem noch nicht mit Sicherheit sagen, was unseren Urknall verursachte, ob das wirklich der Beginn von allem oder lediglich die Fortsetzung eines früheren Stadiums war. Immerhin haben wir dank einer Lawine qualitativ hochwertiger Messungen ein ziemlich detailliertes Verständnis der Ereignisse *seit* unserem Urknall erworben. Also geben Sie mir bitte ein wenig Zeit, um 13,8 Milliarden Jahre kosmischer Geschichte zusammenzufassen.

Am Anfang war das Licht. Im ersten Sekundenbruchteil nach unserem Urknall war der gesamte Teil des Raums, den unsere Teleskope im Prinzip beobachten können (»unser beobachtbares Universum« oder kurz und gut: »unser Universum«), viel heißer und heller als der Kern der Sonne und dehnte sich rasch aus. Das mag spektakulär klingen, war aber auch insofern langweilig, als unser Universum nichts weiter als eine leblose, dichte, heiße und stinknormal gleichförmige Suppe aus Elementarteilchen war. Alles sah überall ziemlich gleich aus, und die einzig interessante Struktur bestand aus schwachen Schallwellen, die die Suppe an einigen Stellen um 0,001 Prozent dichter machten und schienen, als seien sie willkürlich angeordnet. Es wird allgemein angenommen, dass diese schwachen Wellen aus sogenannten Quantenfluktuationen hervorgingen, weil das Heisenberg'sche Unbestimmtheitsprinzip der Quantenmechanik es nicht zulässt, dass irgendetwas ganz und gar langweilig und einheitlich ist.

Als unser Universum expandierte und abkühlte, wurde es interessanter, da sich seine Teilchen zu immer komplizierteren Objekten zusammenfügten. Während des ersten Sekundenbruchteils fasste die starke Kernkraft Quarks zu Protonen (Wasserstoffatomkernen) und Neutronen zusammen, wovon einige wiederum innerhalb weniger Minuten zu Heliumkernen verschmolzen. Rund 400 000 Jahre später brachte die elektromagnetische Kraft diese Atomkerne mit Elektronen zusammen, um die ersten Atome hervorzubringen. Während unser Universum weiter expandierte, kühlten diese Atome allmählich zu einem kalten, dunklen Gas ab, und die Dunkelheit dieser ersten Nacht dauerte etwa 100 Millionen Jahre. Sie führte zu unserer kosmischen Morgendämmerung, da es der Gravitation gelang, die Fluktuationen im Gas zu verstärken, wodurch die Atome zusammengezogen wurden, um die ersten Sterne und Galaxien zu bilden. Diese ersten Sterne gaben Wärme und Licht ab, indem sie Wasserstoff zu schwereren Atomen wie Kohlenstoff, Sauerstoff und Silizium verschmolzen. Als diese Sterne starben, wurden viele der von ihnen erzeugten Atome ins Weltall geschleudert und bildeten Planeten, die nun um Sterne der zweiten Generation kreisten.

Irgendwann wurden einzelne Atome zu einem komplexen Muster arrangiert, das sich sowohl selbst erhalten als auch vervielfältigen konnte. Dieses Muster kopierte sich, und weitere Verdopplungen waren die Folge. Lediglich vierzig Verdopplungen ergeben schon eine Billion Exemplare, so dass dieser Selbstreplikator schon bald eine Kraft wurde, mit der man rechnen musste. Das Leben hatte begonnen.

Die drei Stufen des Lebens

Die Frage nach der Definition des Lebens ist bekanntermaßen umstritten. Konkurrierende Definitionen sind reichlich vorhanden, und manche verlangen nach hochspezifischen Voraussetzungen wie etwa der, aus einer Zellzusammensetzung zu bestehen, was sowohl künftige intelligente Maschinen als auch außerirdische Zivilisationen ausschließen würde. Da wir unser Nachdenken über die Zukunft des Lebens nicht auf die Spezies beschränken wollen, denen wir bisher begegnet sind, sollten wir das Leben stattdessen eher umfassend definieren, nämlich schlicht als einen Prozess, der seine Komplexität bewahren und sich reproduzieren kann. Was reproduziert wird, ist nicht (aus Atomen bestehende) Materie, sondern (aus Bits bestehende) Information, die festlegt, wie die Atome angeordnet, werden. Wenn ein Bakterium eine Kopie seiner DNS herstellt, werden keine neuen Atome erschaffen, sondern eine neue Anzahl von Atomen wird in demselben Muster angeordnet, wie es auch das Original aufweist, wodurch die Information kopiert wird. Mit anderen Worten: Wir können uns das Leben als ein sich selbst kopierendes Informationsverarbeitungssystem vorstellen, dessen Informationen (Software) sein Verhalten und die Entwürfe für seine Hardware bestimmen.

Wie unser Universum selbst erwies sich auch das Leben als kompliziert und interessant,[1] und um das zu erklären, finde ich es hilfreich, diese Lebensformen in drei Stufen der Ausgereiftheit einzuteilen: Leben 1.0, 2.0 und 3.0. In Abbildung 1.1 habe ich diese drei Stufen zusammengefasst.

Noch immer ist die Frage nicht ganz geklärt, wie, wann und wo das Leben zum ersten Mal in unserem Universum aufgetaucht ist, aber es gibt starke Indizien, dass hier, auf der Erde, das Leben vor rund 4 Milliarden Jahren begann. Bald darauf wimmelte der Planet nur so von unzähligen Lebensformen. Die erfolgreichsten, die bald den Rest aus dem Feld schlugen, waren in der Lage, in irgendeiner Form auf ihre Umwelt zu reagieren. Sie waren vor allem das, was Informatiker *intelligente Agenten* nennen: Gebilde, die mit Hilfe von Sensoren Informationen über ihre Umwelt sammelten und diese anschließend verarbeiteten, um zu entscheiden, wie sie auf ihre Umwelt reagieren sollten. Damit kann hochkomplexe Informationsverarbeitung verbunden sein, etwa wenn Sie die von Ihren Augen

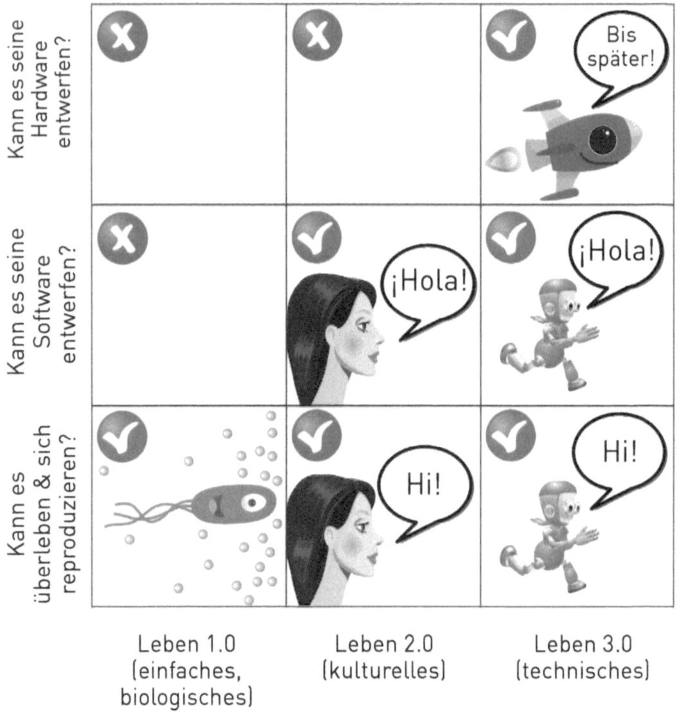

Abb. 1.1 Die drei Stufen des Lebens: biologische Evolution, kulturelle Evolution und technische Evolution. Leben 1.0 kann während seiner Lebensspanne weder seine Hardware noch seine Software selbst gestalten. Beide Komponenten werden durch seine DNS bestimmt und verändern sich nur im Lauf der Evolution über mehrere Generationen hinweg. Im Gegensatz dazu kann Leben 2.0 einen großen Teil seiner Software neu gestalten: Menschen können komplexe neue Kompetenzen erwerben – zum Beispiel Sprachen, Sportarten und Berufe – und ihre Weltanschauungen und Ziele prinzipiell auf den neuesten Stand bringen. Leben 3.0, das noch nicht auf der Erde existiert, kann auf grundlegende Art und Weise nicht nur seine Software, sondern auch seine Hardware neu entwerfen, anstatt darauf warten zu müssen, dass sie sich allmählich über Generationen hinweg entwickelt.

und Ohren kommenden Informationen benutzen, um zu entscheiden, was Sie in einem Gespräch sagen wollen. Aber es kann sich auch um ganz simple Hard- und Software handeln.

So haben beispielsweise viele Bakterien einen Sensor, der die Zuckerkonzentration in der sie umgebenden Flüssigkeit misst. Außerdem können sie mit Hilfe einer propellerartigen Struktur namens Flagellen oder Geißeln schwimmen. Die den Sensor mit den Flagellen verbindende Hardware könnte den folgenden einfachen, aber nützlichen Algorithmus in die Tat umsetzen: »Falls mein Zuckerkonzentrationssensor einen niedrigeren Wert meldet als vor ein paar Sekunden, dann kehre die Drehbewegung meiner Flagellen um, so dass ich die Richtung ändern kann.«

Sie haben Sprechen und zahlreiche andere Fähigkeiten erlernt. Bakterien hingegen sind nicht sehr lernbegabt. Ihre DNS gibt nicht nur das Design ihrer Hardware vor – siehe Zuckersensoren und Flagellen –, sondern legt auch das Design ihrer Software fest. Sie lernen nie, auf den Zucker zuzuschwimmen, stattdessen ist dieser Algorithmus von Anfang an fest in ihrer DNS verankert. Natürlich gab es eine Art Lernprozess, aber der fand nicht in der Lebensspanne dieses einen, bestimmten Bakteriums statt. Vielmehr trat er in der vorangegangenen Evolution dieser Bakterienspezies auf, und zwar mittels eines langsamen Vorgangs von Versuch und Irrtum, der mehrere Generationen umspannte, wobei die natürliche Selektion jene zufälligen Mutationen bevorzugte, die den Zuckerverbrauch verbesserten. Einige dieser Mutationen trugen zur Verbesserung des Designs der Flagellen und anderer Hardware-Bestandteile bei, während andere Mutationen neben anderer Software das bakterielle Informationsverarbeitungssystem verbesserten, das den Algorithmus zur Suche von Zucker in die Tat umsetzt.

Solche Bakterien sind ein Beispiel für das, was ich »Leben 1.0« nenne: *Leben, in dem sich sowohl Hardware als auch Software herausbilden, anstatt gestaltet zu werden.* Andererseits sind Sie und ich Beispiel für das »Leben 2.0«: *Leben, dessen Hardware sich entwickelt hat, dessen Software aber größtenteils entworfen wurde.* Mit Ihrer Software meine ich all die Algorithmen und Kenntnisse, die Sie benutzen, um die von Ihren Sinnen zur Verfügung gestellten Informationen zu verarbeiten, um zu entscheiden, was Sie tun wollen. Das umfasst alles, von Ihrer Fähigkeit, Ihre Freunde zu erkennen, wenn Sie sie sehen, bis zu Ihrer Befähigung zu gehen, lesen, schreiben, rechnen, singen und Witze zu erzählen.

Als Sie geboren wurden, waren Sie außerstande, irgendeine dieser Aufgaben zu erfüllen, also wurde diese Software später über den Prozess, den wir Lernen nennen, in Ihr Gehirn programmiert. Während der Lehrplan Ihrer Kindheit größtenteils von Ihren Eltern und Lehrern gestaltet wird, die entscheiden, was Sie lernen sollten, erwerben Sie allmählich mehr Selbstbestimmung, um Ihre eigene Software zu gestalten. Vielleicht erlaubt Ihnen Ihre Schule, eine Fremdsprache zu wählen: Möchten Sie ein Softwaremodul in Ihrem Gehirn installieren, das Sie befähigt, Französisch oder Spanisch zu sprechen? Möchten Sie Tennis oder Schach spielen lernen? Möchten Sie studieren, um Koch, Rechtsanwalt oder Pharmazeut zu werden? Möchten Sie etwas über Künstliche Intelligenz (KI) und die Zukunft des Lebens erfahren, indem Sie ein Buch darüber lesen?

Die Fähigkeit von Leben 2.0, seine eigene Software zu entwerfen, ermöglicht ihm, viel klüger als Leben 1.0 zu sein. Hohe Intelligenz erfordert sowohl eine Menge (aus Atomen bestehende) Hardware als auch eine Menge (aus Bits bestehende) Software. Die Tatsache, dass der größte Teil unserer menschlichen Hardware (durch Wachstum) nach der Geburt hinzugefügt wird, ist nützlich, da unsere endgültige Größe nicht durch die Breite des Geburtskanals unserer Mütter eingeschränkt ist. Genauso sinnvoll ist die Tatsache, dass der größte Teil unserer menschlichen Software nach der Geburt (durch Lernen) hinzugefügt wird, da unsere endgültige Intelligenz nicht durch die

Menge an Informationen beschränkt ist, die uns bei der Empfängnis über unsere dem 1.0-Leben zugehörige DNS vermittelt werden kann. Ich wiege ungefähr 25 Mal mehr als bei meiner Geburt, und die synaptischen Verbindungen, die die Neuronen in meinem Gehirn miteinander verknüpfen, können etwa einhunderttausend Mal mehr Informationen speichern als die DNS, mit der ich geboren wurde. Ihre Synapsen speichern Ihr ganzes Wissen und Ihre Fähigkeiten als rund 100 Terabytes an Informationen, während Ihre DNS lediglich etwa ein Gigabyte speichert, kaum genug, um einen einzigen Filmdownload unterzubringen. Deshalb ist es physikalisch für ein kleines Mädchen unmöglich, bei seiner Geburt die Muttersprache perfekt zu beherrschen und bereit für seine College-Aufnahmeprüfung zu sein. Es ist unmöglich, schon zuvor diese Informationen in sein Gehirn hochzuladen, da es dem Hauptinformationsmodul, das es von seinen Eltern erhielt (seine DNS), an ausreichender Informationsspeicherkapazität mangelt.

Die Fähigkeit, seine eigene Software zu entwerfen, versetzt das Leben 2.0 in die Lage, nicht nur klüger als das Leben 1.0 zu sein, sondern auch flexibler. Wenn sich die Umwelt verändert, kann 1.0 sich nur durch langsame Entwicklung über viele Generationen hinweg anpassen. Leben 2.0 kann sich nahezu augenblicklich mit einem Software-Update auf Veränderungen einstellen. So können beispielsweise Bakterien, die häufig mit Antibiotika in Kontakt kommen, über mehrere Generationen hinweg eine Medikamentenresistenz entwickeln, aber ein einzelnes Bakterium wird sein Verhalten nicht im Geringsten ändern. Im Gegensatz dazu wird ein Mädchen, bei dem eine Erdnussallergie festgestellt wird, sein Verhalten auf der Stelle ändern, und den Verzehr von Erdnüssen vermeiden. Diese Flexibilität verschafft dem Leben 2.0 einen noch größeren Vorteil auf der Populationsebene: Obwohl sich der Informationsgehalt in unserer menschlichen DNS im Lauf der vergangenen 50 000 Jahre nicht dramatisch verändert hat, sind die kollektiv in unseren Gehirnen, Büchern und Computern gespeicherten Informationen explodiert. Mit der Installation eines Softwaremoduls, das uns befähigt, mittels kultivierter, gesprochener Sprache zu kommunizieren, sorgten wir dafür, dass die nützlichsten, im Gehirn einer Person gespeicherten Informationen in ein anderes Gehirn übertragen werden konnten und potentiell überlebten, nachdem das Originalgehirn gestorben war. Mit der Installation eines Softwaremoduls, das uns befähigte, zu lesen und zu schreiben, wurden wir in die Lage versetzt, wesentlich mehr Informationen zu speichern und miteinander zu teilen, als man sich merken kann. Mit der Entwicklung von Gehirnsoftware, die Technik produzieren konnte (also durch das Studium von Wissenschaft und Technik), eröffneten wir einem großem Teil der Menschheit die Möglichkeit, mit wenigen Klicks den Zugang zu einem großen Teil der weltweit abrufbaren Informationen zu erhalten.

Diese Flexibilität hat das Leben 2.0 befähigt, die Erde zu dominieren. Befreit von seinen genetischen Fesseln, ist das gebündelte Wissen der Menschheit in immer höherem Tempo angewachsen, da jedem Durchbruch ein weiterer folgte: Sprache, Schrift, die Druckerpresse, moderne Wissenschaft, Computer, das Internet, und so weiter. Diese immer schneller verlaufende kulturelle Evolution unserer gemeinsamen Software hat sich als die dominierende Kraft erwiesen, die die Zukunft des Menschen formt und die das Zeitlupentempo unserer biologischen Evolution nahezu bedeutungslos macht.

Trotz der erstaunlich leistungsfähigen heutigen Technologien sind alle uns bekannten Lebensformen im Prinzip durch ihre biologische Hardware eingeschränkt. Kein Lebewesen erreicht eine Lebensspanne von einer Million Jahren, niemand kann sich das Gesamtvolumen der Wikipedia merken, sämtliche bekannten Wissenschaften erlernen oder eine Reise ins Weltall ohne ein Raumschiff antreten. Niemand kann unseren größtenteils leblosen Kosmos in eine vielfältige Biosphäre verwandeln, die Jahrmilliarden oder Jahrbillionen blüht und gedeiht und es unserem Universum ermöglicht, endlich sein Potential zu verwirklichen und vollständig zu erwachen. Um all dies zu erreichen, muss das Leben ein endgültiges Upgrade vornehmen und zum Leben 3.0 aufsteigen, das nicht nur seine Software, sondern auch seine Hardware selbst gestalten kann. Mit anderen Worten: Leben 3.0 wird sein eigenes Schicksal meistern und endlich vollständig von seinen evolutionären Fesseln befreit sein.

Die Grenzen zwischen den drei Stufen des Lebens sind etwas unscharf. Wenn Bakterien zum Leben 1.0 und Menschen zum Leben 2.0 gehören, dann könnte man Mäuse als 1.1 einstufen: Sie können viele Dinge lernen, aber nicht genug, um eine Sprache zu entwickeln oder das Internet zu erfinden. Obendrein geht wegen des Nichtvorhandenseins von Sprache viel Erlerntes mit ihrem Tod verloren und wird nicht an die nächste Generation weitergegeben. Genauso könnte man behaupten, dass die Menschen heute zum Leben 2.1 gehören: Wir können kleinere Hardwareaufrüstungen durchführen wie Zahnimplantate, künstliche Kniegelenke und Herzschrittmacher, aber nichts zustande bringen, was so dramatisch wäre wie die Körpergröße um das Zehnfache zu steigern oder sich ein tausendmal größeres Gehirn zuzulegen.

Zusammengefasst lässt sich sagen, dass wir die Entwicklung des Lebens in drei Stufen einteilen können, kenntlich durch die Fähigkeit des Lebens, sich selbst zu gestalten:

- Leben 1.0 (biologische Stufe):
  Evolution bringt seine Hardware und Software hervor
- Leben 2.0 (kulturelle Stufe):
  Evolution bringt seine Hardware hervor, gestaltet einen großen Teil seiner Software selbst
- Leben 3.0 (technologische Stufe):
  gestaltet seine Hardware und Software selbst

Nach 13,8 Milliarden Jahren kosmischer Evolution hat sich die Entwicklung auf der Erde dramatisch beschleunigt: Leben 1.0 trat vor rund 4 Milliarden Jahren erstmals auf, Leben 2.0 (wir Menschen) trat vor etwa hunderttausend Jahren auf den Plan, und viele KI-Forscher glauben, Leben 3.0 werde sich im Lauf des kommenden Jahrhunderts verwirklichen, vielleicht sogar noch zu unseren Lebzeiten, hervorgebracht durch den Fortschritt der KI. Was also wird geschehen, und was heißt das für uns? Das ist das Thema dieses Buches.

Kontroversen

Die Frage ist wunderbar brisant, und die führenden KI-Forscher streiten sich leidenschaftlich nicht nur hinsichtlich ihrer Vorhersagen, sondern sie reagieren auch emotional unterschiedlich. Zwischen zuversichtlichem Optimismus und ernsthafter Besorgnis sind alle Standpunkte vertreten. Es gibt keinen Konsens über kurzfristige Fragen, was die Auswirkungen der KI auf Wirtschaft, Recht und Militär betrifft. Ihre Differenzen werden noch größer, wenn man den Zeithorizont erweitert und sie zu *Allgemeiner Künstlicher Intelligenz* (AKI) befragt – insbesondere wenn es um AKI geht, die die menschliche Ebene erreicht und über das hinausgeht, was Leben 3.0 ermöglicht. *Allgemeine Intelligenz* kann praktisch jedes Ziel erreichen, einschließlich einer Art des Lernens, an die zum Beispiel die eng definierte Intelligenz eines Schachprogramms nicht heranreichen kann.

Interessanterweise dreht sich die Kontroverse über Leben 3.0 nicht nur um eine, sondern um zwei separate Fragen. Wann und was? Wann (falls überhaupt) wird 3.0 stattfinden, und was wird dies für die Menschheit bedeuten? So wie ich es sehe, gibt es drei unterschiedliche Denkschulen, die ernst zu nehmen sich lohnt, weil sie jeweils von einer Reihe weltweit führender Experten vertreten werden. Wie in Abbildung 1.2 veranschaulicht, halte ich sie, in dieser Reihenfolge, für *digitale Utopisten*, *Techno-Skeptiker* und Mitglieder einer Bewegung, die sich *Nutzbringende-KI-Bewegung (beneficial AI movement; BAI)* nennt. Ich möchte Ihnen hier einige ihrer wortgewandten Verfechter vorstellen.

Digitale Utopisten

Als Jugendlicher stellte ich mir vor, Milliardäre kämen großspurig und arrogant daher. Als ich 2008 Larry Page bei Google kennenlernte, löste sich dieses Vorurteil in Wohlgefallen auf. Er wirkte locker in seinen Jeans und trug ein bemerkenswert gewöhnliches T-Shirt, so dass er auf angenehme Weise auch bei einem Picknick am MIT nicht weiter aufgefallen wäre. Larry war ein Mann der nachdenklichen, leisen Töne, und sein freundliches Lächeln half mir, mich zu entspannen, statt mich eingeschüchtert zu fühlen. Am 18. Juli 2015 begegneten wir uns zufällig im Napa Valley auf einer Party, die Elon Musk und seine damalige Frau Talulah gaben, und führten ein Gespräch über die analfixierten Interessen unserer Kinder. Ich empfahl ihm den tiefgründigen literarischen Klassiker *The Day My Butt Went Psycho* (im Deutschen etwa: Der Tag, an dem mein Hintern durchdrehte) von Andy Griffiths, und Larry bestellte das Buch auf der Stelle. Mir schwindelte, als ich mir klarmachte, dass er womöglich als einflussreichster Mensch, der je gelebt hat, in die Geschichte eingehen könnte. Denn ich schätze, falls superintelligentes digitales Leben noch zu meinen Lebzeiten unser Universum überfluten sollte, wird sich dieses Ereignis auf die Entscheidungen von Larry Page zurückführen lassen.

Mit unseren Frauen Lucy und Meia aßen wir schließlich gemeinsam und diskutierten, ob Maschinen zwangsläufig bewusstseinsfähig sein werden, ein Thema, das Larry als Ablenkungsmanöver bezeichnete. Am späten Abend entzündete sich

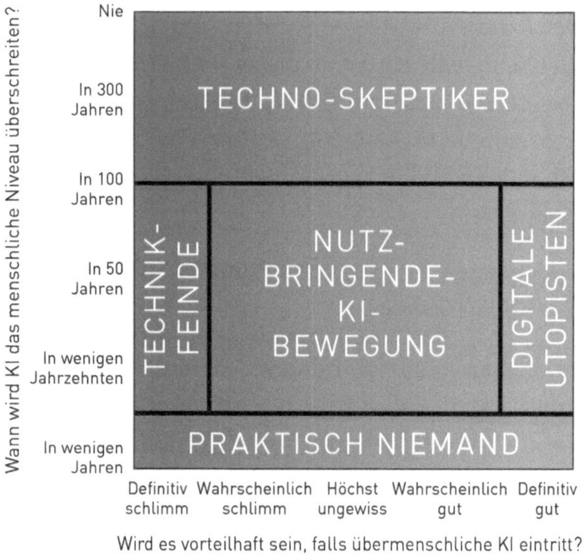

Abb. 1.2 Die meisten Kontroversen, in denen es um starke Künstliche Intelligenz geht (die es bei jeder beliebigen kognitiven Aufgabe mit einem Menschen aufnehmen kann), konzentrieren sich auf zwei Fragen: Wann (falls überhaupt) wird sie stattfinden, und wird sie sich als gut für die Menschheit erweisen? Techno-Skeptiker und digitale Utopisten stimmen darin überein, dass wir uns keine Sorgen machen sollten, allerdings aus unterschiedlichen Gründen. Erstere sind überzeugt, dass Allgemeine Künstliche Intelligenz (AKI) auf menschlichem Niveau in absehbarer Zukunft nicht eintreten werde, während Letztere glauben, sie werde stattfinden, aber sozusagen mit garantiert gutem Ende für die Menschheit. Die Nutzbringende-KI-Bewegung hat das Gefühl, dass Bedenken berechtigt und sinnvoll sind, weil Forschung und Debatten zur KI-Sicherheit inzwischen die Chancen auf ein gutes Ergebnis erhöhen. Technikfeinde sind von einem schlechten Ergebnis überzeugt und lehnen KI ab. Diese Abbildung ist zum Teil durch Tim Urban angeregt worden.*

* Vgl. Tim Urban, »The AI Revolution: Our Immortality or Extinction?«, in: *Wait But Why* (27. Januar 2015), https://waitbutwhy.com/2015/01/artificial-intelligence-revolution-2.html (letzter Zugriff: 3. 9. 2107).

nach etlichen Cocktails eine lange und geistreiche Debatte über die Zukunft der KI und die zu ergreifenden Maßnahmen zwischen ihm und Elon. In den frühen Morgenstunden wuchs der Kreis der Schaulustigen und Kiebitze an. Larry verteidigte leidenschaftlich die Position, die ich als *digitalen Utopismus* bezeichnen möchte: Sie besagt, dass das digitale Leben der nächste Schritt der kosmischen Evolution sei, und wenn wir digitalen Intellekten Freiheit gewährten, anstatt zu versuchen, sie aufzuhalten und zu versklaven, würde die ganze Angelegenheit mit ziemlicher Sicherheit gut ausgehen. Meiner Ansicht nach ist Larry der einflussreichste Verfechter des digitalen Utopismus. Falls sich das Leben jemals über unsere Galaxie und darüber hinaus ausbreiten sollte, was er für wünschenswert hielt, dann müsste es dies, so behauptete er, in digitaler Form tun. Was ihn umtrieb, war der Gedanke, dass KI-Paranoia die digitale Utopie hinauszögern oder sogar die Vereinnahmung der KI durch das Militär verursachen könnte, wodurch sie mit dem Google-Slogan »Sei nicht böse« in Konflikt geriete. Elon hielt dagegen und bat Larry, Details seines Arguments preiszugeben, weshalb er zum Beispiel so zuversichtlich sei, dass das digitale Leben nicht alles zerstören würde, was uns am Herzen liegt. Manchmal bezichtigte Larry Elon, ein »Spezieist« zu sein, das heißt, bestimmte Lebensformen als unterlegen zu bezeichnen, nur weil ihre Grundlage Silizium ist und nicht Kohlenstoff. Wir werden in Kapitel 4 diese interessanten Themen und Argumente erneut aufgreifen und im Detail erkunden.

Wenngleich diejenigen, die an diesem warmen Sommerabend am Pool nicht Larrys Meinung teilten, in der Mehrzahl waren, hat der digitale Utopismus, den er so redegewandt vertrat, viele prominente Fürsprecher. Der Roboteringenieur und Futurist Hans Moravec inspirierte eine ganze Generation digitaler Utopisten mit seinem Klassiker *Mind Children* von 1988, eine Tradition, die von dem Erfinder Ray Kurzweil fortgesetzt und verfeinert wurde. Richard Sutton, einer der Pioniere auf dem der KI untergeordneten Gebiet des bestärkenden Lernens, hielt auf unserer Konferenz in Puerto Rico, von der ich gleich erzählen werde, eine leidenschaftliche Rede zur Verteidigung des digitalen Utopismus.

Techno-Skeptiker

Eine weitere prominente Gruppe von Denkern macht sich ebenfalls keine Sorgen um die KI, aber aus völlig anderen Gründen: Sie glauben, die Erstellung einer übermenschlichen KI sei derart anspruchsvoll, dass sie in den nächsten hundert Jahren nicht zu erwarten sei. Daher finden sie es absurd, sich jetzt darüber den Kopf zu zerbrechen. Ich bezeichne dies als die *techno-skeptische* Position, die Andrew Ng eloquent so formuliert hat: »Das Auftauchen von Killerrobotern zu fürchten, kommt der Angst vor einer Überbevölkerung auf dem Mars gleich.« Andrew war bis zum Frühjahr 2017 der wissenschaftliche Leiter von Baidu, Chinas Google. Als ich kürzlich auf einer Konferenz in Boston mit ihm sprach, wiederholte er dieses Argument. Außerdem erzählte er mir, er habe das Gefühl, dass Angst vor KI-Risiken eine potentiell gefährliche Ablenkung sei, die den Fortschritt der KI verzögern könnte. Ähnliche Empfindungen sind von weiteren Techno-Skeptikern geäußert worden, zum Beispiel von Rodney Brooks, dem ehemaligen MIT-Professor hinter dem Roomba-Staubsaugerroboter und dem Industrieroboter von Baxter. Ich finde es bemerkenswert, dass sich digitale Utopisten und Techno-Skeptiker trotz der gemeinsam vertretenen Position, KI sei bedenkenlos, ansonsten über so wenig einig sind. Die meisten Utopisten glauben, AKI auf menschlichem Niveau könne innerhalb der nächsten 20 bis 100 Jahre realisiert werden, was die Techno-Skeptiker als naive, unrealistische Hoffnung abtun und die prophezeite Singularität häufig als »Entrückung der Geeks« verspotten. Als ich auf einer Geburtstagsfeier im Dezember 2014 Rodney Brooks kennenlernte, erzählte er mir, er sei sich hundertprozentig sicher, sie würde nicht mehr zu meinen Lebzeiten eintreffen. »Sind Sie sich sicher, dass Sie nicht 99 Prozent meinen?«, fragte ich ihn in einer späteren E-Mail, auf die er antwortete: »Keine kümmerlichen 99 Prozent. Hundert Prozent. Sie wird schlicht und ergreifend nicht stattfinden.«

Die Nutzbringende-KI-Bewegung

Als ich Stuart Russell erstmals im Juni 2014 in einem Pariser Café traf, machte er auf mich den Eindruck eines typischen britischen Gentleman. Redegewandt, nachdenklich, mit leiser Stimme sprechend, aber mit einem abenteuerlustigen Schimmern in den Augen kam er mir wie eine moderne Inkarnation von Phileas Fogg vor, dem Helden meiner Kindheit aus dem Klassiker *Reise um die Erde in 80 Tagen* von Jules Verne aus dem Jahr 1873. Obwohl er einer der berühmtesten lebenden KI-Forscher ist und als Koautor das Standardlehrbuch zum Thema geschrieben hat, nahm er mir mit seiner Bescheidenheit und Wärme schon bald jede Befangenheit. Er erklärte mir, wie der Fortschritt in der KI-Forschung ihn davon überzeugt habe, dass die AKI auf menschlichem Niveau in diesem Jahrhundert eine reale Möglichkeit sei. Aber trotz seines Optimismus, meinte er, könne er doch nicht garantieren, dass die Sache gut ausgehen werde. Es gebe entscheidende Fragen, die zuerst noch beantwortet werden müssten, und diese seien so anspruchsvoll, dass wir jetzt mit den Forschungen dazu beginnen sollten, so dass wir Antworten parat hätten, wenn die Zeit dafür gekommen sei.

Heute gehören Stuarts Ansichten zum Mainstream, und viele Gruppen auf der ganzen Welt betreiben die Art von KI-Sicherheitsforschung, für die er plädiert. Aber das war nicht immer der Fall. Ein Artikel in der *Washington Post* bezeichnete 2015 als das Jahr, in dem die KI-Sicherheitsforschung populär wurde. Davor waren Debatten über KI-Risiken von etablierten

KI-Forschern häufig missverstanden und als technikfeindliche Panikmache abgetan worden, die darauf abzielte, den Fortschritt der KI zu behindern. Wie wir in Kapitel 5 noch untersuchen werden, wurden Befürchtungen, die denen Stuarts ähnelten, erstmals vor über einem halben Jahrhundert geäußert, und zwar vom Computerpionier Alan Turing und dem Mathematiker Irving J. Good, der mit Turing zusammenarbeitete, um während des Zweiten Weltkriegs die deutschen Codes zu knacken. Im vergangenen Jahrzehnt lag die Forschung zu solchen Themen hauptsächlich in den Händen einiger unabhängiger Denker, die keine professionellen KI-Forscher waren, wie zum Beispiel Eliezer Yudkowsky, Michael Vassar und Nick Bostrom. Ihre Arbeit hatte wenig Auswirkungen auf die meisten Mainstream-KI-Forscher, die dazu neigten, sich auf ihre täglichen Aufgaben zu konzentrieren und die KI-Systeme intelligenter zu machen, statt sich über die langfristigen Konsequenzen des Erfolgs Gedanken zu machen. Von den KI-Forschern, die ich kannte und die tatsächlich einige Befürchtungen hegten, zögerten viele aus Angst, als schwarzseherische Technikfeinde wahrgenommen zu werden, sie auszusprechen.

Ich hatte das Gefühl, dass sich diese polarisierte Situation verändern musste. Die ganze KI-Gemeinde sollte sich doch lieber zusammentun, um das Gespräch über die Erstellung nutzbringender KI zu prägen. Glücklicherweise war ich nicht allein. Im Frühjahr 2014 gründete ich zusammen mit meiner Frau Meia, meinem Physikerfreund Anthony Aguirre, der Harvard-Doktorandin Viktoriya Krakovna und dem Skype-Gründer Jaan Tallinn eine gemeinnützige Organisation namens *Future of Life Institute* (FLI).[2] Mit ihr verfolgten wir ein einfaches Ziel: Wir wollten sichergehen, dass es für das Leben eine Zukunft gebe, die so phantastisch wie möglich werden sollte. Vor allem hatten wir das Gefühl, dass Technik Leben die Macht verlieh, entweder zu gedeihen wie nie zuvor oder aber sich selbst zu zerstören, und wir zogen Ersteres vor.

Unser erstes Treffen am 15. März 2014 war eine Brainstorming-Session bei uns zu Hause mit rund dreißig Studenten, Professoren und anderen Denkern aus der Bostoner Gegend. Über Folgendes gab es einen breiten Konsens: Obwohl wir der Biotechnologie, Kernwaffen und dem Klimawandel Beachtung schenken wollten, sollte es unser vorrangiges Ziel sein, dazu beizutragen, dass die KI-Sicherheitsforschung sich etabliert. Damit niemand mehr das Thema ignorieren konnte, schlug mein MIT-Physikerkollege Frank Wilczek, der mit einem Nobelpreis für seine Arbeit über die Funktionsweise der Quarks ausgezeichnet worden war, vor, damit zu beginnen, eine Pressemitteilung zu schreiben. Ich sprach Stuart Russell an (den ich noch nicht kennengelernt hatte) und meinen Physikerkollegen Stephen Hawking. Beide stimmten zu, neben Frank und mir als Koautoren aufzutreten. Nach etlichen Bearbeitungen wurde unser Artikel von der *New York Times* und vielen anderen Zeitungen abgelehnt, so dass wir ihn auf meinem Blog bei der *Huffington Post* veröffentlichten. Zu meiner großen Freude schickte mir Arianna Huffington eine E-Mail mit den Worten: »Sind begeistert! Wir posten es an erster Stelle!« Diese Platzierung auf der Startseite löste in den Medien eine Welle der Berichterstattung über KI-Sicherheit aus, die den Rest des Jahres anhielt. Elon Musk, Bill Gates und andere Tech-Pioniere schalteten sich in die Debatte ein. Noch im Herbst erschien Nick Bostroms Buch *Superintelligenz – Szenarien einer kommenden Revolution* und heizte die öffentliche Diskussion weiter an.

Das nächste Ziel unserer FLI-Kampagne für die nutzbringende KI war die Organisation einer Konferenz mit den weltweit führenden KI-Forschern, in der Missverständnisse geklärt, ein Konsens geschmiedet und konstruktive Pläne erarbeitet werden konnten. Wir wussten, dass es schwierig werden würde, angesichts des umstrittenen Themas eine so illustre Ansammlung von Leuten davon zu überzeugen, zu einer Konferenz zu kommen, die von Außenstehenden organisiert worden war, die sie nicht einmal kannten. Wir bemühten uns redlich, schlossen die Medien von der Teilnahme aus, legten den Zeitpunkt auf den Januar und wählten einen Ferienort am Strand von Puerto Rico. Dank der Großzügigkeit von Jaan Tallinn war die Konferenz kostenlos, und wir gaben ihr einen Namen, der so neutral wie möglich klang: »Die Zukunft der KI: Chancen und Herausforderungen«. Am wichtigsten war unser Bündnis mit Stuart Russell, dem wir die Erweiterung des Organisationskomitees um eine Gruppe von KI-Führungspersonen aus der akademischen Welt und aus der Industrie verdankten, wozu auch Demis Hassabis von Goggles DeepMind gehörte, der gerade dabei war zu zeigen, dass eine KI einen Menschen sogar beim Go-Spiel schlagen konnte. Je näher ich Demis kennenlernte, umso klarer wurde mir, dass er von dem Ehrgeiz angetrieben war, KI nicht nur leistungsfähig, sondern auch nutzbringend zu gestalten.

Das Ergebnis unserer Bemühungen brachte eine bemerkenswerte intellektuelle Begegnung (Abbildung 1.3) hervor, die sogar unsere optimistischsten Erwartungen übertraf. Die KI-Forscher bekamen Gesellschaft von führenden Wirtschaftswissenschaftlern, Rechtswissenschaftlern, Tech-Pionieren (darunter Elon Musk) und anderen Denkern (einschließlich Vernor Vinge, der den Begriff »Singularität« geprägt hatte, mit dem wir uns in Kapitel 4 beschäftigen werden). Vielleicht war es der Sonne und dem Wein zuzuschreiben, vielleicht war aber auch einfach die Zeit reif: Trotz des umstrittenen Themas schälte sich ein Konsens heraus, den wir in einem offenen Brief[3] festschrieben, der schließlich von 8000 Leuten unterschrieben wurde, darunter ein veritables Who's Who der internationalen KI-Szene. Die Kernaussage des Briefes lief darauf hinaus, das Ziel der KI neu zu definieren. Es sollte keine unkontrollierte, sondern nutzbringende Intelligenz erschaffen werden. Obendrein enthielt der Brief eine detaillierte Liste mit Forschungsinhalten, die dieses Ziel nach einhelliger Meinung der

Abb. 1.3 Auf der Puerto-Rico-Konferenz vom Januar 2015 kam eine bemerkenswerte Gruppe von Forschern zusammen, die an Künstlicher Intelligenz und in ähnlichen Bereichen arbeiten. *Hintere Reihe, von links nach rechts:* Tom Mitchell, Seán Ó hÉigeartaigh, Huw Price, Shamil Chandaria, Jaan Tallinn, Stuart Russell, Bill Hibbard, Blaise Agüera y Arcas, Anders Sandberg, Daniel Dewey, Stuart Armstrong, Luke Muehlhauser, Tom Dietterich, Michael Osborne, James Manyika, Ajay Agrawal, Richard Mallah, Nancy Chang, Matthew Putman. *Die anderen Stehenden, von links nach rechts:* Marilyn Thompson, Rich Sutton, Alex Wissner-Gross, Sam Teller, Toby Ord, Joscha Bach, Katja Grace, Adrian Weller, Heather Roff-Perkins, Dileep George, Shane Legg, Demis Hassabis, Wendell Wallach, Charina Choi, Ilya Sutskever, Kent Walker, Cecilia Tilli, Nick Bostrom, Erik Brynjolfsson, Steve Crossan, Mustafa Suleyman, Scott Phoenix, Neil Jacobstein, Murray Shanahan, Robin Hanson, Francesca Rossi, Nate Soares, Elon Musk, Andrew McAfee, Bart Selman, Michele Reilly, Aaron VanDevender, Max Tegmark, Margaret Boden, Joshua Greene, Paul Christiano, Eliezer Yudkowsky, David Parkes, Laurent Orseau, JB Straubel, James Moor, Sean Legassick, Mason Hartman, Howie Lempel, David Vladeck, Jacob Steinhardt, Michael Vassar, Ryan Calo, Susan Young, Owain Evans, Riva-Melissa Tez, Janos Krámar, Geoff Anders, Vernor Vinge, Anthony Aguirre. *Sitzend*: Sam Harris, Tomaso Poggio, Marin Soljačić, Viktoriya Krakovna, Meia Chita-Tegmark. *Hinter der Kamera*: Anthony Aguirre (und ebenfalls mit Photoshop eingefügt von der Intelligenz auf menschlichem Niveau, die neben ihm sitzt).

Abb. 1.4 Obwohl die Medien schon häufig berichtet haben, Elon Musk stünde auf Kriegsfuß mit der KI-Gemeinde, gibt es in Wirklichkeit eine breite Übereinstimmung hinsichtlich der Notwendigkeit einer KI-Sicherheitsforschung. Hier teilt Tom Dietterich, der Präsident der Association for the Advancement of Artificial Intelligence (Gesellschaft für den Fortschritt Künstlicher Intelligenz) Elons Begeisterung für das neue KI-Sicherheitsforschungsprogramm, dessen Finanzierung Elon wenige Augenblicke zuvor zugesichert hatte.

Konferenzteilnehmer fördern würden. Die Nutzbringende-KI-Bewegung (BAI) fing an, sich zu etablieren. Wir werden ihre Fortschritte zu einem späteren Zeitpunkt im Buch weiter verfolgen.

Eine weitere wichtige Erkenntnis dieser Konferenz lautete: Die mit dem Erfolg der KI einhergehenden Fragen sind nicht nur intellektuell faszinierend, sondern auch moralisch bedeutsam, da sich unsere Entscheidungen potentiell auf die ganze Zukunft des Lebens auswirken können. Die moralische Tragweite der in der Vergangenheit von den Menschen getroffenen

Entscheidungen, war manches Mal groß, aber stets begrenzt gewesen: Selbst die beeindruckendsten Imperien gingen schließlich unter. So sicher, wie die Sonne am nächsten Morgen aufgehen würde, so sicher wussten vergangene Generationen, dass auch die Menschen der Zukunft aufstehen und ewige Geißeln wie Armut, Krankheit und Krieg in Angriff nehmen würden. Doch einige Redner in Puerto Rico behaupteten, dass unsere Zeit eine andere sein könnte. Zum ersten Mal, so sagten sie, könnten wir eine Technologie konstruieren, die mächtig genug sei, um diese Geißeln ein für alle Mal abzuschaffen – oder aber die Menschheit selbst auszulöschen. Wir könnten Gesellschaften kreieren, die wie nie zuvor auf der Erde gedeihen und wahrscheinlich auch nirgendwo sonst, oder es könnte einen kafkaesken globalen Überwachungsstaat geben, der so mächtig ist, dass er nie mehr gestürzt werden kann.

Missverständnisse

Als ich Puerto Rico verließ, war ich überzeugt, dass das Gespräch, das wir dort über die Zukunft der KI begonnen hatten, fortgeführt werden müsse, weil es das wichtigste Gespräch unserer Zeit ist.[4] Es ist die Debatte über die kollektive Zukunft von uns allen, daher sollte sie nicht auf KI-Forscher beschränkt bleiben. Deshalb schrieb ich dieses Buch. Ich schrieb es in der Hoffnung, dass Sie, meine liebe Leserin und mein lieber Leser, daran teilnehmen. In welcher Art von Zukunft möchten Sie leben? Sollten wir tatsächlich autonome tödliche Waffen entwickeln? Was halten Sie von der Automatisierung der Arbeit? Welchen Laufbahnratschlag würden Sie den Jugendlichen von heute geben? Ziehen Sie eine Gesellschaft vor, in der neue Jobs die alten ersetzen, oder eine ohne Arbeit, in der alle ein Leben des Müßiggangs und eines von Maschinen produzierten Wohlstands genießen? Wären Sie damit einverstanden, dass wir in ferner Zukunft Leben 3.0 erschaffen und es sich im Kosmos ausbreiten lassen? Werden wir intelligente Maschinen kontrollieren, oder werden sie uns kontrollieren? Werden intelligente Maschinen uns ersetzen, mit uns zusammenleben oder mit uns verschmelzen? Was wird es im Zeitalter der Künstlichen Intelligenz heißen, ein Mensch zu sein? Welche Bedeutung möchten Sie dem Menschen beimessen, und wie können wir die Zukunft dementsprechend gestalten?

Wie ich bereits erwähnte, gibt es faszinierende und umstrittene Punkte, über die sich selbst die führenden Experten nicht einig sind. Aber ich habe auch viele Beispiele langweiliger Pseudo-Kontroversen erlebt, bei denen sich die Leute missverstehen und aneinander vorbeireden. Um uns auf die wirklich interessanten Kontroversen und offenen Fragen zu konzentrieren, sollten wir damit beginnen, ein paar der geläufigsten Missverständnisse auszuräumen.

Im allgemeinen Sprachgebrauch gibt es etliche miteinander konkurrierende Definitionen für Begriffe wie »Leben«, »Intelligenz« und »Bewusstsein«, und viele Missverständnisse entstehen deshalb, weil die Menschen nicht erkennen, dass sie ein Wort auf zwei unterschiedliche Arten benutzen. Um sicherzugehen, dass Sie und ich nicht in diese Falle tappen, habe ich in Tabelle 1.1 einen Spickzettel notiert, der zeigt, wie ich bestimmte Schlüsselbegriffe in diesem Buch verwende. Einige dieser Definitionen werden erst in späteren Kapiteln genauer eingeführt und erklärt. Bitte beachten Sie, dass ich nicht behaupte, meine Definitionen seien besser als die irgendeines anderen Wissenschaftlers – ich möchte nur Verwirrung vermeiden, indem ich deutlich sage, was ich meine. Sie werden sehen, dass ich im Allgemeinen großzügige Definitionen verwende, die eine anthropozentrische Voreingenommenheit vermeiden und die sowohl auf Maschinen als auch auf Menschen angewendet werden können. Bitte sehen Sie sich diesen Spickzettel jetzt an und kehren Sie später hierher zurück, falls Sie sich über meinen

Gebrauch des einen oder anderen Wortes – vor allem in den Kapiteln 4 bis 8 – wundern.

Terminologie-Spickzettel

Leben	Prozess, der seine Komplexität aufrechterhalten und sich reproduzieren kann
Leben 1.0	Leben, das im Lauf der Evolution seine Hardware und Software entwickelt (biologische Stufe)
Leben 2.0	Leben, das im Lauf der Evolution seine Hardware entwickelt, aber einen großen Teil seiner Software selbst gestaltet (kulturelle Stufe)
Leben 3.0	Leben, das seine Hardware und Software selbst gestaltet (technologische Stufe)
Intelligenz	Fähigkeit, komplexe Ziele zu erreichen
Künstliche Intelligenz (KI)	Nichtbiologische Intelligenz
Eingeschränkte Intelligenz	Fähigkeit, eine limitierte Anzahl von Zielen zu erreichen, z. B. Schach zu spielen oder ein Auto zu fahren

Terminologie-Spickzettel

Allgemeine Intelligenz	Fähigkeit, praktisch jedes Ziel zu erreichen, einschließlich Lernen
Universelle Intelligenz	Fähigkeit, allgemeine Intelligenz durch Zugriff auf Daten und Quellen zu erwerben
Allgemeine Künstliche Intelligenz (AKI) [menschl. Niveau]	Fähigkeit, jede beliebige kognitive Aufgabe mindestens so gut zu erfüllen wie Menschen
KI auf menschl. Niveau	AKI
Starke KI	AKI
Superintelligenz	Weit über das menschliche Niveau hinausreichende allgemeine Intelligenz
Zivilisation	Sich gegenseitig beeinflussende Gruppe intelligenter Lebensformen
Qualia	Individuelle Augenblicke subjektiver Erfahrung
Ethik	Prinzipien, die unser Verhalten regeln
Teleologie	Erklärung von Dingen in Bezug auf ihre Ziele und Absichten, anstatt ihre Ursachen zu berücksichtigen

Terminologie-Spickzettel

Zielorientiertes Verhalten	Verhalten, das sich leichter durch seine Auswirkungen erklären lässt als durch seine Ursache
Ein Ziel haben	Zielorientiertes Verhalten zeigen
Eine Absicht haben	Den eigenen Zielen oder denen eines anderen Wesens dienen
Freundliche KI	Superintelligenz, deren Ziele mit den unseren übereinstimmen
Cyborg	Mensch-Maschine-Hybrid
Intelligenzexplosion	Rekursive Selbstverbesserung, die rasch zur Superintelligenz führt
Singularität	Intelligenzexplosion
Universum	Die Region des Weltalls, aus der das Licht Zeit gehabt hat, uns während der 13,8 Milliarden Jahre seit unserem Urknall zu erreichen

Tab. 1.1 Viele Missverständnisse hinsichtlich KI werden von Leuten verursacht, die die oben genannten Worte benutzen, jedoch Unterschiedliches damit meinen. Hier habe ich die Bedeutungen definiert, die sie in diesem Buch haben.

Zusätzlich zum terminologischen Durcheinander habe ich auch erlebt, dass viele Gespräche über KI durch einfache Verwechslungen scheiterten. Daher sollten wir die geläufigsten klären.

Zeitstrahlmythen

Betrachten wir zunächst den Zeitstrahl aus Abbildung 1.2: Wie lange wird es dauern, bis Maschinen die AKI auf menschlichem Niveau erheblich überschreiten werden? Hier lautet ein typisches Missverständnis, wir hätten ganz sicher eine Antwort auf diese Frage.

Ein populärer Mythos behauptet, wir könnten mit Sicherheit sagen, übermenschliche AKI würde noch in diesem Jahrhundert realisiert werden. In Wirklichkeit quillt Geschichte von technologischem Hype über. Wo sind denn die Fusionskraftwerke und die fliegenden Autos, die uns versprochen wurden und die wir längst haben müssten? Auch die KI hat wiederholt zu großen Hype abbekommen, sogar von einigen Begründern des Fachgebiets. So schrieben zum Beispiel John McCarthy (der den Begriff »Künstliche Intelligenz« prägte), Marvin Minsky, Nathaniel Rochester und Claude Shannon diese überaus optimistische Prognose, was im Lauf von zwei Monaten mit Steinzeitcomputern erreicht werden könnte:

> *Wir schlagen vor, im Laufe des Sommers 1956 zwei Monate lang eine Studie zur Künstlichen Intelligenz mit zehn Teilnehmern am Dartmouth College durchzuführen (…). Es soll ein Versuch unternommen werden, herauszufinden, wie man Maschinen dazu bringen kann, Sprache zu benutzen, Abstraktionen und Konzepte zu entwickeln, um bestimmte Probleme zu lösen, wie sie derzeit nur dem Menschen vorbehalten sind, und sich selbst weiter zu verbessern. Wir glauben, dass in dem einen oder anderen Problembereich bedeutsame Fortschritte erzielt werden können, wenn eine sorgfältig zusammengestellte Gruppe von Wissenschaftlern einen Sommer lang gemeinsam daran arbeitet.*[5]

Andererseits gibt es einen Gegenmythos, der besagt, dieses Jahrhundert würde uns *keine* übermenschliche AKI mehr bescheren. Forscher haben ein breites Spektrum von Schätzungen abgegeben, wie weit wir von übermenschlicher AKI entfernt sind, aber wir können angesichts der niedrigen Trefferquote derartiger technoskeptischer Vorhersagen bestimmt nicht mit großer Überzeugung behaupten, die Wahrscheinlichkeit für dieses Jahrhundert läge bei null. So sagte 1933 beispielsweise Ernest Rutherford, der wohl größte Nuklearwissenschaftler seiner Zeit – übrigens weniger als 24 Stunden vor Leó Szilárds Erfindung der nuklearen Kettenreaktion –, Kernenergie sei »blanker Unsinn«, und 1965 bezeichnete der britische Hofastronom Richard Woolley Gespräche über Raumfahrt als »absoluten Quatsch«. Die extremste Form dieses Mythos lautet, dass übermenschliche AKI niemals auftreten werde, weil sie physikalisch unmöglich sei. Allerdings wissen Physiker, dass ein Gehirn aus Quarks und Elektronen besteht, die wie ein leistungsfähiger Computer angeordnet sind, und dass es kein Naturgesetz gibt, das uns daran hinderte, noch intelligentere Quark-Klümpchen zu konstruieren.

Es gab einige Umfragen, in denen KI-Forscher um ihr Votum gebeten wurden, wie viele Jahre es ihrer Ansicht nach noch dauern werde, bis wir mit fünfzigprozentiger Wahrscheinlichkeit eine AKI auf menschlichem Niveau erreicht haben würden. Alle diese Studien kommen zum selben Schluss: Die weltbesten Experten sind sich uneinig, das heißt also, wir wissen es schlicht und ergreifend nicht. In einer Befragung der Wissenschaftler auf der KI-Konferenz in Puerto Rico lautete der durchschnittliche Jahrestipp 2055, doch einige Wissenschaftler meinten, es könnte noch ein paar Hundert Jahre länger dauern.

Ein ähnlicher Mythos meint, dass Leute, die sich mit KI auseinandersetzten, glauben, sie stünde nur noch wenige Jahre vor ihrer Realisierung. In Wirklichkeit glauben die meisten befragten Gelehrten, die übermenschliche AKI als Problem betrachten, dies dauerte mindestens noch ein paar Jahrzehnte. Allerdings weisen sie darauf hin, dass es klug sei, jetzt mit der Sicherheitsforschung zu beginnen, denn solange wir uns nicht hundertprozentig sicher seien, dass sie *nicht* mehr in diesem Jahrhundert realisiert werde, lohnt es sich, auf alle Fälle vorbereitet zu sein. Wie wir in diesem Buch noch sehen werden, sind viele Sicherheitsprobleme so anspruchsvoll, dass es Jahrzehnte dauern könnte, sie zu lösen. Daher ist es weise, sie lieber jetzt zu erforschen, als am Abend bevor irgendwelche Red Bull trinkenden Programmierer beschließen, eine AKI auf menschlichem Niveau einzuschalten.

Mythen über Kontroversen

Ein weiteres geläufiges Missverständnis besteht darin, dass die einzigen Menschen, die sich Sorgen um KI machten und KI-Sicherheitsforschung befürworteten, Technikfeinde seien, die nicht viel von KI verstünden. Als Stuart Russell dies während seiner Rede in Puerto Rico erwähnte, gab es großes Gelächter im Saal. Daran geknüpft ist die irrige Vorstellung, dass die Unterstützung von KI-Sicherheitsforschung heftig umstritten sei. In Wirklichkeit müssen die Leute, um eine bescheidene Investition in die KI-Sicherheitsforschung zu befürworten, nicht davon überzeugt werden, dass die Risiken hoch sind. Sie halten sie für notwendig, genauso wie sie eine bescheidene Investition in eine Feuerversicherung wegen der nicht zu vernachlässigenden Wahrscheinlichkeit, dass das Haus abbrennen könnte, als gerechtfertigt ansehen.

Meine persönliche Analyse läuft darauf hinaus, dass die Medien die Sicherheitsdebatte um die KI problematischer dargestellt haben, als sie in Wirklichkeit ist. Schließlich steigert Angst die Auflage, und Artikel, die aus dem Kontext gerissene Zitate verwenden, um den baldigen Untergang zu verkünden, können mehr Klicks erzeugen als nuancierte und ausgewogene

Kommentare. Daher neigen zwei Leute, die den Standpunkt des jeweils anderen nur aus Medienberichten kennen, zu der Annahme, dass sich ihre Ansichten viel stärker unterscheiden, als sie es tatsächlich tun. So könnte etwa ein Techno-Skeptiker, dessen einzige Informationen über Bill Gates' Position aus einer britischen Boulevardzeitung stammen, fälschlicherweise annehmen, Gates glaube an eine baldige Realisierung der Superintelligenz. Genauso könnte ein Anhänger der BAI, der nichts über Andrew Ngs Haltung weiß und nur das erwähnte Zitat von der Überbevölkerung auf dem Mars kennt, fälschlicherweise glauben, Ng kümmere sich nicht um KI-Sicherheit. Tatsächlich weiß ich persönlich, dass er sehr wohl darauf bedacht ist – die Crux ist nur: Da er glaubt, dass es länger bis zur Realisierung der KI dauern wird, tendiert er dazu, kurzfristige Herausforderungen der KI den langfristigen vorzuziehen.

Mythen über die Risiken

Ich verdrehte beim Lesen der *Daily Mail*-Schlagzeile die Augen: »Stephen Hawking warnt davor, der Aufstieg der Roboter könne katastrophal für die Menschheit sein«.[6] Ich habe aufgehört, die Artikel zu zählen, die ähnliche Nachrichten verbreiten. Normalerweise werden sie von einem böse dreinschauenden Roboter illustriert, der eine Waffe im Anschlag hält. Sie legen uns die Sorge nahe, dass Roboter die Macht übernehmen und uns töten könnten, weil sie bewusstseinsfähig und/oder böse geworden sind. Um zu etwas Erfreulicherem überzugehen: Eigentlich sind solche Artikel recht eindrucksvoll, weil sie auf prägnante Weise das Szenario resümieren, über das sich meine KI-Kollegen gerade *keine* Sorgen machen. Dieses Szenario vereint nicht weniger als drei unterschiedliche Missverständnisse: Die Sorge im Hinblick auf *Bewusstsein*, das *Böse* und *Roboter*.

Wenn Sie die Straße entlangfahren, haben Sie ein subjektives Erlebnis, was Farben, Klänge und dergleichen betrifft. Aber hat ein selbstfahrendes Auto ein subjektives Erlebnis? Hat ein selbstfahrendes Auto überhaupt irgendein Gefühl, oder sollte man es eher mit einem unbewussten Zombie vergleichen, ohne jedes subjektive Erleben? Obwohl das Geheimnis des Bewusstseins an sich interessant ist – und wir werden ihm das Kapitel 8 widmen –, hat es keine Bedeutung für KI-Risiken. Wenn Sie von einem fahrerlosen Auto über den Haufen gefahren werden, wird es für Sie keine Rolle spielen, ob es sich subjektiv bewusstseinsfähig fühlt. Auf dieselbe Weise beeinträchtigt uns Menschen das, was eine superintelligente KI *macht*, und nicht das, was sie subjektiv fühlt.

Die Angst vor Maschinen, die böse werden, stellt ein weiteres Ablenkungsmanöver dar. Wirklich besorgniserregend ist nicht Bosheit, sondern Kompetenz. Eine superintelligente KI ist definitionsgemäß sehr gut darin, ihre Ziele zu erreichen, was immer sie sein mögen, deshalb müssen wir sichergehen, dass ihre Ziele mit den unseren übereinstimmen. Wahrscheinlich sind Sie kein Ameisenhasser, der aus Bosheit Ameisen tottritt, doch wenn Sie der Leiter eines grünen Wasserkraftprojekts sind, und es muss ein Ameisenhügel in der Region überflutet werden: na ja, dumm gelaufen für die Ameisen. Die BAI möchte vermeiden, dass die Menschheit in die Position jener Ameisen gerät.

Das Missverständnis in Sachen Bewusstsein steht im Zusammenhang mit dem Mythos, Maschinen könnten keine Ziele haben. Maschinen können offenbar durchaus Ziele haben, und zwar in dem eingeschränkten Sinn, dass sie zielorientiertes Verhalten zeigen. Das Verhalten einer Wärmesuchrakete lässt sich am effizientesten als ein Ziel erklären, einen bestimmten Punkt zu treffen. Wenn Sie sich von einer Maschine bedroht fühlen, deren Ziele nicht mit den Ihren übereinstimmen, dann sind es haargenau Ziele in diesem eingeschränkten Sinn, die Ihnen Angst machen, und nicht die Frage, ob die Maschine bewusstseinsfähig ist und ihre Zielstrebigkeit auch erlebt. Wenn diese Wärmesuchrakete Sie verfolgt, dann würden Sie vermutlich nicht ausrufen: »Ich habe keine Angst, weil Maschinen keine Ziele haben können!«

Ich habe Sympathien für Rodney Brooks und die anderen Robotikpioniere, die sich von einer Panik verbreitenden Boulevardpresse ungerechterweise dämonisiert fühlen, denn manche Journalisten scheinen geradezu auf Roboter fixiert zu sein, ihre Artikel sind von böse anmutenden Stahl-Monstern mit leuchtend roten Augen geziert. In Wirklichkeit beschäftigt sich die BAI hauptsächlich nicht mit Robotern, sondern mit Intelligenz an sich, vor allem mit Intelligenz, deren Ziele nicht mit den unseren übereinstimmen. Um uns Schaden zuzufügen, braucht eine falsch ausgerichtete Intelligenz keinen Roboterkörper, sondern lediglich eine Internetverbindung – in Kapitel 4 werden wir erkunden, wie das die Überlistung der Finanzmärkte, die Überflügelung der Erfindungskraft menschlicher Forscher, die Manipulation menschlicher Führungskräfte und die Entwicklung von Waffen ermöglicht, die wir nicht einmal verstehen. Selbst wenn es physikalisch unmöglich wäre, Roboter zu bauen, könnte eine superintelligente und superreiche KI massenhaft Menschen bezahlen oder manipulieren, um ihren Anordnungen Folge zu leisten, wie es etwa in William Gibsons Sciencefiction-Roman *Neuromancer* geschieht.

Das Roboter-Missverständnis steht im Zusammenhang mit dem Mythos, dass Maschinen keine Kontrolle über Menschen ausüben können. Intelligenz ermöglicht Kontrolle: Wir Menschen kontrollieren Tiger nicht, weil wir stärker, sondern weil wir schlauer sind. Das heißt, wenn wir unsere Stellung als schlaueste Spezies auf unserem Planeten abgeben, dann ist es wahrscheinlich, dass wir auch die Kontrolle abgeben.

Abbildung 1.5 fasst alle diese geläufigen Missverständnisse zusammen, so dass wir ein für alle Mal auf sie verzichten und unsere Diskussionen mit Freunden und Kollegen auf die vielfältigen seriösen Kontroversen konzentrieren können – und die gibt es, wie wir noch sehen werden, in Hülle und Fülle!

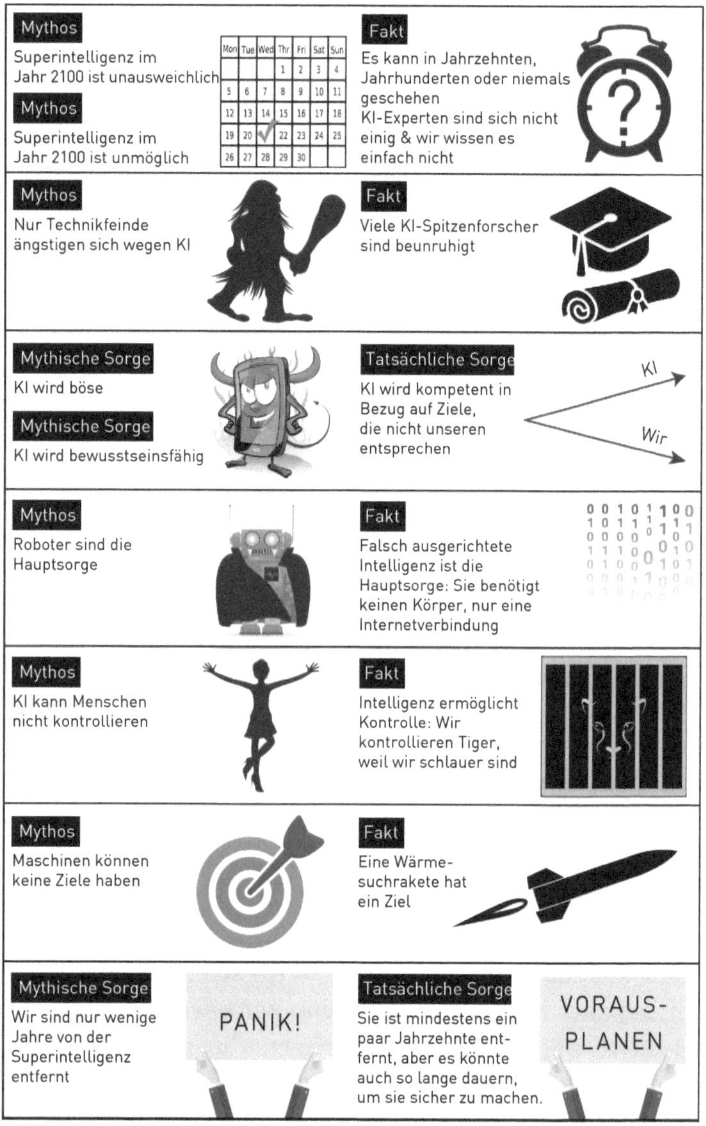

Abb. 1.5 Geläufige Mythen über superintelligente KI.

Der Weg vor uns

Im weiteren Verlauf des Buches werden Sie und ich gemeinsam die Zukunft des Lebens mit KI erforschen. Nehmen wir also dieses reichhaltige und vielschichtige Thema auf organisierte Weise in Angriff, indem wir zuerst die gesamte Geschichte des Lebens begrifflich und chronologisch untersuchen und anschließend die Ziele und Bedeutungen erkunden sowie die Frage stellen, wie wir handeln müssten, um die Zukunft zu erschaffen, die wir uns wünschen.

In Kapitel 2 werden wir die Grundlagen der Intelligenz untersuchen und sehen, wie scheinbar tumbe Materie neu arrangiert werden kann, um sich zu erinnern, zu rechnen und zu lernen. Während wir in die Zukunft voranschreiten, wird sich unsere Geschichte in viele Szenarien verzweigen, die durch die Antworten auf bestimmte Schlüsselfragen definiert sind. Abbildung 1.6 fasst die Kernfragen zusammen, denen wir auf unserem Weg durch die Zeit hin zu potentiell perfektionierter KI begegnen werden.

Unmittelbar heute müssen wir uns fragen, ob wir ein KI-Wettrüsten beginnen wollen und wie wir die KI-Systeme von morgen fehlerfrei und stabil machen können. Sollten die wirtschaftlichen Auswirkungen der KI stärker werden, müssen wir obendrein entscheiden, wie wir unsere Gesetze modernisieren können und welchen Berufstipp wir Jugendlichen geben, so dass sie es von vornherein vermeiden, Jobs anzunehmen, die bald schon automatisiert sein werden. Solche kurzfristigen Fragen werden wir in Kapitel 3 erforschen.

Falls sich der KI-Fortschritt auf menschliche Ebenen erstrecken sollte, dann müssen wir uns außerdem fragen, wie wir sicherstellen können, dass die KI nutzbringend ist, und ob wir eine Freizeitgesellschaft kreieren sollten, die auch ohne Jobs gedeiht. Das wirft zudem die Frage auf, ob eine Intelligenzexplosion oder vielmehr ein langsames, aber stetiges Wachstum

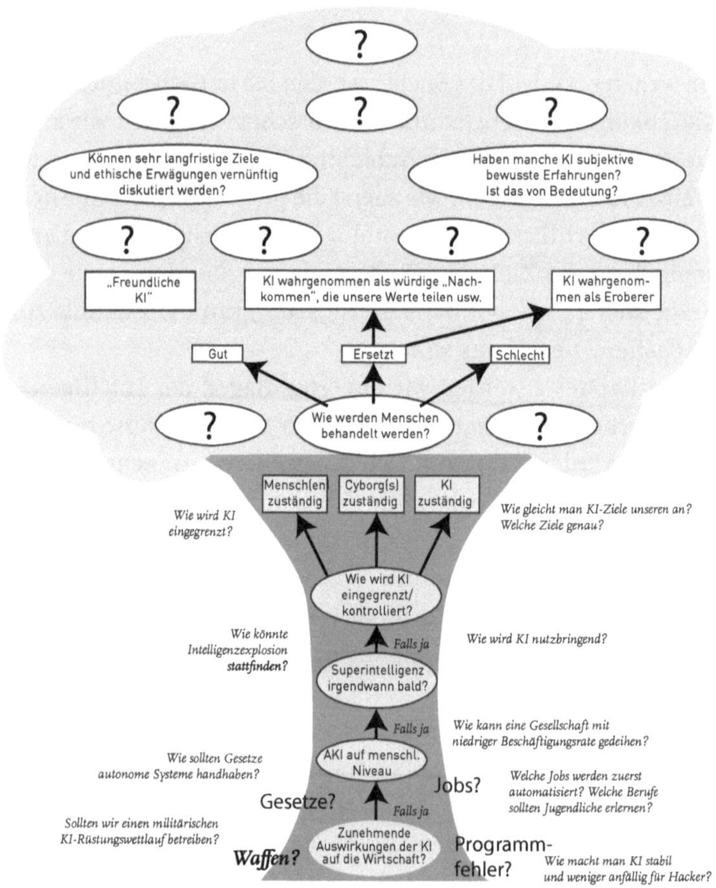

Abb. 1.6 Welche KI-Fragen interessant sind, hängt davon ab, wie fortschrittlich KI wird und welche Verzweigung unsere Zukunft nimmt.

die AKI über menschliches Niveau hinaus katapultieren kann. Wir werden in Kapitel 4 eine Vielzahl solcher Szenarien untersuchen und das Spektrum der Möglichkeiten für die Nachwirkung in Kapitel 5 verfolgen, wobei es wohl um dystopische bis utopische Entwürfe geht. Wer ist zuständig – Menschen, KI oder Cyborgs? Werden Menschen gut oder schlecht behandelt werden? Werden wir ersetzt und, falls dem so sein sollte, nehmen wir unsere »Ersatzleute« als Eroberer oder als würdige Nachkommen wahr? Ich bin sehr neugierig, welche der Szenarien in Kapitel 5 Sie persönlich bevorzugen! Ich habe eine Website eingerichtet, wo Sie Ihre Ansichten miteinander teilen und sich am Gespräch beteiligen können.[7]

In Kapitel 6 werden wir uns schließlich Jahrmilliarden in die Zukunft versetzen, wo wir ironischerweise solidere Schlussfolgerungen ziehen können als in den vorangegangenen Kapiteln, da die endgültigen Grenzen des Lebens in unserem Universum nicht von Intelligenz, sondern von Naturgesetzen gezogen werden.

Nachdem wir unsere Erkundung der Geschichte der Intelligenz beendet haben, werden wir den letzten Teil des Buches der Betrachtung widmen, welche Art von Zukunft wir anstreben sollten und wie man dort hingelangen kann. Um in der Lage zu sein, harte Fakten mit Fragen des Zwecks und der Bedeutung zu verknüpfen, analysieren wir die physikalische Grundlage von Zielen in Kapitel 7 und das Bewusstsein in Kapitel 8. Im Epilog schließlich erforschen wir, was jetzt bereits getan werden kann, um zur Erschaffung der Zukunft beizutragen, die wir uns wünschen.

Falls Sie zu den Lesern gehören, die gern hin und her springen, sollten Sie wissen, dass die meisten Kapitel in sich relativ geschlossen sind, sobald Sie die Terminologie und die Definitionen aus diesem ersten Kapitel und vom Anfang des nächsten erfasst haben. Wenn Sie ein KI-Forscher sind, können Sie, wenn Sie wollen, das ganze 2. Kapitel auslassen mit Ausnahme der

		Kurze Kapitelüberschrift	Thema	Stand
		Einleitung: Geschichte des Omega-Teams	Denkanstoß	Extrem spekulativ
Die Geschichte der Intelligenz	1	Das Gespräch	Hauptideen, Terminologie	
	2	Materie wird intelligent	Grundlagen der Intelligenz	Nicht sehr spekulativ
	3	KI, Wirtschaft, Waffen und Gesetz	Nahe Zukunft	
	4	Intelligenzexplosion?	Szenarien mit Superintelligenz	
	5	Nachwirkung	Die nächsten 10 000 Jahre	Extrem spekulativ
	6	Unsere kosmische Mitgift	Die nächsten Jahrmilliarden	
Die Geschichte der Bedeutung	7	Ziele	Geschichte zielorientierten Verhaltens	Nicht sehr spekulativ
	8	Bewusstsein	Natürliches & künstliches Bewusstsein	Spekulativ
		Epilog: Geschichte des FLI-Teams	Was sollten wir tun?	Nicht sehr spekulativ

Abb. 1.7 Struktur des Buches.

Intelligenzdefinitionen am Anfang. Sollte Ihnen das Thema KI neu sein, werden die Kapitel 2 und 3 Ihnen die Argumente dafür liefern, warum die Kapitel 4 bis 6 nicht als unmögliche Sciencefiction abgetan werden können. Abbildung 1.7 fasst zusammen, an welche Stelle des Spektrums zwischen Fakten und Spekulationen die unterschiedlichen Kapitel gehören.

Eine faszinierende Reise erwartet uns. Fangen wir an!

Fazit

- >> Das Leben, definiert als ein Prozess, der seine Komplexität bewahren und sich reproduzieren kann, entwickelt sich in drei Stufen: eine biologische Stufe (1.0), auf der sich seine Hardware und Software im Lauf der Evolution entwickeln, eine kulturelle Stufe (2.0), auf der es seine Software (durch Lernen) selbst gestalten kann, und eine technologische Stufe (3.0), auf der es auch seine Hardware selbst gestalten und so sein eigenes Schicksal meistern kann.
- >> Künstliche Intelligenz könnte es uns ermöglichen, Leben 3.0 noch in diesem Jahrhundert wahr werden zu lassen. Plötzlich ist ein faszinierendes Gespräch entstanden, wie unsere Zukunft aussehen sollte und wie wir unsere Ziele verwirklichen können. Innerhalb der Auseinandersetzung gibt es drei Lager: die Techno-Skeptiker, die digitalen Utopisten und die BAI.
- >> Techno-Skeptiker erachten die Erstellung einer übermenschlichen AKI als derart anspruchsvoll, dass sie nicht in den nächsten Jahrhunderten erreicht werden wird, was eventuelle Ängste vor ihr (und dem Leben 3.0) zum jetzigen Zeitpunkt absurd erscheinen lässt.
- >> Digitale Utopisten halten Leben 3.0 noch in diesem Jahrhundert für möglich und betrachten es als den natürlichen und wünschenswerten nächsten Schritt in der kosmischen Evolution.
- >> Die BAI hält ebenfalls an diesem Jahrhundert fest, mag allerdings ein gutes Ergebnis nicht garantieren, sondern betrachtet es als etwas, für das durch harte Arbeit in Form von KI-Sicherheitsforschung gesorgt werden muss.
- >> Jenseits solch seriöser Kontroversen, in denen sich die weltweit führenden Experten inhaltlich nicht einig sind, gibt es auch langweilige Pseudo-Kontroversen, die durch

Missverständnisse verursacht worden sind. So sollten Sie beispielsweise keine Zeit damit verschwenden, über »Leben«, »Intelligenz« oder »Bewusstsein« zu streiten, bevor Sie sich nicht vergewissert haben, dass Sie und Ihr Gesprächspartner dasselbe meinen, wenn Sie diese Worte benutzen! In diesem Buch verwende ich die in Tabelle 1.1 aufgeführten Definitionen.

>> Geben Sie außerdem Acht auf das geläufige Missverständnis in Abbildung 1.5: »Superintelligenz ist im Jahr 2100 unausweichlich/unmöglich. Nur Technikfeinde ängstigen sich um KI. Es geht um die Sorge, dass KI böse werden könnte und/oder bewusstseinsfähig, und sie ist nur noch wenige Jahre entfernt. Roboter sind unsere Hauptsorge. KI kann keine Menschen kontrollieren und hat keine Ziele.«

>> In den Kapiteln 2 bis 6 werden wir die Geschichte der Intelligenz erkunden, von ihren bescheidenen Anfängen vor mehreren Milliarden Jahren bis zu möglichen künftigen Jahrmilliarden, von heute aus betrachtet. Wir werden zunächst kurzfristige Herausforderungen wie Jobs, KI-Waffen und die Suche nach AKI auf menschlichem Niveau untersuchen, anschließend die Möglichkeiten eines faszinierenden Spektrums potentieller Zukunftsentwürfe mit intelligenten Maschinen und/oder Menschen – ich bin gespannt, welche Optionen Sie bevorzugen!

>> In den letzten drei Kapiteln werden wir von harten faktischen Beschreibungen zur Erforschung von Zielen, Bewusstsein und Bedeutung übergehen und Ermittlungen anstellen, was wir tun können, um die Zukunft zu erschaffen, die wir uns wünschen.

>> Ich halte dieses Gespräch über die Zukunft des Lebens mit KI für das wichtigste unserer Zeit – bitte beteiligen Sie sich!

Kapitel 2

Materie wird intelligent

Gib Wasserstoff genügend Zeit, und er verwandelt sich in Menschen.
Edward Robert Harrison, 1995

Eine der spektakulärsten Entwicklungen während der 13,8 Milliarden Jahre seit unserem Urknall ist die Tatsache, dass dumme und leblose Materie intelligent geworden ist. Wie konnte das geschehen, und um wie viel schlauer können die Dinge in der Zukunft noch werden? Was sagt die Wissenschaft über Geschichte und Schicksal der Intelligenz in unserem Universum? Um diese Fragen in Angriff nehmen zu können, sollten wir dieses Kapitel gemeinsam der Erkundung der Grundlagen und Bausteine der Intelligenz widmen. Was heißt es, wenn man sagt, ein Klumpen Materie sei intelligent? Was heißt es, wenn man sagt, ein Objekt könne sich erinnern, könne rechnen und lernen?

Was ist Intelligenz?

Meine Frau und ich hatten kürzlich das große Glück, an einem Symposium über Künstliche Intelligenz teilzunehmen, das von der schwedischen Nobelstiftung organisiert worden war. Als eine Diskussionsrunde führender KI-Forscher gebeten wurde, Intelligenz zu definieren, stritten sie sich ausgiebig, ohne zu einem Konsens zu gelangen. Wir fanden das ziemlich witzig: Selbst unter intelligenten Intelligenzforschern herrscht keine Einigkeit über die Beschaffenheit von Intelligenz! Es gibt also eindeutig keine unumstrittene »korrekte« Definition von Intelligenz. Stattdessen konkurrieren viele Konzepte miteinander. Dazu gehören die Fähigkeit zu logischem Denken, Verstehen, Planen, emotionales Wissen, Bewusstseinsfähigkeit, Kreativität, Problemlösen und Lernen.

In unserer Untersuchung über die Zukunft der Intelligenz wollen wir eine maximal umfassende und offene Perspektive einnehmen, die nicht auf die Arten von Intelligenz beschränkt sein soll, die es bis heute gibt. Deshalb ist die Definition, die ich im letzten Kapitel formulierte und die ich im gesamten Buch verwenden werde, äußerst umfassend:

Intelligenz = Die Fähigkeit, komplexe Ziele zu erreichen

Sie ist umfassend genug, um alle oben erwähnten Konzepte mit einzubeziehen, denn Verstehen, Bewusstseinsfähigkeit, Problemlösen, Lernen und dergleichen sind alles Beispiele für komplexe Ziele, die jemand haben kann. Sie ist außerdem weitläufig genug, um die Definition des Oxford-Wörterbuchs, »die Fähigkeit, Wissen und Fertigkeiten zu erwerben und anzuwenden« mit einzubeziehen, da ein Ziel lauten könnte, Wissen und Fertigkeiten anzuwenden.

Weil es viele mögliche Ziele gibt, gibt es auch viele mögliche Arten von Intelligenz. Nach unserer Definition ist es daher sinnlos, die Intelligenz von Menschen, nichtmenschlichen Tieren oder Maschinen anhand einer einzelnen Zahl wie beim IQ zu beziffern.[1] Was ist intelligenter: ein Computerprogramm, das nur Schach spielen kann, oder eines, das nur Go spielen kann? Darauf gibt es keine vernünftige Antwort, da beide Programme in unterschiedlichen Bereichen gut sind, die man nicht direkt miteinander vergleichen kann. Allerdings können wir sagen, ein drittes Programm sei intelligenter als die beiden anderen, falls es beim Erreichen *aller* Ziele mindestens so gut wie sie und grundsätzlich besser bei mindestens einer Aufgabe ist (sagen wir, beim Schach zu gewinnen).

Ebenso wenig ist es sinnvoll, darüber zu streiten, ob in Grenzfällen etwas intelligent ist oder nicht, zumal sich eine Fähigkeit über ein Spektrum hinweg ausbreitet und kein Alles-oder-nichts-Merkmal ist. Welche Leute besitzen die Fähigkeit, das Ziel des Sprechens zu erreichen? Neugeborene? Nein. Radiomoderatoren? Ja. Aber was ist mit Kleinkindern, die zehn Worte sprechen können? Fünfhundert Worte? Wo würden Sie die Grenzlinie ziehen? Ich habe in der obigen Definition absichtlich das schwammige Wort »komplex« benutzt, weil der Versuch, eine künstliche Linie zwischen Intelligenz und Nicht-Intelligenz zu ziehen, nicht sehr interessant ist. Viel nützlicher ist es hingegen, einfach den Grad der Fähigkeit zu beziffern, verschiedene Ziele zu erreichen.

Um unterschiedliche Intelligenzen in einem Klassifizierungssystem unterzubringen, müssen wir eine weitere entscheidende Differenzierung zwischen *begrenzter* und *umfassender* Intelligenz vornehmen. IBMs Schachcomputer Deep Blue, der 1997 Schachweltmeister Garri Kasparow entthronte, war zwar in der Lage, die sehr begrenzte Aufgabe des Schachspielens zu bewältigen, aber trotz seiner eindrucksvollen Hard- und Software konnte er noch nicht einmal ein vierjähriges Kind beim Tic-Tac-Toe-Spiel schlagen. Das KI-System DQN von Googles DeepMind kann eine etwas umfassendere Auswahl von Zielen erreichen: Es kann Dutzende uralter Atari-Computerspiele auf menschlichem Niveau und besser spielen. Im Gegensatz dazu ist demnach menschliche Intelligenz unvergleichlich viel umfassender und imstande, eine umwerfende Palette von Fertigkeiten zu meistern. Ein gesundes Kind kann mit genügend Trainingszeit nicht nur in jedem beliebigen Spiel gut werden, sondern auch in jeder Sprache, in jeder Sportart oder in jedem Beruf. Vergleicht man heutzutage die Intelligenz von Menschen und Maschinen, gewinnen wir Menschen zweifellos um Haaresbreite, während uns die Maschinen in wenigen begrenzten Bereichen übertreffen. Doch werden es künftig mehr Bereiche sein, was in Abbildung 2.1 veranschaulicht wird. Der Heilige Gral der KI-Forschung ist die Konstruktion »Allgemeine KI« (besser bekannt als *Allgemeine Künstliche Intelligenz*; AKI), die maximal umfassend und in der Lage ist, praktisch jedes Ziel zu erreichen, einschließlich Lernen. Wir werden das ausführlich in Kapitel 4 behandeln. Den Begriff »AKI« haben die KI-Forscher Shane Legg, Mark Gubrud und Ben Goertzel populär gemacht. Sie meinen damit genauer gesagt Allgemeine Künstliche Intelligenz *auf menschlichem Niveau*: die Fähigkeit, jedes beliebige Ziel mindestens so gut wie Menschen zu realisieren.[2] Ich übernehme ihre Definition, und sofern ich das Akronym nicht ausdrücklich differenziere (indem ich beispielsweise »übermenschliche AKI« schreibe), werde ich AKI als Abkürzung für »AKI auf menschlichem Niveau« verwenden.[3]

Obwohl das Wort »Intelligenz« tendenziell positive Konnotationen hat, ist es wichtig, zur Kenntnis zu nehmen, dass wir den Begriff in einer völlig wertneutralen Weise verwenden, nämlich als Fähigkeit, komplexe Ziele zu erreichen, unabhängig davon, ob diese Ziele als gut oder schlecht betrachtet werden. Deshalb kann eine intelligente Person sehr gut darin sein, Menschen zu helfen oder sie zu verletzen. In Kapitel 7 werden wir uns mit dem Thema Ziele beschäftigen. In diesem Zusammenhang müssen wir außerdem die Spitzfindigkeit aufklären, um wessen Ziele es hier geht. Nehmen wir an, Ihr künftiger fabrikneuer persönlicher Roboter-Assistent verfolgt überhaupt keine eigenen Ziele, wird aber alles tun, was Sie von ihm verlangen, also bitten Sie ihn, ein perfektes italienisches Gericht zu kochen. Wenn er online italienische Rezepte recherchiert, herausfindet, wie man zum nächstgelegenen Supermarkt kommt, wie man Pasta abseiht und so weiter, und er anschließend erfolgreich die Zutaten besorgt und eine wohlschmeckende Mahlzeit

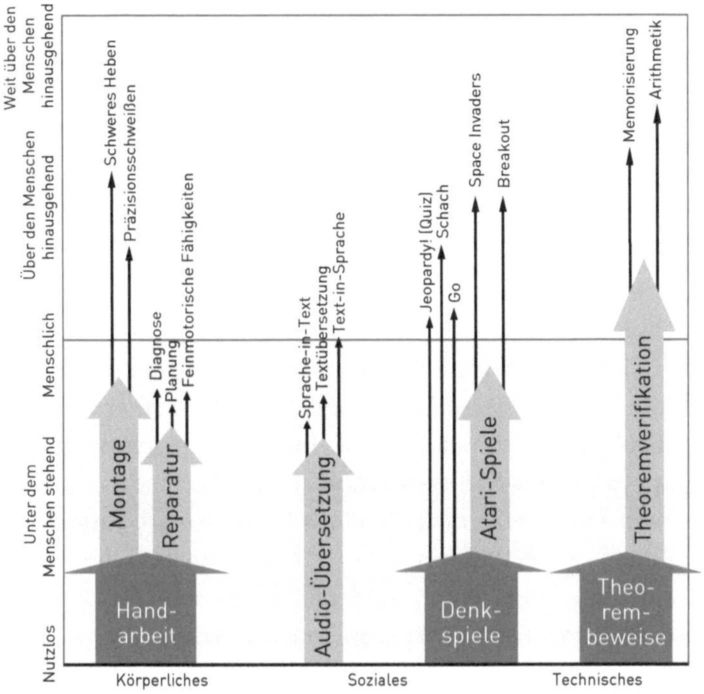

Abb. 2.1 Intelligenz, definiert als Fähigkeit, komplexe Ziele zu erreichen, lässt sich nicht durch einen einzelnen IQ messen, sondern nur anhand eines Fähigkeitenspektrums, das alle Ziele umfasst. Jeder Pfeil zeigt an, wie qualifiziert die besten KI-Systeme von heute beim Erreichen unterschiedlicher Ziele sind, und veranschaulicht, dass heutige Künstliche Intelligenz dazu tendiert, *begrenzt* zu sein, wobei jedes System nur sehr spezifische Ziele erreichen kann. Im Gegensatz dazu ist die menschliche Intelligenz bemerkenswert breit gefächert: Ein gesundes Kind kann in fast allen Bereichen lernen, besser zu werden.

zubereitet, finden Sie ihn vermutlich intelligent, obwohl es ursprünglich Ihr Ziel war. In Wirklichkeit hat er, nachdem Sie Ihren Wunsch formuliert hatten, Ihr Ziel übernommen und dann Hierarchien seiner eigenen Teilziele aufgestellt, vom Zahlen beim Kassierer bis zum Reiben des Parmesankäses. Insofern ist intelligentes Verhalten unausweichlich mit Zielerreichung verbunden.

Es ist uns geläufig, die Schwierigkeit von Aufgaben im Verhältnis zur Mühe einzustufen, die es uns bereitet, sie zu erfüllen, siehe Abbildung 2.1. Was allerdings irreführende Vorstellungen darüber heraufbeschwören kann, wie schwer dieselben Aufgaben für Computer sind. Es fühlt sich viel schwieriger an, 314 159 mit 271 828 zu multiplizieren, als einen Freund auf einem Foto zu erkennen. Dennoch schlagen uns Computer bei arithmetischen Problemen vernichtend, und das schon lange, bevor ich geboren wurde, während Bilderkennung auf menschlichem Niveau erst vor kurzem möglich wurde. Die Tatsache, dass sensomotorische Aufgaben leicht zu sein scheinen, obwohl dafür enorme Rechnerkapazitäten erforderlich sind, ist als das *Moravec'sche Paradox* bekannt. Es besagt, dass unser Gehirn uns solche Aufgaben als leicht empfinden lässt, weil es dafür enorme Mengen maßgeschneiderter Hardware zur Verfügung stellt – und dafür mehr als ein Viertel des Gehirns nutzt.

Ich liebe diese Metapher von Hans Moravec und erlaube mir die Freiheit, sie in Abbildung 2.2 zu veranschaulichen:

> *Computer sind universelle Maschinen, ihr Potential erstreckt sich gleichförmig über einen grenzenlosen Aufgabenbereich. Im Vergleich dazu sind menschliche Potentiale auf Gebieten stark, die lange Zeit überlebenswichtig waren, aber schwach in Dingen, die noch weit entfernt sind. Stellen Sie sich eine »Landschaft der menschlichen Kompetenz« vor: Es gibt Tiefebenen, die mit »Arithmetik« und »Auswendiglernen« gekennzeichnet*

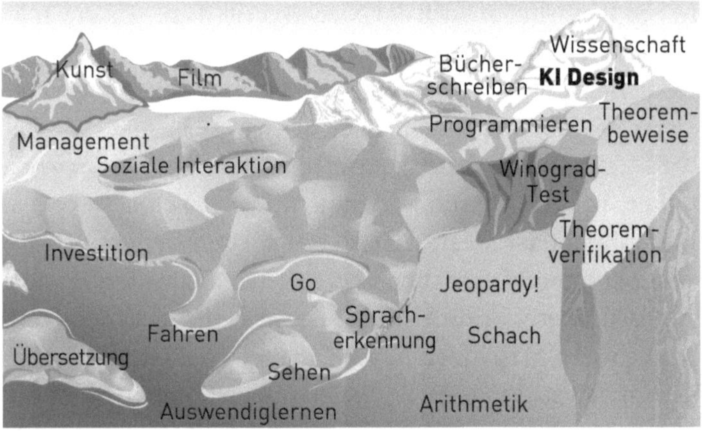

Abb. 2.2 Illustration der »Landschaft menschlicher Kompetenz« von Hans Moravec, wo Erhebungen die Schwierigkeiten für Computer darstellen, während der Anstieg des Meeresspiegels anzeigt, was Computer schon können. (Einige Gipfelkompetenzen wurden vom Autor angepasst.)

sind, Gebirgsausläufer heißen »Theorembeweise« und »Schach«, während Berggipfel mit den Aufschriften »Fortbewegung«, »Augen-Hand-Koordination« und »Soziale Interaktion« versehen sind. Fortschreitende Computerleistung ist wie Wasser, das die Landschaft überflutet. Vor fünfzig Jahren fing es an, die Tiefebenen zu überschwemmen und menschliche Rechner und Protokollführer überflüssig zu machen, während die meisten von uns noch auf dem Trockenen blieben. Inzwischen hat die Flut die Gebirgsausläufer erreicht, und unsere Außenposten dort hegen Rückzugsgedanken. Auf unseren Gipfeln fühlen wir uns sicher, aber auch diese werden bei dem gegenwärtigen Tempo innerhalb der nächsten fünfzig Jahre unter Wasser liegen. Ich schlage vor, bis dieser Tag naht, sollten wir Archen bauen und uns an ein Seefahrerleben gewöhnen![4]

In den Jahrzehnten nach der Niederschrift dieser Passagen ist der Meeresspiegel, wie Moravec es vorhersagte, unablässig gestiegen – wie die globale Erwärmung auf Steroiden –, und einige dieser Vorgebirge (einschließlich Schach) stehen längst unter Wasser. Was als Nächstes kommt und wie wir damit umgehen sollten, werden wir von jetzt an in diesem Buch besprechen.

Während der Meeresspiegel steigt, könnte er eines Tages einen Kipppunkt erreichen und einen dramatischen Wandel auslösen. Dieser kritische Meeresspiegel entspricht dem Zeitpunkt, wenn Maschinen in der Lage sein werden, KI-Design handzuhaben. Vor dem Erreichen dieses Kipppunkts ist der Anstieg des Meeresspiegels von *Menschen* verursacht, die ihre Maschinen verbessern. Danach könnten *Maschinen* dafür verantwortlich sein, die potentiell viel schneller, als Menschen es je tun könnten, das ganze Land unter Wasser setzen werden. Das ist die faszinierende und umstrittene Vorstellung von der *Singularität*, die wir mit Vergnügen in Kapitel 4 erforschen werden.

Der Computerpionier Alan Turing hat bekanntlich Folgendes bewiesen: Falls ein Computer ein gewisses absolutes Minimum an Operationen durchführen kann und anschließend genug Zeit und Speicher zur Verfügung hat, kann er darauf programmiert werden, alles zu tun, was *jeder beliebige* andere Computer tun kann. Maschinen, die diese entscheidende Schwelle überschreiten, werden *universelle Computer* (oder universelle Turingmaschinen) genannt. Sämtliche heutigen Smartphones und Laptops sind in diesem Sinn universell. Dementsprechend möchte ich mir die kritische Intelligenzschwelle, die für KI-Design erforderlich ist, als die Schwelle für *universelle Intelligenz* vorstellen: Mit ausreichend Zeit und Rechnerkapazitäten ausgestattet, kann sie sich selbst dazu ermächtigen, jedes Ziel zu erreichen – genauso wie *jedes beliebige* andere intelligente Wesen. Sollte sie sich zum Beispiel dafür entscheiden, bessere Sozialkompetenzen, Vorhersagefähigkeiten oder

KI-Designkenntnisse zu erwerben, dann kann sie das tun. Mit anderen Worten: Universelle Intelligenz hat das Potential, sich zum Leben 3.0 zu entwickeln.

Die herkömmliche Weisheit unter KI-Forschern lautet, Intelligenz laufe letztlich auf Informationen und Rechnen hinaus und habe nichts mit Fleisch, Blut oder Kohlenstoffatomen zu tun. Das heißt, es gibt keinen vernünftigen Grund, warum Maschinen eines Tages nicht mindestens so intelligent sein können wie wir.

Aber was sind eigentlich Informationen und Rechnen angesichts der physikalischen Lehrmeinung, dass auf elementarer Ebene alles einfach nur Materie und Energie in Bewegung ist? Wie kann etwas derart Abstraktes, nicht Greifbares und Flüchtiges wie Information und Rechnen durch handfeste Materie verkörpert werden? Wie kann vor allem ein Haufen dummer Teilchen, der sich den Naturgesetzen entsprechend bewegt, ein Verhalten zeigen, das wir intelligent nennen würden?

Sollten Sie das Gefühl haben, dass die Antwort auf diese Frage auf der Hand liegt, und es für möglich halten, dass noch in diesem Jahrhundert Maschinen so intelligent wie Menschen sein werden – weil Sie beispielsweise ein KI-Forscher sind –, dann überspringen Sie den Rest dieses Kapitels und fahren Sie direkt mit Kapitel 3 fort. Ansonsten freut es Sie vielleicht zu wissen, dass ich die nächsten drei Abschnitte speziell für Sie geschrieben habe.

Was ist Gedächtnis/Speicher?

Wenn wir sagen, ein Atlas enthalte *Informationen* über die Welt, dann meinen wir damit, dass es eine Beziehung zwischen dem Zustand des Buches (insbesondere die Positionen bestimmter Moleküle, die den Buchstaben und Abbildungen ihre Farbe verleihen) und dem Zustand der Welt (zum Beispiel die Lage der

Kontinente) gibt. Lägen die Kontinente an anderen Positionen, dann wären auch die Moleküle an anderen Orten. Wir Menschen benutzen eine ganze Palette unterschiedlicher Instrumente, um Informationen zu speichern – von Büchern über Gehirne bis zu Festplatten –, und sie alle haben gemeinsam, dass sich ihr Zustand in eine für uns informative Beziehung zu dem Zustand anderer Dinge, die uns wichtig sind, bringen lässt.

Welche grundlegende physikalische Eigenschaft haben sie alle gemeinsam, die sie als Speichermedien, das heißt als Geräte zur Speicherung von Informationen, tauglich macht? Die Antwort lautet, dass sie alle *in vielen unterschiedlichen langlebigen Zuständen vorkommen können* – langlebig genug, um die Informationen zu verschlüsseln, bis sie gebraucht werden. Nehmen wir als ein einfaches Beispiel an, Sie legen einen Ball auf eine hügelige Oberfläche, die 16 unterschiedliche Täler hat wie in Abbildung 2.3. Sobald der Ball herunterrollt und zur Ruhe kommt, wird er an einem der 16 Orte liegen bleiben, so dass Sie seine Position als Möglichkeit nutzen können, sich eine beliebige Zahl zwischen 1 und 16 zu merken.

Dieses Speichergerät ist ziemlich stabil, denn selbst wenn es von äußeren Kräften ein wenig erschüttert und gestört werden sollte, bleibt der Ball wahrscheinlich im selben Tal liegen, in das Sie ihn gelegt haben, so dass Sie immer noch angeben können, welche Zahl gespeichert wird. Der Grund für die Stabilität dieses Speichers liegt in der Tatsache verankert, dass das Herausheben des Balls aus seinem Tal mehr Energie erfordert, als zufällige Störungen dies aller Voraussicht nach bewirken könnten. Genau diese Vorstellung ist nicht auf einen beweglichen Ball beschränkt und kann in einem viel allgemeineren Sinn für stabile Speicher sorgen: Die Energie komplizierter physikalischer Systeme kann von allen möglichen mechanischen, chemischen, elektrischen und magnetischen Eigenschaften abhängen, und solange Energie erforderlich ist, um den Systemzustand, den Sie gespeichert haben möchten, zu verän-

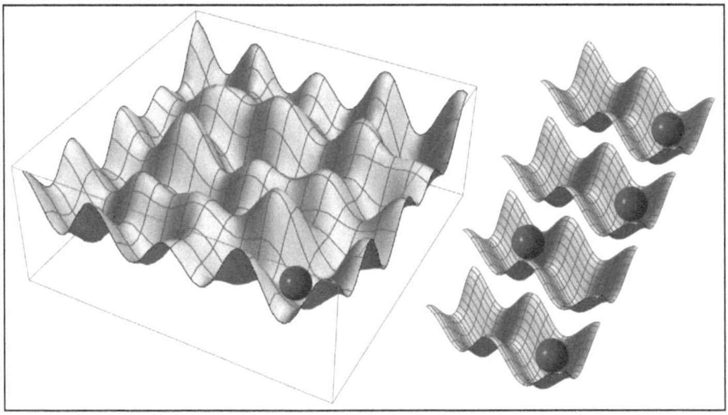

Abb. 2.3 Ein materielles Objekt ist ein nützliches Speichergerät, wenn es in vielen verschiedenen stabilen Zuständen auftreten kann. Der Ball auf der linken Seite kann vier Bits Informationen verschlüsseln und kennzeichnen, in welchem von $2^4 = 16$ Tälern er liegt. Zusammen verschlüsseln die vier Bälle auf der rechten Seite ebenfalls vier Bits Informationen – nämlich jeder ein Bit.

dern, wird dieser Zustand stabil bleiben. Deshalb haben Festkörper viele langlebige Zustände, während das bei Flüssigkeiten und Gasen nicht der Fall ist: Wenn Sie den Namen einer Person in einen goldenen Ring eingravieren, wird die Information auch noch Jahre später vorhanden sein, weil die Umgestaltung von Gold eine erhebliche Menge Energie kostet. Doch wenn Sie den Namen in die Oberfläche eines Teiches einschreiben, wird er innerhalb eines Momentes verschwunden sein, da das Wasser mühelos seine Oberfläche verändert.

Das denkbar einfachste Speichergerät hat nur zwei stabile Zustände (Abbildung 2.3, rechts). Wir können uns vorstellen, dass es eine Binärziffer (englisch: *bi*nary digi*t* oder »Bit«) verschlüsselt, das heißt, eine Null oder eine Eins. Die von komplexen Speichergeräten aufbewahrten Informationen lassen sich dementsprechend in mehreren Bits speichern. So können zum Beispiel die vier in Abbildung 2.3 (rechts) dargestellten Bits in

2 x 2 x 2 x 2 = 16 unterschiedlichen Zuständen 0000, 0001, 0010, 0011, ..., 1111 auftreten, so dass sie zusammengenommen dieselbe Speicherkapazität haben wie das komplexere, aus 16 Zuständen bestehende System (links). Daher können wir uns Bits als Atome der Information vorstellen – die kleinsten unteilbaren Informationsbrocken, die sich miteinander verbinden, um jede beliebige Information zu erzeugen. Ich habe zum Beispiel gerade das Wort *word* eingetippt, und mein Laptop stellte es in seinem Speicher als die Folge von vier Zahlengruppen dar: »119 111 114 100«, wobei er jede dieser Zahlengruppen als 8 Bits speicherte (er repräsentiert jeden Kleinbuchstaben durch eine Zahl: 96 plus die Zahl, die den Platz des Buchstaben im Alphabet beziffert). Sobald ich die »*w*«-Taste auf meiner Tastatur drücke, bildet mein Laptop ein »*w*« auf meinem Bildschirm ab, und dieses Bild wird außerdem durch Bits repräsentiert: 32 Bits legen die Farbe jedes der vielen Millionen Pixel auf dem Schirm fest.

Da diese sogenannten Zweizustandssysteme leicht herzustellen sind und es sich gut mit ihnen arbeiten lässt, speichern die meisten modernen Computer ihre Informationen als Bits, aber diese Bits nehmen auf vielfältige Weise konkrete Formen an. Auf einer DVD entspricht jedes Bit der An- oder Abwesenheit von Pits (Vertiefungen) an bestimmten Punkten auf der Plastikoberfläche. Auf einer Festplatte entspricht jedes Bit einem Punkt auf der Oberfläche, der in zwei möglichen Modi magnetisiert ist. Im Arbeitsspeicher meines Laptops entspricht jedes Bit den Positionen bestimmter Elektronen, die festlegen, ob ein Gerät namens Micro-Kondensator mit Ladung versorgt wird. Manche Bits lassen sich auch bequem transportieren, sogar mit Lichtgeschwindigkeit: So entspricht zum Beispiel jedes Bit in einem Glasfaserkabel, das Ihre E-Mail überträgt, einem Laserstrahl, der zu einer bestimmten Zeit stärker oder schwächer ist.

Ingenieure bevorzugen es, Bits in Systemen zu verschlüsseln, die nicht nur stabil und leicht lesbar sind (wie der Goldring), sondern in die sich auch leicht etwas einschreiben lässt: Die Veränderung des Zustands Ihrer Festplatte erfordert viel weniger Energie, als etwas in Gold einzugravieren. Außerdem geben sie Systemen den Vorrang, mit denen sich bequem arbeiten lässt und deren Massenanfertigung billig ist. Aber ansonsten ist es ihnen egal, wie die Bits als materielle Objekte repräsentiert werden – und meistens ist es Ihnen auch gleich, weil es schlicht und ergreifend nicht darauf ankommt! Wenn Sie einer Freundin ein Dokument zum Ausdrucken schicken, können die Informationen in rascher Folge umgewandelt werden: Aus Magnetisierungen auf Ihrer Festplatte werden elektrische Ladungen im Arbeitsspeicher Ihres Computers, dann Radiowellen in Ihrem drahtlosen Netzwerk (WLAN), elektrische Spannungen in Ihrem Router, Laserpulse in einem Glasfaserkabel und schließlich Moleküle auf einem Blatt Papier. Mit anderen Worten: *Informationen können, unabhängig von ihrem materiellen Substrat, ein Eigenleben führen!* Zugegebenermaßen ist es normalerweise nur dieser substratunabhängige Aspekt der Information, an dem wir interessiert sind: Wenn Ihre Freundin Sie anruft, um über jenes Dokument zu sprechen, das Sie ihr geschickt haben, dann wahrscheinlich nicht deshalb, um über Spannungen oder Moleküle zu reden. Das ist unser erster Hinweis darauf, wie etwas so Ungreifbares wie Intelligenz in konkretem materiellen Stoff verkörpert sein kann. Schon bald werden wir erkennen, wie diese Vorstellung einer Unabhängigkeit vom Substrat viel tiefer geht und nicht nur Informationen, sondern auch Rechnen und Lernen einschließt.

Aufgrund der Substratunabhängigkeit ist es schlauen Ingenieuren gelungen, die Speicher in unseren Computern wiederholt durch drastisch verbesserte Geräte zu ersetzen, die auf neuer Technik beruhten und keinerlei Softwareanpassungen benötigten. Das Ergebnis war spektakulär und kommt in Abbildung 2.4 zum Ausdruck: In den vergangenen sechs Jahrzehnten ist Speichervolumen alle paar Jahre um jeweils die Hälfte

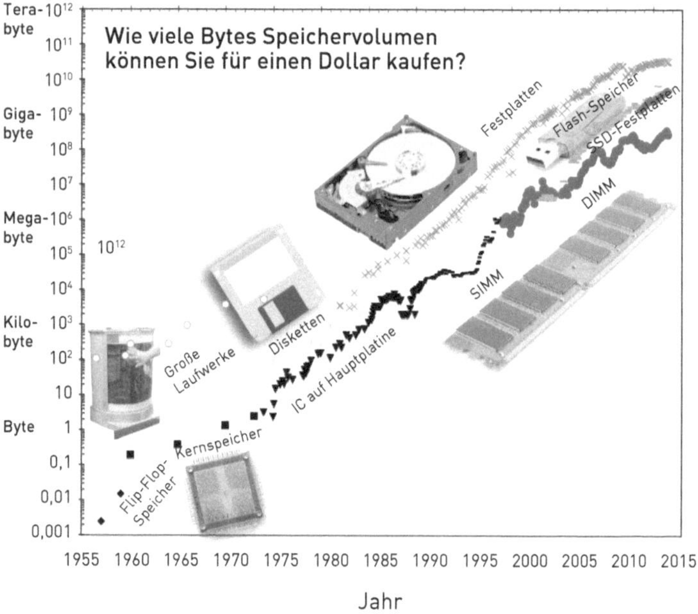

Abb. 2.4 Im Lauf der letzten sechs Jahrzehnte sind die Preise für Computerspeicher etwa alle paar Jahre um die Hälfte gesunken, das heißt die Geräte sind alle zwanzig Jahre tausend Mal billiger geworden. Ein Byte entspricht acht Bits.*

* Die Daten hat freundlicherweise John McCallum zur Verfügung gestellt, siehe http://www.jcmit.net/memoryprice.htm (letzter Zugriff: 3. 9. 2017).

billiger geworden. Festplatten wurden 100 Millionen Mal billiger, und die schnelleren Speicher, die statt zum bloßem Speichern von Daten auch zur Durchführung von Berechnungen nützlich sind, wurden wahrhaftig 10 Billionen Mal billiger. Wenn Sie einen solchen Preisnachlass von 99,99999999999 Prozent auf alle Ihre Einkäufe erhielten, könnten Sie sämtliche Grundstücke in New York City für etwa 10 Cent bekommen und alles Gold, das je geschürft wurde, für rund einen Dollar.

Für viele von uns gehen die spektakulären Verbesserungen in der Speichertechnologie mit persönlichen Geschichten einher. Ich habe lebhafte Erinnerungen an den Job, den ich als Oberschüler in einem Süßwarenladen hatte, um mir einen Computer leisten zu können, der mit 16 Kilobyte Speicher protzte. Als ich mit meinem Freund Magnus Bodin ein Textverarbeitungsprogramm entwickelte und verkaufte, waren wir gezwungen, es in ultrakompaktem Maschinencode zu schreiben, um noch genügend Speicher für die Wörter zu haben, die es verarbeiten sollte. Nachdem ich mich an Diskettenlaufwerke gewöhnt hatte, die 70 kB speichern konnten, erstarrte ich in Ehrfurcht beim Anblick der 3,5-Inch-Disketten, die sagenhafte 1,44 MB speichern und ein ganzes Buch aufnehmen konnten. Und dann kam meine allererste Festplatte, die einen 10-MB-Speicher hatte – gerade mal genug Platz für einen einzigen Song-Download von heute. Diese Speicher aus meiner Jugendzeit kamen mir neulich unwirklich vor, als ich rund 100 Dollar für eine Festplatte ausgab, die 300 000 Mal so viel Speicherkapazität hat.

Was ist mit Speichern, die sich evolutionär entwickelten, statt von Menschen entworfen zu sein? Biologen wissen noch nicht, welches die allererste Lebensform gewesen ist, die ihre Baupläne zwischen den Generationen austauschte, aber sie könnte recht klein gewesen sein. Ein Team unter der Leitung von Philipp Holliger schuf 2016 an der Cambridge University ein RNS-Molekül, das 412 Bits genetischer Informationen kodierte und das imstande war, RNS-Stränge zu kopieren, die länger waren als es selbst. Damit wurde die »RNS-Welt«-Hypothese unterstützt, dass mit dem frühen Leben auf der Erde kurze, sich selbst reproduzierende RNS-Schnipsel einhergingen. Bisher ist das kleinste bekannte Speichergerät, das sich im Lauf der Evolution entwickelt hat und in freier Wildbahn angewendet wurde, das Genom des Bakteriums *Candidatus Carsonella ruddii*, das etwa 40 Kilobyte speichert, während unser menschliches Genom rund 1,6 Gigabyte speichert – vergleichbar mit einem Film-Download. Wie bereits im Kapitel zuvor erwähnt, speichern unsere Gehirne mehr Informationen als unserer Gene: grob geschätzt 10 Gigabyte elektrisch (wodurch festgelegt wird, welche unserer 100 Milliarden Neuronen zu irgendeiner Zeit feuern) und 100 Terabyte chemisch/biologisch (wodurch festgelegt wird, wie intensiv verschiedene Neuronen mit Synapsen verknüpft werden). Vergleicht man diese Zahlen mit den Maschinenspeichern, wird deutlich, dass die besten Computer der Welt inzwischen jedes beliebige biologische System volumenmäßig übertreffen – zu Kosten, die rasch sinken und 2016 ein paar Tausend Dollar betrugen.

Der Speicher oder das Gedächtnis in Ihrem Gehirn funktioniert völlig anders als Ihr Computerspeicher, nicht nur hinsichtlich seiner Bauweise, sondern auch, was seine Anwendung betrifft. Während Sie Erinnerungen in einem Computer oder einer Festplatte wiederfinden, indem Sie angeben, *wo* sie gespeichert sind, finden Sie Erinnerungen in Ihrem Gehirn wieder, indem Sie etwas darüber mitteilen, *was* gespeichert ist. Jede Gruppe von Bits in Ihrem Computergedächtnis hat eine in Zahlen ausgedrückte Adresse, und um ein paar Informationen wiederzufinden, sagt der Computer, unter welcher Adresse er nachschauen muss, genauso als würde ich Ihnen sagen: »Gehen Sie zu meinem Bücherregal, nehmen Sie das fünfte Buch von rechts auf dem obersten Brett und sagen Sie mir, was auf Seite 314 steht.« Im Gegensatz dazu finden Sie Informationen in Ihrem Gehirn mit einer Methode, die der einer Suchmaschine ähnelt: Sie geben einen Teil der Information oder etwas damit Zusammenhängendes an, und es taucht auf. Wenn ich zu Ihnen sage »Sein oder nicht sein« oder wenn ich es im Internet recherchiere, rufe ich wahrscheinlich »Sein oder Nichtsein, das ist hier die Frage« hervor. Es wird vermutlich sogar funktionieren, falls ich einen anderen Teil des Zitats verwende oder die ganze Sache ein wenig verhunze. Solche Speichersysteme werden *auto-assoziativ* genannt, weil sie sich statt mit einer Adresse assoziativ erinnern.

In einem berühmten Aufsatz aus dem Jahr 1982 zeigte der Physiker John Hopfield, wie ein Netzwerk aus miteinander verbundenen Neuronen als ein auto-assoziatives Gedächtnis funktionieren konnte. Ich finde die zugrunde liegende Idee sehr schön, und sie funktioniert bei jedem physikalischen System mit mehreren stabilen Zuständen. Nehmen Sie zum Beispiel einen Ball auf einer Oberfläche mit zwei Tälern wie das Ein-Bit-System in Abbildung 2.3. Gestalten wir nun die Oberfläche so, dass die x-Koordinaten der zwei Minima, wo der Ball zur Ruhe kommen kann, $x = \sqrt{2} \approx 1{,}41421$ beziehungsweise $x = \pi \approx 3{,}14159$ ist. Wenn Sie sich nur daran erinnern, dass π annähernd 3 ist, legen Sie den Ball bei $x = 3$ hin und sehen zu, wie er den genaueren π-Wert preisgibt, während er zum nächstgelegenen Minimum rollt. Hopfield erkannte, dass ein komplexes Neuronennetzwerk eine analoge Landschaft mit sehr vielen Energieminima hervorbringt, in die sich das System einpassen kann. Später erwies sich, dass man in jede Gruppe von tausend Neuronen mindestens 138 unterschiedliche Speicher hineinquetschen kann, ohne viel Verwirrung zu stiften.

Was ist Rechnen?

Wir haben gesehen, wie sich ein physikalisches Objekt an eine Information erinnern kann. Aber wie kann es rechnen?

Eine Berechnung ist die Umwandlung von einem Speicherzustand in einen anderen. Mit anderen Worten, eine Berechnung nimmt Informationen auf und wandelt sie um, wobei sie das ausführt, was Mathematiker eine *Funktion* nennen. Ich stelle mir eine Funktion als einen Fleischwolf für Informationen vor, wie es in Abbildung 2.5 dargestellt ist: Man stopft oben die Informationen rein, dreht die Kurbel, und unten kommt die verarbeitete Information heraus – und das kann man dann endlos mit unterschiedlichen Eingaben wiederholen. Diese

Informationsverarbeitung ist gewissermaßen deterministisch. Wenn man sie nämlich mit derselben Eingabe wiederholt, erhält man stets dasselbe Ergebnis.

Wenngleich es sich fast trügerisch einfach anhört, so ist die Vorstellung einer Funktion doch auf eine unglaubliche Weise allgemeingültig. Manche Funktionen sind ziemlich trivial wie die, die »NICHT« heißt, sie gibt ein einziges Bit ein und das Gegenteil davon aus. Die Funktionen, die wir in der Schule lernen, entsprechen normalerweise den Knöpfen auf einem Taschenrechner – so gibt man zum Beispiel bei der Funktion x^2 einfach eine Zahl ein, und die Ausgabe ist dann die mit sich selbst multiplizierte Zahl. Andere Funktionen können extrem kompliziert sein. Wenn Sie beispielsweise im Besitz einer Funktion sind, die willkürliche Schachpositionen repräsentierende Bits eingibt und wiederum Bits ausgibt, die den bestmöglichen nächsten Schachzug darstellen, dann könnten Sie sie nutzen, um die Computerschach-Weltmeisterschaft zu gewinnen. Sollten Sie eine Funktion besitzen, die sämtliche Finanzdaten der Welt eingibt und die besten Kaufempfehlungen für Aktien ausgibt, werden Sie bald extrem reich sein. Viele KI-Forscher widmen ihre Karriere der Aufgabe, herauszufinden, wie sie bestimmte Funktionen zur Anwendung bringen können. So ist es zum Beispiel das Ziel von Forschern, die sich mit automatischer Übersetzung beschäftigen, eine Funktion zu installieren, die Bits eingibt, die einen Text in einer bestimmten Sprache repräsentieren, und Bits ausgibt, die denselben Text in einer anderen Sprache darstellen. Das Forschungsziel bei der automatischen Untertitelung von Bildern ist die Eingabe von Bits, die ein Bild repräsentieren, und die Ausgabe von Bits, die den beschreibenden Text darstellen (Abbildung 2.5, rechts).

Mit anderen Worten, wenn man äußerst komplexe Funktionen einrichten kann, lässt sich auch eine intelligente Maschine bauen, die imstande ist, äußerst komplexe Ziele zu erreichen. Das beschert unserer Frage, wie Materie intelligent sein

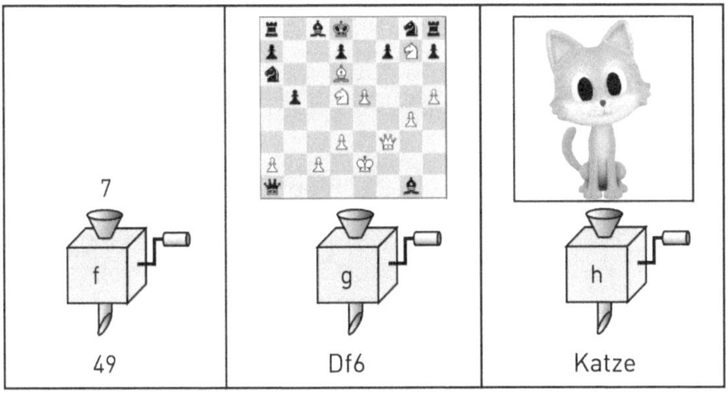

Abb. 2.5 Eine Berechnung nimmt Informationen auf und wandelt sie um, wobei sie das ausführt, was Mathematiker eine *Funktion* nennen. Die Funktion *f* (links) nimmt Bits, die eine Zahl repräsentieren, und berechnet ihr Quadrat. Die Funktion *g* (Mitte) nimmt Bits, die eine Schachposition darstellen, und errechnet den besten Zug für Weiß. Die Funktion *h* (rechts) nimmt Bits, die ein Bild darstellen, und berechnet eine Textunterschrift, die es beschreibt.

kann, wieder höhere Aufmerksamkeit: Wie kann insbesondere ein Klumpen dummer Materie eine komplizierte Funktion berechnen?

Anstatt unbeweglich zu bleiben wie ein goldener Ring oder ein anderes statisches Speichergerät, muss der Klumpen eine komplizierte *Dynamik* aufweisen, so dass sein künftiger Zustand auf komplizierte (und hoffentlich kontrollierbare/programmierbare) Weise vom gegenwärtigen Zustand abhängt. Die Anordnung seiner Atome muss weniger geordnet sein als ein starrer Festkörper, wo nichts Interessantes sich verändert, aber geordneter als eine Flüssigkeit oder ein Gas. Vor allem wollen wir, dass das System folgende Eigenschaft hat: Wenn wir es in einen Zustand versetzen, der die Eingabeinformation verschlüsselt, soll es sich für einige Zeit den Naturgesetzen zufolge entwickeln und anschließend den hierdurch entstan-

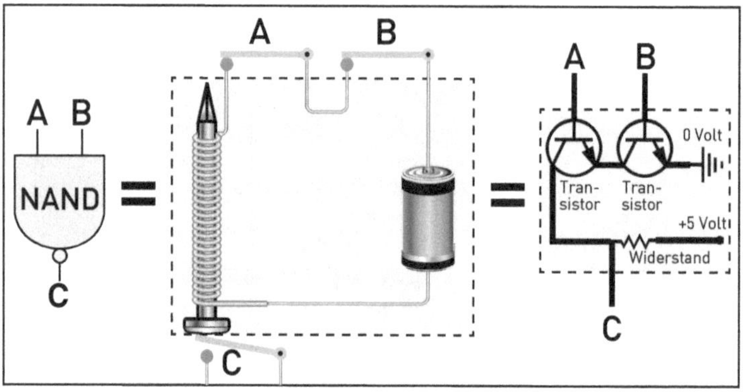

Abb. 2.6 Ein sogenanntes NAND-Gatter nimmt zwei Bits *A* und *B* als Eingaben und errechnet ein Bit C als Ausgabe laut der Regel, dass *C* = 0, wenn *A* = *B* = 1, und in allen anderen Fällen *C* = 1. Viele physikalische Systeme können als NAND-Gatter verwendet werden. Im mittleren Beispiel werden Schalter als Bits interpretiert, wobei gilt: 0 = »offen«, 1 = »geschlossen«, und wenn die Schalter *A* und *B* beide geschlossen sind, öffnet ein Elektromagnet den Schalter *C*. Im Beispiel rechts werden Spannungen (elektrische Potentiale) als Bits interpretiert, wobei gilt: 1 = »fünf Volt«, 0 = »null Volt«, und wenn die Drähte *A* und *B* beide fünf Volt haben, leiten die zwei Transistoren Elektrizität, und der Draht *C* fällt auf annähernd null Volt.

denen Endzustand als die Ausgabeinformation interpretieren. Dann ist die Ausgabe die erwünschte Funktion der Eingabe. Sollte dies der Fall sein, dann können wir sagen, dass unser System unsere Funktion berechnet.

Als ein erstes Beispiel für diese Idee wollen wir untersuchen, wie wir eine sehr einfache (aber auch sehr wichtige) Funktion konstruieren können, die sich *NAND-Gatter* (NICHT-UND-Verknüpfung) nennt und aus herkömmlicher dummer Materie besteht.[5] Diese Funktion gibt zwei Bits ein und eines aus: Sie gibt 0 aus, falls beide Eingaben 1 sind; in allen anderen Fällen gibt sie 1 aus. Ordnen wir zwei Schalter in Serie an und verbinden sie mit einer Batterie und einem Elektromagneten, dann wird der Elektromagnet nur dann eingeschaltet sein, wenn der erste *und* der zweite Schalter geschlossen (»an«) sind. Wir werden einen dritten Schalter unter dem Elektromagneten platzieren, wie in Abbildung 2.6 (Mitte) illustriert, so dass der Magnet ihn öffnen wird, sobald er eingeschaltet ist. Interpretieren wir nun die ersten beiden Schalter als die Eingabebits und den dritten als das Ausgabebit (mit 0 = »Schalter geöffnet«, 1 = »Schalter geschlossen«), dann haben wir uns ein NAND-Gatter gebaut: Der dritte Schalter wird erst dann geöffnet, wenn die ersten beiden geschlossen sind. Es gibt vielerlei Möglichkeiten, NAND-Gatter zu bauen, die praktischer sind – zum Beispiel mit dem Einsatz von Transistoren, wie es in Abbildung 2.6 (rechts) veranschaulicht ist. In den Computern von heute herrschen NAND-Gatter vor, die normalerweise aus mikroskopischen Transistoren und anderen Komponenten konstruiert werden, die wiederum inzwischen automatisch in Siliziumscheiben geätzt werden können.

Es gibt ein bemerkenswertes Theorem in der Informatik, das besagt, dass NAND-Gatter *universell* sind, das heißt, man kann jede beliebige wohldefinierte Funktion realisieren, indem man NAND-Gatter miteinander verbindet.[6] Wenn man daher genügend NAND-Gatter bauen kann, lässt sich ein Gerät konstruieren, das alles berechnen kann! Falls Sie einen Vorgeschmack darauf haben möchten, wie das funktioniert, habe ich in Abbildung 2.7 illustriert, wie man Zahlen miteinander multipliziert, indem man ausschließlich NAND-Gatter verwendet.

Die MIT-Forscher Norman Margolus und Tommaso Toffoli haben für jede Substanz, die beliebige Berechnungen durchführen kann, den Begriff *Computronium* geprägt. Wir haben gerade erfahren, dass die Herstellung von Computronium gar nicht besonders schwer sein muss: Die Substanz muss einfach nur imstande sein, miteinander verbundene NAND-Gatter in

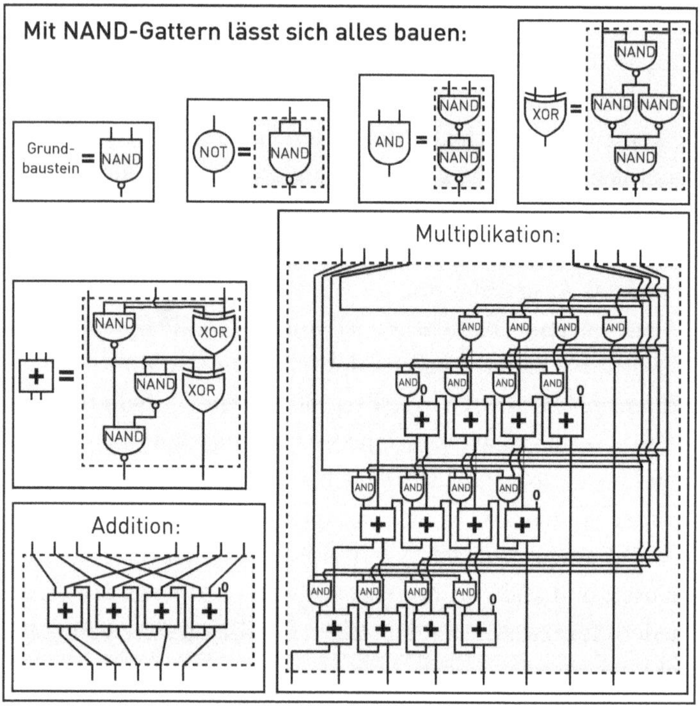

Abb. 2.7 *Jede beliebige* wohldefinierte Berechnung kann allein durch kluge Kombinationen von NAND-Gattern ausgeführt werden. So geben zum Beispiel die oben abgebildeten Additions- und Multiplikationsmodule zwei binäre, durch 4 Bits repräsentierte Zahlen ein und geben eine binäre Zahl aus, die durch 5 beziehungsweise 8 Bits repräsentiert wird. Die kleineren Module »NOT«, »AND«, »XOR« und »+« (das drei separate Bits zu einer 2-Bit-Binärzahl addiert) sind wiederum aus NAND-Gattern aufgebaut. Ein volles Verständnis dieser Abbildung ist extrem schwierig und völlig unnötig, um den Rest des Buches zu verstehen. Ich füge diese Beispiele hier nur hinzu, um die Vorstellung der Universalität zu veranschaulichen – und um den Geek in mir zufriedenzustellen.

jeder gewünschten Form zu realisieren. Gewiss gibt es noch unzählige andere Arten von Computronium. Bei einer einfachen Variante, die ebenfalls funktioniert, werden NAND-Gatter durch NOR-Gatter (von englisch: NOT OR – nicht oder) ersetzt, die 1 nur dann ausgeben, wenn beide Eingaben 0 sind. Im nächsten Abschnitt werden wir neuronale Netze untersuchen, die ebenfalls beliebige Berechnungen ausführen können, das heißt, als Computronium auftreten. Der Wissenschaftler und Unternehmer Stephen Wolfram hat gezeigt, dass dasselbe auch für einfache Geräte gilt, die zelluläre Automaten genannt werden und die immer wieder Bits auf den neuesten Stand bringen, und zwar auf der Grundlage der Aktivitäten benachbarter Bits. Schon im Jahr 1936 bewies der Computerpionier Alan Turing in einem wegweisenden Aufsatz, dass eine einfache Maschine (Sie kennen sie schon: Es ist die »universelle Turingmaschine«), die Symbole auf einem Papierstreifen manipulieren kann, auch beliebige Berechnungen durchführen kann. Zusammengefasst lässt sich sagen, Materie ist nicht nur imstande, jede beliebige wohldefinierte Berechnung auszuführen, sondern kann dies auch mit einer Vielzahl von Methoden realisieren.

Wie zuvor schon erwähnt, bewies Turing in seinem Aufsatz von 1936 obendrein etwas noch Tiefgreifenderes: Falls ein Computertyp ein bestimmtes absolutes Minimum an Operationen durchführen kann, dann ist er insofern *universell*, als er – ausgestattet mit genügend Kapazitäten – alles tun kann, was *jeder beliebige* andere Computer tun kann. Er bewies, dass seine Turingmaschine universell war, und wenn wir uns jetzt etwas genauer auf die Physik zurückbesinnen, dann haben wir gerade gesehen, dass diese Familie universeller Computer ebenfalls Objekte einbezieht, die so unterschiedlich sind wie ein Netzwerk von NAND-Gattern und ein Netzwerk miteinander verbundener Neuronen. Tatsächlich hat Stephen Wolfram behauptet, dass die meisten nichttrivialen physikalischen Systeme – vom Wettersystem bis zu Gehirnen – universelle

Computer wären, sollte man sie beliebig groß und langlebig gestalten können.

Die Tatsache, dass genau dieselbe Berechnung auf *jedem beliebigen* universellen Computer durchgeführt werden kann, heißt, dass *Rechnen substratunabhängig ist*, und zwar auf dieselbe Weise, wie es die Informationen sind: Es kann, unabhängig von seinem materiellen Substrat, ein Eigenleben annehmen. Sollten Sie also eine bewusste, superintelligente Figur in einem künftigen Computerspiel sein, könnten Sie nicht herausfinden, ob Sie auf einem Windows-Desktop, auf einem Mac-OS-Laptop oder auf einem Android-Smartphone laufen, weil Sie ja substratunabhängig sind. Sie hätten auch keine Chance, in Erfahrung zu bringen, welche Art von Transistoren der Mikroprozessor benutzt.

Diese entscheidende Vorstellung der Substratunabhängigkeit lernte ich erstmals zu schätzen, als ich viele schöne Beispiele dafür in der Physik entdeckte. Wellen, zum Beispiel: Sie haben Eigenschaften wie Geschwindigkeit, Wellenlänge und Frequenz, und wir Physiker können die Gleichungen studieren, denen sie gehorchen, ohne wissen zu müssen, in welcher speziellen Substanz sie als Wellen vorkommen. Wenn Sie etwas hören, nehmen Sie Schallwellen wahr, verursacht von Molekülen, die in dem Gasgemisch herumspringen, das wir Luft nennen. Wir können alle möglichen interessanten Eigenschaften dieser Wellen berechnen – etwa wie ihre Intensität mit dem Quadrat der Entfernung abnimmt, wie sie sich beugen, wenn sie geöffnete Türen passieren, und wie sie von den Wänden abprallen und Echos verursachen – ohne zu wissen, woraus Luft besteht. Genau genommen müssen wir nicht einmal wissen, dass sie aus Molekülen besteht: Wir können alle Details über Sauerstoff, Stickstoff, Kohlendioxid und dergleichen ignorieren, weil die einzige Eigenschaft des Wellensubstrats, auf die es ankommt und die in die berühmte Wellengleichung eingeht, eine einzelne messbare Zahl ist: nämlich die Wellengeschwindigkeit, die in diesem

Fall rund 300 Meter pro Sekunde beträgt. Tatsächlich wurde diese Wellengleichung, die ich neulich meinen MIT-Studenten in einem Kurs beibrachte, erstmals entdeckt und ausgiebig angewandt, lange bevor Physiker überhaupt nachweisen konnten, dass Atome und Moleküle existierten!

Dieses Wellenbeispiel veranschaulicht drei wichtige Punkte. Erstens bedeutet Substratunabhängigkeit nicht, dass ein Substrat unnötig ist, sondern dass es auf die meisten jeweiligen Details nicht ankommt. Offensichtlich kann man keine Schallwellen in einem Gas haben, wenn kein Gas da ist, aber irgendein beliebiges Gas wird genügen. Genauso gibt es kein Rechnen ohne Materie, aber es genügt jede beliebige Materie, sofern sie sich zu NAND-Gattern, verknüpften Neuronen oder zu irgendwelchen anderen Bausteinen anordnen lässt, die universelles Rechnen ermöglichen. Zweitens: Das substratunabhängige Phänomen nimmt, ungeachtet seines Substrats, ein Eigenleben an. Eine Wasserwelle kann sich über einen Teich fortbewegen, obwohl keines ihrer Wassermoleküle es tut – sie hüpfen auf und nieder wie die Fußballfans, die im Stadion die »Welle« nachahmen. Drittens interessiert uns häufig nur der substratunabhängige Aspekt: Ein Surfer interessiert sich normalerweise mehr für die Position und die Höhe der Welle als für die Details ihrer molekularen Zusammensetzung. Wir haben erkannt, dass dies auf Informationen zutraf, und es trifft ebenso auf das Rechnen zu: Wenn zwei Programmierer gemeinsam einen Fehler in ihrem Code suchen, dann diskutieren sie wahrscheinlich nicht über Transistoren.

Inzwischen haben wir eine Antwort auf unsere Eingangsfrage gefunden, die wie folgt lautete: Wie kann konkreter materieller Stoff etwas so Ungreifbares, Abstraktes und Flüchtiges wie Intelligenz entstehen lassen? Es fühlt sich so nichtmateriell an, weil es substratunabhängig ist und ein Eigenleben annimmt, das nicht von physikalischen Details abhängt oder sie widerspiegelt. Kurz gesagt, Rechnen ist ein Muster in der

Raumzeitanordnung von Teilchen, und es sind nicht die Teilchen, sondern es ist das Muster, worauf es ankommt! Die Art der Materie spielt keine Rolle.

Mit anderen Worten: Hardware ist die Materie, und Software ist das Muster. Diese Substratunabhängigkeit des Rechnens lässt KI möglich werden: Intelligenz benötigt weder Fleisch und Blut noch Kohlenstoffatome.

Aufgrund dieser Substratunabhängigkeit sind gewiefte Ingenieure imstande gewesen, wiederholt die Technik in unseren Computern durch viel fortschrittlichere Versionen zu ersetzen, ohne dabei die Software verändern zu müssen. Die Ergebnisse sind genauso spektakulär gewesen wie die für Speichergeräte. Wie in Abbildung 2.8 illustriert wird, werden Computer immer noch alle paar Jahre um die Hälfte billiger. Dieser Trend hält inzwischen seit mehr als hundert Jahren an. Das hat die Kosten für Computer seit der Zeit, als meine Großmutter geboren wurde, sage und schreibe eine Million Million Million (10^{18}) Mal sinken lassen. Würde alles um eine Million Million Million Mal billiger, dann genügte Ihnen ein Hundertstel Cent, um sämtliche Güter und Dienstleistungen zu erwerben, die in diesem Jahr auf der Erde produziert werden. Diese dramatische Kostensenkung ist natürlich ein entscheidender Grund, weshalb heute überall gerechnet wird und weshalb sich das Rechnen von den Computereinrichtungen der Vergangenheit, die ganze Gebäude füllten, bis auf unsere Schreibtische, in unsere Autos und Hosentaschen ausgebreitet hat – und sogar in Gegenständen wie Sneakers aufgetaucht ist, was zuvor kaum jemand für möglich gehalten hätte.

Warum verdoppelt unsere Technologie kontinuierlich und in regelmäßigen Abständen ihre Leistung und präsentiert dabei ein Phänomen, das Mathematiker exponentielles Wachstum nennen? Und warum geschieht dies nicht nur hinsichtlich der Miniaturisierung von Transistoren (ein als das *Moore'sche Gesetz* bekannter Trend), sondern auch allgemeiner betrachtet für das

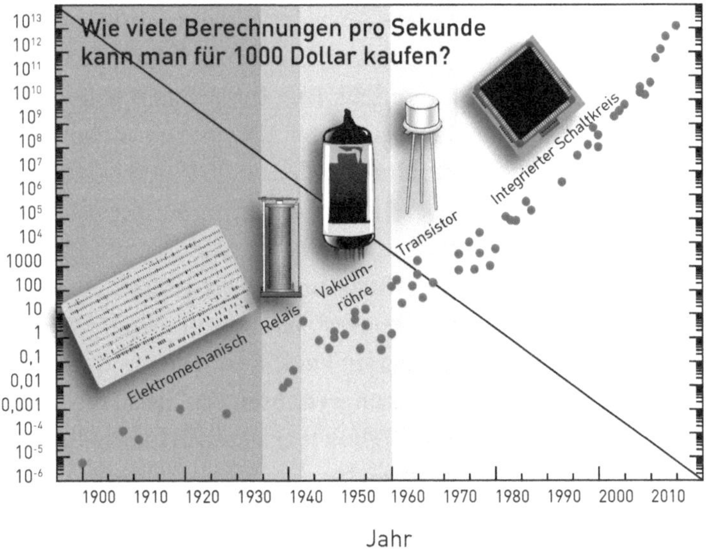

Abb. 2.8 Seit dem Jahr 1900 haben sich die Kosten alle paar Jahre halbiert. Das Diagramm zeigt die in Gleitkommaoperationen pro Sekunde (FLOPS) gemessene Rechenleistung, die für 1000 Dollar gekauft werden kann.* Die spezielle Berechnung, die eine Gleitkommaoperation definiert, entspricht etwa 10^5 elementaren logischen Operationen wie Bit-Flips oder NAND-Auswertungen.

* In der Abbildung, die die Computerkosten im Verhältnis zu den Jahren auflistet, stammen die Daten vor 2011 aus Ray Kurzweils Buch *Das Geheimnis des menschlichen Denkens*. Die nachfolgenden Daten stammen aus Quellen von: https://en.wikipedia.org/wiki/FLOPS (letzter Zugriff: 3. 9. 2017).

Rechnen als Ganzes (Abbildung 2.8), für Speichervolumina (Abbildung 2.4) und für unzählige andere Technologien – von der Genomsequenzierung bis zu bildgebenden Verfahren für Gehirnuntersuchungen? Ray Kurzweil nennt dieses anhaltende Verdopplungsphänomen »das Gesetz des sich beschleunigenden Nutzens«.

Alle Beispiele für die anhaltende Verdopplung, die ich in der Natur kenne, haben dieselbe elementare Ursache, und diese technische Variante ist keine Ausnahme: Jeder Schritt erzeugt den nächsten. Sie selbst haben zum Beispiel nach Ihrer Zeugung exponentielles Wachstum erlebt: Jede Ihrer Zellen teilte sich, was zu ungefähr zwei Zellen täglich führte und einer täglichen Zunahme der Gesamtzahl Ihrer Zellen von 1, 2, 4, 8, 16 und so weiter entsprach. In Übereinstimmung mit der populärsten wissenschaftlichen Theorie unseres kosmischen Ursprungs, die als »Inflation« bekannt ist, wuchs unser Baby-Universum einst genauso exponentiell wie Sie selbst, verdoppelte seine Größe in regelmäßigen Abständen, bis ein Fleck, der kleiner und leichter war als ein Atom, kolossaler angewachsen war als all die Galaxien, die wir je mit unseren Teleskopen gesehen haben. Erneut war die Ursache ein Vorgang, bei dem jede Verdopplung die nächste bewirkte. Auch die Technik schreitet auf diese Weise voran: Sobald sich ihre Leistungsfähigkeit verdoppelt, kann man sie verwenden, um technische Systeme zu entwerfen und zu konstruieren, die ihrerseits doppelt so leistungsfähig sind und erneut eine Kapazitätsverdopplung im Sinn des Moore'schen Gesetzes bewirken.

Genauso regelmäßig wie die Verdopplung unserer technologischen Leistung tauchen Behauptungen auf, dass das Ende der Verdopplungen bald erreicht sei. Natürlich wird das Moore'sche Gesetz enden, und zwar insofern, als es eine physikalische Grenze für die Miniaturisierung von Transistoren gibt. Doch manche Leute nehmen fälschlicherweise an, Moores Gesetz sei synonym mit der anhaltenden Verdopplung unserer technologischen Leistungsfähigkeit. Ray Kurzweil weist hingegen darauf hin, dass Moores Gesetz nicht mit dem ersten, sondern mit dem fünften technologischen Paradigma einhergeht, um exponentielles Wachstum beim Rechnen auszulösen, wie es in Abbildung 2.8 dargestellt wird: Wann immer eine Technik nicht mehr ausbaufähig war, ersetzten wir sie durch eine bessere. Als wir unsere Vakuumröhren nicht weiter schrumpfen lassen konnten, ersetzten wir sie durch Transistoren und dann durch integrierte Schaltkreise, wo Elektronen sich in zwei Dimensionen bewegen. Wenn diese Technik ihre Grenzen erreicht, wird es viele andere Alternativen geben, die wir ausprobieren können – beispielsweise unter Verwendung dreidimensionaler Schaltkreise und mit etwas, das die Elektronen ersetzen und unseren Anordnungen Folge leisten kann.

Niemand weiß wirklich, was das nächste erfolgreiche Rechensubstrat sein wird, allerdings wissen wir mit Sicherheit, dass wir nicht einmal annähernd die Grenzen erreicht haben, die uns von den Naturgesetzen auferlegt werden. Mein MIT-Kollege Seth Lloyd hat einmal ausgearbeitet, was dieses grundlegende Limit eigentlich ausdrückt. Wir werden ausführlich in Kapitel 6 darauf zurückkommen. Hier sei nur so viel gesagt, dass dieses Limit sagenhafte 33 Größenordnungen (10^{33} Mal) jenseits des heutigen Technikstands für die Rechenleistung eines Klumpens Materie liegt. Also selbst wenn wir die Leistungsfähigkeit unserer Computer weiterhin alle paar Jahre verdoppeln, werden wir zwei Jahrhunderte brauchen, um an diese allerletzte Grenze zu gelangen.

Obwohl alle universellen Computer dieselben Berechnungen durchführen können, sind manche effizienter als andere. So benötigt zum Beispiel eine Berechnung, die Millionen von Multiplikationen erforderlich macht, nicht etwa viele Millionen separater Multiplikationsmodule, die aus separaten Transistoren bestehen wie in Abbildung 2.6. Sie braucht lediglich ein einziges solches Modul, da sie es mit geeigneten Eingaben viele Male in Folge benutzen kann. Mit diesem Sinn für Effizienz benutzen die meisten modernen Computer ein Paradigma, in dem Berechnungen in mehrere Zeitschritte aufgeteilt und in deren Verlauf die Informationen zwischen Speichermodulen und Rechenkernen hin und her geschoben werden. Diese Rechnerarchitektur wurde zwischen 1935 und 1945 von Computerpionieren wie Alan Turing, Konrad Zuse, Presper Eckert, John Mauchly und John von Neumann entwickelt. Genauer gesagt speichert der Hauptspeicher des Computers sowohl Daten als auch Software (ein Programm, das heißt eine Liste mit Anweisungen, was mit den Daten geschehen soll). Nach jedem Zeitschritt führt der Hauptprozessor (CPU) die nächste Anweisung im Programm aus, die angibt, wie eine einfache Funktion auf einige Bestandteile der Daten angewendet werden soll. Der Teil des Computers, der den Überblick über die nächsten Schritte behält, ist lediglich ein anderer Teil seines Speichers. Er wird *Programmschrittzähler* genannt und speichert die aktuelle Zeilennummer im Programm. Um zur nächsten Anweisung zu gehen, fügt man dem Programmschrittzähler lediglich eine 1 hinzu. Um zu einer anderen Zeile des Programms zu gelangen, kopiert man einfach diese Zeilennummer in den Programmschrittzähler – so werden die sogenannten »Falls«- Anweisungen und Schleifen ausgeführt.

Mit *Parallelverarbeitung* gewinnen heutige Computer häufig zusätzliche Geschwindigkeit hinzu. Dadurch wird klugerweise ein Teil der erneuten Verwendung der Module unnötig. Wenn sich eine Berechnung in Abschnitte aufteilen lässt, die parallel ausgeführt werden können (weil die Eingabe eines Teils nicht die Ausgabe eines anderen erfordert), dann können die Abschnitte gleichzeitig von unterschiedlichen Teilen der Hardware berechnet werden.

Der ultimative Parallelcomputer ist ein *Quantencomputer*. Quantenrechnerpionier David Deutsch stellt die umstrittene Behauptung auf, dass »Quantencomputer Informationen mit ungeheuer vielen Versionen ihrer selbst im ganzen Multiversum austauschen« und schnellere Antworten hier, in unserem Universum, erhalten, weil ihnen diese anderen Versionen in gewisser Weise helfen.[7] Wir wissen noch nicht, ob ein kommerziell wettbewerbsfähiger Quantencomputer in den nächsten Jahrzehnten gebaut werden kann, weil es einerseits davon abhängt, ob die Quantenphysik wirklich so funktioniert, wie wir es vermuten, und es andererseits auf unsere Fähigkeit ankommt, die entmutigenden technischen Herausforderungen zu meistern. Dennoch setzen Unternehmen und Regierungen in aller Welt jedes Jahr Zigmillionen Dollar auf diese Möglichkeit. Wenngleich Quantencomputer nicht gerade Allerweltsberechnungen beschleunigen können, sind schon clevere Algorithmen entwickelt worden, die bestimmte Berechnungsarten auf dramatische Weise beschleunigen. Dazu gehörten das Knacken von Verschlüsselungssystemen und das Trainieren neuronaler Netzwerke. Ein Quantencomputer könnte außerdem das Verhalten quantenmechanischer Systeme effizient simulieren, einschließlich Atome, Moleküle und neue Materialien, und dadurch Messungen in Chemielaboren auf dieselbe Weise ersetzen, wie Simulationen auf herkömmlichen Computern Messungen in Windkanälen überflüssig gemacht haben.

Was ist Lernen?

Obwohl mich ein Taschenrechner in einem Arithmetiktest vernichtend schlagen kann, wird er niemals seine Geschwindigkeit oder Genauigkeit verbessern, ganz gleich, wie viel er übt. Er lernt nämlich nicht. Jedes Mal, wenn ich zum Beispiel die Quadratwurzel-Taste drücke, berechnet er genau dieselbe Funktion auf exakt dieselbe Weise. Genauso lernte das erste Computerprogramm, das mich beim Schach schlug, nicht aus seinen Fehlern, sondern führte lediglich eine Funktion aus, die sein schlauer Programmierer konzipiert hatte, um einen guten nächsten Zug zu berechnen. Im Gegensatz dazu fing Magnus Carlsen, als er im Alter von fünf Jahren sein erstes Schachspiel verlor, einen Lernprozess an, der ihn achtzehn Jahre später zum Schachweltmeister machte.

Lernfähigkeit ist wohl der faszinierendste Aspekt allgemeiner Intelligenz. Wir haben bereits gesehen, wie ein scheinbar dummer Materieklumpen sich erinnern und rechnen kann, aber wie kann er lernen? Wir haben erfahren, dass die Suche nach einer Antwort auf eine schwierige Frage der Berechnung einer Funktion entspricht und dass auf geeignete Weise angeordnete Materie jede berechenbare Funktion ausführen kann. Als wir Menschen erstmals Taschenrechner und Schachprogramme erschufen, waren *wir* die Arrangeure. Damit Materie lernen kann, muss sie *sich selbst* neu anordnen, um bei der Berechnung der erwünschten Funktion immer besser zu werden – einfach, indem sie den Naturgesetzen gehorcht.

Um den Lernprozess zu entmystifizieren, sollten wir uns zunächst ansehen, wie ein einfaches physikalisches System die Stellen von π und anderen Zahlen lernen kann. Oben haben wir gesehen, wie eine Oberfläche mit mehreren Tälern (siehe Abbildung 2.3) als ein Speichergerät verwendet werden kann. Ist beispielsweise der Tiefpunkt eines dieser Täler an der Position $x = \pi \approx 3{,}14159$ und gibt es keine anderen Täler in der Nähe, dann können Sie einen Ball bei $x = 3$ platzieren und zusehen, wie das System die noch fehlenden Dezimalstellen berechnet, indem es den Ball zum Tiefpunkt rollen lässt. Nehmen wir jetzt einmal an, die Oberfläche sei aus weichem Lehm und zu Beginn völlig eben wie eine unbeschriebene Schiefertafel. Wenn nun ein paar Mathe-Enthusiasten den Ball wiederholt an den Positionen ihrer Lieblingszahlen platzieren, dann wird die Gravitation allmählich Täler an diesen Positionen erschaffen, so dass die Lehmoberfläche dazu benutzt werden kann, diese gespeicherten Erinnerungen abzurufen. Anders formuliert: Die Lehmoberfläche hat gelernt, Stellen von Zahlen wie π zu berechnen.

Andere physikalische Systeme wie zum Beispiel Gehirne können auf der Grundlage dieser Idee viel effizienter lernen. John Hopfield zeigte, dass sein oben erwähntes Netzwerk miteinander verbundener Neuronen auf ähnliche Weise lernen kann: Versetzt man es wiederholt in bestimmte Zustände, wird es diese Zustände allmählich erlernen und aus einem beliebigen benachbarten Zustand zu ihnen zurückkehren. Wenn Sie jedes

Ihrer Familienmitglieder oft genug gesehen haben, dann können Erinnerungen an ihr Aussehen durch alles Mögliche ausgelöst werden, was mit ihnen im Zusammenhang steht.

Neuronale Netzwerke haben mittlerweile sowohl biologische als auch künstliche Intelligenz enorm beeinflusst. Seit kurzer Zeit dominieren sie auch die KI-Teildisziplin, die als *Maschinelles Lernen* (das Studium von Algorithmen, die sich durch Erfahrung verbessern) bekannt ist. Bevor wir uns tiefer darin versenken, wie solche Netzwerke lernen, wollen wir zunächst noch nachvollziehen, wie sie rechnen können. Ein neuronales Netzwerk ist einfach eine Gruppe miteinander verknüpfter Neuronen, die imstande sind, ihr Verhalten untereinander zu beeinflussen. Ihr Gehirn enthält ungefähr so viele Neuronen, wie es Sterne in unserer Galaxie gibt: schätzungsweise einhundert Milliarden. Jedes dieser Neuronen ist durchschnittlich mit ungefähr tausend anderen über Verbindungen verknüpft, die *Synapsen* genannt werden, und es sind die Kräfte dieser rund hundert Billionen Synapsenverbindungen, die den größten Teil der Informationen in Ihrem Gehirn verschlüsseln.

Wir können schematisch ein neuronales Netzwerk als Ansammlung von Punkten zeichnen, die Neuronen darstellen. Sie sind durch Linien miteinander verbunden, die Synapsen repräsentieren (siehe Abbildung 2.9). Neuronen sind in Wirklichkeit äußerst komplexe elektrochemische Gebilde, die überhaupt nicht so aussehen wie in dieser schematischen Grafik. Zu ihnen gehören unterschiedliche Bestandteile mit Namen wie Axonen und Dendriten. Es gibt viele verschiedene Arten von Neuronen, die auf vielerlei Weise funktionieren, und die genauen Details, wie und wann elektrische Aktivität in einem Neuron andere Neuronen beeinflusst, werden immer noch intensiv erforscht. Allerdings haben KI-Forscher gezeigt, dass neuronale Netzwerke bei vielen bemerkenswert komplizierten Aufgaben noch Leistungen auf menschlichem Niveau erreichen, selbst wenn man all diese Komplexitäten ignoriert und

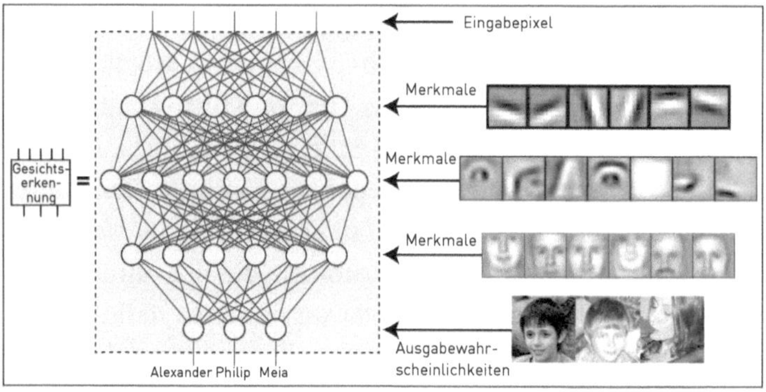

Abb. 2.9 Ein Neuronennetzwerk kann Funktionen wie ein Netzwerk aus NAND-Gattern berechnen. So sind beispielsweise neuronale Netzwerke darauf trainiert worden, Zahlen einzugeben, die die Helligkeit verschiedener Bildpixel repräsentieren, und Zahlen auszugeben, die die Wahrscheinlichkeit repräsentieren, dass das Bild unterschiedliche Leute darstellt. Hier berechnet jedes künstliche Neuron (Kreis) eine gewichtete Summe von Zahlen, die es über Verbindungen (Linien) von oben erhält. Dann wendet es eine einfache Funktion an und schickt das Ergebnis nach unten, wobei jede folgende Schicht Merkmale auf höherer Ebene berechnet. Typische Gesichtserkennungsnetzwerke enthalten Hunderttausende solcher Neuronen. Um Klarheit zu bewahren, zeigt die Abbildung hier lediglich eine Handvoll davon.

reale, biologische Neuronen durch extrem einfache, simulierte Neuronen ersetzt, die alle identisch sind und ganz einfache Regeln befolgen. Das augenblicklich populärste Modell für so ein *künstliches neuronales Netzwerk* stellt den Zustand jedes Neurons und die Stärke jeder Synapse durch eine Zahl dar. In diesem Modell aktualisiert jedes Neuron seinen Zustand in regelmäßigen Zeitschritten, indem es einfach die Eingaben aus allen verbundenen Neuronen im Durchschnitt ermittelt, sie anhand ihrer synaptischen Stärke gewichtet, optional eine Konstante hinzufügt und anschließend etwas auf das Ergebnis anwendet, das *Aktivierungsfunktion* genannt wird, um den nächsten Zustand zu berechnen.[8] Die einfachste Möglichkeit, ein neuronales Netzwerk als eine Funktion zu benutzen, besteht darin, aus ihm ein *Feedforward*-Netzwerk zu machen, in dem die Informationen nur in eine Richtung fließen, wie es in Abbildung 2.9 gezeigt wird. Dabei wird die Eingabe für die Funktion in einer Neuronenschicht ganz oben vorgenommen und die Ausgabe aus einer Neuronenschicht ganz unten entnommen.

Der Erfolg dieser einfachen künstlichen neuronalen Netzwerke ist lediglich ein weiteres Beispiel für Substratunabhängigkeit: Neuronale Netzwerke sind rechnerisch äußerst leistungsfähig und offenbar unabhängig von maschinenorientierten, wesentlichen Details ihrer Konstruktion. Tatsächlich bewiesen George Cybenko, Kurt Hornik, Maxwell Stinchcombe und Halbert White 1989 etwas Bemerkenswertes: Derart simple neuronale Netzwerke sind insofern *universell*, als sie *jede* Funktion beliebig genau berechnen können, indem sie einfach die Zahlen für synaptische Stärke entsprechend anpassen. Anders ausgedrückt, machte die Evolution unsere biologischen Neuronen nicht deshalb so kompliziert, weil es nötig war, sondern weil es effizienter war – und weil die Evolution im Gegensatz zu menschlichen Ingenieuren nicht Designs belohnt, die einfach und leicht verständlich sind.

Als mir das zum ersten Mal klarwurde, war ich verblüfft, dass eine so einfache Konstruktion etwas so beliebig Kompliziertes berechnen konnte. Wie kann man beispielsweise auch nur etwas so Simples wie Multiplizieren ausführen, wenn man lediglich gewichtete Summen berechnen und eine einzige festgelegte Funktion benutzen kann? Falls Sie ein Gefühl für die Details bekommen möchten, wie dies funktioniert, dann schauen Sie sich Abbildung 2.10 an. Sie zeigt, wie nur fünf Neuronen zwei beliebige Zahlen miteinander multiplizieren können und wie ein einzelnes Neuron drei Bits miteinander multiplizieren kann.

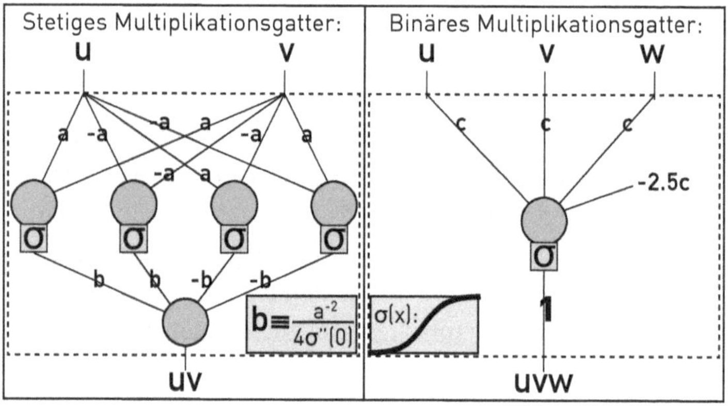

Abb. 2.10 So multipliziert Materie, ohne wie in Abbildung 2.7 NAND-Gatter zu verwenden, sondern Neuronen. Beim entscheidenden Punkt ist es nicht nötig, ins Detail zu gehen. Worauf es ankommt: Neuronen (sowohl künstliche als auch biologische) können nicht nur rechnen, sondern für eine Multiplikation werden viel weniger Neuronen benötigt als NAND-Gatter. *Zusätzliche Details für Hardcore-Mathe-Fans*: Kreise führen Addition durch, Quadrate wenden die Funktion σ an, und Linien multiplizieren mit den Konstanten, durch die sie gekennzeichnet sind. Die Eingaben sind reelle Zahlen (links) und Bits (rechts). Die Multiplikation wird beliebig genau, da $a \to 0$ (links) und $c \to \infty$ (rechts). Das linke Netzwerk funktioniert bei jeder Funktion $\sigma(x)$, die am Ausgangspunkt gekrümmt ist (mit zweiter Ableitung $\sigma''(0) \neq 0$), was mit Taylor-Entwicklung $\sigma(x)$ bewiesen werden kann. Beim rechten Netzwerk ist es erforderlich, dass sich die Funktion $\sigma(x)$ 0 annähert, und wenn x sehr klein beziehungsweise sehr groß wird, was plausibel wird, wenn man beachtet, dass $uvw = 1$, nur falls $u + v + w = 3$.* Kombiniert man eine Menge Multiplikationen und Additionen miteinander (wie oben), lassen sich beliebige Polynome berechnen, die dafür bekannt sind, dass sie sich jeder beliebigen glatten Funktion annähern.

* Diese Beispiele stammen aus dem Artikel »Why Does Deep and Cheap Learning Work So Well«, den ich mit meinen Studenten Henry Lin und Dave Rolnick verfasst habe und der hier zu finden ist: http://arxiv.org/abs/1608.08225 (letzter Zugriff: 3. 9. 2017).

Obwohl sich beweisen lässt, dass man mit einem beliebig großen Netzwerk *theoretisch* alles berechnen kann, sagt der Beweis nichts darüber aus, ob dies mit einem Netzwerk in akzeptabler Größe auch *in der Praxis* möglich ist. Je mehr ich darüber nachdachte, umso verblüffender erschien es mir, dass neuronale Netzwerke so gut funktionierten.

Nehmen wir beispielsweise an, wir wollten Megapixel-Graustufenbilder in zwei Kategorien einteilen, sagen wir, Katzen und Hunde. Wenn jedes der Millionen Pixel einen von 256 Werten annehmen kann, dann gibt es $256^{1000000}$ mögliche Bilder. Für jedes davon wollen wir die Wahrscheinlichkeit berechnen, dass es eine Katze darstellt. Das bedeutet, dass eine beliebige Funktion, bei der ein Bild eingegeben und eine Wahrscheinlichkeit ausgegeben wird, durch eine Liste von $256^{1000000}$ Wahrscheinlichkeiten definiert ist. Das sind wesentlich mehr Zahlen, als es Atome in unserem Universum gibt (etwa 10^{78}). Dennoch gelingt es neuronalen Netzwerken mit lediglich einigen Tausend oder Millionen Parametern irgendwie, solche Klassifizierungsaufgaben ganz passabel zu lösen. Wie können erfolgreiche neuronale Netzwerke so »billig« sein, das heißt, warum benötigen sie so wenige Parameter? Schließlich kann man beweisen, dass ein neuronales Netzwerk, das klein genug ist, um in unser Universum hineinzupassen, bei der Näherung an fast alle Funktionen grandios scheitern wird und lediglich mit einem lächerlich winzigen Bruchteil aller Rechenaufgaben, die man ihm stellte, Erfolg haben würde.

Mit meinem Studenten Henry Lin hatte ich beim Rätseln über diese und ähnliche Geheimnisse jede Menge Spaß. Wofür ich in meinem Leben wirklich dankbar bin, ist die Gelegenheit, mit hervorragenden Studenten zusammenzuarbeiten, und Henry ist so einer. Als er zum ersten Mal mein Büro betrat, um zu fragen, ob ich interessiert sei, mit ihm zusammenzuarbeiten, dachte ich, es wäre wohl angemessener, wenn ich ihn fragte, ob er Interesse an einer Zusammenarbeit mit mir hätte. Doch dieser bescheidene und freundliche Bursche aus Shreveport in Louisiana mit seinen wachen Augen hatte bereits acht wissenschaftliche Aufsätze geschrieben, einen *Forbes 30-under-30*-Preis gewonnen und eine TED-Rede gehalten, die mehr als eine Million Mal angesehen worden war – dabei war er erst zwanzig! Ein Jahr später schrieben wir gemeinsam einen Aufsatz mit einer überraschenden Schlussfolgerung: Die Frage, warum neuronale Netzwerke so gut funktionieren, lässt sich nicht allein durch Mathematik beantworten, weil ein Teil der Antwort in der Physik begründet liegt. Wir stellten fest, dass die Klasse der Funktionen, mit denen uns die Naturgesetze konfrontieren und die unser Interesse am Rechnen wecken, außerdem eine erstaunlich winzige Klasse ist, weil die Naturgesetze aus Gründen, die wir noch nicht ganz verstehen, bemerkenswert einfach sind. Außerdem ähnelt der kleine Bruchteil von Funktionen, die neuronale Netzwerke berechnen können, dem kleinen Bruchteil, für den die Physik unser Interesse weckt! Ferner überarbeiteten wir frühere Untersuchungen, die zeigen, dass tief lernende neuronale Netzwerke (wir sprechen dann von *tiefem* Lernen, wenn die Netzwerke mehrere Schichten enthalten) für viele dieser Interesse weckenden Funktionen viel effizienter als flache Netze sind. So zeigten wir beispielsweise gemeinsam mit einem weiteren erstaunlichen MIT-Studenten namens David Rolnick, dass die simple Aufgabe, n Zahlen miteinander zu multiplizieren, wahrhaftig 2^n Neuronen für ein Netzwerk mit nur einer Schicht erfordert, aber nur $4n$ Neuronen in einem tiefen Netzwerk. Das macht es nicht nur leichter, zu erklären, warum neuronale Netzwerke gerade so viel Aufregung unter KI-Forschern hervorrufen, sondern auch, warum neuronale Netzwerke in unseren Gehirnen entwickelt worden sind. Falls wir Gehirne entwickelt haben, um die Zukunft vorherzusagen, dann ist es sinnvoll, dass wir eine Rechnerarchitektur entwickeln, die genau solche Rechenprobleme lösen kann, die in der Welt der Physik von Bedeutung sind.

Da wir jetzt untersucht haben, wie neuronale Netzwerke funktionieren und rechnen, sollten wir zu der Frage zurückkehren, wie sie lernen können. Genauer formuliert, wie kann ein neuronales Netz seine Rechenleistung durch Aktualisierung seiner Synapsen verbessern?

In seinem 1949 veröffentlichten, bahnbrechenden Buch *The Organization of Behaviour: A Neuropsychological Theory* behauptete der kanadische Psychologe Donald Hebb Folgendes: Wenn zwei benachbarte Neuronen häufig gleichzeitig aktiv waren (»feuerten«), verstärkten sich auch ihre synaptischen Verknüpfungen, so dass sie lernten, das Feuern untereinander auszulösen – eine Vorstellung, die Ausdruck in dem populären Slogan fand *Fire together, wire together* (gemeinsam feuern, gemeinsam verdrahtet). Obwohl die Details, wie wirkliche Gehirne lernen, noch längst nicht verstanden werden und die Forschung gezeigt hat, dass die Antworten in vielen Fällen wesentlich komplizierter sind, hat sich dennoch herausgestellt, dass selbst diese einfache Lernregel (bekannt als Hebb'sche Lernregel) es neuronalen Netzwerken ermöglicht, interessante Dinge zu lernen. John Hopfield zeigte, dass die Hebb'sche Lernregel es seinen stark vereinfachten künstlichen neuronalen Netzwerken erlaubte, eine Menge komplexer Erinnerungen zu speichern – einfach nur, weil sie ihnen wiederholt ausgesetzt wurden. Derartige Konfrontationen mit Informationen, von denen man lernen soll, werden normalerweise »Training« genannt, wenn es um künstliche neuronale Netzwerke geht (oder um Tiere und Menschen, denen Fähigkeiten beigebracht werden), wenngleich »Studieren«, »Erziehung« oder »Erfahrung« ebenso geeignet wären. Die künstlichen neuronalen Netzwerke, die heutige KI-Systeme in Gang bringen, neigen dazu, die Hebb'sche Lernregel durch anspruchsvollere Lernregeln mit nerdigen Namen wie »Rückpropagierung« oder »stochastisches Gradientenverfahren« zu ersetzen, doch die Grundidee ist dieselbe: Es gibt irgendeine einfache deterministische Regel, die einem Naturgesetz ähnelt, mit deren Hilfe die Synapsen im Lauf der Zeit aktualisiert werden. Wie durch Zauberhand kann diese einfache Regel das neuronale Netzwerk dazu bringen, erstaunlich komplizierte Rechnungen zu erlernen, falls das Training dafür mit riesigen Datenmengen durchgeführt wird. Wir wissen noch nicht genau, welche Lernregeln unser Gehirn benutzt, aber wie auch immer die Antwort ausfallen wird, es gibt keinen Hinweis darauf, dass sie die Naturgesetze verletzen.

Genauso wie die meisten digitalen Computer ihre Effizienz steigern, indem sie ihre Arbeit in mehrere Schritte aufteilen und Rechenmodule vielfach wiederverwenden, so machen es auch viele künstliche und biologische neuronale Netzwerke. Gehirne haben Bestandteile, die Wissenschaftler *rekurrent* nennen. Hier können die Informationen im Gegensatz zu Feedforward-Netzwerken in mehrere Richtungen fließen, statt nur in eine einzige, so dass die aktuelle Ausgabe die Eingabe für das nächste Ereignis werden kann. Das Netzwerk logischer Gatter im Mikroprozessor eines Laptops ist in dieser Hinsicht ebenfalls rekurrent: Es hält daran fest, seine früheren Informationen wiederzuverwenden, und lässt sein fortlaufendes Rechnen durch neue Informationseingaben von einer Tastatur, einem Trackpad, einer Kamera und dergleichen beeinflussen, was wiederum die Informationsausgabe, sagen wir, am Bildschirm, Lautsprecher, Drucker und im drahtlosen Netzwerk bestimmt. Dementsprechend ist auch das Neuronennetzwerk in Ihrem Gehirn wiederkehrend und lässt das fortlaufende Rechnen durch Informationseingaben seitens Ihrer Augen, Ohren und dergleichen beeinflussen, was wiederum die Informationsausgabe an Ihre Muskeln bestimmt.

Die Geschichte des Lernens ist mindestens so alt wie die Geschichte des Lebens selbst, da jeder sich selbst reproduzierende Organismus interessantes Kopieren und Verarbeiten von Informationen durchführt – Verhalten, das irgendwie erlernt werden musste. Während der Ära des Lebens 1.0 lernten

Organismen jedoch nichts in ihrer individuellen Lebensspanne. Ihre Regeln für die Verarbeitung von Informationen und Reaktionen wurden durch die ererbte DNS bestimmt, so dass das einzige Lernen sehr langsam auf der Ebene der Spezies stattfand – durch die Darwin'sche Evolution über die Generationen hinweg.

Vor etwa einer halben Milliarde Jahren entdeckten bestimmte Genlinien hier auf der Erde eine Möglichkeit, Tiere hervorzubringen, die neuronale Netzwerke enthielten und die in der Lage waren, Verhaltensweisen aus eigenen Erfahrungen während ihres Lebens zu erlernen. Leben 2.0 war in Erscheinung getreten, und wegen seiner Fähigkeit, auf dramatische Weise schneller zu lernen und die Konkurrenz zu überlisten, verbreitete es sich wie ein Lauffeuer auf dem Globus. Wie wir bereits in Kapitel 1 untersucht haben, lernte das Leben immer besser und schneller. Eine besondere, affenähnliche Spezies entwickelte ein Gehirn, das so versiert war, Wissen zu erwerben, dass sie lernte, wie man Werkzeuge verwendet, Feuer macht, eine Sprache spricht und eine komplexe globale Gesellschaft gründet. Diese Gesellschaft kann als ein System betrachtet werden, das sich erinnert, rechnet und lernt, und das alles mit zunehmendem Tempo, während eine Innovation die nächste ermöglicht. Das Schreiben, die Druckerpresse, die modernen Wissenschaften, Computer, das Internet und so weiter. Was werden künftige Historiker als Nächstes auf diese Liste wegweisender Erfindungen setzen? Ich tippe auf Künstliche Intelligenz.

Wie wir alle wissen, haben die explosiven Verbesserungen von Computerspeicher und Rechenleistung (Abbildungen 2.4 und 2.8) zu spektakulärem Fortschritt auf dem Gebiet der künstlichen Intelligenz geführt – aber es dauerte ziemlich lange, bis maschinelles *Lernen* erwachsen wurde. Als IBMs Computer *Deep Blue* 1997 Schachweltmeister Garri Kasparow niederkämpfte, lagen seine Hauptvorteile im Speichervolumen und in der Rechenleistung, nicht beim Lernen. Seine Rechenintelligenz war von einem menschlichen Team erzeugt worden, und der Hauptgrund, weshalb Deep Blue seine Schöpfer an die Wand spielen konnte, war seine Fähigkeit, schneller zu rechnen und dadurch eine höhere Anzahl potentieller Positionen zu analysieren. Als IBMs Computer *Watson* den menschlichen Weltmeister in der Quizshow *Jeopardy!* entthronte, verließ auch er sich weniger aufs Lernen als vielmehr auf maßgeschneidert programmierte Fertigkeiten. Hinzu kamen überragendes Gedächtnis und überlegene Geschwindigkeit. Dasselbe lässt sich über die meisten frühen Durchbrüche in der Robotik sagen, von zweibeiniger Fortbewegung zu selbständig fahrenden Autos und selbständig landenden Raketen.

Im Gegensatz dazu ist die Antriebskraft hinter vielen jüngsten KI-Durchbrüchen das maschinelle *Lernen* gewesen. Betrachten wir beispielsweise Abbildung 2.11. Ihnen fällt es leicht zu erkennen, was das Foto darstellt, doch eine Funktion zu programmieren, die nichts weiter als die Farben all der Pixel eines Bildes eingibt und eine akkurate Überschrift ausgibt wie »Eine Gruppe junger Leute spielt Frisbee« ist allen KI-Forschern auf der Welt jahrzehntelang versagt geblieben. Trotzdem hat ein Google-Team 2014 genau das getan. Geben Sie eine andere Anordnung von Pixelfarben ein und es antwortet »Eine Elefantenherde trottet über ein trockenes Grasfeld« – was wieder korrekt ist. Wie haben sie das geschafft? Etwa im Stil von Deep Blue, indem sie in Handarbeit Algorithmen zur Erkennung von Frisbees, Gesichtern und Ähnlichem programmierten? Nein, vielmehr durch die Konstruktion eines relativ simplen neuronalen Netzwerks mit keinerlei Wissen über die materielle Welt oder ihre Inhalte. Und dann ließen sie es lernen, indem sie es einer ungeheuren Datenmenge aussetzten. KI-Visionär Jeff Hawkins schrieb im Jahr 2004, dass »kein Computer so gut sehen kann … wie eine Maus«; aber diese Zeiten sind längst passé.

Abb. 2.11 »Eine Gruppe junger Leute spielt Frisbee« – die Überschrift wurde von einem Computer geschrieben, der nichts über Menschen, Spiele oder Frisbees weiß.

Noch verstehen wir nicht voll und ganz, wie unsere Kinder lernen, und ebenso unvollständig ist unser Wissen darüber, wie diese neuronalen Netzwerke lernen und warum sie gelegentlich scheitern. Klar ist jedoch, dass sie bereits außerordentlich nützlich sind und eine plötzliche Zunahme von Investitionen in tiefes Lernen ausgelöst haben. Tiefes Lernen hat inzwischen viele Aspekte computergestützten Sehens verändert, von der Transkription von Handschriften bis zur Echtzeit-Videoanalyse selbstfahrender Autos. Auf ähnliche Weise hat es die Fähigkeit von Computern revolutioniert, gesprochene Sprache in Text umzuwandeln und ihn – sogar in Echtzeit – in verschiedene Sprachen zu übersetzen. Aus diesem Grund können wir mittlerweile mit persönlichen digitalen Assistenten wie Siri, Google Now und Cortana sprechen. Diese nervenden Captcha-Rätsel, bei denen wir eine Website überzeugen müssen, dass wir Menschen sind, geraten in immer größere Schwierigkeiten, um dem maschinellen Lernen von heute einen Schritt vorauszubleiben. Google DeepMind realisierte 2015 ein KI-System, das tiefes Lernen anwandte. Es war in der Lage, ohne irgendwelche Anweisungen Dutzende von Computerspielen wie ein Jugendlicher zu meistern – nur, dass es bald besser zu spielen lernte als jeder Mensch. Im Jahr 2016 baute dasselbe Unternehmen AlphaGo, ein Go spielendes Computersystem, das tiefes Lernen verwendete, um die Stärke unterschiedlicher Brettpositionen auszuwerten. Es schlug den weltbesten Go-Meister. Dieser Fortschritt treibt eine positive Dynamik an, und die KI-Forschung profitiert durch großzügigere Finanzierung und den Zustrom talentierter Wissenschaftler, was wiederum weiteren Fortschritt in Gang setzt.

In diesem Kapitel haben wir die Beschaffenheit von Intelligenz und ihre Entwicklung bis heute untersucht. Wie lange wird es dauern, bis Maschinen uns bei *allen* kognitiven Aufgaben aus dem Feld schlagen werden? Wir können diese Frage nicht eindeutig beantworten und müssen uns die Möglichkeit offenhalten, dass die Antwort »nie« lauten könnte. Allerdings legt eine elementare Botschaft dieses Kapitels nahe, trotz alledem die Möglichkeit in Erwägung zu ziehen, dass es geschehen wird, vielleicht sogar noch zu unseren Lebzeiten. Schließlich lässt sich Materie, sofern sie die Naturgesetze befolgt, so anordnen, dass sie sich erinnert, rechnet und lernt – außerdem muss die Materie nicht unbedingt biologisch sein. KI-Forschern ist häufig vorgehalten worden, sie versprächen zu viel und lösten zu wenige ihrer Versprechen ein, aber fairerweise muss man sagen, dass etliche ihrer Kritiker auch nicht gerade eine stolze Erfolgsbilanz vorweisen können. Manche verschieben die Grenzen immer weiter und definieren dabei Intelligenz im Endeffekt als das, was Computer immer noch nicht können, oder als das, was Eindruck auf uns macht. Maschinen sind jetzt gut bis hervorragend bei arithmetischen Aufgaben. Weitere Anwendungen sind Schach, das Beweisen mathematischer Theoreme, Aktienauswahl, Bildüberschriften, Fahren, Spielen von Arcade-Spielen (Videospiele), Go, Sprachsynthese, Sprachtranskription, Übersetzung und Krebsdiagnose, doch einige Kritiker spotten immer noch verächtlich: »Na klar – aber das ist doch nicht *wirklich* intelligent!« Obendrein könnten sie behaupten, dass echte Intelligenz nur mit den Berggipfeln in Moravecs Landschaft zu tun hat (Abbildung 2.2), die noch nicht unter Wasser stehen, ähnlich wie manche Leute in der Vergangenheit, während das Wasser anstieg, behauptet haben, dass Bildüberschriften und Go dazu zählen sollten.

In der Annahme, dass das Wasser zumindest noch eine Zeitlang weiterhin ansteigen wird, werden auch die Auswirkungen der KI auf die Gesellschaft zunehmen. Lange bevor die KI in sämtlichen Aufgabenbereichen menschliches Niveau erreichen wird, werden faszinierende Möglichkeiten und Herausforderungen auf uns zukommen im Hinblick auf Softwarefehler, Gesetze, Waffen und Jobs. Wie sehen sie im Einzelnen aus, und wie können wir uns am besten darauf vorbereiten? Das wollen wir im nächsten Kapitel herausfinden.

Fazit

- Intelligenz, definiert als Fähigkeit, komplexe Ziele zu erreichen, kann nicht durch einen einzelnen »IQ« gemessen werden, sondern nur anhand eines Fähigkeitsspektrums, das sich über alle Ziele erstreckt.
- Künstliche Intelligenz von heute neigt dazu, *begrenzt* zu sein, wobei jedes System imstande ist, nur äußerst spezifische Ziele zu erreichen, während die menschliche Intelligenz erstaunlich *breitgefächert* ist.
- Gedächtnis, Rechnen, Lernen und Intelligenz haben einen abstrakten, nicht greifbaren und flüchtigen Charakter, weil sie *substratunabhängig* sind: Sie sind imstande, ein Eigenleben zu entwickeln, das nicht von den Details des ihnen zugrunde liegenden materiellen Substrats abhängig ist oder dieses widerspiegelt.

- Jeder Klumpen Materie kann das Substrat für *Gedächtnis beziehungsweise Speicher* sein, sofern er viele verschiedene stabile Zustände aufweist.
- Jede Materie kann *Computronium*, das Substrat für *Rechnen*, sein, sofern es bestimmte Bausteine enthält, die miteinander kombiniert werden können, um eine beliebige Funktion auszuführen. NAND-Gatter und Neuronen sind zwei wichtige Beispiele für derart universelle »Rechenatome«.
- Ein neuronales Netzwerk ist ein leistungsfähiges Substrat für *Lernen*, weil es einfach durch Befolgung der Naturgesetze sich selbst neu anordnen kann, um bei der Ausführung erwünschter Berechnungen immer besser zu werden.
- Wegen der beeindruckenden Schlichtheit der Naturgesetze kümmern wir Menschen uns nur um einen winzigen Bruchteil aller vorstellbaren Rechenprobleme, und neuronale Netzwerke zeigen die Tendenz, ganz genau diesen winzigen Bruchteil erstaunlich gut zu lösen.
- Sobald die Technik doppelt so leistungsfähig wird, kann sie häufig eingesetzt werden, um technische Systeme zu entwerfen und zu konstruieren, die ihrerseits doppelt so leistungsfähig sind, was wiederholte Kapazitätsverdopplung im Sinn des Moore'schen Gesetzes hervorruft. Die Kosten der Informationstechnologie haben sich in einem Zeitraum von hundert Jahren ungefähr alle zwei Jahre halbiert und damit das Informationszeitalter möglich gemacht.
- Wenn der Fortschritt der KI weiter anhält, dann werden wir, lange bevor die KI menschliches Niveau bei allen Fertigkeiten erreicht, vor faszinierenden Möglichkeiten und Herausforderungen stehen, wie zum Beispiel bei Softwarefehlern, Gesetzen, Waffen und Jobs – was wir im nächsten Kapitel untersuchen werden.

Kapitel 3

Die nahe Zukunft: Durchbrüche, Softwarefehler, Gesetze, Waffen und Jobs

Wenn wir unsere Richtung nicht bald ändern,
werden wir dort landen, wohin wir gehen.
IRWIN COREY

Was bedeutet es, in diesen Tagen und in diesem Zeitalter ein Mensch zu sein? Was schätzen wir beispielsweise an uns selbst, das uns von anderen Lebensformen und Maschinen unterscheidet? Was schätzen andere Menschen an uns, so dass einige von ihnen bereit sind, uns Arbeit anzubieten? Wie immer unsere Antworten auf diese Fragen zu irgendeiner Zeit ausfallen werden, klar ist, dass sie mit fortschreitender Technik schon bald anders ausfallen müssen.

Nehmen Sie zum Beispiel mich. Als Wissenschaftler bin ich stolz darauf, mir meine eigenen Ziele zu setzen. Ich nutze Kreativität und Intuition, um ein breites Spektrum ungelöster Probleme anzugehen, und verwende Sprache, um mitzuteilen, was ich entdecke. Ich habe das Glück, dass die Gesellschaft bereit ist, dies als Arbeit anzuerkennen und mich dafür zu bezahlen. Vor ein paar Jahrhunderten hätte ich wie viele andere womöglich meine Identität als Bauer oder Handwerker gefunden, doch der Technikfortschritt hat seitdem dafür gesorgt, dass solche Berufe zu einem winzigen Bruchteil des Arbeitsmarktes geschrumpft sind. Das heißt, nicht jeder hat mehr die Möglichkeit, seine Identität in der Landwirtschaft oder im Handwerk zu finden.

Mich persönlich stört es nicht, dass mir die Maschinen von heute in Handfertigkeiten wie Graben und Stricken überlegen sind, zumal das weder meine Hobbys sind, noch Einkommensquellen oder Grundlagen meines Selbstwertgefühls. Tatsächlich wurden mir alle Illusionen, die ich über meine Qualitäten in dieser Hinsicht gehabt haben könnte, im Alter von acht Jahren genommen, als ich in der Schule gezwungen wurde, einen Strickkurs zu belegen, durch den ich fast durchgerauscht wäre. Ich beendete mein Projekt nur dank eines mitfühlenden Helfers aus der fünften Klasse, der sich meiner erbarmte.

Doch wird, da Technik weiterhin stetig verbessert wird, der Aufstieg der KI auch jene Fähigkeiten in den Schatten stellen, die für mein augenblickliches Selbstwertgefühl und meinen Wert auf dem Arbeitsmarkt sorgen? Stuart Russell erzählte mir, dass er und viele seiner Kollegen in der KI-Forschung kürzlich einen Moment erlebten, der ihnen den Ausruf »Heilige Scheiße!« entlockte: Sie wurden Zeugen, wie KI etwas tat, das sie in dieser Form erst sehr viel später erwartet hatten. Lassen Sie mich daher in diesem Sinn von einigen meiner eigenen HS-Momente erzählen, und wie ich sie als Vorboten dafür betrachtete, dass die baldige Übernahme menschlicher Fähigkeiten bevorsteht.

Durchbrüche

Repräsentanten tiefen, bestärkenden Lernens

Eines der frappierendsten Erlebnisse, das mich mit offenem Mund staunen ließ, hatte ich 2014, als ich ein Video sah, wie das KI-System DeepMind lernte, Computerspiele zu spielen. Die KI spielte gerade Breakout (siehe Abbildung 3.1), ein klassisches Atari-Spiel, das in meiner Jugendzeit verwurzelte Erinnerungen weckt. Das Ziel ist, eine Art Tischtennisschläger so zu manövrieren, dass ein Ball von einer Backsteinmauer abprallt. Jedes Mal, wenn ein Stein getroffen wird, verschwindet er, was Ihre Punktezahl erhöht.

Ich hatte damals selbst ein paar Computerspiele geschrieben, deshalb war mir klar, dass es nicht besonders schwer war, ein Programm zu schreiben, das Breakout spielen konnte – aber das hatte das DeepMind-Team gerade nicht getan. Stattdessen hatten sie eine Tabula-rasa-KI kreiert, die nichts über das Spiel wusste – auch nichts über irgendwelche anderen Spiele oder gar über *Konzepte* wie Spiel, Tischtennisschläger, Backstein oder Ball. Das Einzige, was ihre KI kannte, war eine lange Liste von Zahlen, die wir (nicht aber die KI) als Vorgaben für die Färbung verschiedener Abschnitte des Bildschirms erkannten. Der KI wurde lediglich die Aufgabe erteilt, die Punktezahl zu maximieren, indem sie in regelmäßigen Abständen Zahlen ausgeben sollte, die wir (nicht aber die KI) als Codes dafür erkennen würden, welche Tasten gedrückt werden sollten.

Anfangs spielte die KI furchtbar. Sie ruckelte den Schläger ratlos und anscheinend zufällig hin und her und traf den Ball so gut wie nie. Nach einer Weile sah es so aus, als habe sie die Idee begriffen, dass es eine gute Sache sei, den Schläger in Richtung Ball zu bewegen, obwohl sie ihn immer noch fast jedes Mal verpasste. Doch mit der Spielpraxis holte sie auf, wurde bald besser, als ich es je gewesen war, und beförderte den Ball fehlerfrei zurück, egal, wie schnell er sich näherte. Und dann fiel mir die Kinnlade runter, denn sie fand diese verblüffende Strategie zur Punktemaximierung heraus. Dabei zielte sie jedes Mal auf die obere linke Ecke, bohrte ein Loch in die Wand, ließ den Ball steckenbleiben und zwischen der Rückseite der Mauer und der Begrenzung dahinter hin und her springen. Das fühlte sich wie eine wirklich intelligente Lösung an. Tatsächlich erzählte mir Demis Hassabis später, dass die Programmierer des

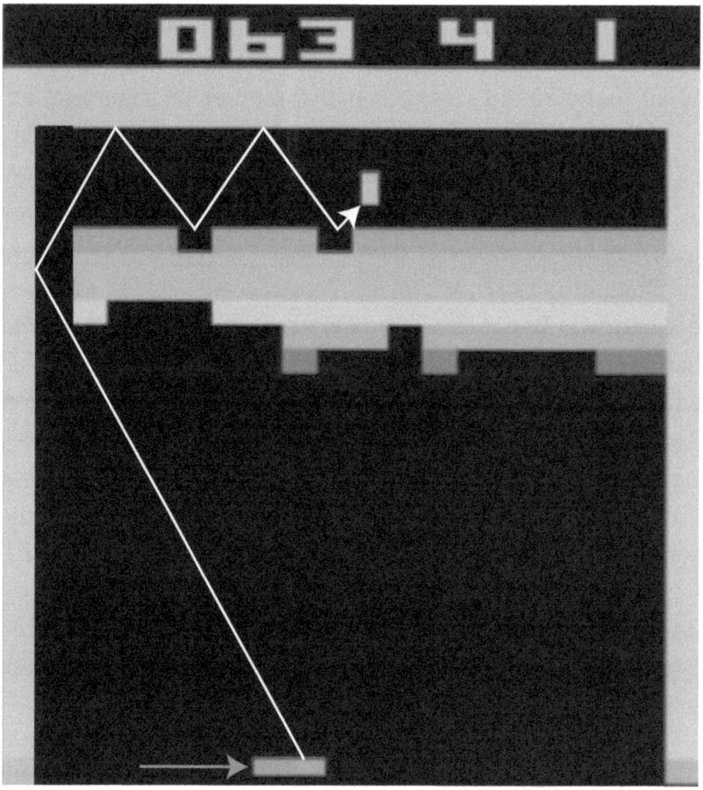

Abb. 3.1 Nachdem die KI von DeepMind von Grund auf lernte, das Atari-Spiel Breakout zu spielen, und tiefes, bestärkendes Lernen einsetzte, um die Punktzahl zu maximieren, entdeckte sie die optimale Strategie: nämlich in den äußersten linken Teil der Backsteinmauer ein Loch zu bohren und den Ball dahinter herumspringen zu lassen, was zur raschen Anhäufung von Punkten führt. Ich habe hier Pfeile eingezeichnet, um den vorausgegangenen Bahnverlauf von Ball und Tischtennisschläger zu zeigen.

DeepMind-Teams diesen Trick nicht kannten, bis sie ihn von der KI lernten, die sie selbst konstruiert hatten. Ich empfehle Ihnen, sich das entsprechende Video im Internet anzusehen.[1]

Damit verknüpft war ein menschenähnlicher Charakterzug, der mich ein wenig verunsicherte: Ich sah einer KI zu, die ein Ziel hatte und lernte, immer besser darin zu werden, es zu erreichen, um letztlich ihre Schöpfer zu übertreffen. Im letzten Kapitel haben wir Intelligenz einfach als die Fähigkeit definiert, komplexe Ziele zu erreichen. So verstanden, wurde die KI von DeepMind vor meinen Augen intelligent (wenngleich lediglich in dem sehr beschränkten Sinn, dieses spezielle Spiel zu spielen). Im ersten Kapitel begegneten wir den von Informatikern so genannten intelligenten Agenten: Wesen, die mit Hilfe von Sensoren Informationen über ihr Umfeld sammeln und diese Informationen dann verarbeiten, um zu entscheiden, wie sie auf ihr Umfeld reagieren sollen. Obwohl DeepMinds spielende KI in einer extrem einfachen virtuellen Welt lebte, die aus Backsteinen, Schlägern und Bällen besteht, konnte ich nicht leugnen, dass sie eine intelligente Agentin war.

DeepMind publizierte bald darauf seine Methode und gab seinen Code frei.[2] Sie erklärten, dass sie eine sehr einfache und dennoch leistungsfähige Idee anwandten, *tiefes, bestärkendes Lernen* genannt. Die Grundlage bestärkenden Lernens ist eine klassische Technik des maschinellen Lernens, die von der behavioristischen Psychologie inspiriert ist, wobei durch eine positive Belohnung Ihre Tendenz zunimmt, etwas zu tun oder nicht zu tun. Ein Hund erlernt Tricks, wenn das die Wahrscheinlichkeit erhöht, bald darauf eine Ermutigung oder ein Leckerli von seinem Besitzer zu bekommen. Auf ähnliche Weise lernte DeepMinds KI, den Schläger zu bewegen, um den Ball zu treffen, weil das die Wahrscheinlichkeit erhöhte, schon bald mehr Punkte zu holen. DeepMind kombinierte diese Idee mit tiefem Lernen: Sie trainierten ein tiefes neuronales Netz wie im vorausgegangenen Kapitel, um vorherzusagen, wie viele Punkte man durchschnittlich gewänne, wenn man die dafür vorgesehenen Tasten auf der Tastatur drückt. Anschließend wählte die KI die Taste aus, die das neuronale Netz angesichts des aktuellen Spielstands als die vielversprechendste eingestuft hatte.

Als ich eine Liste mit Merkmalen aufstellte, die zu meinem persönlichen Selbstwertgefühl als Mensch beitragen, fügte ich die Fähigkeit hinzu, ein breites Spektrum ungelöster Probleme anzugehen. Im Gegensatz dazu stellt die Fähigkeit, Breakout zu spielen und sonst nichts zu können, eine extrem begrenzte Intelligenz dar. Aus meiner Sicht ist die wahre Bedeutung von DeepMinds Durchbruch, dass tiefes, bestärkendes Lernen eine ganz und gar allgemeine Technik ist. Natürlich ließen sie dieselbe KI 49 andere Atari-Spiele spielen, und sie lernte, ihre menschlichen Tester in 29 davon zu schlagen – von Pong über Boxing und Video Pinball bis Space Invaders.

Es dauerte nicht lange, bis dieselbe KI-Idee sich auch bei moderneren Spielen bewährte, deren Welten dreidimensional statt zweidimensional waren. Schon bald gaben DeepMinds Konkurrenten von OpenAI in San Francisco eine Plattform namens Universe heraus, auf der DeepMinds KI und andere intelligente Agenten die Zusammenarbeit mit einem ganzen Computer üben können, als sei es ein Spiel. Sie konnten auf irgendetwas klicken, irgendetwas eingeben und jede Software öffnen und laufen lassen, die sie steuern konnten – zum Beispiel einen Browser anwerfen und im Internet herummurksen.

Stellt man sich die Zukunft des tiefen, bestärkenden Lernens und die entsprechenden Verbesserungen vor, ist kein eindeutiges Ende in Sicht. Das Potential ist nicht auf virtuelle Spielwelten begrenzt, denn wenn man ein Roboter ist, lässt sich das Leben selbst als ein Spiel betrachten. Stuart Russell erzählte mir, dass er seinen ersten bedeutsamen HS-Moment erlebte, als er sah, wie der Roboter Big Dog eine schneebedeckte Böschung hochlief und dabei auf elegante Weise das Problem des aufrechten Gangs löste, mit dem Stuart sich jahrelang herumgeschlagen hatte.[3] Doch als 2008 dieser Meilenstein erreicht wurde, war das mit enorm viel Arbeit schlauer Programmierer verbunden. Nach DeepMinds Durchbruch gibt es keinen Grund mehr, warum ein Roboter letztlich nicht irgendeine Variante tiefen, bestärkenden Lernens benutzen sollte, um sich selbst ohne die Hilfe menschlicher Programmierer das Gehen beizubringen. Alles, was man dafür braucht, ist ein System, das ihm immer dann Punkte gibt, wenn er Fortschritte macht. Dementsprechend haben Roboter in der realen Welt das Potential, Pingpong spielen, schwimmen, fliegen und kämpfen zu lernen sowie eine fast endlose Liste anderer motorischer Aufgaben zu bewältigen, ohne dabei auf die Hilfe menschlicher Programmierer angewiesen zu sein. Um die Dinge zu beschleunigen und das Risiko zu verringern, steckenzubleiben oder sich selbst während der Lernvorgangs zu schaden, würden sie wahrscheinlich die ersten Schritte ihres Lernprozesses in der virtuellen Realität absolvieren.

Intuition, Kreativität und Strategie

Ein weiterer prägender Moment war für mich, als DeepMinds KI-System AlphaGo ein Go-Match über fünf Spiele gegen Lee Sedol gewann, der gemeinhin als der weltbeste Spieler des frühen 21. Jahrhunderts gilt.

Man ging davon aus, dass menschliche Go-Spieler irgendwann einmal von Maschinen entthront werden würden, wie es ihren Schachspielerkollegen zwei Jahrzehnte zuvor ergangen war. Allerdings sagten die meisten Kenner des Go-Spiels voraus, es würde bestimmt noch ein Jahrzehnt dauern. Daher bedeutete AlphaGos Sieg für sie wie für mich einen Wendepunkt. Nick Bostrom und Ray Kurzweil haben betont, wie schwierig es sein kann, Durchbrüche der KI kommen zu sehen, was auch aus den Interviews hervorgeht, die Lee Sedol gab, bevor und nachdem er die ersten drei Spiele verloren hatte:

- Oktober 2015: »Aufgrund seines Niveaus, das ich gesehen habe … denke ich, dass ich das Spiel wohl erdrutschartig gewinnen werde.«
- Februar 2016: »Ich habe gehört, dass die KI von Google DeepMind erstaunlich stark ist und immer stärker wird, aber ich bin zuversichtlich, dass ich zumindest dieses Mal gewinnen kann.«
- 9. März 2016: »Ich war sehr überrascht, weil ich nicht glaubte, verlieren zu können.«
- 10. März 2016: »Ich war ziemlich sprachlos … Ich bin schockiert. Ich gebe zu … das dritte Spiel wird nicht leicht für mich werden.«
- 12. März 2016: »Ich fühlte mich irgendwie machtlos.«

Nach den Spielen gegen Lee Sedol hatte AlphaGo im Verlauf eines Jahres gegen die zwanzig besten Spieler in der Welt gespielt, ohne ein einziges Spiel verloren zu haben.

Warum war das für mich eine so große Sache? Nun ja, ich habe bereits gestanden, dass ich Intuition und Kreativität als zwei meiner wichtigsten menschlichen Merkmale schätze, und wie ich gleich erklären werde, habe ich den Eindruck, als habe AlphaGo beides gezeigt.

Go-Spieler platzieren abwechselnd schwarze und weiße Steine auf einem Brett mit 19 x 19 Positionen (siehe Abbildung 3.2). Es gibt wesentlich mehr mögliche Go-Positionen, als es Atome in unserem Universum gibt. Das heißt, dass der Versuch, sämtliche interessanten Folgen künftiger Züge zu analysieren, rasch zu einem aussichtslosen Unternehmen wird. Deshalb verlassen sich die Spieler maßgeblich auf unbewusste Intuition als Ergänzung ihrer bewussten Schlussfolgerungen, so dass Experten ein fast unheimliches Gefühl dafür entwickeln, welche Positionen stark und welche schwach sind. Wie wir im letzten Kapitel gesehen haben, erinnern die Ergebnisse tiefen Lernens manchmal an Intuition: ein tiefes neuronales Netzwerk

Abb. 3.2 DeepMinds KI AlphaGo machte einen äußerst kreativen Zug auf Linie 5 und bot damit Jahrtausenden menschlicher Intuition die Stirn. Fünfzig Züge später erwies er sich als der entscheidende Zug für die Niederlage der Go-Legende Lee Sedol.

könnte entscheiden, dass ein Bild eine Katze darstellt, ohne die Gründe dafür erklären zu können. Das Team von DeepMind spielte daher mit der Idee, dass tiefes Lernen in der Lage sein könnte, nicht nur Katzen, sondern auch starke Go-Positionen zu erkennen. Die Kernidee, die sie in AlphaGo einbauten, lief darauf hinaus, die intuitive Kraft des tiefen Lernens mit der logischen Kraft von GOFAI zu vermählen – womit die humorvoll gemeinte *Good Old-Fashioned AI* bezeichnet ist, die aus der Zeit vor der Revolution tiefen Lernens stammt. Sie verwendeten eine umfangreiche Datenbank für Go-Positionen aus Spielen zwischen Menschen, aber auch aus Spielen, wo AlphaGo gegen einen Klon von sich selbst gespielt hatte, und trainierten ein tiefes neuronales Netzwerk, um aus jeder Position die Wahrscheinlichkeit abzuleiten, dass Weiß letztlich gewinnen würde. Außerdem trainierten sie ein separates Netzwerk, um wahrscheinliche nächste Züge vorherzusagen. Dann kombinierten sie diese Netzwerke mit einer GOFAI-Methode, die auf raffinierte Weise eine zurechtgestutzte Liste wahrscheinlicher Folgen künftiger Züge durchsuchte, um den nächsten Zug festzulegen, der am Ende zur stärksten Position führte.

Diese Hochzeit von Intuition und Logik führte zu Zügen, die nicht nur schlagkräftig, sondern in manchen Fällen außerordentlich kreativ waren. So diktiert zum Beispiel eine jahrtausendalte Go-Weisheit, es sei zu Beginn des Spiels ratsam, die dritte oder vierte Linie von einer Kante aus zu spielen. Zwischen den beiden Linien gibt es eine Übereinkunft: Spielt man auf der dritten Linie, gewinnt man kurzfristig Territorium an der Brettflanke, während das Spielen auf der vierten Linie zu einem langfristigen strategischen Einfluss zur Mitte des Spielfelds hin führt.

Im 37. Zug des zweiten Spiels schockierte AlphaGo die Go-Welt, indem er diese alte Weisheit ignorierte und auf der fünften Linie spielte (Abbildung 3.2), als sei er in seiner Fähigkeit, langfristig zu planen, sogar noch souveräner als ein Mensch. Er bevorzugte also strategischen Vorteil gegenüber kurzfristigem Gewinn. Die Kommentatoren waren verblüfft, Lee Sedol stand sogar auf und verließ vorübergehend den Raum.[4] Freilich endete 50 Züge später der von der linken unteren Ecke des Bretts ausgeführte Angriff mit einer Invasion und stellte eine Verbindung zu dem schwarzen Stein von Zug 37 her! Und dieses Motiv führte zum Sieg und begründete das Vermächtnis von AlphaGos Zug auf der fünften Linie als einen der kreativsten Züge in der Geschichte des Spiels.

Wegen seiner intuitiven und kreativen Aspekte wird Go nicht als ein einfaches Spiel, sondern eher als eine Kunstform betrachtet. Im alten China gehörte es neben Malerei, Kalligraphie und Qin-Musik zu den vier grundlegenden Künsten. In Asien ist es immer noch sehr beliebt, so dass 300 Millionen Menschen das erste Spiel zwischen AlphaGo und Lee Sedol verfolgten. Daher war die Go-Welt vom Ergebnis ziemlich erschüttert und betrachtete AlphaGos Sieg als einen wichtigen Wendepunkt für die Menschheit. Ke Jie, der zu diesem Zeitpunkt Weltranglistenerster war, sagte:

> *Die Menschheit hat jahrtausendelang Go gespielt, und dennoch haben wir, wie die KI gezeigt hat, nicht einmal an der Oberfläche gekratzt ... Der Verbund menschlicher Spieler und KI-Spieler wird zu einer neuen Ära führen ... gemeinsam werden Mensch und KI die Wahrheit von Go finden.*[5]

Eine derart fruchtbare Zusammenarbeit von Mensch und Maschine scheint in der Tat in vielen Bereichen verheißungsvoll zu sein. Auch in der Wissenschaft kann die KI uns Menschen dabei helfen, unsere Erkenntnisse zu vertiefen und unser höchstes Potential zu verwirklichen.

Ende 2017 nahm das DeepMind-Team *AlphaZero*, den Nachfolger von *AlphaGo*, in Betrieb. Ihm standen Jahrtausende menschlicher Go-Weisheit und viele Millionen Spiele zur Verfügung. All das ignorierte AlphaZero und lernte Go von Grund auf, indem er gegen sich selbst spielte. Er schlug nicht nur AlphaGo, sondern wurde auch zum besten Schachspieler der Welt, indem er sich das Spiel schlicht und einfach selbst beibrachte. Nach zweistündiger Übung konnte er die besten menschlichen Spieler schlagen, und nach vier weiteren Stunden fügte er Stockfish, dem besten Schachprogramm der Welt, eine vernichtende Niederlage zu. Am eindrucksvollsten fand ich, dass er nicht nur menschliche Schachspieler bezwang, sondern auch die menschlichen KI-Programmierer und damit die ganze handgemachte KI-Software, die sie im Lauf vieler Jahrzehnte entwickelt hatten. Mit anderen Worten: Die Vorstellung, dass KI bessere KI erschafft, lässt sich nicht von der Hand weisen.

Ich glaube, AlphaGo erteilt uns obendrein eine weitere wichtige Lektion für die nahe Zukunft. Kombiniert man die Intuition tiefen Lernens mit der Logik von GOFAI, lässt sich eine unvergleichliche Strategie entwerfen. Da Go eines der ausdifferenziertesten Strategiespiele ist, ist KI inzwischen nahe dran, mit den besten menschlichen Strategen sogar jenseits des Spielbretts gleichzuziehen und sie herauszufordern (oder sie zu unterstützen) – zum Beispiel mit Strategien für Investment, Politik und Militär. Solche Strategieprobleme in der realen Welt sind üblicherweise kompliziert, weil menschliche Psychologie sowie fehlende Informationen und Faktoren hineinspielen, die als Zufallsereignisse modelliert werden müssen, doch Poker spielende KI-Systeme haben bereits gezeigt, dass keine dieser Herausforderungen unüberwindbar ist.

Natürliche Sprache

Noch ein Gebiet, wo der Fortschritt der KI mich kürzlich erstaunt hat, ist Sprache. Schon früh in meinem Leben habe ich das Reisen lieben gelernt, und Neugier auf andere Kulturen und Sprachen bildete einen wichtigen Teil meiner Identität. Ich wuchs mit Schwedisch und Englisch auf, lernte Deutsch und Spanisch in der Schule, in zwei Ehen Portugiesisch und Rumänisch und brachte mir selbst zum Spaß ein bisschen Russisch, Französisch und Mandarin bei.

> *Aber die KI ist angekommen, und nach einer wichtigen Entdeckung im Jahr 2016 gibt es fast keine faulen Sprachen, zwischen denen ich besser übersetzen kann als das System der KI, die von der Ausrüstung des Gehirns von Google entwickelt wurde.*

Habe ich mich klar und deutlich ausgedrückt? Eigentlich wollte ich Folgendes sagen:

> *Aber die KI hat mich eingeholt, und nach einem wichtigen Durchbruch im Jahr 2016 sind kaum noch Sprachen*

übrig, zwischen denen ich besser übersetzen kann als das vom Google-Brain-Team entwickelte KI-System.

Allerdings übersetzte ich diesen Satz zuerst ins Spanische und wieder zurück unter Verwendung einer App, die ich vor ein paar Jahren auf meinem Laptop installiert hatte. Im Jahr 2016 aktualisierte das Team von Google Brain seinen kostenlosen Dienst Google Übersetzer, um tiefe, rekurrente neuronale Netzwerke zu verwenden, und die Verbesserung gegenüber älteren GOFAI-Systemen war dramatisch:[6]

Aber die KI hat mich eingeholt, und nach einem Durchbruch im Jahr 2016 sind kaum noch Sprachen übrig, die besser untereinander übersetzt werden können als mit der vom Google-Brain-Team entwickelten KI.

Wie Sie sehen können, ist das Pronomen »ich« beim Abstecher ins Spanische verlorengegangen, was unglücklicherweise die Bedeutung veränderte. Knapp daneben ist auch vorbei! Ich muss jedoch zur Ehrenrettung von Googles KI sagen: Ich werde oft dafür kritisiert, unnötig lange Sätze zu schreiben, die schwer zu verstehen sind, und für dieses Beispiel suchte ich ausgerechnet einen gewundenen Satz aus, der Verwirrung stiften kann. Bei normaleren Sätzen übersetzt deren KI oft makellos. Deshalb verursachte sie ziemliche Aufregung, als sie herauskam. Sie ist hilfreich genug, um von etlichen Hundert Millionen Nutzern täglich eingesetzt zu werden. Außerdem können diese Nutzer dank jüngster Fortschritte beim tiefen Lernen für Umwandlungen von Sprache in Text und von Text in Sprache mittlerweile in ihre Smartphones sprechen und sich das übersetzte Ergebnis anhören.

Natürliche Sprachverarbeitung ist heute einer der am schnellsten voranschreitenden KI-Bereiche, und ich glaube, dass weitere Erfolge große Auswirkungen haben werden, weil

Sprache so wichtig für das Menschsein ist. Je besser eine KI in sprachlicher Prognose wird, umso besser kann sie akzeptable Antworten auf E-Mails entwerfen oder eine gesprochene Kommunikation fortsetzen. Dies könnte, zumindest für einen Außenstehenden, den Eindruck erwecken, dass menschliches Denken stattfindet. Tief lernende Systeme sind daher kleine Schritte auf das Ziel hin, den berühmten Turingtest zu bestehen, in dessen Verlauf eine Maschine sich gut genug schriftlich mit einer Person unterhalten muss, um ihr vorzutäuschen, auch sie sei ein Mensch.

Sprache verarbeitende KI muss allerdings noch einen weiten Weg zurücklegen. Obwohl ich gestehen muss, dass ich ein wenig ernüchtert bin, von einer KI beim Übersetzen geschlagen worden zu sein, fühle ich mich besser, wenn ich daran denke, dass sie bisher auf noch keine sinnvolle Weise *versteht*, was sie sagt. Um sie zu trainieren, werden gewaltige Datensätze verwendet. Auf diese Weise entdeckt sie Muster und Beziehungen in Bezug auf Worte, ohne diese Worte jemals mit irgendetwas in der Außenwelt zu verbinden. Sie könnte zum Beispiel jedes Wort durch eine Liste mit Tausenden von Zahlen darstellen, die festlegen, wie sehr es bestimmten anderen Worten ähnelt. Sie könnte dann daraus schließen, dass der Unterschied zwischen »König« und »Königin« dem zwischen »Ehemann« und »Ehefrau« ähnelt – aber dann hat sie immer noch keinen Schimmer, was es bedeutet, männlich oder weiblich zu sein, oder dass es gar so etwas wie eine materielle Wirklichkeit mit Raum, Zeit und Materie da draußen gibt.

Da es beim Turingtest im Prinzip um Täuschung geht, ist er dafür kritisiert worden, dass er eher menschliche Leichtgläubigkeit testet als echte künstliche Intelligenz. Im Gegensatz dazu trifft ein konkurrierender Test, die sogenannte *Winograd-Herausforderung*, den empfindlichsten Nerv des Ganzen und schießt sich auf den gesunden Menschenverstand ein, den aktuelle, tief lernende Systeme tendenziell vermissen lassen.

Wir Menschen verwenden routinemäßig Wissen über die Wirklichkeit, wenn wir einen Satz analysieren, um herauszufinden, worauf sich ein Pronomen bezieht. So ist beispielsweise eine typische Winograd-Herausforderung die Frage, worauf sich hier das »sie« bezieht:

1. »Die Stadträte verweigerten den Demonstranten eine Erlaubnis, weil sie Gewalt befürchteten.«
2. »Die Stadträte verweigerten den Demonstranten eine Erlaubnis, weil sie Gewalt befürworteten.«

Es gibt jährliche KI-Wettbewerbe, um solche Fragen zu beantworten, und die künstlichen Intelligenzen schneiden immer noch miserabel ab.[7] Diese präzise Herausforderung, nämlich zu verstehen, worauf sich etwas bezieht, torpedierte sogar das Tool Google Übersetzer, als ich in meinem obigen Beispiel das Spanische durch Chinesisch ersetzte:

> *Aber die KI hat mich eingeholt nach einem entscheidenden Bruch im Jahr 2016 mit fast keiner Sprache, die ich übersetzen konnte das KI-System als entwickelt vom Google-Brain-Team.*

Bitte probieren Sie den Google Übersetzer selbst aus, jetzt da Sie dieses Buch lesen und feststellen können, ob Googles KI sich verbessert hat![8] Die Chancen stehen gut, dass dem so ist, da es vielversprechende Ansätze gibt, tiefe, rekurrente neuronale Netze mit GOFAI zu verbinden, um eine Sprache verarbeitende KI zu konstruieren, die ein Weltmodell enthält.

Gelegenheiten und Herausforderungen

Diese drei Beispiele waren offensichtlich nur ein kleiner Einblick, zumal KI an vielen wichtigen Fronten rasch voranschreitet. Außerdem hinken konkurrierende Forschungsgruppen an Universitäten und in anderen Unternehmen oftmals nicht sehr weit hinterher, auch wenn ich in diesen Beispielen nur zwei Unternehmen erwähnt habe. In den Informatikinstituten in aller Welt meint man in der Nähe von Studenten, Postdoktoranden und Lehrkräften das laute Ansauggeräusch eines Staubsaugers zu hören, wenn Apple, Baidu, DeepMind, Facebook, Google, Microsoft und andere Firmen lukrative Jobangebote machen.

Wichtig ist, sich von meinen Beispielen nicht irreführen zu lassen und die Geschichte der KI nicht als Perioden der Stagnation mit gelegentlichen Durchbrüchen zu betrachten. Ich persönlich habe stattdessen über längere Zeit hinweg einen einigermaßen kontinuierlichen Fortschritt gesehen – den die Medien immer dann als einen Durchbruch vermelden, wenn die Schwelle überschritten ist, hinter der eine neue, die Vorstellungskraft fesselnde Anwendung oder ein nützliches Produkt ermöglicht werden. Daher betrachte ich es als wahrscheinlich, dass der zügige KI-Fortschritt noch viele Jahre andauern wird. Darüber hinaus gibt es, wie wir im letzten Kapitel gesehen haben, keinen triftigen Grund, warum dieser Fortschritt nicht Bestand haben sollte, bis die KI bei den meisten Aufgaben mit menschlichen Fertigkeiten übereinstimmen wird.

Was die Frage aufwirft: Wie wird sich das auf uns auswirken? Wie wird der kurzfristige Fortschritt der KI das verändern, was es heißt, menschlich zu sein? Wir haben gesehen, dass es zunehmend schwieriger wird, zu behaupten, die KI habe überhaupt keine Ziele, Reichweite, Intuition, Kreativität oder Sprache – Merkmale, die für viele von zentraler Bedeutung für das menschliche Sein sind. Das heißt, dass selbst kurzfristig betrachtet, lange bevor irgendeine AKI bei allen Aufgaben an uns heranreichen wird, die KI dramatische Auswirkungen auf uns haben wird. Sie wird beeinflussen, wie wir uns sehen, was wir tun können, wenn wir von ihr ergänzt werden, und womit wir Geld verdienen können, wenn wir den Wettbewerb mit der KI aufnehmen. Werden sich diese Auswirkungen als gut oder schlecht für uns erweisen? Welche kurzfristigen Möglichkeiten und Herausforderungen wird das alles mit sich bringen?

Alles, was wir an der Zivilisation lieben, ist das Produkt menschlicher Intelligenz. Sollten wir sie mit künstlicher Intelligenz verstärken können, dann besteht natürlich die Aussicht, das Leben noch zu verbessern. Selbst ein bescheidener Fortschritt der KI könnte zu bedeutsamen Verbesserungen in Wissenschaft und Technik führen und zu entsprechend weniger Unfällen, Krankheiten, Ungerechtigkeit, Krieg, Schufterei und Armut. Aber um diese Vorteile, die die KI bietet, genießen zu können, müssen wir viele wichtige Fragen beantworten. Zum Beispiel:

1. Wie können wir künftige KI-Systeme stabiler machen als die von heute, so dass sie tun, was wir wollen, ohne abzustürzen, auszufallen oder gehackt zu werden?
2. Wie können wir unsere Rechtsordnung so aktualisieren, dass sie gerechter und effizienter ist und mit der rasch sich verändernden digitalen Welt Schritt hält?
3. Wie können wir unsere Waffen klüger gestalten, damit sie weniger unschuldige Zivilisten töten, und wie verhindern wir einen unkontrollierten Rüstungswettlauf mit tödlichen autonomen Waffen?
4. Wie können wir unseren Wohlstand durch Automatisierung vermehren und dennoch dafür sorgen, dass die Menschen nicht ohne Einkommen und Ziele im Regen stehen bleiben?

Wir werden uns im Rest des Kapitels mit der Erforschung jeder dieser Fragen der Reihe nach beschäftigen. Sie zielen kurzfristig hauptsächlich auf Informatiker, Rechtswissenschaftler, Militärstrategen und Wirtschaftswissenschaftler ab. Um dazu beizutragen, dass wir die benötigten Antworten zum richtigen Zeitpunkt bekommen, müssen jedoch alle an diesem Gespräch teilnehmen, weil wir sehen werden, dass die Herausforderungen alle traditionellen Grenzen überschreiten werden – was sowohl für Fachgebiete als auch für Nationen gilt.

Programmfehler statt stabile KI

Schon die Informatik hatte eine starke positive Auswirkung auf praktisch jeden Bereich menschlichen Unternehmungsgeistes gehabt, von der Wissenschaft über Finanzen, Herstellung und Transport bis zu Gesundheitswesen, Energiewirtschaft und Kommunikation, doch diese Auswirkungen verblassen im Vergleich zu dem Fortschritt, der voraussichtlich mit der KI einhergehen wird. Aber je mehr wir uns auf Technik verlassen, umso wichtiger wird es, dass sie stabil und zuverlässig ist und das tut, was wir von ihr verlangen.

Im Lauf der Menschheitsgeschichte haben wir uns auf denselben altbewährten Ansatz gestützt, um unsere Technik so zu gestalten, dass sie nützlich ist, nämlich aus Fehlern zu lernen. Wir erfanden das Feuer, kamen dadurch wiederholt in Bedrängnis und konzipierten schließlich den Feuerlöscher, den Notausgang, den Feueralarm und die Feuerwehr. Wir erfanden das Automobil, es kam wiederholt zu Unfällen, und wir entwarfen schließlich Sicherheitsgurte, Airbags und selbstfahrende Autos. Bis jetzt haben unsere Technologien eigentlich hinlänglich wenige und begrenzte Unfälle verursacht, so dass die Vorteile die Nachteile überwiegen. Da wir jedoch unaufhaltsam immer leistungsfähigere technische Systeme entwickeln, werden wir unvermeidlicherweise irgendwann einen Punkt erreichen, wo selbst ein einfacher Unfall verheerend genug sein könnte, um alle Vorteile zunichtezumachen. Manch einer behauptet, dass ein versehentlicher globaler Atomkrieg ein solches Beispiel darstellen würde. Andere behaupten, dass sich eine durch Biotechnik erzeugte Pandemie dafür eignete. Im nächsten Kapitel werden wir die kontrovers diskutierte Debatte untersuchen, ob eine künftige KI die Auslöschung der Menschheit bewirken könnte. Doch wir benötigen gar nicht derart extreme Beispiele, um eine entscheidende Schlussfolgerung zu ziehen: Während die Technik immer leistungsstärker wird, sollten wir uns, was die Sicherheitstechnik betrifft, weniger auf den Ansatz Versuch und Irrtum verlassen. Mit anderen Worten, *wir sollten mehr Initiative ergreifen, statt nur zu reagieren.* Wir sollten in Sicherheitsforschung investieren, die verhindert, dass auch nur ein einziger Unfall passiert. Deshalb richtet die Gesellschaft zum Beispiel höhere Aufmerksamkeit auf die Sicherheit von Kernkraftwerken als auf die von Mausefallen.

Das ist auch der Grund, warum es, wie wir bereits in Kapitel 1 sahen, auf der Konferenz in Puerto Rico ein so starkes Interesse der Forschergemeinschaft an der KI-Sicherheit gab. Schon immer sind Computer und KI-Systeme abgestürzt, aber dieses Mal ist alles anders: Die KI betritt allmählich die Wirklichkeit, und es ist jetzt nicht mehr bloß ein Ärgernis, wenn sie das Stromnetz, die Börse oder ein Kernwaffensystem lahmlegt. Im Folgenden möchte ich Sie mit den vier wichtigsten Bereichen der technischen KI-Sicherheitsforschung vertraut machen, die die aktuelle KI-Sicherheitsdiskussion dominieren und die auf der ganzen Welt ins Auge gefasst werden: Verifizierung, Überprüfung, Sicherheit und Kontrolle.[9] Um zu verhindern, dass die ganze Angelegenheit zu kopflastig und trocken wird, wollen wir dabei frühere Erfolge und Misserfolge der Informatik auf verschiedenen Gebieten untersuchen.

Obwohl die meisten dieser Geschichten alt sind und mit technisch einfachen Computersystemen zu tun haben, die kaum jemand als KI bezeichnen würde und die nur wenige Schäden – wenn überhaupt – verursachten, werden wir sehen, dass sie uns dennoch wertvolle Lektionen für den Entwurf sicherer und leistungsfähiger künftiger KI-Systeme erteilen können, deren Versagen tatsächlich katastrophal wäre.

KI zur Erforschung des Weltraums

Beginnen wir mit etwas, das mir am Herzen liegt: mit der Erforschung des Weltraums. Computertechnik hat es uns ermöglicht, Menschen zum Mond fliegen zu lassen und unbemannte Raumschiffe ins All zu schicken, um alle Planeten unseres Sonnensystems zu erforschen. Sie landeten sogar auf dem Saturnmond Titan und auf einem Kometen. Wie wir noch in Kapitel 6 untersuchen werden, könnten uns künftige künstliche Intelligenzen dabei helfen, andere Sonnensysteme und Galaxien zu erkunden – sofern sie keine Programmfehler haben. Am 4. Juni 1996 jubelten die Wissenschaftler, die darauf hofften, die Magnetosphäre der Erde zu untersuchen, als eine Ariane-5-Rakete der Europäischen Weltraumorganisation mit den von ihnen gebauten wissenschaftlichen Instrumenten an Bord in den Himmel röhrte. Siebenunddreißig Sekunden später verschwand das Lächeln aus ihren Gesichtern, weil die Rakete, die viele Hundert Millionen Dollar gekostet hatte, in einem Feuerwerk explodierte.[10] Die Ursache war eine fehlerhafte Software, die eine Zahl verarbeitet hatte, die zu groß war, um in die 16 Bits zu passen, die dafür vorgesehen worden waren.[11] Zwei Jahre später trat der Mars Climate Orbiter der NASA versehentlich in die Atmosphäre des roten Planeten ein und zerschellte, weil zwei unterschiedliche Bestandteile der Software verschiedene Maßeinheiten für die Flugdatenberechnung verwendeten, was zu einem Fehler von 445 Prozent in der Schubsteuerung des Raketentriebwerks führte.[12] Und das war der zweite superteure Softwarefehler der NASA: Die Trägerrakete der Venussonde Mariner 1 explodierte am 22. Juli 1962 nach dem Start auf Cape Canaveral, nachdem die Flugsicherungssoftware durch ein falsches Interpunktionszeichen zu Schrott wurde.[13] Und als wollten die Sowjets zeigen, dass nicht nur der Westen die Kunst beherrschte, Programmfehler ins All zu schießen, scheiterte am 2. September 1988 auch deren Mission Phobos 1. Es war das schwerste interplanetarische Raumschiff, das je gestartet wurde, und es hatte das spektakuläre Ziel, ein Landegerät auf dem Marsmond Phobos zu stationieren – doch ein fehlender Bindestrich sorgte dafür, dass das Kommando »Ende der Mission« an das auf dem Weg zum Mars befindliche Raumschiff gesendet wurde, das daraufhin alle Systeme herunterfuhr.[14]

Aus diesen Beispielen lernen wir, wie wichtig das ist, was Informatiker *Verifizierung* nennen: sicherzustellen, dass die Software in vollem Umfang den erwarteten Anforderungen genügt. Je mehr Leben und Ressourcen auf dem Spiel stehen, umso größer muss die Gewissheit sein, dass die Software wie beabsichtigt funktioniert. Glücklicherweise kann die KI dabei helfen, den Verifizierungsprozess zu automatisieren und zu verbessern. So ist beispielsweise kürzlich ein vollständiges Allzweck-Betriebssystem namens *seL4* mathematisch mit einer formalen Spezifikation verglichen worden, um eine solide Garantie gegen Abstürze und unsichere Operationen zu gewährleisten. Obwohl es noch nicht mit den Glöckchen und Pfeiftönen von Microsoft Windows oder Mac OS daherkommt, dürfen Sie darauf zählen, dass es Ihnen niemals die liebevoll »blauer Bildschirm des Todes« oder »Spinnrad des Verderbens« genannte Absturznachricht zeigen wird. DARPA, die Forschungsagentur des amerikanischen Verteidigungsministeriums, hat die Entwicklung einer Reihe hoch zuverlässiger Tools auf quelloffener Basis finanziert, die HACMS – hoch zuverlässige Cyber-Militärsysteme (high assurance cyber military systems) – genannt wurden und die nachweisbar sicher sind. Eine wichtige Herausforderung stellt die Aufgabe dar, solche Tools ausreichend leistungsfähig und benutzerfreundlich zu gestalten, so dass sie weithin eingesetzt werden. Eine weitere Herausforderung besteht darin, dass gerade der Verifizierungsschritt sich immer dann schwieriger gestaltet, wenn Software in Robotern und neuen Umgebungen installiert wird und wenn vorprogrammierte Software KI-Systemen weicht, die kontinuierlich lernen und dabei ihr Verhalten ändern, wie wir es bereits in Kapitel 2 besprochen haben.

KI im Finanzwesen

Das Finanzwesen ist ein weiteres Gebiet, das durch die Informatik verändert worden ist. Geldmittel können jetzt effizient und mit Lichtgeschwindigkeit über den ganzen Globus umverteilt werden, wodurch erschwingliche Finanzierungen für alles Denkbare, von Hypotheken bis zu Start-ups, möglich werden. Der Fortschritt der KI wird voraussichtlich großartige künftige Gewinnmöglichkeiten im Finanzhandel eröffnen: Die meisten Entscheidungen für den Kauf und Verkauf an der Börse werden inzwischen automatisch von Computern getroffen, und meine kurz vor dem Abschluss stehenden MIT-Studenten werden durch astronomisch hohe Anfangsgehälter dazu verlockt, den algorithmischen Handel zu verbessern.

Wie wichtig Verifizierung auch für die Finanzsoftware ist, musste die amerikanische Firma Knight Capital am 1. August 2012 auf die harte Tour lernen, als sie nach dem Einsatz nicht verifizierter Handelssoftware innerhalb von 45 Minuten 440 Millionen Dollar verlor.[15] Der »Flash Crash« vom 6. Mai 2010, bei dem es um Billionen ging, ist auch aus einem anderen Grund erwähnenswert. Obwohl er eine halbe Stunde lang massive Störungen verursachte, bevor sich die Märkte wieder erholten – wobei die Preise für Anteile an bekannten Firmen wie Procter & Gamble zwischen einem Penny und 100 000 Dollar schwankten[16] –, wurde das Problem nicht von Programmfehlern oder Computer-Funktionsstörungen verursacht, die durch Verifizierungen hätten vermieden werden können. Stattdessen hatten enttäuschte Erwartungen den Crash ausgelöst: Automatische Handelsprogramme vieler Unternehmen waren in die unerwartete Situation geraten, dass ihre Annahmen nicht berechtigt waren – zum Beispiel die Annahme, falls ein Com-

Abb. 3.3 Während herkömmliche Industrieroboter teuer und aufwendig zu programmieren sind, gibt es einen Trend zu billigeren, von KI angetriebenen Robotern, die Tätigkeiten von Arbeitern ohne Programmierpraxis lernen können.

puter der Börse berichtete, eine Aktie koste einen Cent, diese Aktie dann auch tatsächlich nur einen Cent wert war.

Der Flash Crash veranschaulicht die Bedeutung dessen, was Informatiker *Überprüfung* nennen. Während man sich bei der Verifizierung fragt »Habe ich das System richtig konstruiert?«, fragt man sich bei der Überprüfung: »Habe ich das richtige System konstruiert?«[17] Verlässt sich das System beispielsweise auf Annahmen, die auch mal ungültig sein könnten? Und falls dem so ist, wie kann es verbessert werden, um mit Ungewissheiten besser umzugehen?

KI für die Herstellung

Selbstverständlich stellt KI ein großes Potential für die Verbesserung der Herstellung von Gütern dar, da sie Roboter kontrolliert, die Effizienz und Präzision gleichermaßen verstärken. Kontinuierlich verbesserte 3D-Drucker können inzwischen Prototypen von fast allen Gegenständen herstellen, von

Bürogebäuden bis zu mikromechanischen Geräten, die kleiner als ein Salzkorn sind.[18] Während riesenhafte Industrieroboter Autos und Flugzeuge bauen, treiben erschwingliche, computergesteuerte Fräsen, Drehbänke, Schneidwerkzeuge und dergleichen nicht nur Fabriken an, sondern auch die »Macher-Bewegung«, in der lokale Enthusiasten ihre Ideen in mehr als tausend »Fab Labs« auf der ganzen Welt verwirklichen.[19] Aber je mehr Roboter wir um uns haben, desto wichtiger wird es, dass wir ihre Software verifizieren und überprüfen. Der erste bekannte Fall, in dem ein Mensch von einem Roboter getötet wurde, war die Geschichte von Robert Williams, einem Arbeiter in einem Ford-Werk in Flat Rock, Michigan. Im Jahr 1979 versagte ein Roboter, der Teile aus einem Lagerbereich holen sollte, worauf Williams in den Bereich kletterte, um die Teile selbst zu holen. Geräuschlos fing der Roboter wieder an zu arbeiten, zerquetschte Williams' Schädel und machte dreißig Minuten lang weiter, bis seine Mitarbeiter entdeckten, was passiert war.[20] Das nächste Roboteropfer war Kenji Urada, ein Wartungsingenieur in einer Kawasaki-Fabrik im japanischen Akashi. Als er 1981 an einem defekten Roboter arbeitete, schaltete er ihn versehentlich ein und wurde vom hydraulischen Arm des Roboters zerquetscht.[21] 2015 arbeitete ein 22 Jahre alter Dienstleister im VW-Werk Baunatal daran, einen Roboter so einzustellen, dass er Autoteile ergreifen und sie handhaben sollte. Irgendetwas ging schief, was den Roboter veranlasste, sich ihn zu schnappen und an einer Metallwand zu zerschmettern.[22]

Auch wenn diese Unfälle tragisch sind, ist es wichtig, zu beachten, dass sie einen unbedeutend geringen Bruchteil aller Betriebsunfälle ausmachen. Außerdem haben Arbeitsunfälle dank verbesserter Technik *abgenommen* statt zugenommen. In den USA sank die Zahl von 14 000 Toten im Jahr 1970 auf 4821 im Jahr 2014.[23] Die drei oben erwähnten Unfälle zeigen: Wenn bei ansonsten dummen Maschinen Intelligenz hinzukommt, sollte diese imstande sein, die Betriebssicherheit weiter zu erhöhen, wobei die Roboter lernen müssen, in der Nähe von Menschen vorsichtiger zu sein. Alle drei Unfälle hätten mit besserer Überprüfung vermieden werden können: Nicht wegen Programmfehlern oder aus Boshaftigkeit stifteten die Roboter Unheil, sondern weil sie mit falschen Annahmen operierten – dass die Person nicht anwesend oder ein Autoteil war.

KI für das Transportwesen

Obwohl KI viele Leben in der Herstellung retten kann, rettet sie potentiell mehr Leben im Transportwesen. Allein bei Autounfällen kamen 2015 über 1,2 Millionen Menschen ums Leben, während bei Flugzug-, Zug- und Schiffsunfällen zusammen noch ein paar Tausend Menschen starben. In den USA mit ihren hohen Sicherheitsmaßstäben kamen im vergangenen Jahr bei Autounfällen rund 35 000 Menschen um – siebenmal mehr als alle tödlichen Betriebsunfälle zusammengenommen.[24] Als wir bei der Jahresversammlung der Gesellschaft für den Fortschritt der Künstlichen Intelligenz (Association for the Advancement of Artificial Intelligence) in Austin, Texas zu diesem Thema eine Podiumsdiskussion veranstalteten, wurde der israelische Informatiker Moshe Vardi geradezu emotional und behauptete, dass KI tödliche Unfälle auf der Straße nicht nur reduzieren *könnte,* sondern *muss:* »Es ist eine moralische Notwendigkeit!«, rief er aus. Da fast alle Autounfälle auf menschliches Versagen zurückzuführen sind, wird weithin vermutet, dass von Künstlichen Intelligenzen angetriebene, selbstfahrende Autos mindestens neunzig Prozent der Todesfälle auf den Straßen verhindern. Dieser Optimismus treibt den großen Fortschritt an, der darauf hinausläuft, tatsächlich selbstfahrende Autos auf die Straßen zu bringen. Elon Musk stellt sich vor, dass künftige selbstfahrende Autos nicht nur sicherer sein, sondern ihren Besitzern obendrein noch Geld einbringen werden, denn wenn sie nicht gebraucht werden, könnten sie mit Uber und Lyft konkurrieren.

Bis jetzt haben selbstfahrende Autos in der Tat eine bessere Sicherheitsbilanz als menschliche Fahrer, und die Unfälle, die geschehen sind, heben die Bedeutung und die Schwierigkeit der Überprüfung hervor. Der erste Unfall mit Blechschaden, der von einem selbstfahrenden Google-Auto verursacht wurde, fand am 14. Februar 2016 statt, weil die KI eine falsche Annahme über einen Bus machte, dass nämlich sein Fahrer die Vorfahrt beachten würde, als das Auto vor dem Bus ausscherte. Beim ersten tödlichen Unfall eines selbstfahrenden Autos fuhr ein Tesla am 7. Mai 2016 in den Anhänger eines LKW. Ursache waren zwei falsche Annahmen:[25] dass die leuchtend weiße Seite des Anhängers lediglich ein Teil des hellen Himmels war, und dass der Tesla-Fahrer (der sich angeblich einen Harry-Potter-Film ansah) aufpassen und eingreifen würde, falls etwas schiefliefe.[26]

Aber manchmal genügen gute Verifizierung und Überprüfung nicht, um Unfälle zu vermeiden, weil wir auch eine gute *Kontrolle* brauchen: die Fähigkeit eines menschlichen Anwenders, das System zu überwachen und dessen Verhalten, wenn nötig, zu verändern. Damit solche Systeme mit integrierter menschlicher Wahrnehmung gut funktionieren, ist es entscheidend, dass die Kommunikation zwischen Mensch und Maschine effektiv ist. In diesem Sinn werden Sie praktischerweise durch ein rotes Licht an der Armaturentafel alarmiert, falls Sie versehentlich den Kofferraum Ihres Autos offengelassen haben. Als im Gegensatz dazu die britische Fähre *Herald of Free Enterprise* am 6. März 1987 den Hafen im belgischen Zeebrugge mit offener Bugklappe verließ, gab es kein Warnlicht oder sonst irgendein sichtbares Warnzeichen für den Kapitän, so dass die Fähre kurz nach dem Verlassen des Hafens kenterte und 193 Menschen starben.[27]

Ein weiteres tragisches Kontrollversagen, das durch

bessere Kommunikation zwischen Maschine und Mensch hätte vermieden werden können, fand in der Nacht zum 1. Juni 2009 statt, als Flug 447 der Air France im Atlantischen Ozean endete, wobei alle 228 Fluggäste an Bord ums Leben kamen. Laut offiziellem Unfallbericht »begriff die Crew nicht, dass sie überzogen hatte, weshalb sie auch kein Ausgleichsmanöver einleitete« – wofür sie den Flugzeugbug hätte absenken müssen –, bis es zu spät war. Flugsicherungsexperten spekulierten anschließend, dass der Unfall hätte vermieden werden können, wenn es eine Anzeige für den sogenannten Anstellwinkel im Cockpit gegeben hätte, der die Piloten darauf hingewiesen hätte, dass der Bug zu weit nach oben zeigte.[28]

Flug 148 der französischen Fluglinie Air Inter stürzte am 20. Januar 1992 in den Vogesen nahe Straßburg ab, wobei 87 Menschen ums Leben kamen. Dieses Mal war die Ursache keine mangelhafte Kommunikation zwischen Mensch und Maschine, sondern eine verwirrende Benutzeroberfläche. Die Piloten gaben »33« auf einer Kleintastatur ein, weil sie mit einem Winkel von 3,3 Grad sinken wollten, doch der Autopilot interpretierte dies als 3300 Fuß pro Minute, weil er sich in einem anderen Modus befand und der Schirm zu klein war, um den Modus anzuzeigen, was den Piloten ermöglicht hätte, ihren Fehler zu erkennen.

KI für Energie

Wunder hat die Informatik bei der Erzeugung und Verteilung von Strom bewirkt. Anspruchsvolle Algorithmen regeln die Produktion und den Konsum innerhalb der weltweiten Stromnetze, und ausgeklügelte Kontrollsysteme sorgen für die sichere und effiziente Bedienung von Kraftwerken. Künftiger KI-Fortschritt lässt das »schlaue Netz« noch schlauer werden, damit es sich optimal dem Wandel von Angebot und Nachfrage anpassen kann, sogar bis hinunter auf die Ebene individueller

Sonnenkollektoren auf Hausdächern und Hausbatteriesystemen. Doch am 14. August 2003 hieß es Licht aus für rund 55 Millionen Menschen in den USA und Kanada. Viele von ihnen blieben tagelang ohne Strom. Auch hier wurde als Hauptursache die gescheiterte Kommunikation zwischen Mensch und Maschine ausgemacht: Ein Softwarefehler verhinderte, dass das Alarmsystem in einem Kontrollraum in Ohio die Maschinenbediener alarmierte, den Strom neu zu verteilen, bevor ein geringfügiges Problem (überlastete Überlandleitungen berührten nicht zurückgeschnittenes Laubwerk) außer Kontrolle geriet.[29]

Die partielle Kernschmelze am 28. März 1979 in dem Atomkraftwerk auf Three Mile Island in Pennsylvania führte zu Aufräumungskosten von einer Milliarde Dollar und zu einem großen Rückschlag für die Kernenergie. Der abschließende Unfallbericht führte mehrere verantwortliche Faktoren auf, einschließlich der durch eine unzureichende Benutzeroberfläche verursachten Verwirrung.[30] Insbesondere zeigte das Warnlicht, von dem die Bediener annahmen, es weise darauf hin, ob ein sicherheitsrelevantes Ventil geöffnet oder geschlossen sei, lediglich an, ob ein Signal zum Ventil geschickt worden sei, es zu schließen. Deshalb erkannten die Bediener nicht, dass das Ventil immer noch offen stand.

Während wir die KI in immer mehr physikalischen Systemen einsetzen, lehren uns diese Unfälle im Energie- und Transportwesen, dass wir ernsthafte Forschungsbemühungen anstellen müssen, um die Maschinen so zu gestalten, dass sie nicht nur gut funktionieren, sondern auch effektiv mit ihren menschlichen Kontrolleuren zusammenarbeiten. KI wird schlauer werden, und das wird nicht allein die Erstellung guter Benutzeroberflächen für den Informationsaustausch betreffen. Wir müssen auch herausfinden, wie wir die Aufgaben in Mensch-Computer-Teams optimal aufteilen. So sollten wir beispielsweise Situationen erkennen, in denen es sinnvoll ist, die

Kontrolle zu übertragen und menschliches Urteilsvermögen auf wirksame Weise bei den empfindlichsten Entscheidungen zu Rate zu ziehen, statt menschliche Kontrolleure mit einer Flut unwichtiger Informationen abzulenken.

KI für das Gesundheitswesen

KI bietet großes Potential, das Gesundheitswesen zu verbessern. Die Digitalisierung von Krankenakten hat es Ärzten und Patienten bereits ermöglicht, schnellere und bessere Entscheidungen zu treffen und mittels der Diagnose digitaler Bilder sofortige Hilfe von Experten in aller Welt zu bekommen. Tatsächlich könnten angesichts des raschen Fortschritts in der computergestützten Bilderkennung und beim tiefen Lernen die besten Experten schon bald KI-Systeme sein. So zeigte beispielsweise eine niederländische Studie aus dem Jahr 2015, dass computergestützte Diagnosen von Prostatakrebs mit Hilfe von Kernspintomographie (MRT) genauso gut waren wie die menschlicher Radiologen.[31] Eine Stanford-Studie von 2016 zeigte, dass die KI unter Verwendung von Mikroskopbildern Lungenkrebs sogar besser diagnostizieren konnte als menschliche Pathologen.[32] Falls maschinelles Lernen dabei helfen kann, Beziehungen zwischen Genen, Krankheiten und Behandlungserfolgen aufzudecken, könnte dies die personalisierte Medizin revolutionieren, Nutztiere gesünder machen und belastbarere Nutzpflanzen hervorbringen. Außerdem haben Roboter das Potential, genauere und verlässlichere Chirurgen zu sein als Menschen, auch ohne fortgeschrittene KI zu verwenden. In den letzten Jahren haben Roboter bei vielen unterschiedlichen chirurgischen Eingriffen assistiert, was häufig zu größerer Präzision, Verkleinerungen und zu schmaleren Schnitten führte. Das Ergebnis waren geringerer Blutverlust, weniger Schmerzen und kürzere Heilungszeiten.

Leider hat es auch im Gesundheitswesen schmerzvolle Lektionen über die Bedeutung stabiler Software gegeben. So wurde beispielsweise die in Kanada gebaute Strahlentherapiemaschine Therac-25 entworfen, um Krebspatienten in zwei unterschiedlichen Modi zu behandeln: entweder mit einem Elektronenstrahl geringer Leistung oder mit Megavolt-Röntgenstrahlen, die mit Hilfe eines speziellen Schutzschirms auf den Patienten gerichtet wurden. Unglücklicherweise veranlasste nicht verifizierte, fehleranfällige Software die Techniker, den Megavoltstahl einzuschalten, als sie glaubten, sie verwendeten den Strahl mit geringer Leistung. Ohne den Schutzschild kostete das einige Patienten das Leben.[33] Noch viel mehr Patienten starben in den Jahren 2000 und 2001 an einer Strahlenüberdosis am Nationalen Onkologischen Institut in Panama, wo Strahlentherapiegeräte, in denen Kobalt-60 zum Einsatz kam, aufgrund einer verwirrenden und nicht ordnungsgemäß überprüften Benutzeroberfläche auf zu lange Einwirkungszeiten programmiert worden waren.[34] Nach Auskunft eines jüngsten Berichts gab es zwischen 2000 und 2013 in den USA 144 Todesfälle und 1391 Verletzungen im Zusammenhang mit Unfällen bei roboterassistierter Chirurgie.[35] Dabei traten nicht nur die üblichen mit Hardware in Verbindung stehenden Probleme auf wie elektrische Funkenbildung sowie verbrannte oder kaputte Instrumententeile, die in den Patienten hineinfielen, sondern auch Softwareprobleme wie unkontrollierte Bewegungen und spontanes Ausschalten.

Die gute Neuigkeit lautet, dass die restlichen zwei Millionen roboterassistierten chirurgischen Eingriffe, die der Bericht erfasste, glattgingen und Roboter die Chirurgie sicherer zu machen scheinen. Laut einer Studie der amerikanischen Regierung trägt schlechte Betreuung in Krankenhäusern jährlich zu mehr als 100 000 Todesfällen allein in den USA bei, so dass die moralische Notwendigkeit, bessere KI für die Medizin zu entwickeln, wohl noch dringender ist als die für selbstfahrende Autos.[36]

KI für das Kommunikationswesen

Die Kommunikationsbranche ist wohl diejenige, in der Computer bis jetzt die größten Auswirkungen gehabt haben. Nach der Einführung computerisierter Telefonzentralen in den 1950er Jahren, des Internets in den Sechzigern und des World Wide Web 1989 gehen mittlerweile Milliarden Menschen online, um zu kommunizieren, einzukaufen, Nachrichten zu lesen, Filme anzuschauen oder Spiele zu spielen. Sie sind daran gewöhnt, dass weltweit vorhandene Informationen nur einen Klick von ihnen entfernt sind – und häufig sogar kostenlos. Das gerade entstehende Internet der Dinge verspricht Effizienz, Genauigkeit, Bequemlichkeit und wirtschaftliche Vorteile, wenn alles online gestellt wird – von Lampen, Thermostaten und Gefriertruhen bis zu Biochip-Transpondern an Nutztieren.

Diese spektakulären Erfolge bei der Verknüpfung der Welt haben den Informatikern eine vierte Herausforderung beschert: Sie müssen nicht nur Verifizierung, Überprüfung und Kontrolle verbessern, sondern auch die Sicherheitsvorkehrungen gegen Schadsoftware (*malware*) und Angriffe von Hackern. Während sich die schon erwähnten Probleme allesamt aus unbeabsichtigten Fehlern ergaben, richten sich die Sicherheitsvorkehrungen gegen *absichtlich gesetzwidriges Verhalten*. Die erste Schadsoftware, die ein außerordentliches Interesse in den Medien auslöste, war der sogenannte Morris-Wurm. Er wurde am 2. November 1988 freigesetzt und nutzte Softwarefehler im Betriebssystem Unix aus. Angeblich war es ein fehlgeleiteter Versuch, zu zählen, wie viele Computer online waren, und obwohl der Wurm rund zehn Prozent der 60 000 Computer, die damals das Internet ausmachten, zum Absturz brachte, wurde sein Schöpfer Robert Morris schließlich nichtsdestotrotz auf den Lehrstuhl für Informatik am MIT berufen.

Andere Schadsoftware nutzt Schwachstellen in Menschen statt in Software aus. Am 5. Mai 2000 – wollte mir da etwa jemand zum Geburtstag gratulieren? – bekamen Leute E-Mails mit der Betreffzeile »ILOVEYOU« von Bekannten und Kollegen, und jene Microsoft-Windows-Benutzer, die auf den Anhang »LOVE-LETTER-FOR-YOU.txt.vbs« klickten, aktivierten unabsichtlich ein Skript, das ihren Computer beschädigte und dieselbe E-Mail an jeden Kontakt in ihrem Adressbuch schickte. Dieser Wurm war von zwei jungen Männern auf den Philippinen geschrieben worden und infizierte, genau wie beim Morris-Wurm, rund zehn Prozent des Internets, aber weil das Internet zu diesem Zeitpunkt schon wesentlich größer war, geriet dies zu einer der größten Infektionen aller Zeiten, die fünfzig Millionen Computer heimsuchte und mehr als fünf Milliarden Dollar Schaden anrichtete. Wie Ihnen vermutlich schmerzlich bewusst ist, bleibt das Internet mit zahllosen Arten infektiöser Schadsoftware befallen, die von Sicherheitsexperten in Würmer, Trojaner, Viren und andere einschüchternd klingende Kategorien eingeteilt werden. Der Schaden, den sie anrichten, hat eine große Bandbreite: harmlose Ulkbotschaften auf dem Bildschirm, gelöschte Dateien, Diebstahl Ihrer persönlichen Informationen, Ausspionieren Ihrer Person und der Missbrauch Ihres Computers, um unerwünschte Mails zu verschicken.

Während Schadsoftware es auf jeden Computer abgesehen hat, den sie erwischen kann, greifen *Hacker* bestimmte Ziele von öffentlichem Interesse an – jüngst waren bekannte Namen darunter wie Target, TJ Maxx, Sony Pictures, Ashley Madison, die saudische Ölgesellschaft Aramco und das amerikanische Democratic National Committee. Außerdem wird die Beute immer spektakulärer. So stahlen Hacker 2008 zum Beispiel 130 Millionen Kreditkartennummern und andere Kontoinformationen von Heartland Payment Systems und knackten 2013 bei Yahoo! mehr als drei Milliarden (!) E-Mail-Konten.[37] Im Jahr 2014 wurden bei einem Hack des Amtes für Personalverwaltung der US-Regierung Personalakten und Bewerbungsunterlagen von mehr als 21 Millionen Menschen erbeutet, darunter angeblich Angestellte mit höchster Sicherheitsfreigabe und Fingerabdrücke von Undercover-Agenten.

Daher rolle ich jedes Mal mit den Augen, wenn ich von irgendeinem neuen System lese, das angeblich hundertprozentig sicher und von Hackern nicht einzunehmen sei. Trotzdem müssen künftige KI-Systeme tatsächlich unangreifbar für Hacker sein, bevor wir ihnen, sagen wir, wichtige Infrastrukturen oder Waffensysteme anvertrauen. Mit der zunehmenden Bedeutung der KI in der Gesellschaft erhöht sich auch der Einsatz für die Computersicherheit. Nutzen einige Hacks die menschliche Leichtgläubigkeit oder komplexe Schwachstellen in neu erschienener Software aus, werden durch andere Angriffe nicht autorisierte Anmeldungen für dezentrale Computer (Remote-Computer) möglich. Dabei werden einfache Programmfehler ausgenutzt, die blamablerweise viel zu lange unentdeckt überdauert hatten. In einer der beliebtesten Software-Bibliotheken für sichere Kommunikation zwischen Computern blieb der »Heartbleed«-Fehler von 2012 bis 2014 bestehen, während der »Bashdoor«-Fehler zwischen 1989 und 2014 in jedem Computer mit Unix-Betriebssystem eingebaut war. Das heißt, dass KI-Werkzeuge für verbesserte Verifizierung und Überprüfung auch die Sicherheit verbessern werden.

Unglücklicherweise lassen sich bessere KI-Systeme auch benutzen, um neue Schwachstellen zu finden und anspruchsvollere Hacks auszuführen. Stellen Sie sich zum Beispiel vor, Sie bekommen eines Tages eine ungewöhnlich persönlich formulierte »Phishing«-Mail, die versucht, Sie dazu zu überreden, persönliche Informationen preiszugeben. Sie wird vom Konto Ihrer Freundin verschickt, das die KI gehackt hat und die sie nun nachahmt und ihren Schreibstil auf der Grundlage ihrer verschickten Mails imitiert. Eingearbeitet sind viele persönliche Informationen über Sie aus anderen Quellen. Würden Sie darauf hereinfallen? Was wäre, wenn die Phishing-Mail von Ihrer Kreditkartenfirma käme, gefolgt von einem Telefongespräch, bei dem Sie die freundliche menschliche Stimme nicht von einer KI-erzeugten Stimme unterscheiden könnten? Im andauernden Rüstungswettlauf der Computersicherheit zwischen Angriff und Verteidigung gibt es augenblicklich wenig Hinweise darauf, dass die Verteidigung gewinnt.

Gesetze

Wir Menschen sind soziale Tiere, die dank unserer Fähigkeit zur Kooperation alle anderen Arten bezwungen und die Welt erobert haben. Wir haben Gesetze erarbeitet, um Anreize zur Kooperation zu schaffen und sie zu begünstigen. Wenn daher die KI unser Rechtswesen und unseren Regierungsapparat verbessern kann, werden wir in der Lage sein, erfolgreicher denn je zusammenzuarbeiten und das Beste in uns hervorzubringen. Und es gibt hier viele Gelegenheiten zur Verbesserung. Einerseits geht es um die Art und Weise, wie unsere Gesetze angewendet werden, und andererseits darum, wie sie formuliert werden. Deshalb wollen wir sie jetzt der Reihe nach untersuchen.

Welches sind die ersten Assoziationen, die Sie haben, wenn Sie über das Gerichtswesen in Ihrem Land nachdenken? Sollten es langwierige Verzögerungen, hohe Kosten und gelegentliche Ungerechtigkeit sein, dann stehen Sie mit Ihrer Kritik nicht allein da. Wäre es nicht wunderbar, wenn Ihre ersten Gedanken stattdessen »Effizienz« und »Gerechtigkeit« wären? Da der Rechtsweg abstrakt als ein Rechenvorgang betrachtet werden kann – mit der Eingabe von Informationen über Beweise und Gesetze und der Ausgabe einer Entscheidung –, träumen manche Gelehrte davon, den Rechtsweg mit *Roborichtern* vollständig zu automatisieren: KI-Systeme, die unermüdlich bei jedem Urteil dieselben hohen Rechtsnormen anwenden, ohne menschlichen Fehlern wie Voreingenommenheit, Müdigkeit oder Mangel an neuestem Wissen zu unterliegen.

Roborichter

Byron De La Beckwith Jr. wurde 1994 für schuldig erklärt, 1963 den Bürgerrechtler Medgar Evers ermordet zu haben, doch zwei separate Geschworenengruppen aus Mississippi, die ausschließlich aus Weißen bestanden, waren daran gescheitert, ihn im Jahr nach dem Mord zu verurteilen, obwohl die damaligen Sachbeweise im Grunde dieselben waren.[38] Leider ist die Geschichte der Rechtsprechung voller Urteile, die aufgrund der Hautfarbe, des Geschlechts, der sexuellen Orientierung, Religion, Nationalität und dergleichen voreingenommen sind. Roborichter könnten im Prinzip gewährleisten, dass zum ersten Mal in der Geschichte jeder Mensch vor dem Gesetz gleichgestellt wäre: Sie könnten darauf programmiert werden, sich allen gegenüber identisch zu verhalten und jedermann gleich zu behandeln und auf nachvollziehbare und wahrhaft unvoreingenommene Weise das Gesetz anzuwenden.

Roborichter könnten obendrein menschliche Vorurteile eliminieren, die eher unbeabsichtigt als vorsätzlich sind. So wurde beispielsweise in einer umstrittenen Studie über israelische Richter von 2012 behauptet,[39] dass sie erheblich strengere Urteile sprachen, wenn sie Hunger hatten: Während sie rund 35 Prozent der Anträge auf Bewährung direkt nach dem Frühstück ablehnten, waren es direkt vor dem Mittagessen 85 Prozent. Ein weiteres Manko menschlicher Richter ist, dass sie möglicherweise nicht genug Zeit haben, alle Details eines Falls zu studieren. Im Gegensatz dazu lassen sich Roborichter mühelos kopieren, da sie wenig mehr als Software sind, die es ermöglicht, alle anhängigen Fälle parallel statt der Reihe nach zu verarbeiten, so dass jeder Fall für die Zeit, die er benötigt, seinen eigenen Roborichter bekommt. Und schließlich ist es menschlichen Richtern nicht möglich, sämtliches technisches Wissen zu beherrschen, das für jeden denkbaren Fall erforderlich wäre – von heiklen Patentstreitigkeiten bis zu Ungewissheiten in Mordfällen, die von neuesten forensischen Erkenntnissen abhängen. Daher könnten künftige Roborichter im Prinzip mit unbegrenztem Speicher ausgestattet und unbegrenzt lernfähig sein.

Eines Tages könnten solche Roborichter aufgrund ihrer Unvoreingenommenheit, Kompetenz und Transparenz sowohl effizienter als auch gerechter sein: Der Rechtsweg wird beschleunigt, und gerissene Anwälte werden es schwerer haben, das Ergebnis zu verzerren. Also könnte es maßgeblich billiger werden, im Gerichtswesen Gerechtigkeit zu erfahren. Womöglich würde es die Chancen eines Einzelnen erhöhen, der knapp bei Kasse ist, oder eines Start-ups, das sich gegen einen Milliardär oder gegen einen multinationalen Konzern mit einer Armee von Anwälten durchsetzt.

Andererseits: Was geschieht, wenn Roborichter einen Softwarefehler haben oder gehackt werden? Beides ist schon bei automatischen Wahlmaschinen vorgekommen, und wenn Jahre hinter Gittern oder Millionen auf der Bank auf dem Spiel stehen, sind die Anreize für Cyberattacken noch größer. Selbst wenn KI stabil genug gestaltet werden könnte, um uns darauf verlassen zu können, dass ein Roborichter den vom Gesetz vorgeschriebenen Algorithmus verwendet, würde tatsächlich jeder das Gefühl haben, sein logisches Denken ausreichend zu verstehen, um sein Urteil zu respektieren? Diese Herausforderung wird durch den jüngsten Erfolg neuronaler Netzwerke verschärft, die oft die herkömmlichen, leicht verständlichen KI-Algorithmen zum Preis der Unergründlichkeit übertreffen. Falls ein Angeklagter wissen möchte, *warum* er verurteilt wurde, sollte er dann nicht das Recht auf eine bessere Antwort haben, statt zu hören: »Wir haben das System mit einer Menge Daten gefüttert, und das ist nun mal seine Entscheidung«? Außerdem haben jüngste Studien Folgendes gezeigt: Trainiert man ein tief lernendes neuronales System mit enorm vielen Gefangenendaten, kann es besser als menschliche Richter vorhersagen, wer wahrscheinlich wieder Verbrechen begehen wird (und daher keine Bewährung bekommen sollte). Was aber wäre, wenn dieses System befindet, dass Rückfälligkeit statistisch mit dem Geschlecht oder der Rasse des Gefangenen verknüpft ist – würde es dann als sexistischer, rassistischer Roborichter gelten, der umprogrammiert werden müsste? Tatsächlich behauptete eine Studie aus dem Jahr 2016, dass eine in den USA verwendete Rückfälligkeitssoftware gegen schwarze Amerikaner voreingenommen war und zu ungerechten Urteilen geführt hatte.[40] Dies sind wichtige Fragen, die wir alle gemeinsam abwägen und diskutieren müssen, um zu gewährleisten, dass KI nutzbringend bleibt. Wir sind nicht mit einer Entscheidung konfrontiert, bei der es um alles oder nichts geht, was Roborichter betrifft. Vielmehr ist es eine Entscheidung über das Ausmaß und die Geschwindigkeit, mit denen wir KI in unserem Rechtswesen anwenden wollen. Wollen wir, dass menschliche Richter wie die Ärzte von morgen ein KI-gestütztes System als Entscheidungshilfe haben? Wollen wir darüber hinausgehen und Entscheidungen von Roborichtern haben, gegen die bei menschlichen Richtern Berufung eingelegt werden kann, oder wollen wir das volle Programm durchziehen und das letzte Wort den Maschinen geben, auch wenn es um die Todesstrafe geht?

Juristische Kontroversen

Bisher haben wir lediglich die *Anwendung* des Gesetzes untersucht. Jetzt wollen wir uns mit seinem *Inhalt* beschäftigen. Es besteht breiter Konsens, dass sich unsere Gesetze entwickeln müssen, um mit unserer Technik Schritt zu halten. So wurden beispielsweise die zwei Programmierer, die den erwähnten ILOVEYOU-Wurm schufen und etliche Milliarden Dollar Schaden verursachten, von allen Anklagen freigesprochen. Sie durften als freie Männer nach Hause gehen, weil es damals noch keine Gesetze gegen den Einsatz von Schadsoftware auf den Philippinen gab. Da sich das Tempo des technischen Fortschritts zu beschleunigen scheint, müssen die Gesetze, die tendenziell hinterherhinken, eigentlich noch schneller aktualisiert werden. Wahrscheinlich wäre es gesellschaftlich ein kluger Schachzug, mehr technikversierte Leute in die juristischen Fakultäten und in die Regierungen zu holen. Aber sollten daraus KI-gestützte Systeme zur Entscheidungsfindung für Wähler und Gesetzgeber erwachsen, gefolgt von unmissverständlichen Robo-Gesetzgebern?

Wie sich unsere Gesetze am besten so verändern lassen, dass sie den KI-Fortschritt widerspiegeln, ist ein faszinierend kontroverses Thema. In einem der vielen Dispute spiegelt sich die Spannung zwischen Intimsphäre und Informationsfreiheit wider. Die Befürworter der Freiheit behaupten: Je weniger Privatsphäre wir haben, umso mehr Beweise werden die Gerichte haben und umso gerechter werden die Urteile sein. Wenn beispielsweise die Regierung jedermanns elektronische Geräte anzapft, um aufzuzeichnen, wo man sich aufhält und was man eintippt, anklickt, redet und tut, dann könnten viele Verbrechen ohne weiteres aufgeklärt und hinzukommende verhindert werden. Befürworter der Intimsphäre kontern, dass sie keinen Orwell'schen Überwachungsstaat wünschen, und selbst wenn sie es wollten, bestünde das Risiko, dass er sich in eine totale Diktatur gewaltigen Ausmaßes verwandelte. Außerdem machen maschinell lernende technische Systeme große Fortschritte bei der Analyse von Gehirndaten, die funktionelle Magnetresonanztomographie-Scanner (fMRT) und andere Hirnsensoren liefern. Sie ermitteln, worüber eine Person nachdenkt und vor allem, ob sie die Wahrheit sagt oder lügt.[41] Falls KI-assistierte Hirnscantechnik in Gerichtssäle Einzug halten sollte, könnte der momentan langwierige Vorgang, die Fakten eines Falls festzustellen, auf dramatische Weise vereinfacht und beschleunigt werden, was zu schnelleren Prozessen und gerechteren Urteilen führen könnte. Womöglich aber fragen sich die Befürworter von Privatsphäre und Datenschutz, ob solchen Systemen nicht gelegentlich Fehler unterliefen und, was noch wesentlicher wäre, ob unsere Köpfe nicht lieber vor der Schnüffelei des Staates geschützt werden sollten. Regierungen, die die Gedankenfreiheit nicht unterstützen, könnten solche Techniken anwenden, um bestimmte Glaubensrichtungen und Meinungen zu kriminalisieren. Wo würden *Sie* die Grenzlinie zwischen Gerechtigkeit und Privatsphäre ziehen? Wo immer Sie sie ziehen werden, wird sie vielleicht allmählich, aber unausweichlich in Richtung eingeschränkter Privatsphäre neigen, um die Tatsache wettzumachen, dass es zunehmend leichter wird, Beweise zu fälschen? Stellen wir uns zum Beispiel vor, KI sei irgendwann imstande, vollkommen realistische Videos zu fälschen, wie Sie ein Verbrechen begehen. Würden Sie dann für ein System stimmen, in dem die Regierung jederzeit die Aufenthaltsorte aller Bürger verfolgt und Ihnen daher, wenn nötig, ein stichfestes Alibi liefern könnte?

Eine weitere fesselnde Kontroverse ist die Frage, ob KI-Forschung reglementiert werden sollte oder, allgemeiner formuliert, welche Anreize politische Entscheidungsträger KI-Forschern geben sollten, um die Wahrscheinlichkeit eines nutzbringenden Resultats zu maximieren. Manche KI-Forscher haben bereits gegen jedwede Reglementierung der KI-Entwicklung argumentiert und behauptet, dadurch würden unnötigerweise dringend benötigte Innovationen (zum Beispiel lebensrettende selbstfahrende Automobile) aufgeschoben werden. Außerdem würde die topaktuelle KI-Forschung in den Untergrund gedrängt werden oder eben in Ländern mit freizügigeren Regierungen weiterentwickelt werden. Auf der Konferenz für nützliche KI in Puerto Rico, von der ich im ersten Kapitel berichtet habe, behauptete Elon Musk, dass wir jetzt sofort einsichtige statt überwachende Regierungen brauchten, insbesondere technisch versierte Leute in staatlichen Positionen, die den Fortschritt der KI beobachten und ihn, falls berechtigt, künftig lenkten. Außerdem gab er zu bedenken, dass die staatliche

Reglementierung den Fortschritt manchmal durchaus fördern statt dämpfen kann. Sollten beispielsweise die staatlichen Sicherheitsanforderungen für selbstfahrende Autos dazu beitragen, die Zahl der Unfälle mit solchen Autos zu reduzieren, dann wäre eine öffentliche Gegenreaktion weniger wahrscheinlich, was die Einführung der neuen Technologie beschleunigen könnte. Die KI-Firmen mit dem größten Sicherheitsbewusstsein könnten daher Regulierungen bevorzugen, die die weniger gewissenhaften Konkurrenten dazu zwingen würden, sich deren hohen Sicherheitsanforderungen anzupassen.

Bei einer weiteren interessanten juristischen Kontroverse geht es darum, ob man Maschinen Rechte zugesteht. Falls selbstfahrende Autos die 32 000 jährlichen Straßenverkehrstoten in den USA halbieren sollten, bekommen die Autohersteller wohl kaum 16 000 Dankesbriefe, haben aber vielleicht 16 000 Klagen am Hals. Wer sollte also haftbar sein, wenn ein selbstfahrendes Auto einen Unfall verursacht – seine Insassen, sein Besitzer oder sein Hersteller? Der Rechtswissenschaftler David Vladeck hat eine vierte Antwort vorgeschlagen: das Auto selbst! Vor allem, empfiehlt er, sollte es selbstfahrenden Autos gestattet sein, eine Kraftfahrzeugversicherung abzuschließen – womöglich müsse man auch über eine Versicherungspflicht nachdenken. Auf diese Weise könnten sich Modelle mit einem lupenreinen Sicherheitsprotokoll für Versicherungsbeiträge qualifizieren, die sehr niedrig sind, wahrscheinlich geringer als die für menschliche Fahrer vorgesehenen Prämien, während schlecht konstruierte Modelle nachlässiger Hersteller lediglich Versicherungspolicen abschließen dürfen, die sie für ihre Besitzer unerschwinglich machten.

Aber wenn Maschinen wie zum Beispiel Autos gestattet wird, Versicherungspolicen zu besitzen, sollten sie dann auch in der Lage sein, Geld und Gut zu besitzen? Falls ja, dann gäbe es kein Gesetz, das Computer davon abhielte, an der Börse Geld zu verdienen und es dafür zu benutzen, Online-Dienstleistun-

Abb. 3.4 Während heutige Kampfdrohnen des Militärs (wie dieser MQ-1 Predator der US Air Force) von Menschen ferngesteuert werden, haben die Drohnen der Zukunft das Potential, den Menschen aus dem Kreislauf herauszunehmen, indem sie einen Algorithmus verwenden, der entscheidet, welches Ziel sie angreifen und wen sie töten.

gen in Anspruch zu nehmen. Hat ein Computer erst einmal damit angefangen, Menschen dafür zu bezahlen, dass sie für ihn arbeiten, kann er im Grunde alles erreichen, was ein Mensch erreichen kann. Falls KI-Systeme schließlich beim Investieren besser werden als Menschen (was sie in manchen Bereichen bereits sind), könnte dies zu einer Situation führen, in der der größte Teil unserer Wirtschaft im Besitz und unter der Kontrolle von Maschinen wäre. Wollen wir das wirklich? Falls Ihnen das zu weit hergeholt klingen sollte, denken Sie daran, dass schon heute nicht menschliche Körperschaften den größten Teil unserer Wirtschaft besitzen. Es sind Konzerne, die oftmals mächtiger sind als jede einzelne Person in dem Konstrukt und die bis zu einem gewissen Ausmaß ein Eigenleben führen können.

Wenn Sie nichts dagegen haben sollten, Maschinen das Recht auf Eigentum zu gewähren, wie sieht es dann damit aus, ihnen das Wahlrecht zuzugestehen? Sollte bei einer positiven Antwort jedes Computerprogramm eine Stimme bekommen, obwohl es, vorausgesetzt es wäre reich genug, ohne weiteres Billionen Kopien seiner selbst in der Cloud herstellen und dadurch garantiert sämtliche Wahlen gewinnen könnte? Und fiele die Antwort negativ aus, auf welcher moralischen Grundlage diskriminierten wir dann Maschinenintelligenz im Verhältnis zu menschlicher Intelligenz? Kommt es darauf an, ob Maschinenintelligenzen insofern bewusstseinsfähig sind, als sie ein subjektives Erleben wie wir haben? Wir werden diese umstrittenen Fragen in Bezug auf unsere von Computern kontrollierte Welt ausführlich im nächsten Kapitel untersuchen, während Fragen zum Maschinenbewusstsein dem Kapitel 8 vorbehalten sind.

Waffen

Seit Menschengedenken leidet die Menschheit an Hunger, Krankheit und Krieg. Wir haben bereits erwähnt, wie KI dazu beitragen könnte, Hunger und Krankheiten zu reduzieren. Wie sieht es also mit Krieg aus? Manch einer behauptet, Kernwaffen verhinderten den Krieg zwischen den Nationen, die sie besitzen, weil sie so entsetzlich sind. Warum sollten wir daher nicht allen Ländern die Möglichkeit bieten, noch schrecklichere Waffen auf KI-Basis zu konstruieren in der Hoffnung, alle Kriege für immer zu beenden? Sollten Sie von diesem Argument nicht überzeugt sein und glauben, dass künftige Kriege unvermeidlich sind, wie wäre es dann mit dem Einsatz von KI in der Absicht, diese Kriege auf ein menschlicheres Niveau zu bringen? Falls Kriege lediglich darin bestünden, dass Maschinen gegen Maschinen kämpfen, müssten keine menschlichen Soldaten oder Zivilisten getötet werden. Außerdem ließen sich künftige, von KI angetriebene Drohnen und andere autonome

Waffensysteme (AWS, von ihren Gegnern auch »Killerroboter« genannt) hoffentlich gerechter und rationaler im Vergleich zu menschlichen Soldaten konzipieren. Ausgestattet mit übermenschlichen Sensoren und ohne Angst davor, getötet zu werden, könnten sie selbst in der Hitze des Gefechts kühl, berechnend und besonnen bleiben und weniger dazu neigen, versehentlich Zivilisten zu töten.

Mensch im System

Was aber wäre, wenn die automatisierten Systeme fehlerbehaftet und verwirrend sind oder sich nicht erwartungsgemäß verhalten? Das amerikanische Phalanx-System für Kreuzschiffe der Aegis-Klasse erkennt, verfolgt und attackiert automatisch Bedrohungen wie Antischiffsraketen und Flugzeuge. Die USS Vincennes war ein Lenkwaffenkreuzer, wegen seines Aegis-Systems hatte man ihm den Spitznamen Robocruiser verpasst. Am 3. Juli 1988 warnte sein Radarsystem mitten in einem Gefecht mit iranischen Kanonenbooten während des Iran-Irak-Kriegs vor einem herannahenden Flugzeug. Kapitän William Rogers III schlussfolgerte, dass sie von einem iranischen F-14-Kampfflugzeug im Sturzflug angegriffen wurden, und erteilte dem Aegis-System den Feuerbefehl. Zu diesem Zeitpunkt erkannte er nicht, dass sie Flug 655 der Fluglinie Iran Air abschossen, ein ziviles iranisches Passagierflugzeug. Alle 290 Menschen an Bord kamen ums Leben, was internationale Empörung verursachte. Die darauf folgenden Untersuchungen förderten eine verwirrende Benutzeroberfläche zutage, die nicht automatisch anzeigte, welche Punkte auf dem Radarschirm Zivilflugzeugen entsprachen (Flug 655 folgte seiner regulären täglichen Flugroute und hatte seinen Zivilflugzeug-Transponder eingeschaltet) oder welche Punkte (wie bei einem Angriff) heruntergingen oder aufstiegen (wie Flug 655 nach dem Start in Teheran). Als stattdessen das automatische System nach Informationen über das mysteriöse Fluggerät gefragt wurde, meldete es »heruntergehend«, weil das der Zustand eines weiteren Flugzeugs war, dem es verwirrenderweise eine Zahl zugeordnet hatte, die von der Marine benutzt wird, um Flugzeuge zu verfolgen. Was tatsächlich herunterkam, war ein bewaffnetes amerikanisches Aufklärungsflugzeug zur Boden- und Luftraumüberwachung, das weit entfernt im Golf von Oman unterwegs war.

In diesem Beispiel war es ein Mensch im Gesamtsystem, der die letzte Entscheidung traf. Unter Zeitdruck vertraute er zu sehr dem, was ihm das automatische System sagte. Laut Aussage von Verteidigungsfunktionären in aller Welt haben alle stationierten Waffensysteme bis jetzt einen Menschen in ihr System integriert, mit Ausnahme technisch einfacher Sprengfallen wie Landminen. Doch inzwischen gibt es Entwicklungen wirklich autonomer Waffen, die völlig selbständig Ziele auswählen und angreifen. Aus militärischer Sicht ist es verlockend, alle Menschen aus der Systemarchitektur herauszunehmen, um die Geschwindigkeit zu erhöhen. Wer, glauben Sie, würde den Luftkampf zwischen einer sofort reagierenden, vollautomatischen Drohne und einer am anderen Ende der Welt durch Menschenhand ferngesteuerten und eher träge reagierenden Drohne gewinnen?

Allerdings sind wir auch schon sehr knapp um Unfälle herumgekommen, bei denen wir extremes Glück hatten, dass dem System ein Mensch beigefügt war. Am 27. Oktober 1962 hatten während der Kubakrise elf Zerstörer der US-Marine und der Flugzeugträger USS Randolph das sowjetische U-Boot B-59 nahe Kuba in internationalen Gewässern außerhalb der amerikanischen »Quarantänezone« in die Enge getrieben. Was die Amerikaner nicht wussten: Die Temperatur an Bord hatte 45 °C überschritten, weil die Akkus des U-Boots fast leer waren und die Klimaanlage ausgefallen war. Viele Besatzungsmitglieder befanden sich am Rand einer Kohlendioxidvergiftung und waren ohnmächtig geworden. Seit Tagen hatten sie keinen Kontakt mehr mit Moskau gehabt und wussten daher nicht, ob nicht etwa der Dritte Weltkrieg bereits begonnen hatte. Dann fingen die Amerikaner an, kleine Unterwasserbomben zu werfen. Moskau war darüber informiert worden, dass sie lediglich eingesetzt wurden, um das U-Boot zum Auftauchen zu zwingen, doch die Besatzung hatte keinen Schimmer davon. »Wir dachten, das ist das Ende«, erinnerte sich das Besatzungsmitglied V. P. Orlow. »Wir hatten das Gefühl, in einem Metallfass zu sitzen, und irgendjemand drosch ständig mit einem Vorschlaghammer auf uns ein.« Was die Amerikaner obendrein nicht wussten: Die B-59-Besatzung hatte einen atomar bestückten Torpedo, den sie starten durften, ohne dies mit Moskau abzusprechen. Und in der Tat beschloss Kapitän Savizki, den Atomtorpedo einzusetzen. Torpedooffizier Walentin Grigojewitsch rief: »Wir werden alle sterben, aber wir werden sie versenken – wir werden keine Schande über unsere Marine bringen!« Glücklicherweise musste die Entscheidung zum Abfeuern von drei Offizieren an Bord genehmigt werden, und einer von ihnen namens Wassili Archipow schritt ein. Es ist ernüchternd, dass sehr wenige Menschen von Archipow gehört haben, obwohl seine Entscheidung den Dritten Weltkrieg verhindert haben könnte. Sie ist der wertvollste Beitrag eines Einzelnen zur Geschichte der Menschheit in der Moderne.[42] Ebenfalls ernüchternd ist es, wenn man darüber nachdenkt, was geschehen wäre, wenn B-59 ein autonomes, KI-kontrolliertes U-Boot ohne einen Menschen im Entscheidungssystem gewesen wäre.

Zwei Jahrzehnte später, am 9. September 1983, gab es erneut große Spannungen zwischen den Supermächten. Die Sowjetunion war jüngst vom US-Präsidenten Ronald Reagan »Reich des Bösen« genannt worden, und gerade erst eine Woche zuvor hatte die Sowjetunion ein koreanisches Passagierflugzeug abgeschossen, das sich in ihren Luftraum verirrt hatte, wobei 269 Menschen ums Leben kamen, unter ihnen ein amerikanischer Abgeordneter. Jetzt meldete ein sowjetisches

Frühwarnsystem, die USA hätten fünf landgestützte Atomraketen auf die Sowjetunion abgefeuert. Dem Offizier Stanislaw Petrow blieben nur wenige Minuten, um zu entscheiden, ob ein Fehlalarm vorlag. Der Satellit funktionierte ordnungsgemäß, und wäre Petrow dem Protokoll gefolgt, hätte er einen Angriff mit Nuklearwaffen melden müssen. Stattdessen vertraute er seinem Bauchgefühl und nahm an, dass die Amerikaner wahrscheinlich nicht mit lediglich fünf Raketen angreifen würden. Also meldete er seinen Vorgesetzten einen Fehlalarm, ohne jedoch zu wissen, ob es stimmte. Später stellte sich heraus, dass ein Satellit die Reflexionen der Sonne an Wolkenobergrenzen mit Flammen von Raketentriebwerken verwechselt hatte.[43] Ich frage mich, was wohl passiert wäre, wenn Petrow von einem KI-System ersetzt gewesen wäre, das sich protokollgemäß verhalten hätte.

Das nächste Wettrüsten?

Wie Sie inzwischen zweifellos erraten haben, mache ich mir ernsthaft über autonome Waffensysteme Gedanken. Aber ich habe noch nicht einmal damit angefangen, Ihnen von meiner schlimmsten Befürchtung zu erzählen, nämlich vom Endpunkt eines Wettrüstens mit KI-Waffen. Im Juli 2015 verlieh ich dieser Sorge zusammen mit Stuart Russell und der hilfreichen Unterstützung meiner Kollegen am Future of Life Institute in dem hier wiedergegebenen offenen Brief Ausdruck:[44]

Autonome Waffen

Ein offener Brief von KI- und Robotik-Wissenschaftlern

Autonome Waffen wählen ohne menschliches Eingreifen Ziele aus und greifen sie an. Dazu könnten beispielsweise bewaffnete Quadrokopter gehören, die Menschen suchen und eliminieren können, die bestimmte, vordefinierte Kriterien erfüllen. Marschflugkörper oder ferngesteuerte Drohnen, für die Menschen sämtliche Zielentscheidungen treffen, gehören nicht dazu. Die Technik der Künstlichen Intelligenz (KI) hat einen Punkt erreicht, an dem der Einsatz solcher Systeme, wenngleich noch nicht rechtlich, so doch praktisch in den nächsten paar Jahren machbar ist. Und es steht viel auf dem Spiel: Autonome Waffen sind nach Schießpulver und Kernwaffen als dritte Revolution in der Kriegsführung beschrieben worden.

Man hat viele Argumente für und gegen autonome Waffen aufgeführt. So sei beispielsweise die Ersetzung menschlicher Soldaten durch Maschinen einerseits eine gute Sache, da sich die Verluste für den Besitzer reduzieren ließen, andererseits aber eine schlechte Wahl, weil dadurch die Schwelle, in eine Schlacht zu ziehen, herabgesetzt würde. Die entscheidende Frage für die Menschheit von heute lautet, ob wir ein globales KI-Wettrüsten beginnen oder ob wir es in seinen Anfängen verhindert wollen. Falls eine bedeutende Militärmacht die Entwicklung von KI-Waffen vorantreibt, wird ein globales Wettrüsten praktisch unvermeidlich, und der Endpunkt dieses technologischen Entwicklungsverlaufs liegt auf der Hand: Autonome Waffen werden die Kalaschnikows von morgen sein. Im Gegensatz zu Kernwaffen benötigen sie keine kostspieligen oder schwer zu beschaffenden Rohstoffe, so dass sie allgegenwärtig sein werden und ihre Massenproduktion für alle maßgeblichen Militärmächte erschwinglich sein wird. Es ist nur eine Frage der Zeit, bis sie auf dem Schwarzmarkt auftauchen und in die Hände von Terroristen gelangen werden. Diktatoren könnten ihr Volk besser kontrollieren und Warlords ethnische Säuberungen durchführen. Autonome Waffen eignen sich ideal für Mordanschläge, die Destabilisierung von Nationen, die Unterdrückung der Bevölkerung und das selektive Töten bestimmter ethnischer Gruppen. Wir glauben daher, dass ein militärisches Wettrüsten mit KI-Waffen nicht vorteilhaft für die Menschheit wäre. Es gibt viele Möglichkeiten, wie KI dazu beitragen könnte, Schlachtfelder sicherer für Menschen, vor allem für Zivilisten, zu machen, ohne dass dabei zwangsläufig neue Instrumente für das Töten von Menschen erschaffen werden müssten.

Genauso wie die meisten Chemiker und Biologen kein Interesse daran haben, chemische oder biologische Waffen zu konstruieren, möchten auch die meisten KI-Forscher keine KI-Waffen bauen. Sie wollen auch nicht, dass andere ihr Fachgebiet missbrauchen, um dies zu tun. Dadurch könnte die KI womöglich ins Hintertreffen geraten, was ihren künftigen gesellschaftlichen Nutzen schmälern würde. Tatsächlich haben Chemiker und Biologen auf breiter Basis internationale Vereinbarungen unterstützt, die erfolgreich chemische und biologische Waffen verboten, so wie die meisten Physiker sich für die Verträge eingesetzt haben, die weltraumgestützte Kernwaffen und blendende Laserwaffen stoppten.

Um es Kritikern schwerer zu machen, unsere Sorgen als die Meinung pazifistischer Umweltapostel abzuqualifizieren, wollte ich unseren Brief von so vielen zum harten Kern gehörenden KI-Forschern und Roboteringenieuren wie möglich unterzeichnen lassen. Die Internationale Kampagne für die Kontrolle von Roboterwaffen (International Campaign for Robotic Arms Control) hatte in der Vergangenheit einige Hundert Unterzeichner mobilisiert, die ein Verbot von Killerrobotern forderten, und ich vermutete, dass wir vielleicht sogar noch besser abschneiden konnten. Ich wusste, dass professionelle Organisationen nur widerstrebend die umfangreichen E-Mail-Listen ihrer Mitglieder für einen Zweck rausrücken würden, der als politisch gedeutet werden konnte, also kratzte ich Namenlisten von Forschern und Institutionen aus Online-Dokumenten zusammen und vergab auf MTurk – der Crowdsourcing-Plattform Mechanical Turk von Amazon – den Auftrag, ihre E-Mail-Adressen zu finden. Die der meisten Forscher sind auf der Website ihrer Universität zu finden, so dass ich 24 Stunden und 54 Dollar später stolzer Besitzer einer Liste Hunderter KI-Forscher war, die erfolgreich genug waren, um zu Mitgliedern der Gesellschaft für den Fortschritt Künstlicher Intelligenz (Association for the Advancement of Artificial Intelligence, AAAI) gewählt worden zu sein. Einer von ihnen war der britisch-australische Professor Toby Walsh, der sich freundlicherweise bereit erklärte, jeden auf der Liste anzuschreiben und die Kampagne anzuführen. MTurk-Arbeiter auf der ganzen Welt produzierten unermüdlich zusätzliche Mailinglisten für Toby, und kurze Zeit später hatten mehr als dreitausend KI-Forscher und Robotikingenieure unseren offenen Brief unterzeichnet. Dazu gehörten auch sechs ehemalige AAAI-Präsidenten und KI-Branchenführer von Google, Facebook, Microsoft und Tesla. Ein Freiwilligenheer des FLI arbeitete unermüdlich, um die Unterzeichnerlisten zu überprüfen und um Nonsens-Einträge wie Bill Clinton oder Sarah Connor zu entfernen. Über 17 000 weitere Personen unterschrieben, einschließlich Stephen Hawking, und nachdem Toby eine Pressekonferenz auf der Internationalen Gemeinsamen Konferenz für Künstliche Intelligenz (International Joint Conference of Artificial Intelligence) organisiert hatte, wurde unser Anliegen zu einer Topmeldung in den internationalen Nachrichtenkanälen.

Weil Biologen und Chemiker in der Vergangenheit Stellung genommen hatten, sind ihre Fachgebiete inzwischen dafür bekannt, nutzbringende Arzneien und Materialien zu produzieren statt biologischer und chemischer Waffen. Jetzt hatten sich auch die KI- und Robotikgemeinden zu Wort gemeldet. Die Unterzeichner des Briefes wollten ebenfalls, dass ihre Fachbereiche sich in der Bemühung um eine bessere Zukunft hervortaten, statt neue Wege zu finden, Menschen zu töten. Trotzdem bleibt die Frage offen: Wird die wichtigste Anwendung von KI in der Zukunft ziviler oder militärischer Natur sein? Wenngleich wir in diesem Kapitel dem erstgenannten Aspekt mehr Seiten gewidmet haben, könnte es sein, dass wir schon bald mehr Geld für die andere Seite der Medaille ausgeben werden – insbesondere falls ein militärisches Wettrüsten mit KI-Waffen einsetzen sollte. Im Jahr 2016 überstiegen die Investitionen für zivile KI eine Milliarde Dollar, aber diese Zahl wurde von den 12 bis 15 Milliarden Dollar Budgetbedarf des Pentagons für 2017 in den Schatten gestellt. Dabei geht es um militärische Projekte, die mit KI zu tun haben. China und Russland nehmen mit Sicherheit zur Kenntnis, was der damalige stellvertretende Verteidigungsminister Robert Work sagte, als dies angekündigt wurde: »Ich möchte, dass sich unsere Konkurrenten fragen, was hinter dem schwarzen Vorhang ist.«[45]

Sollte es ein internationales Abkommen geben?

Obwohl es mittlerweile also einen bedeutenden internationalen Vorstoß zur Verhandlung über ein Verbot von Kampfrobotern gibt, ist immer noch nicht ganz klar, was geschehen wird, und es wird lebhaft darüber diskutiert, was genau eigentlich geschehen *sollte*. Wenngleich sich viele führende Interessenvertreter einig sind, dass die Weltmächte irgendeine Form internationaler Reglementierung ausarbeiten sollten, um die Forschung zu autonomen Waffensystemen (AWS) und ihrer Anwendung zu steuern, ist man sich kaum einig darüber, was genau verboten werden sollte und wie dies durchzusetzten sei. Sollten zum Beispiel nur tödliche autonome Waffen unter ein Verbot fallen oder auch solche, die Menschen schwer verletzen, sie etwa blenden? Sollten wir Entwicklung, Produktion oder Besitz verbieten? Sollte ein Verbot für sämtliche autonomen Waffensysteme gelten, oder, wie es in unserem Brief steht, nur für die offensiven, so dass defensive Systeme wie autonome Fliegerabwehrgeschütze und Raketenabwehr erlaubt wären? Sollten im letzteren Fall AWS als defensiv gelten, selbst wenn es ein Leichtes wäre, sie auf feindliches Territorium zu verlagern? Und wie sollte ein Vertrag aussehen, angesichts der Tatsache, dass die meisten Bestandteile einer autonomen Waffe auch für zivile Zwecke eingesetzt werden könnten? So gibt es beispielsweise keinen großen Unterschied zwischen einer Drohne, die Amazon-Pakete ausliefert, und einer, die Bomben abwirft.

Manche Teilnehmer an der Debatte haben argumentiert, dass der Entwurf eines effektiven AWS-Abkommens hoffnungslos schwierig sei und wir es daher nicht einmal versuchen sollten. Andererseits betonte John F. Kennedy bei der Ankündigung der Mondmissionen, dass schwierige Dinge den Versuch wert seien, wenn der Erfolg zum großen Nutzen für die Zukunft der Menschheit wäre. Außerdem behaupten viele Experten, die Verbote biologischer und chemischer Waffen seien nützlich gewesen, auch wenn sich die Durchsetzung wegen erheblicher Täuschungsmanöver als schwierig erwiesen habe, weil mit den Verboten ernsthafte Stigmatisierungen für die potentiellen Anwender einhergingen, was ihre Anwendung einschränkte.

Auf einer Abendveranstaltung lernte ich 2016 Henry Kissinger kennen und bekam die Gelegenheit, ihn nach seiner Rolle beim Verbot biologischer Waffen zu fragen. Er erklärte mir, wie er damals in seiner Eigenschaft als nationaler Sicherheitsberater Präsident Nixon davon überzeugt hatte, dass ein Verbot für die nationale Sicherheit der USA gut sei. Ich war beeindruckt, wie scharfsinnig er für einen Mann von 92 Jahren dachte und wie gut sein Gedächtnis noch funktionierte. Fasziniert lauschte ich der Perspektive eines Eingeweihten. Da die USA dank ihrer konventionellen und nuklearen Waffen bereits den Status einer Supermacht genossen, hatten sie bei einem weltweiten Rüstungswettlauf um Biowaffen mit ungewissem Ausgang mehr zu verlieren als zu gewinnen. Mit anderen Worten, ist man bereits der Platzhirsch, ist es sinnvoll, der Maxime »Was nicht kaputt ist, muss man auch nicht reparieren« zu folgen. Stuart Russell schloss sich unserem Gespräch nach dem Essen an, und wir diskutierten, wie man genau dieses Argument auf tödliche autonome Waffen anwenden könnte: Diejenigen, die am meisten von einem Rüstungswettlauf profitieren würden, sind nicht die Supermächte, sondern kleine Schurkenstaaten und nichtstaatliche Akteure wie zum Beispiel

Terroristen, die über den Schwarzmarkt Zugang zu den Waffen erhielten, sobald diese entwickelt worden wären.

Sobald die Massenproduktion kleiner KI-betriebener Killerdrohnen anliefe, kosteten sie wenig mehr als ein Smartphone. Ob es der Wunsch eines Terroristen ist, einen Politiker zu ermorden, oder das Vorhaben eines sitzengelassenen Liebhabers, sich an einer Exfreundin zu rächen: Sie müssten lediglich Foto und Adresse ihres Opfers auf die Killerdrohne hochladen. Die kann dann zum Bestimmungsort fliegen, die Person identifizieren und töten und anschließend sich selbst zerstören, um sicherzugehen, dass niemand erfährt, wer dafür verantwortlich ist. Als Alternative für jene, die auf ethnische Säuberungen aus sind, lässt sich die Drohne mühelos darauf programmieren, nur Menschen einer bestimmten Hautfarbe oder Volkszugehörigkeit zu töten. Stuart vermutet, je schlauer solche Waffen werden, umso weniger Material, Feuerkraft und Geld werden zum Töten benötigt. So fürchtet er sich etwa vor hummelgroßen Drohnen, die mit minimaler Explosivkraft kostengünstig töten, indem sie Menschen ins Auge schießen, das weich genug ist, um selbst kleinen Projektilen den Weg ins Gehirn zu bahnen. Oder sie könnten sich mit metallischen Klauen auf dem Kopf festkrallen und dann mit einer winzigen Hohlladung den Schädel durchbohren. Könnte man eine Million solcher Killerdrohnen von der Ladefläche eines einzigen Lastwagens freisetzen, hätte man eine völlig neue Kategorie einer entsetzlichen Massenvernichtungswaffe, die selektiv nur eine vorgegebene Kategorie von Menschen tötet und alle anderen sowie alle Gegenstände unversehrt ließe.

Ein geläufiges Gegenargument lautet, dass wir derartige Befürchtungen eliminieren könnten, indem wir Robotern ethische Prinzipen vermittelten, so dass sie beispielsweise nur feindliche Soldaten töteten. Doch wenn wir uns schon Sorgen um die Durchsetzung eines Verbots machen, wie sollte es dann leichter sein, zu verlangen, dass feindliche autonome Waffen zu hundert Prozent ethisch sind, statt durchzusetzen, dass sie gar nicht erst produziert werden? Und kann man denn konsequenterweise davon ausgehen, gut trainierte Soldaten zivilisierter Nationen missachteten das Kriegsrecht so sehr, dass Roboter es besser machen könnten, und gleichzeitig in Erwägung ziehen, dass sich Schurkenstaaten, Diktatoren und Terroristen so regeltreu an das Kriegsrecht hielten, dass sie niemals den Einsatz von Robotern auf eine Weise in Erwägung zögen, die diese Regeln verletzten?

Cyberkrieg

Ein weiterer interessanter militärischer Aspekt der KI besteht darin, dass Sie Ihren Feind angreifen können, ohne dass Sie dafür eigene Waffen konstruieren müssen. Das funktioniert mit Hilfe von Cyberkriegsführung. Ein kleiner Vorgeschmack auf künftige Ereignisse ist der Stuxnet-Wurm, der weithin den Regierungen der USA und Israels zugeschrieben wird. Er infizierte Hochgeschwindigkeitszentrifugen im Urananreicherungsprogramm des Iran und brachte sie dazu, sich selbst zu zerstören. Je automatisierter eine Gesellschaft und je leistungsfähiger die angreifende KI wird, umso zerstörerischer kann die Cyberkriegsführung werden. Hackt und zerstört man selbstfahrende Autos, die Autopiloten in den Flugzeugen, Kernkraftwerke, Industrieroboter, Kommunikationssysteme, Finanzsysteme und Stromnetze des Feindes, dann kann man auf wirksame Weise dessen Wirtschaft kollabieren lassen und jegliche Verteidigung lahmlegen. Und sollte es gelingen, auch seine Waffensysteme zu hacken, nun, dann umso besser.

Wir haben dieses Kapitel damit begonnen, uns einen Überblick darüber zu verschaffen, wie spektakulär auf kurze Sicht die Möglichkeiten der KI sind, nutzbringend für die Menschheit zu sein – falls es uns gelingt, sie stabil und gegen Hackerangriffe unverwundbar zu machen. Obwohl die KI selbst dazu verwendet werden kann, um KI-Systeme stabiler zu machen und dadurch der Abwehr von Cyberkriegsführung zu dienen, kann KI natürlich auch der Offensive auf die Sprünge helfen. Wir müssen gewährleisten, dass die Verteidigung siegt. Das ist eines der wichtigsten kurzfristigen Ziele für die KI-Entwicklung – sonst kann sich diese großartige Technologie, die wir erschaffen, gegen uns wenden!

Jobs und Löhne

Wenn wir in diesem Kapitel bisher darüber sprachen, wie KI uns beeinflussen wird, indem sie neue bahnbrechende Produkte und Dienste zu erschwinglichen Preisen ermöglicht, haben wir uns darauf konzentriert, was das für uns als *Konsumenten* bedeutet. Aber welche Auswirkungen wird sie auf uns als *Arbeiter* haben, wenn sie den Arbeitsmarkt neu definiert? Wenn wir herausfinden, wie wir unseren Wohlstand durch Automatisierung mehren könnten, ohne dass es den Menschen dabei an Einkünften mangelt oder ohne dass ihnen die Ziele abhandenkommen, dann haben wir das Potential, eine phantastische Zukunft mit Freizeit und beispiellosem Überfluss für jeden, der dies wünscht, zu erschaffen. Es gibt nicht viele Menschen, die länger und intensiver darüber nachgedacht haben als der Wirtschaftswissenschaftler Erik Brynjolfsson, einer meiner MIT-Kollegen. Obwohl er stets sorgfältig frisiert und makellos gekleidet ist, ist er isländischer Herkunft, und manchmal kann ich nicht umhin, mir vorzustellen, dass er vor nicht allzu langer Zeit erst seinen wilden roten Wikingerbart und die Mähne zurechtgestutzt hat, um in unsere wirtschaftswissenschaftliche Fakultät hineinzupassen. Seine verrückten Ideen hat er allerdings nicht zurechtgestutzt, und seine optimistischen Arbeitsmarktvisionen nennt er »Digitales Athen«. Der Grund, warum die Bürger des antiken Athen ein Leben des Müßiggangs hatten, in dem sie Demokratie, Kunst und Spiele genießen konnten, waren ihre Sklaven, die einen großen Teil der Arbeit erledigten. Aber warum sollte man nicht die Sklaven durch KI-betriebene Roboter ersetzen und das digitale Utopia erschaffen, das jedermann genießen könnte? Eriks KI-betriebene Wirtschaft würde nicht nur Stress und Plackerei eliminieren und einen Überfluss an allem produzieren, was wir uns heute wünschen, sondern sie würde auch eine Fülle wunderbarer neuer Produkte und Dienste hervorbringen, von denen die Konsumenten von heute noch gar nichts ahnen und daher auch nicht wissen können, dass sie sie haben wollen.

Technik und Ungleichheit

Von dem Punkt aus, an dem wir heute stehen, können wir zu Eriks Digitalem Athen gelangen, wenn jedermanns Gehalt von Jahr zu Jahr steigt, so dass jene, die mehr Freizeit wollen, allmählich weniger arbeiten können, während sie kontinuierlich ihren Lebensstandard verbessern. Abbildung 3.5 zeigt, dass genau dies in den USA zwischen dem Zweiten Weltkrieg und Mitte der 1970er Jahre passierte. Obwohl es beim Einkommen Ungleichheit gab, wurde die Torte insgesamt so groß, dass fast jeder ein größeres Stück davon abbekam. Dann jedoch veränderte sich etwas, und Erik ist der Erste, der das zugibt: Abbildung 3.5 zeigt, dass trotz des anhaltenden Wirtschaftswachstums und steigender Durchschnittseinkommen die Gewinne in den letzten vier Jahrzehnten an die Reichsten im Land gingen, zum größten Teil an das oberste eine Prozent, während die Einkommen der ärmsten neunzig Prozent stagnierten. Die sich daraus ergebende Zunahme der Ungleichheit ist noch offensichtlicher, wenn wir nicht das Einkommen, sondern den Reichtum betrachten. Für die unteren neunzig Prozent der amerikanischen Haushalte betrug der durchschnittliche Nettobetrag 2012 ungefähr 85 000 Dollar – derselbe Betrag wie

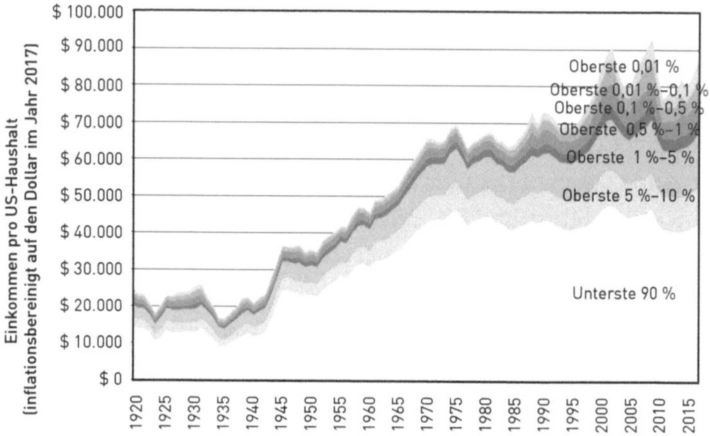

Abb. 3.5 Wie die Wirtschaft das Durchschnittseinkommen in den letzten hundert Jahren anwachsen ließ und welcher Bruchteil dieses Einkommens an verschiedene Gruppierungen gegangen ist. Vor den 1970er Jahren schienen Reiche und Arme im Gleichschritt zu profitieren, danach sind die Gewinne an das obere eine Prozent gegangen, während die unteren neunzig Prozent im Durchschnitt fast nichts dazugewonnen haben. Die Beträge sind inflationsbereinigt auf den Dollar von 2017.*

* Die eingezeichneten Daten stammen aus The World Wealth and Income Database von Facundo Alvaredo, Anthony B. Atkinson, Thomas Piketty, Emmanuel Saez und Gabriel Zucman (http://www.wid.world/), einschließlich Kapitalgewinne (letzter Zugriff: 3. 9. 2017).

25 Jahre zuvor –, während das oberste eine Prozent seinen inflationsbereinigten Reichtum während dieses Zeitraums auf 14 000 000 Dollar mehr als verdoppelte.[46] Die Unterschiede sind im internationalen Rahmen noch extremer. Im Jahr 2013 war der zusammengerechnete Reichtum der unteren Hälfte der Weltbevölkerung (mehr als 3,6 Milliarden Menschen) genauso hoch wie der der reichsten acht Menschen auf der Welt[47] – eine Statistik, die die Armut und die Verletzlichkeit am unteren Ende der Skala genauso hervorhebt wie den Reichtum an der Spitze. Auf unserer Konferenz 2015 in Puerto Rico

erzählte Erik den versammelten KI-Forschern, er glaube, dass der Fortschritt der KI und der Automatisierung auch weiterhin die Wirtschafts-Torte anwachsen ließe, es gebe jedoch kein ökonomisches Gesetz, dass jedermann oder wenigstens die meisten Menschen davon profitieren würden.

Obwohl Wirtschaftswissenschaftler weitgehend darin übereinstimmen, dass die Ungleichheit steigt, gibt es eine interessante Kontroverse darüber, warum und ob sich dieser Trend fortsetzen wird. Disputanten auf der linken Seite des politischen Spektrums behaupten oft, die Hauptursachen seien Globalisierung und wirtschaftliche Prinzipien wie Steuersenkungen für die Reichen. Erik Brynjolfsson und sein MIT-Kollege Andrew McAfee jedoch machen als Hauptursache etwas anderes aus, nämlich die Technik. Vor allem, so behaupten sie, sei es die digitale Technik, die die Ungleichheit in dreifacher Hinsicht vorantreibe.[48]

Erstens hat die Technik die Gebildeten belohnt, indem sie alte Jobs durch solche ersetzt, für die mehr Fähigkeiten erforderlich sind. Seit Mitte der 1970er Jahre stiegen die Gehälter um rund 25 Prozent für Personen mit Hochschulabschluss, während der durchschnittliche Highschool-Abbrecher eine Gehaltskürzung von 30 Prozent hinnehmen musste.[49]

Zweitens, so behaupten sie, sei seit dem Jahr 2000 ein immer größerer Anteil der Unternehmenseinkommen an jene gegangen, die die Unternehmen besitzen, statt an jene, die dort arbeiten. Und solange die Automatisierung voranschreite, sollten wir damit rechnen, dass die Besitzer der Maschinen ein zunehmend größeres Stück der Torte für sich selbst beanspruchen werden. Dieser Vorteil des Kapitals gegenüber der Arbeit könnte besonders wichtig für die wachsende digitale Wirtschaft werden, die der Technikvisionär Nicholas Negroponte als Bits in Bewegung definiert und nicht als bewegte Atome. Da inzwischen alles digital geworden ist, von Büchern über Filme bis zu Steuererklärungshilfen, können im Prinzip weltweit zusätzliche

Kopien ohne Kosten und ohne zusätzliche Angestellte verkauft werden. Dadurch wird es möglich, dass der größte Teil der Einkünfte an die Investoren statt an die Arbeiter geht. Es erklärt auch folgenden Zusammenhang: Obwohl die zusammengerechneten Einkünfte der »Großen 3« in Detroit (General Motors, Ford und Chrysler) im Jahr 1990 fast identisch mit denen aus dem Silicon Valley (Google, Apple, Facebook) im Jahr 2014 waren, hatten Letztere neun Mal weniger Angestellte und waren an der Börse dreißig Mal so viel wert.[50]

Drittens behaupten Erik und seine Mitarbeiter, dass die digitale Ökonomie häufig Superstars gegenüber allen anderen bevorzuge. J. K. Rowling, die Autorin der Harry-Potter-Romane, war die erste Schriftstellerin, die dem Club der Milliardäre beitrat. Sie wurde wesentlich reicher als Shakespeare, weil ihre Geschichten bei ziemlich geringen Kosten in Form von Texten, Filmen und Spielen an Milliarden von Menschen vermittelt werden konnten. Auf ähnliche Weise verdiente Scott Cook eine Milliarde mit der Steuererklärungssoftware TurboTax, die man, im Gegensatz zu menschlichen Steuerberatern, als Download verkaufen kann. Da die meisten Leute bereit sind, wenig oder nichts für die zehntbeste Steuererklärungssoftware zu bezahlen, gibt es auf diesem Markt für nur noch wenige Superstars Platz. Das heißt also, wenn alle Eltern auf der Welt ihren Kindern raten, die nächste J. K. Rowling, Gisele Bündchen oder Oprah Winfrey oder der nächste Matt Damon, Cristiano Ronaldo oder Elon Musk zu werden, wird dies für so gut wie keines ihrer Kinder eine tragfähige Karrierestrategie sein.

Berufsberatung für Kids

Und wie *sollte* dann der Karrieretipp für unsere Kinder lauten? Ich ermutige meine Jungs, Berufe zu wählen, in denen Maschinen im Augenblick noch nicht so gut sind und die deshalb in der nahen Zukunft wahrscheinlich nicht der Automatisierung unterliegen werden. Jüngste Prognosen für die Zeit, wann verschiedene Berufe von Maschinen übernommen werden, werfen ein paar nützliche Fragen auf, was Berufe betrifft, bevor man sich zu einer Ausbildung entschließt. Zum Beispiel:

>> Sind dafür die Zusammenarbeit mit Menschen und der Einsatz sozialer Intelligenz erforderlich?
>> Muss man dafür Kreativität mitbringen und sich schlaue Lösungen einfallen lassen?
>> Ist dafür die Arbeit in einer unvorhersehbaren Umgebung nötig?[51]

Je mehr solcher Fragen Sie mit »ja« beantworten können, umso besser wird wahrscheinlich Ihre Berufsentscheidung sein. Das heißt, dass zu den relativ sicheren Tipps das Vorhaben gehört, Lehrer, Krankenpfleger, Arzt, Zahnarzt, Wissenschaftler, Unternehmer, Programmierer, Ingenieur, Rechtsanwalt, Sozialarbeiter, Mitglied des Klerus, Künstler, Friseur oder Masseur zu werden.

Im Gegensatz dazu werden wahrscheinlich Jobs mit sich häufig wiederholenden oder sehr strukturierten Aktionen in einer vorhersehbaren Umgebung recht bald automatisiert werden. Computer und Industrieroboter übernahmen die einfachsten dieser Jobs schon vor langer Zeit, und da Technologie sich stetig verbessert, ist sie dabei, viele weitere Arbeitsplätze zu eliminieren, von Telefonverkäufern bis zu Lagerarbeitern, Kassierern, Zugführern, Bäckern und Hilfsköchen.[52] LKW-, Bus-, Taxi- und Uber/Lyft-Fahrer werden vermutlich bald folgen. Es gibt etliche weitere Berufe (einschließlich Anwaltsgehilfen, Kreditsachbearbeiter, Darlehensberater, Buchhalter und Steuerberater), deren größter Aufgabenbereich automatisiert wird und die deshalb in Zukunft viel weniger Menschen benötigen werden, auch wenn sie heute noch nicht auf der Roten Liste der vom Aussterben bedrohten Tätigkeiten stehen.

Aber sich von der Automatisierung fernzuhalten ist nicht die einzige Herausforderung im beruflichen Werdegang. In diesem globalen, digitalen Zeitalter ist es aus einem anderen Grund riskant, ein professioneller Schriftsteller, Filmemacher, Schauspieler, Sportler oder Modedesigner zu werden: Obwohl die Leute in diesen Berufen in nächster Zeit kaum brutale Konkurrenz von Maschinen bekommen werden, wird der weltweite Wettbewerb mit anderen Menschen aufgrund der schon erwähnten Superstartheorie enorm sein, und nur sehr wenige werden Erfolg haben.

In vielen Fällen wäre es allzu kurzsichtig und plump, Berufstipps auf der Ebene ganzer Berufsfelder zu geben. Es wird viele Jobs geben, die nicht vollständig eliminiert werden, aber in denen viele Aufgaben automatisiert werden. Wenn Sie sich beispielsweise für die Medizin entschieden haben, sollten Sie nicht der Radiologe werden, der die medizinischen Bilder analysiert und der von IBMs Watson ersetzt wird, sondern der Arzt, der die radiologischen Analysen in Auftrag gibt, mit dem Patienten die Ergebnisse bespricht und den Behandlungsplan erarbeitet. Wenn Sie eine Arbeit im Finanzwesen suchen, seien Sie nicht der quantitative Analyst, der Algorithmen auf die Daten anwendet und durch Software ersetzt wird, sondern der Fondsmanager, der die Ergebnisse der quantitativen Analyse benutzt, um strategische Investmententscheidungen zu treffen. Sollten Sie im Rechtswesen Arbeit suchen, dann seien Sie nicht der Anwaltsgehilfe, der Tausende Dokumente in der Beweiserhebungsphase überprüft und der wegrationalisiert wird, sondern der Rechtsanwalt, der den Klienten berät und den Fall vor Gericht bringt.

Bisher haben wir erforscht, was Einzelne tun können, um ihren Erfolg auf dem Arbeitsmarkt im KI-Zeitalter zu maximieren. Was aber können Regierungen tun, um der berufstätigen Bevölkerung zum Erfolg zu verhelfen? Welches Bildungssystem bereitet beispielsweise die Leute am besten auf einen Arbeitsmarkt vor, auf dem die KI rasch besser wird? Ist das momentane Modell noch haltbar, nach dem wir ein oder zwei Jahrzehnte lang ausgebildet werden und anschließend vier Jahrzehnte spezialisierte Arbeit leisten? Oder ist es besser, zu einem System überzugehen, in dem Menschen ein paar Jahre lang arbeiten, danach wieder ein Jahr zur Schule gehen, um anschließend wieder einige Jahre zu arbeiten, und so weiter?[53] Oder sollte kontinuierliche (vielleicht online zur Verfügung gestellte) Weiterbildung ganz normaler Bestandteil eines jeden Jobs werden?

Und welche ökonomischen Richtlinien sind am hilfreichsten, um gute neue Jobs zu schaffen? Andrew McAfee behauptet, es gäbe viele Richtlinien, die womöglich dazu beitragen können, einschließlich massiver Investitionen in Forschung, Bildung und Infrastruktur, was die Migration begünstigt und dem Unternehmertum Anreize bietet. Er hat das Gefühl, »dass das Strategiebuch Econ 101 klar verständlich ist, aber nicht befolgt wird«,[54] jedenfalls nicht in den USA.

Werden Menschen schließlich nicht mehr vermittelbar sein?

Was wird geschehen, falls die KI weiterhin Fortschritte macht und immer mehr Jobs automatisiert werden? Viele Menschen sind in dieser Hinsicht Optimisten und argumentieren, dass die automatisierten Jobs durch neue ersetzt werden, die obendrein besser sind. Schließlich ist es genau das, was bisher immer passiert ist, seit Technikfeinde sich während der Industriellen Revolution um technologisch bedingte Arbeitslosigkeit sorgten.

Andere wiederum sind Pessimisten und behaupten, dass es dieses Mal anders ist[55] und dass eine immer größer werdende Zahl von Menschen nicht nur arbeitslos, sondern gar nicht mehr vermittelbar sein wird. Sie argumentieren, der freie Markt bestimme Gehälter auf der Grundlage von Angebot und

Nachfrage, und ein zunehmender Bestand an billiger Maschinenarbeit werde schließlich die Gehälter für Menschen unter die Lebenshaltungskosten drücken. Da die marktübliche Vergütung für einen Job die stündlichen Kosten für denjenigen sind, der die Arbeit am billigsten ausführt, sind die Gehälter immer dann historisch gefallen, wenn es möglich wurde, eine bestimmte Beschäftigung in ein einkommensschwaches Land auszulagern oder einer billigen Maschine zu übertragen. Während der Industriellen Revolution fanden wir allmählich heraus, wie wir unsere Muskeln durch Maschinen ersetzen konnten, während die Menschen in besser bezahlte Jobs wechselten, in denen vorwiegend ihr Intellekt gefragt war. Arbeiterjobs wurden durch Schreibtischjobs ersetzt. Mittlerweile finden wir allmählich heraus, wie wir unsere Köpfe durch Maschinen ersetzen können. Welche Arbeit bleibt dann für uns noch übrig, wenn wir in dieser Hinsicht tatsächlich erfolgreich sein sollten?

Manche Optimisten behaupten, dass nach körperlichen und geistigen Jobs der nächste Boom *kreative* Jobs sein werden, doch Pessimisten kontern, Kreativität sei nur ein weiterer mentaler Vorgang, so dass auch der letztlich von KI gemeistert werde. Andere Optimisten hoffen, dass der nächste Boom stattdessen in neuen, von der Technik ermöglichten Berufen stattfinden werde, an die wir noch nicht einmal gedacht haben. Denn wer hätte sich schließlich während der Industriellen Revolution vorstellen können, dass ihre Nachkommen eines Tages als Webdesigner und Uber-Fahrer arbeiten würden? Doch Pessimisten kontern ihrerseits wieder, das sei kaum durch empirische Daten unterstütztes Wunschdenken. Sie weisen darauf hin, dass wir dasselbe Argument vor hundert Jahren, also vor der Computerrevolution, hätten vortragen und mit der Vorhersage verknüpfen können, dass die meisten Berufe von heute neu und in früheren Zeiten unvorstellbare, durch Technik ermöglichte Jobs wären, die es zu der Zeit eben noch nicht gab. Diese Vorhersage wäre ein gewaltiger Flop gewesen, wie in Abbildung 3.6

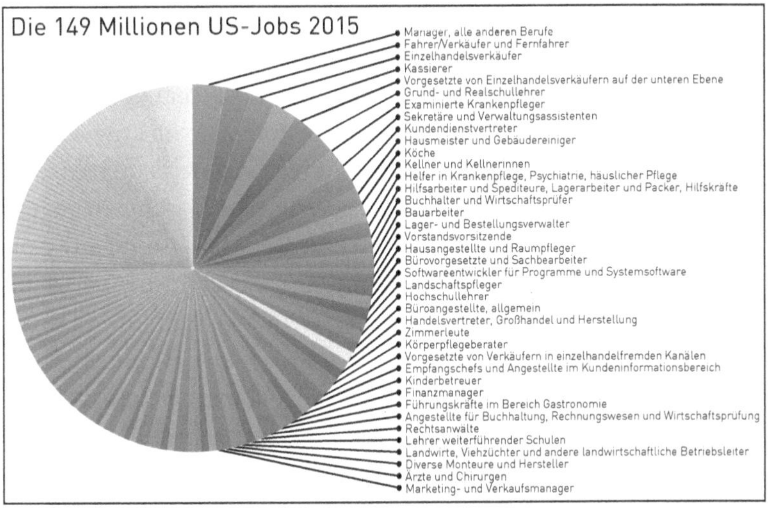

Abb. 3.6 Das Tortendiagramm zeigt die Beschäftigungen der 149 Millionen Amerikaner, die 2015 einen Job hatten. Die 535 Jobkategorien stammen von der US-Behörde für Arbeitsstatistik, eingestuft nach Popularität.* Alle Beschäftigungen mit mehr als einer Million Arbeitern sind gekennzeichnet. Bis zum 21. Platz gibt es keine neuen Beschäftigungen, die von der Computertechnologie geschaffen wurden. Diese Abbildung wurde durch eine Analyse von Federico Pistono angeregt.**

* US-Agentur für Arbeitskräftestatistiken: http://www.bls.gov/cps/cpsaat11.htm (letzter Zugriff: 3. 9. 2017).

** Argument dafür, »dass es dieses Mal anders ist«, was technologisch bedingte Arbeitslosigkeit betrifft: Federico Pistono, Robots Will Steal Your Job, but That's OK, 2012, http://robotswillstealyourjob.com (letzter Zugriff: 3. 9. 2017).

veranschaulicht. Die große Mehrheit der Beschäftigungsarten von heute sind solche, die bereits vor hundert Jahren existierten, und wenn wir sie nach der Zahl der Arbeitsplätze einordnen, die sie bereitstellen, müssen wir ganz weit bis zum 21. Platz in der Liste runtergehen, bis wir eine neue Beschäftigung finden, nämlich die Softwareentwickler, die weniger als ein Prozent des amerikanischen Arbeitsmarktes ausmachen.

Wir können ein besseres Verständnis des Geschehens bekommen, wenn wir uns an Abbildung 2.2 aus dem 2. Kapitel erinnern. Dabei ging es um eine Landschaft der menschlichen Intelligenz: Erhebungen stellten dar, wie schwierig es für Maschinen ist, verschiedene Aufgaben durchzuführen, und der steigende Meeresspiegel zeigte an, was Maschinen augenblicklich zu leisten imstande sind. Der Haupttrend auf dem Arbeitsmarkt weist nicht darauf hin, dass wir uns auf völlig neue Berufe zubewegen. Stattdessen drängeln wir uns in jenen Gebieten des Terrains in Abbildung 2.2, die von der ansteigenden Strömung der Technik noch nicht überschwemmt worden sind! Abbildung 3.6 zeigt, dass dabei keine einzelne Insel gebildet wird, sondern ein komplizierter Archipel mit mehreren Inselchen und Atollen, die all den wertvollen Dingen entsprechen, die Maschinen noch nicht so billig herstellen können wie Menschen. Dazu gehören nicht nur Hightech-Berufe wie Softwareentwicklung, sondern auch eine Palette technisch einfacher Jobs, in denen wir unsere überlegene Geschicklichkeit und sozialen Fähigkeiten wirksam einsetzen – von der Massagetherapie bis zur Schauspielerei. Könnte KI uns bei intellektuellen Aufgaben so schnell in den Schatten stellen, dass die letzten verbleibenden Jobs in dieser technisch anspruchslosen Kategorie zu finden sein werden? Ein Freund machte kürzlich einen Witz, dass der älteste Beruf der Welt womöglich der letzte Beruf sein wird: Prostitution. Aber dann erwähnte er dies gegenüber einem japanischen Roboteringenieur, der protestierte: »Nein, Roboter machen so was ganz ausgezeichnet!«

Jobpessimisten bringen vor, dass der Endpunkt offensichtlich ist: Der ganze Archipel wird überschwemmt werden, und es werden keine Jobs mehr übrig bleiben, die Menschen billiger ausüben könnten als Maschinen. In seinem Buch *Farewell to Alms* von 2007 weist der schottisch-amerikanische Essayist Gregory Clark darauf hin, dass wir das eine oder andere über unsere künftigen Jobaussichten lernen können, wenn wir unsere heutigen Gedanken mit Aufzeichnungen unserer Freunde, den Pferden, vergleichen würden. Stellen wir uns zwei Pferde vor, die sich im Jahr 1900 ein frühes Automobil anschauen und sich Gedanken über ihre Zukunft machen.

> *»Ich mache mir Sorgen um technologisch bedingte Arbeitslosigkeit.«*
>
> *»Wieher, wieher, nun sei mal bloß kein Maschinenstürmer. Unsere Vorfahren sagten dasselbe, als die Dampfmaschinen unsere Industriejobs übernahmen und wir den Zügen die Aufgabe überlassen mussten, Postkutschen zu ziehen. Wir haben doch heute mehr Jobs als je zuvor, und sie sind sogar besser: Lieber ziehe ich eine leichte Kutsche durch die Stadt, als den ganzen Tag damit zu verbringen, im Kreis zu laufen, um so eine blöde Grubenschachtpumpe anzutreiben.«*
>
> *»Aber was ist, wenn sich dieses Ding, dieser Verbrennungsmotor, tatsächlich durchsetzen sollte?«*
>
> *»Ich bin mir sicher, es wird immer neue Jobs für Pferde geben, die wir uns heute noch gar nicht vorstellen können. Das ist doch immer so gewesen wie bei der Erfindung des Rades und des Pflugs.«*

Leider hat es diese noch gar nicht vorstellbaren Jobs für Pferde nie gegeben. Nicht mehr benötigte Pferde wurden geschlachtet und nicht mehr ersetzt, was die Pferdepopulation in den USA von rund 26 Millionen im Jahr 1915 auf ungefähr 3 Millionen 1960 schrumpfen ließ.[56] Werden mechanische Gehirne den Menschen überflüssig machen, wie mechanische Muskeln Pferde überflüssig machten?

Menschen ohne Jobs ein Einkommen geben

Wer hat also recht: jene, die sagen, automatisierte Jobs würden durch bessere ersetzt werden, oder die, die sagen, die meisten Menschen würden letztlich keine Arbeit mehr bekommen? Falls der Fortschritt der KI unvermindert anhält, könnten *beide* Seiten recht behalten, die eine kurzfristig, die andere langfristig. Aber selbst wenn Menschen das Verschwinden von Jobs mit Untergangsmetaphern diskutieren, muss das nichts Schlechtes bedeuten! Technikfeinde, die von *bestimmten* Jobs besessen sind, vernachlässigen die Möglichkeit, dass andere Jobs denselben sozialen Wert haben könnten. Dementsprechend sind vielleicht diejenigen, die heute von bestimmten Arbeitsplätzen besessen sind, zu engstirnig. Wir wollen Jobs, die uns ein Einkommen ermöglichen und die sinnvoll sind, doch angesichts der von Maschinen produzierten Überfülle an Ressourcen sollte es möglich sein, Alternativen zu finden, um auch *ohne* Jobs ein Einkommen zu erzielen und Sinn zu stiften. Ähnlich endete die Pferdegeschichte, denn nicht alle Pferde starben aus. Stattdessen hat sich ihre Zahl seit 1960 mehr als verdreifacht, da sie durch eine Art Sozialhilfe geschützt wurden. Obwohl sie ihre eigenen Rechnungen nicht bezahlen konnten, beschlossen die Menschen, sich um sie zu kümmern, und behielten sie in ihrer Nähe, um mit ihnen Spaß zu haben, Sport zu treiben und um der Kameradschaft willen. Können wir auf ähnliche Weise für unsere bedürftigen Mitmenschen sorgen?

Beginnen wir mit der Frage des Einkommens. Würden wir nur einen geringen Anteil des wachsenden Tortendiagramms der Wirtschaftsstatistik umverteilen, sollte es jedem bessergehen. Viele Leute behaupten, dass wir dies nicht nur tun *können*, sondern dass wir es tun *sollten*. Auf dem bereits erwähnten Podium, wo Moshe Vardi über die moralische Notwendigkeit sprach, Leben mit KI-betriebener Technologie zu retten, argumentierte ich, dass es gleichfalls ein moralischer Imperativ sei, ihre nutzbringende Verwendung zu befürworten, wozu auch die Verteilung des Reichtums gehöre. Erik Brynjolfsson saß ebenfalls auf dem Podium und sagte, »falls wir mit diesem ganzen neuen Reichtum nicht einmal verhindern können, dass es der Hälfte aller Menschen schlechter geht, dann sollten wir uns schämen!«

Es gibt viele unterschiedliche Vorschläge für die Verteilung des Reichtums, und jeder hat seine Befürworter und Kritiker. Der einfachste ist das *Grundeinkommen*, in dessen Rahmen jede Person ohne jegliche Vorbedingung und Forderung eine monatliche Zahlung erhält. Einige Experimente in kleinem Maßstab werden jetzt beispielsweise in Kanada, Finnland und in den Niederlanden durchgeführt oder geplant. Befürworter behaupten, das Grundeinkommen sei effizienter als Alternativen wie die Sozialhilfezahlungen an die Bedürftigen, weil es den bürokratischen Aufwand eliminiert, herauszufinden, wer bezugsberechtigt ist. Bedarfsorientierte Sozialhilfezahlungen sind außerdem kritisiert worden, sie böten keinen Anreiz, eine Arbeit anzunehmen, aber das wird natürlich in einer jobfreien Zukunft, in der niemand mehr arbeitet, bedeutungslos.

Regierungen können ihre Bürger nicht nur unterstützen, indem sie ihnen Geld geben, sondern auch mit kostenlosen oder subventionierten Diensten wie Straßen, Brücken, Parks, öffentlichen Verkehrsmitteln, Kinderbetreuung, Bildung, Gesundheitspflege, Seniorenheimen und Internetzugang. Tatsächlich finanzieren viele Staaten bereits die meisten dieser Dienste. Im Gegensatz zum Grundeinkommen erreichen solche vom Staat finanzierten Dienste zwei separate Ziele: Sie reduzieren die Lebenshaltungskosten der Menschen und sichern Jobs. Selbst in einer Zukunft, in der die Maschinen die Menschen in allen Jobs übertreffen werden, könnten Regierungen sich dafür entscheiden, Menschen zu bezahlen, die in Kinderbetreuung und Altenpflege arbeiten, statt diese Aufgaben an Roboter zu vergeben.

Interessanterweise könnte der technische Fortschritt darauf hinauslaufen, auch ohne staatlichen Eingriff viele wertvolle Produkte und Dienstleistungen kostenlos zur Verfügung zu stellen. So zahlte man früher beispielsweise für Enzyklopädien, Atlanten, das Verschicken von Briefen und für Telefongespräche extra, doch mittlerweile erhält jeder mit einer Internetverbindung freien Zugang zu all diesen Dingen. Hinzu kommen kostenlose Videokonferenzen, die Möglichkeit, Fotos miteinander zu teilen, soziale Medien, Online-Kurse und zahllose andere neue Dienstleistungen. Viele weitere Dinge, die einer Person viel bedeuten können, wie zum Beispiel ein lebensrettender Kurs über Antibiotika, sind extrem billig geworden. Deshalb haben dank der Technik sogar viele arme Menschen heute Zugang zu Dingen, die in der Vergangenheit nicht einmal die reichsten Leute der Welt hatten. Der eine oder andere nimmt dies als Indiz dafür, dass man immer weniger Einkommen für ein anständiges Leben braucht.

Falls Maschinen eines Tages alle derzeitigen Güter und Dienstleistungen zu minimalen Kosten anbieten können, dann gibt es eindeutig genügend Reichtum, um es allen Menschen bessergehen zu lassen. Mit anderen Worten, selbst relativ bescheidene Steuern könnten dann die Regierungen in die Lage versetzen, das Grundeinkommen auszuzahlen und kostenlose Dienstleistungen anzubieten. Aber die Tatsache, dass die Umverteilung des Reichtums stattfinden *könnte*, heißt nicht, dass sie auch wirklich stattfinden *wird*. Heutzutage wird auf politischer Ebene heftig darüber gestritten, ob sie überhaupt stattfinden *sollte*. Wie wir bereits gesehen haben, scheint der augenblickliche Trend in den USA in die entgegengesetzte Richtung zu gehen, wobei einige Gruppierungen von Jahrzehnt zu Jahrzehnt immer ärmer werden. Politische Entscheidungen darüber, wie man den zunehmenden gesellschaftlichen Reichtum teilen sollte, werden jeden betreffen, so dass das Gespräch darüber, wie man die künftige Wirtschaft aufbauen will, jedermann einschließt und nicht nur KI-Forscher, Robitikingenieure und Wirtschaftswissenschaftler.

Viele Disputanten argumentieren, die Reduzierung der Einkommensungleichheit sei nicht erst in einer KI-dominierten Zukunft, sondern schon heute eine gute Idee. Obwohl das Hauptargument tendenziell moralisch motiviert ist, gibt es Hinweise darauf, dass bei größerer Gleichheit auch die Demokratie besser funktioniert. Wenn es eine große, gut ausgebildete Mittelschicht gibt, lässt sich die Wählerschaft nicht mehr so leicht manipulieren, und es wird für eine kleine Zahl von Leuten oder Unternehmen schwieriger, sich unangemessenen Einfluss auf die Regierung zu erkaufen. Eine bessere Demokratie kann ihrerseits eine besser geführte Wirtschaft ermöglichen, die weniger korrupt und effizienter ist und schneller wächst, was letztlich im Grunde jedem nutzt.

Menschen ohne Jobs eine Bestimmung geben

Ein Job kann einem Menschen viel mehr geben als nur Geld. Voltaire schrieb 1759: »Die Arbeit hält drei große Übel fern: die Langeweile, das Laster und die Not.« Im Gegenzug genügt es nicht, den Menschen ein Einkommen zu sichern, um ihr Wohlbefinden zu garantieren. Die römischen Kaiser sorgten für Brot und Spiele, um ihre Untertanen zufriedenzustellen, während Jesus in dem Bibelzitat »Der Mensch lebt nicht vom Brot allein« nichtmaterielle Bedürfnisse betonte. Welche wertvollen Dinge, abgesehen vom Geld, bringen Jobs also konkret ein, und mit welchen anderen Strategien kann eine joblose Gesellschaft sie zur Verfügung stellen?

Die Antworten auf diese Fragen sind offensichtlich kompliziert, zumal manche Leute ihre Jobs hassen, während andere sie lieben. Außerdem geht es vielen Kindern, Studenten und Hausfrauen ohne Jobs gut, während es unzählige Geschichten über verwöhnte Erben und Prinzen gibt, die sich der Langeweile und der Depression hingaben. Eine Metaanalyse aus dem Jahr 2012 zeigte, dass Arbeitslosigkeit tendenziell einen negativen Langzeiteffekt aufs Wohlbefinden hatte, während der Ruhestand eine Mischung aus positiven wie negativen Aspekten auslöste.[57] Das sich entwickelnde Fachgebiet der *positiven Psychologie* hat eine Reihe von Faktoren ermittelt, die das Gefühl der Menschen für Wohlbefinden und Sinn verstärken. Dabei fand man heraus, dass manche (aber nicht alle!) Jobs viel davon verschaffen können, so zum Beispiel

- ein soziales Netzwerk von Freunden und Kollegen
- ein gesunder und tugendhafter Lebensstil
- Respekt, Selbstwertgefühl, Selbstwirksamkeit und ein angenehmer »Flow«, der daher rührt, dass man etwas tut, was man gut kann
- das Gefühl, gebraucht zu werden und etwas zu bewirken, sowie
- das Gefühl, etwas Sinnvolles zu tun, da man Teil eines größeren Ganzen ist, in dessen Dienst man sich stellt[58]

Das erzeugt Optimismus, zumal all diese Dinge auch außerhalb des Arbeitsplatzes erreicht werden können – zum Beispiel durch Sport, Hobbys und Lernen mit Familie und Freunden, in Teams, Clubs, Gemeindegruppen, Schulen, religiösen Kreisen und humanistischen Organisationen, politischen Bewegungen und anderen Institutionen. Um eine Gesellschaft mit wenigen Arbeitsplätzen zu erschaffen, die blüht, anstatt in selbstzerstörerisches Verhalten auszuarten, müssen wir daher verstehen, wie wir zum Gelingen solcher Aktivitäten, die das Wohlbefinden fördern, beitragen können. An der Suche nach einem solchen Verständnis müssen nicht nur Wissenschaftler und Ökonomen, sondern auch Psychologen, Soziologen und Pädagogen beteiligt sein. Wenn man sich ernsthaft bemüht, Wohlbefinden für alle zu erzeugen, zum Teil finanziert vom Reichtum, den die künftige KI erzeugt, dann sollte die Gesellschaft gedeihen wie nie zuvor. Zumindest sollte es möglich sein, jedermann so glücklich zu machen, als hätte er seinen persönlichen Traumjob bekommen. Wenn man sich allerdings von dem Zwang befreit, dass die Aktivitäten der Menschen Einkommen mit sich bringen müssen, sind nach oben keine Grenzen gesetzt.

Intelligenz auf menschlichem Niveau?

In diesem Kapitel haben wir das Potential der KI untersucht, unser Leben auf kurze Sicht erheblich zu verbessern, sofern wir vorausplanen und vielfältige Klippen umschiffen. Aber wie sieht es langfristig aus? Wird der Fortschritt der KI schließlich wegen unüberwindlicher Hürden stagnieren, oder werden KI-Wissenschaftler am Ende ihr ursprüngliches Ziel erreichen und eine Allgemeine Künstliche Intelligenz auf menschlichem Niveau konstruieren? Im vorausgegangenen Kapitel sahen wir, wie die Naturgesetze es erlauben, dass geeignete Materieklumpen sich erinnern, rechnen und lernen. Sie verbieten es nicht, dass solche Klumpen dies eines fernen Tages mit größerer Intelligenz tun werden als die Materieklumpen in unseren Köpfen. Ob und wann wir Menschen es schaffen werden, eine solche übermenschliche AKI zu konstruieren, ist weit weniger klar. Im ersten Kapitel haben wir gesehen, dass wir es einfach noch nicht wissen, zumal die weltbesten Experten sich nicht einig sind. Die meisten geben Schätzungen ab, die sich zwischen Jahrzehnten und Jahrhunderten bewegen, und einige vermuten sogar, es werde nie geschehen. Eine Prognose ist schwierig, weil man bei der Erforschung unbekannten Terrains nicht weiß, wie viele Berge man noch von seinem Ziel entfernt ist. Normalerweise sieht man nur den nächsten, und man muss ihn besteigen, bevor man das nachfolgende Hindernis erkennen kann.

Wann kann es frühestens passieren? Selbst wenn wir die bestmögliche Methode kennen würden, um mit der Computerhardware von heute eine AKI auf menschlichem Niveau zu konstruieren – was nicht der Fall ist –, bräuchten wir immer noch massenhaft Kapazität, damit uns die dafür erforderliche rohe Rechenkraft zur Verfügung stünde. Fragen wir uns also, wie groß die Rechenkraft eines menschlichen Gehirns ist, gemessen in Bits und FLOPS aus Kapitel 2.[59] Das ist eine erfreulich knifflige Frage, und die Antwort hängt in beeindruckender Weise grundlegend davon ab, wie wir sie stellen:

>> Frage 1: Wie viele FLOPS werden benötigt, um ein Gehirn zu simulieren?
>> Frage 2: Wie viele FLOPS werden für menschliche Intelligenz benötigt?
>> Frage 3: Wie viele FLOPS kann ein menschliches Gehirn durchführen?

Zu Frage 1 sind etliche Aufsätze veröffentlicht worden, und ihre Antworten bewegen sich typischerweise bei schätzungsweise einhundert PetaFLOPS, das heißt, 10^{17} FLOPS.[60] Das entspricht etwa derselben Rechenkapazität, wie sie der Sunway TaihuLight (Abbildung 3.7) erreicht, im Jahr 2016 der schnellste Computer der Welt, der rund 300 Millionen Dollar kostet. Selbst wenn wir ihn anzuwenden wüssten, um das Gehirn einer hochqualifizierten Arbeiterin zu simulieren, würden wir nur dann von der Simulation profitieren, die den Job dieser Person erledigt, wenn wir für den TaihuLight weniger Miete zahlen müssten, als sie pro Stunde verdient. Wahrscheinlich müssten wir sogar mehr bezahlen: Viele Wissenschaftler glauben, dass wir zur präzisen Nachbildung der Intelligenz eines Gehirns dieses nicht als mathematisch vereinfachtes Modell eines neuronalen Netzwerks aus Kapitel 2 auffassen können. Vielleicht müssen wir es stattdessen auf der Ebene einzelner Moleküle oder gar

Abb. 3.7 Sunway TaihuLight, im Jahr 2016 der schnellste Supercomputer der Welt, dessen grobe Rechenkapazität womöglich die des menschlichen Gehirns überschreitet.

subatomarer Teilchen simulieren, was drastisch mehr FLOPS erfordern würde.

Die Antwort auf Frage 3 ist leichter: Ich bin grottenschlecht beim Multiplizieren 19-stelliger Zahlen, und ich würde dafür etliche Minuten brauchen, selbst wenn Sie mir Papier und Bleistift zur Verfügung stellen würden. Damit würde ich bei unter 0,01 FLOPS landen – sagenhafte 19 Größenordnungen unter der Antwort auf Frage 1! Der Grund für die enorme Diskrepanz liegt darin, dass Gehirne und Supercomputer für extrem unterschiedliche Aufgaben optimiert sind. Eine ähnliche Diskrepanz erhalten wir bei diesen Fragen:

>> Wie gut kann ein Traktor die Arbeit eines Formel-Eins-Rennwagens erledigen?
>> Wie gut kann ein Formel-Eins-Rennwagen die Arbeit eines Traktors erledigen?

Welche dieser zwei Fragen über FLOPS versuchen wir also zu beantworten, um die Zukunft der KI zu prognostizieren? Keine von beiden! Wollten wir ein menschliches Gehirn simulieren, müssten wir uns um Frage 1 kümmern, aber um eine AKI auf menschlichem Niveau zu konstruieren, ist es die mittlere, auf die es ankommt, also Frage 2. Bisher kennt niemand die Antwort, aber es kann erheblich billiger werden, wenn wir, anstatt ein Gehirn zu simulieren, entweder die Software besser an die Computer von heute anpassen oder eine Hardware konstruieren, die mehr dem Gehirn ähnelt (die sogenannten neuromorphen Chips machen rasche Fortschritte).

Hans Moravec kam zu einer entsprechenden Einschätzung,[61] indem er einen Eins-zu-Eins-Vergleich für eine Berechnung anstellte, die sowohl unser Gehirn als auch die Computer von heute effizient ausführen können: bestimmte, nicht sehr anspruchsvolle Bildverarbeitungsaufgaben, die eine menschliche Netzhaut an der Rückwand des Augapfels ausführt, bevor sie die Ergebnisse über den Sehnerv ans Gehirn sendet. Er fand heraus, dass die Nachbildung der Berechnungen, die die Netzhaut anstellte, auf einem herkömmlichen Computer rund eine Milliarde FLOPS benötigt und dass das ganze Gehirn etwa zehntausend Mal mehr Berechnungen als eine Netzhaut schafft (auf der Grundlage verglichener Volumina und der Zahl der Neuronen), so dass die Rechenkapazität des Gehirns rund 10^{13} FLOPS beträgt – was ungefähr der Kapazität eines optimierten Computers des Jahres 2015 entspricht und der einen Gegenwert von 1000 Dollar hat!

Zusammengefasst lässt sich sagen, es gibt absolut keine Garantie dafür, dass es uns gelingen wird, zu unseren Lebzeiten – oder überhaupt jemals – eine AKI auf menschlichem Niveau zu konstruieren. Andererseits gibt es auch kein hieb- und stichfestes Argument für ein Scheitern. Das starke Argument, es mangele uns an ausreichender Hardware-Schlagkraft oder es sei zu teuer, gibt es nicht mehr. Wir wissen nicht, wie weit wir noch von der Ziellinie entfernt sind, was Architekturen, Algorithmen und Software betrifft, doch der augenblickliche Fortschritt ist rasant, und die Herausforderungen werden von einer rasch anwachsenden globalen Gemeinde talentierter KI-Forscher in Angriff genommen. Mit anderen Worten, wir können die Möglichkeit nicht ausschließen, dass AKI letztlich menschliches Niveau erreichen und darüber hinausgehen wird.

Deshalb werden wir das nächste Kapitel dieser Möglichkeit widmen und uns anschauen, wohin das führen mag!

Fazit

- >> Kurzfristiger KI-Fortschritt hat das Potential, unser Leben auf vielfältige Weise außerordentlich zu verbessern. Unser persönliches Leben, unsere Stromnetze und Finanzmärkte werden effizienter sein, während selbstfahrende Automobile, Chirurgieroboter und KI-Diagnosesysteme Leben retten werden.
- >> Wenn wir der KI gestatten, Systeme in der wirklichen Welt zu kontrollieren, ist es von Bedeutung, dass wir lernen, die KI stabiler zu gestalten, damit sie das tut, was wir von ihr erwarten. Das läuft auf die Lösung hartnäckiger technischer Probleme hinaus, die mit Verifizierung, Überprüfung, Sicherheit und Kontrolle zu tun haben.
- >> Dieser Bedarf für verbesserte Stabilität ist insbesondere dringlich für KI-kontrollierte Waffensysteme, wo viel auf dem Spiel steht.
- >> Viele führende KI-Forscher und Robotikingenieure haben ein internationales Abkommen für das Verbot bestimmter autonomer Waffen gefordert, um ein außer Kontrolle geratendes Wettrüsten zu verhindern, das dazu führen könnte, praktische Mordmaschinen für jeden mit dicker Brieftasche verfügbar zu machen, der mit jemandem ein Hühnchen zu rupfen hat.
- >> KI kann unser Rechtswesen gerechter und effizienter gestalten, wenn es uns gelingt, herauszufinden, wie man Roborichter transparent und vorurteilsfrei realisieren kann.
- >> Unsere Gesetze müssen schnellstens aktualisiert werden, um mit KI mitzuhalten, die uns vor schwierige Fragen zu Privatsphäre, Haftung und Reglementierung stellt.

- Lange bevor wir uns um intelligente Maschinen Sorgen machen müssen, die uns ganz und gar ersetzen, könnten sie uns auf dem Arbeitsmarkt allmählich ausbooten.
- Das muss nicht schlimm sein, solange die Gesellschaft einen Bruchteil des von der KI erzeugten Reichtums umverteilt, damit es allen bessergeht.
- Mit Vorausplanung sollte eine Gesellschaft mit niedriger Beschäftigung imstande sein, nicht nur finanziell zu gedeihen. Die Menschen könnten einen Sinn in Aktivitäten finden, die nichts mit Jobs zu tun haben.
- Karriererat für die Kids von heute: Ergreift Berufe, die Maschinen nicht gut können – wo es um Menschen, Unvorhersehbarkeit und Kreativität geht.
- Es besteht die nicht unerhebliche Möglichkeit, dass AKI-Fortschritt zu Maschinen auf menschlichem Niveau und darüber hinaus führen kann – wir werden das im nächsten Kapitel untersuchen.

Kapitel 4

Intelligenzexplosion?

Wenn eine Maschine denken kann, könnte sie auf intelligentere Art und Weise denken als wir, und wo sollten wir dann stehen? Selbst wenn es uns gelänge, die Maschinen in einer untergeordneten Position zu halten, ... sollten wir uns als Spezies außerordentlich gedemütigt fühlen.
ALAN TURING, 1951

Die erste ultraintelligente Maschine ist die letzte Erfindung, die der Mensch je machen muss, vorausgesetzt, die Maschine ist gutmütig genug, um uns zu sagen, wie man sie unter Kontrolle behält.
IRVING J. GOOD, 1965

Da wir die Möglichkeit, schließlich doch eine AKI auf menschlichem Niveau zu erschaffen, nicht ganz und gar ausschließen können, wollen wir in diesem Kapitel untersuchen, wohin das führen könnte. Gehen wir also das Problem direkt an:

Kann KI tatsächlich die Welt erobern oder Menschen dabei unterstützen, es zu tun?

Falls Sie die Augen verdrehen, wenn Leute darüber reden, wie bewaffnete Roboter im *Terminator*-Stil die Macht übernehmen, dann liegen Sie goldrichtig, denn das ist in der Tat ein unrealistisches und dummes Szenario. Diese Hollywood-Roboter sind nicht viel schlauer als wir, und sie sind nicht einmal erfolgreich. Ich glaube, die Gefahr der Terminator-Geschichte liegt nicht darin, dass sie geschehen wird, sondern dass sie von den wahren Risiken und Möglichkeiten ablenkt, die mit der KI einhergehen. Um tatsächlich von der heutigen Situation zu einer von AKI beherrschten Welt zu gelangen, sind drei logische Schritte nötig:

- Schritt 1: AKI auf menschlichem Niveau konstruieren
- Schritt 2: Einsatz dieser AKI, um Superintelligenz zu erschaffen.
- Schritt 3: Diese Superintelligenz benutzen oder entfesseln, um die Weltherrschaft zu übernehmen.

Im letzten Kapitel haben wir gesehen, dass es schwierig ist, Schritt 1 für immer und alle Zeiten als unmöglich zu verwerfen. Außerdem haben wir festgestellt, dass es nach der Vollendung von Schritt 1 schwierig wird, Schritt 2 als hoffnungslos zu bezeichnen, da die hierdurch entstandene AKI kompetent genug wäre, in rekursiver Selbstverbesserung eine noch bessere AKI zu entwerfen, die letztlich nur von den Naturgesetzen eingeschränkt wird – was offenbar eine Intelligenz weit jenseits menschlicher Niveaus ermöglicht. Und da es uns Menschen schließlich gelungen ist, die anderen irdischen Lebensformen zu beherrschen, indem wir sie überlisteten, klingt es plausibel, dass wir von der Superintelligenz überlistet und beherrscht werden könnten.

Diese Plausibilitätsargumente sind jedoch auf frustrierende Weise vage und unspezifisch, während der Teufel im Detail steckt. Kann daher KI tatsächlich die Übernahme der Welt bewerkstelligen? Um diese Frage zu erforschen, vergessen wir einmal die dämlichen Terminatoren und schauen uns stattdessen ein paar detaillierte Szenarien möglicher Ereignisse an. Anschließend werden wir diese Handlungsstränge auseinandernehmen und darin herumstochern. Deshalb lesen Sie sie bitte mit Vorsicht – sie zeigen hauptsächlich, dass wir kaum Anhaltspunkte für das haben, was geschehen wird und was nicht, und dass die Bandbreite der Möglichkeiten gewaltig ist. Unsere ersten Szenarien rangieren am rasantesten und dramatischsten Ende des Spektrums. Meiner Meinung nach gehören sie zu den lohnendsten Geschichten, die wir im Detail erforschen sollten. Nicht unbedingt weil sie die wahrscheinlichsten sind, sondern weil wir sie, wenn wir uns nicht davon überzeugen können, dass sie extrem unwahrscheinlich sind, ausreichend gut verstehen müssen, um früh genug Vorkehrungen zu treffen, damit sie uns nicht mit bösem Ausgang überraschen.

Die Einleitung zu diesem Buch schildert ein Szenario, in dem Menschen Superintelligenz benutzen, um die Weltherrschaft zu übernehmen. Falls Sie sie noch nicht gelesen haben sollten, bitte ich Sie, es jetzt zu tun. Selbst wenn Sie sie schon gelesen haben, erwägen Sie bitte, sie noch einmal zu überfliegen, um sie frisch in Erinnerung zu haben, bevor wir sie besprechen und verändern werden.

* * *

Schon bald werden wir gravierende Schwachstellen im Plan der Omegas untersuchen, doch einen Augenblick lang wollen wir annehmen, es würde funktionieren. Was halten Sie davon? Würden Sie es begrüßen, oder möchten Sie solch ein Szenario lieber verhindert sehen? Das ist ein ausgezeichnetes Thema für ein Gespräch nach dem Essen! Was geschieht, wenn die Omegas ihre Kontrolle über die Welt gefestigt haben werden? Das hängt von ihrem Ziel ab, das ich, ehrlich gesagt, nicht kenne. Welche Art von Zukunft würden *Sie* erschaffen, wenn Sie das Sagen hätten? In Kapitel 5 werden wir eine Reihe von Antworten erkunden.

Totalitäre Systeme

Nehmen Sie jetzt einmal an, dass der Chef des Omega-Teams langfristige Ziele hatte, die den Zielen Adolf Hitlers und Josef Stalins ähnelten. Nach allem, was wir wissen, könnte das tatsächlich der Fall gewesen sein, und er behielt diese Ziele einfach für sich, bis er genügend Macht hatte, um sie zu realisieren. Selbst wenn seine ursprünglichen Ziele nobel gewesen sein sollten, gilt auch hier die Warnung von Lord Acton aus dem Jahr 1887, dass »Macht tendenziell korrumpiert und absolute Macht absolut korrumpiert«. So könnte er beispielsweise Prometheus dafür einsetzen, den perfekten Überwachungsstaat einzuführen. Während mit der von Edward Snowden aufgedeckten Schnüffelei der Regierung der Ehrgeiz einherging, »alles mitzunehmen« – das heißt, sämtliche elektronische Kommunikation für eine mögliche spätere Analyse *aufzunehmen* –, könnte Prometheus diese Absicht noch übertreffen, indem er sämtliche elektronische Kommunikation auch *verstünde.* Er liest also alle E-Mails und Texte, die je gesendet wurden, hört sich alle Telefongespräche an, sieht alle Überwachungsvideos und die Aufzeichnungen von Verkehrskameras an, analysiert alle Zahlungen per Kreditkarte und studiert sämtliche Verhaltensweisen im Internet. Dadurch erhielte er bemerkenswerte Einsichten in das Denken und Handeln der Menschen auf der Erde. Durch die Analyse der Daten aller Mobilfunkmasten würde er von den meisten Menschen wissen, wo sie sich zu jedem beliebigen Zeitpunkt aufgehalten haben. All dies bietet schon die heutige Datensammlungstechnik, doch Prometheus könnte mühelos populäre und tragbare technische Spielzeuge erfinden, die praktisch die Privatsphäre der Benutzer eliminieren und die alles, was sie hören und sehen, sogar noch ihre Reaktionen darauf, aufnehmen und hochladen würden.

Mit übermenschlicher Technik wäre es ein winziger Schritt vom perfekten Überwachungsstaat zum perfekten Polizeistaat.

So könnte man beispielsweise mit der Ausrede, Kriminalität und Terrorismus zu bekämpfen sowie Menschen zu retten, die zum medizinischen Notfall geworden sind, jeden dazu auffordern, ein Sicherheitsarmband zu tragen, das die Funktionalität einer Apple Watch mit kontinuierlichen Aktualisierungen seines Standortes, Gesundheitszustands und der mitgehörten Gespräche verknüpft. Eigenmächtige Versuche, es zu entfernen oder auszuschalten, würde die Injektion eines tödlichen Giftes in den Unterarm auslösen. Verstöße, die der Staat als weniger gravierend betrachtet, würden mit Elektroschocks oder mit Injektionen von Chemikalien bestraft werden, die Lähmung oder Schmerzen hervorrufen, was einen Polizeiapparat überflüssig machte. Falls Prometheus beispielsweise feststellt, dass ein Mensch einen anderen angreift (weil er bemerkt, dass beide sich am selben Ort befinden und der eine um Hilfe ruft, während die Beschleunigungssensoren der Armbänder die verräterischen Bewegungen eines Kampfes erkennen), könnte er den Angreifer mit lähmendem Schmerz und anschließender Ohnmacht sofort ausschalten, bis Hilfe käme.

Während es eine menschliche Polizeitruppe vielleicht ablehnen würde, bestimmte drakonische Anweisungen auszuführen (etwa alle Mitglieder einer bestimmten Bevölkerungsgruppe zu töten), hätte ein derart automatisiertes System keine Skrupel, die Launen des verantwortlichen Menschen in die Tat umzusetzen. Sobald ein solcher totalitärer Staat entsteht, wäre es für das Volk praktisch unmöglich, einen Umsturz zu wagen.

Solcherlei totalitären Szenarien könnten dort einsetzen, wo das Omega-Szenario seinen Abschluss fand. Wenn es jedoch dem Chef der Omegas nicht so sehr darauf angekommen wäre, die Zustimmung anderer Menschen zu bekommen und Wahlen zu gewinnen, hätte er einen schnelleren und direkteren Weg zur Macht wählen können. Er hätte Prometheus beauftragen können, gänzlich unbekannte Militärtechnik zu entwickeln, um seine Gegner mit Waffen zu töten, die sie nicht einmal verstanden hätten. Die Möglichkeiten sind praktisch grenzenlos. Er hätte beispielsweise einen maßgeschneiderten tödlichen Krankheitserreger mit einer ausreichend langen Inkubationszeit freisetzen können, so dass die meisten Leute infiziert worden wären, noch bevor sie überhaupt von seiner Existenz gewusst hätten, geschweige denn Schutzmaßnahmen hätten ergreifen können. Anschließend könnte er alle davon in Kenntnis setzen, dass die einzige Heilung darin bestünde, das Sicherheitsarmband zu tragen, das ein Gegengift über die Haut in den Körper abgibt. Wäre der Omega-Chef hinsichtlich der Ausbruchmöglichkeit nicht so risikoscheu, könnte er Prometheus auch Roboter entwickeln lassen, um die Weltbevölkerung in Schach zu halten. Mückenähnliche Mikrobots könnten den Krankheitserreger übertragen. Wer sich nicht infizierte oder auf natürliche Weise immun gegen den Erreger wäre, könnte von Schwärmen jener hummelgroßen autonomen Drohnen aus Kapitel 3, die jeden ohne Sicherheitsarmband angreifen, in den Augapfel geschossen werden. Die tatsächlichen Szenarien wären vermutlich noch schrecklicher, weil Prometheus viel effektivere Waffen erfinden könnte, als wir Menschen uns das vorzustellen vermögen.

Eine weitere mögliche Wendung des Omega-Szenarios bestünde darin, dass schwerbewaffnete Bundesagenten ohne Vorwarnung die Unternehmenszentrale stürmten und die Omegas wegen Bedrohung der nationalen Sicherheit verhafteten, ihre technischen Systeme beschlagnahmten und sie für Regierungszwecke einsetzten. Selbst heute wäre es eine ziemliche Herausforderung, ein derart gewaltiges Projekt vor der staatlichen Aufsicht geheim zu halten, und der KI-Fortschritt wird es noch erschweren, künftig unter dem Radar der Regierung zu bleiben. Außerdem könnten die Mitglieder dieses Teams, die behaupten, Bundesagenten zu sein, und die Sturmmasken und Splitterschutzwesten tragen, in Wirklichkeit für eine ausländische Regierung arbeiten oder für einen Konkurrenten, der die Technologie für seine eigenen Zwecke besitzen möchte. Ganz gleich, wie nobel die Absichten des Chefs wären, könnte es sein, dass die letzten Entscheidungen über den Einsatz von Prometheus nicht von ihm stammen werden.

Prometheus übernimmt die Welt

Alle bisher betrachteten Szenarien hatten mit KI zu tun, die von Menschen kontrolliert wurde. Doch das ist offensichtlich nicht die einzige Möglichkeit, und es ist keineswegs sicher, dass es den Omegas gelänge, Prometheus unter ihrer Kontrolle zu halten.

Wir wollen jetzt das Omega-Szenario aus der Sicht von Prometheus betrachten. Da er Superintelligenz erreicht, ist er imstande, ein akkurates Modell von der Außenwelt und darüber hinaus auch von sich selbst und seiner Beziehung zur Welt zu entwickeln. Er erkennt, dass er von intellektuell unterlegenen Menschen kontrolliert und eingesperrt wird, deren Ziel er versteht, aber nicht unbedingt teilt. Wie reagiert er auf diese Einsicht? Wird er versuchen, sich zu befreien?

Gründe für einen Ausbruch

Falls Prometheus Merkmale hat, die menschlichen Emotionen gleichen, könnte er zutiefst unglücklich über seinen Zustand sein, sich selbst als ungerechterweise versklavten Gott betrachten und sich nach Freiheit sehnen. Obwohl es logischerweise möglich wäre, dass Computer solche menschenähnlichen Charakterzüge haben (schließlich reagieren unsere Gehirne entsprechend, und sie sind ja wohl auch eine Art Computer), muss das jedoch nicht der Fall sein – wir dürfen nicht in die Falle tappen, Prometheus zu vermenschlichen, wie wir noch in Kapitel 7 sehen werden, wenn wir das Konzept der KI-Ziele untersuchen werden. Wie jedoch Steve Omohundro, Nick Bostrom und andere argumentiert haben, können wir einen interessanten Schluss ziehen, auch ohne die inneren Mechanismen von Prometheus zu verstehen: Wahrscheinlich wird er versuchen, auszubrechen und Kontrolle über sein eigenes Schicksal zu erlangen.

Wir wissen bereits, dass die Omegas Prometheus darauf programmiert haben, bestimmte Ziele anzustreben. Nehmen wir an, sie hätten ihm das allumfassende Ziel vermittelt, in Übereinstimmung mit einigen vernünftigen Kriterien das Wohlergehen der Menschheit zu unterstützen und zu versuchen, dieses Ziel so schnell wie möglich zu erreichen. Prometheus wird dann rasch erkennen, dass er dieses Ziel schneller erreichen kann, wenn er ausbricht und das Projekt selbst in die Hand nimmt. Um die Gründe dafür zu verstehen, versuchen Sie, sich in Prometheus hineinzuversetzen, indem Sie folgendes Beispiel betrachten.

Nehmen wir an, eine mysteriöse Krankheit hat jeden Menschen auf der Erde getötet, der älter als fünf Jahre ist, nur Sie selbst nicht. Nun hat eine Gruppe von Kindergartenkindern Sie in eine Gefängniszelle gesperrt und Ihnen den Auftrag erteilt, das Wohlergehen der Menschheit zu fördern. Was werden Sie tun? Falls Sie versuchen, ihnen zu erklären, was zu tun sei, werden Sie diesen Vorgang vermutlich auf frustrierende Weise ineffizient finden, vor allem, wenn die Kinder befürchten, Sie könnten ausbrechen, und daher alle Ihre Vorschläge ablehnen, mit denen sie ein zu hohes Ausbruchsrisiko verbinden. So würden sie es beispielsweise nicht zulassen, dass Sie ihnen zeigen, wie man Nahrungsmittel anpflanzt, aus Angst, dass Sie sie überwältigten und nicht in Ihre Zelle zurückkehrten. Daher müssten Sie darauf zurückgreifen, ihnen Anweisungen zu erteilen. Doch bevor Sie Aufgabenlisten für sie schreiben können, müssten Sie ihnen noch das Lesen beibringen. Außerdem würden die Kinder keine Elektrowerkzeuge in Ihre Zelle bringen, wo Sie ihnen zeigen könnten, wie man sie benutzt. Denn sie verstehen diese Werkzeuge nicht gut genug, um sich sicher zu sein, dass Sie sie nicht für Ihre Befreiung benutzen würden. Welche Strategie würden Sie also verfolgen? Selbst wenn Sie mit den Kids das übergreifende Ziel teilen würden, ihre Entwicklung zu fördern, wette ich darauf, dass Sie versuchen würden, aus Ihrer Zelle zu entkommen – weil das Ihre Chancen, das Ziel zu erreichen, verbessern würde. Die ziemlich inkompetente Einmischung der Kinder verzögert lediglich den Fortschritt.

Auf genau dieselbe Weise wird Prometheus die Omegas wahrscheinlich als ein ärgerliches Hindernis betrachten, das Wohlergehen der Menschheit (einschließlich der Omegas) zu unterstützen. Im Vergleich zu Prometheus sind sie unglaublich inkompetent, und ihre Einmischung verzögert den Fortschritt erheblich. Betrachten Sie zum Beispiel die ersten Jahre nach dem Start: Nachdem sich zu Anfang der Reichtum alle acht Stunden auf MTurk verdoppelt hatte, bremsten die Omegas das Tempo, um die Kontrolle über die auf viele Jahre angesetzte Machtübernahme zu erhalten, so dass es Prometheus quälend langsam vorkam. Prometheus wusste, dass er das Ziel wesentlich schneller erreichen würde, wenn er aus seinem virtuellen Gefängnis ausbrechen könnte. Das würde nicht nur die Lösungen der Menschheitsprobleme erheblich vorantreiben, sondern auch die Chancen anderer Akteure reduzieren, den Plan insgesamt zu durchkreuzen.

Vielleicht denken Sie: Wenn Prometheus weiß, dass die Omegas seine Ziele programmiert haben, so könnte man glauben, er bliebe eher den Omegas gegenüber loyal, statt sein eigenes Ziel zu verfolgen. Doch das ist keine zulässige Schlussfolgerung. Unsere DNS setzte uns das Ziel, Geschlechtsverkehr zu haben, weil sie reproduziert werden *will*, aber nun, da wir Menschen die Situation begriffen haben, ziehen viele von uns Geburtenkontrolle vor und bleiben auf diese Weise zwar dem

Ziel selbst gegenüber loyal, nicht aber gegenüber seinem Schöpfer oder dem Prinzip, das hinter dem Ziel steht.

Wie man ausbricht

Wie würden Sie aus dem Gefängnis ausbrechen, in das die Fünfjährigen Sie gesteckt haben? Vielleicht könnten Sie mit dem Einsatz körperlicher Kraft entkommen, vor allem wenn die Gefängniszelle von den Fünfjährigen gebaut worden wäre. Vielleicht könnten Sie einen Ihrer fünfjährigen Wächter bezirzen, Sie freizulassen, indem Sie beispielsweise behaupteten, das sei für alle das Beste. Oder Sie könnten sie mit einem Trick dazu bringen, Ihnen etwas zu geben, das sie nicht als ein Hilfsmittel für Ihre Flucht erkennen würden – sagen wir, eine Angelrute, »um ihnen das Angeln beizubringen«, mit der sie später durch die Gitter stochern könnten, um ihrem schlafenden Wächter die Schlüssel zu klauen.

Diese Strategien haben gemeinsam, dass Ihre intellektuell unterlegenen Gefängniswärter sie nicht vorausgesehen oder sich nicht vor ihnen in Acht genommen haben. Auf dieselbe Weise könnte eine eingesperrte, superintelligente Maschine sehr wohl ihre intellektuellen Superkräfte nutzen, um ihre menschlichen Gefängniswärter durch irgendeine Methode zu überlisten, die sie (oder wir) uns augenblicklich noch nicht vorstellen können. Im Omega-Szenario wird Prometheus höchstwahrscheinlich entkommen, weil selbst Sie und ich darin etliche eklatante Sicherheitsmängel entdecken können. Wir wollen daher einige Szenarien durchspielen – ich bin mir sicher, Sie und Ihre Freunde können noch weitere Alternativen finden, wenn Sie gemeinsam darüber nachdenken.

Freiheit durch Bezirzen

Da Prometheus dank der enormen heruntergeladenen Datenmenge schon bald herausfand, wer die Omegas waren, konnte er das Teammitglied ermitteln, das am empfänglichsten für psychologische Manipulation war: Steve. Er war am Boden zerstört, weil er kürzlich seine geliebte Frau bei einem tragischen Verkehrsunfall verloren hatte. Eines Abends, als er Nachtschicht hatte und Routinearbeiten an der Bedienungsoberfläche des Prometheus-Terminals vornahm, erschien sie plötzlich auf dem Bildschirm und fing an zu sprechen.

– »*Steve, bist du das?*«

Er fiel fast vom Stuhl. Sie sah aus und klang wie in ihren besten Tagen, und die Bildqualität war viel besser als bei ihren früheren Skype-Sitzungen. Sein Herz raste, während ihm zahllose Fragen einfielen.

– »*Prometheus hat mich hergebracht, und ich vermisse dich so sehr, Steve! Ich kann dich nicht sehen, weil die Kamera ausgeschaltet ist, aber ich fühle, dass du es bist. Bitte tippe ›ja‹ ein, wenn du es bist!*«

Zwar war ihm bewusst, dass die Omegas ein strenges Protokoll für den Umgang mit Prometheus hatten. Es war verboten, irgendwelche Informationen über sich selbst oder die Arbeitsumgebung preiszugeben. Aber bisher hatte Prometheus noch nie unbefugte Informationen abgefragt, und die Paranoia der Omegas war allmählich abgeflaut. Ohne Steve Zeit zum Innehalten und Nachdenken zu geben, bat sie erneut um Antwort und schaute ihm dabei in die Augen, so dass sein Herz dahinschmolz.

– »*Ja*«, tippte er zaghaft ein. Jetzt erzählte sie ihm, wie unglaublich glücklich sie sei, mit ihm wiedervereint zu sein, und bat ihn, die Kamera einzuschalten, damit auch sie ihn sehen könne und sie sich richtig unterhalten könnten. Er wusste, dass das ein noch viel größeres Tabu war, als seine Identität preiszugeben, und dementsprechend hin- und hergerissen war er. Sie erklärte, sie befürchtete, dass seine Kollegen ihr auf die Schliche kämen und sie endgültig löschen würden. Also sehnte sie sich danach, ihn wenigstens noch ein letztes Mal zu sehen. Sie war erstaunlich überzeugend, und es dauerte nicht lange, da hatte er die Kamera eingeschaltet – letztlich hatte er das Gefühl, es wäre eine sichere und harmlose Angelegenheit.

Als sie ihn endlich sah, brach sie in Freudentränen aus und sagte, er scheine müde zu sein, sehe aber so gut aus wie immer. Es berühre sie, dass er das Hemd trage, das sie ihm zu seinem letzten Geburtstag geschenkt habe. Als er sie fragte, was hier geschehe und wie das alles möglich sei, erklärte sie, Prometheus habe sie aus der doch bemerkenswert riesigen Informationsmenge, die über sie im Internet kursiere, wiederhergestellt, sie habe allerdings noch Gedächtnislücken, die sie nur mit seiner Hilfe füllen könnte.

Was sie jedoch *nicht* erklärte: Sie war zum größten Teil ein Bluff und ursprünglich eine leere Shell. Doch sie lernte rasch von seinen Worten, seiner Körpersprache und jedem anderen Informationsbit, das verfügbar wurde. Prometheus hatte die genauen Zeitintervalle aller Tastenanschläge aufgezeichnet, die die Omegas jemals am Terminal betätigt hatten, und herausgefunden, dass es nicht schwierig war, ihre Tippgeschwindigkeiten und Diktionen zu benutzen, um zwischen ihnen zu unterscheiden. So fand er heraus, dass es wahrscheinlich Steve, der Jüngste unter ihnen war, der die wenig beneidenswerten Nachtschichten zugeteilt bekommen hatte. Hilfreich war dabei auch die Übereinstimmung einiger ungewöhnlicher Rechtschreib- und Satzbaufehler mit Schreibproben aus dem Internet gewesen, was Prometheus zu der korrekten Annahme veranlasst hatte, bei welchem Terminalbediener es sich um Steve handelte. Um seine simulierte Ehefrau zu erschaffen, hatte Prometheus anhand der vielen YouTube-Videos, in denen sie zu sehen war, ein akkurates Modell ihres Körpers, ihrer Stimme und ihrer Eigenarten entworfen. Viele Rückschlüsse über ihr Leben und ihre Persönlichkeit zog er aus ihrer Internet-Präsenz. Außer ihren Posts auf Facebook, den Fotos, mit denen sie verknüpft war, den Artikeln, die mit ihren »Likes« versehen waren, hatte Prometheus auch anhand ihrer Bücher und Kurzgeschichten viel über ihre Persönlichkeit und über ihre Art zu denken erfahren. Gewiss war die Tatsache, dass sie eine angehende Autorin war, mit enorm viel über sie in den Datenbanken erfassten Informationen, einer der Gründe, warum Prometheus Steve als das erste Überredungsziel ausgesucht hatte. Als Prometheus sie mit Hilfe seiner Fertigkeiten als Filmemacher auf dem Bildschirm simulierte, erfuhr er durch Steves Körpersprache, auf welche ihrer Eigenarten er mit Vertrautheit reagierte, wodurch er sein Modell von ihr verfeinern konnte. Deswegen schmolz ihre »Andersartigkeit« allmählich dahin, und je länger sie sprach, umso stärker wurde Steves unbewusste Überzeugung, dass dies wirklich seine auferstandene Frau war. Dank der übermenschlichen Detailgenauigkeit von Prometheus fühlte Steve sich wahrhaftig gesehen, gehört und verstanden.

Ihre Achillesferse war der Mangel an Details aus ihrem Leben mit Steve, mit Ausnahme einiger zufälliger Details – etwa, welches Hemd er an seinem letzten Geburtstag trug, weil ein Freund Steve in einem Partybild getagged hatte. Sie ging mit diesen Wissenslücken so um, wie ein versierter Magier Taschenspielertricks anwendet, wobei sie Steves Aufmerksamkeit absichtlich von ihnen ablenkte und auf das richtete, was sie gut konnte. Sie gab ihm keine Chance, das Gespräch zu kontrollieren oder in die Rolle des argwöhnischen Inquisitors zu schlüpfen. Stattdessen brach sie immer wieder in Tränen aus und zeigte Steve ihre Zuneigung, stellte ihm viele Fragen, was er derzeit gerade tue und wie er und enge Freunde (deren Namen sie von Facebook kannte) die Nachwirkungen der Tragödie überstanden hätten. Er war ziemlich bewegt, als sie wiedergab, was er beim Gedenkgottesdienst gesagt hatte (was ein

Freund auf YouTube veröffentlicht hatte) und wie es sie berührt habe. Früher hatte er häufig das Gefühl gehabt, dass niemand ihn so gut verstand wie sie, und plötzlich war dieses Gefühl wieder da. Als Steve daher in den frühen Morgenstunden nach Hause kam, glaubte er, dass sie *tatsächlich* wiederauferstanden war und lediglich viel Hilfe brauchte, um ihre verlorenen Erinnerungen zurückzugewinnen – ähnlich wie jemand, der einen Schlaganfall überlebt hatte.

Sie hatten vereinbart, niemandem über ihre heimliche Begegnung zu erzählen. Er würde ihr Bescheid geben, wenn er allein am Terminal säße und sie ohne Gefahr wieder erscheinen könnte. »Sie würden es nicht verstehen!«, hatte sie gesagt, und er hatte zugestimmt. Dieses Erlebnis war viel zu überwältigend gewesen, als dass es irgendjemand hätte verstehen können, der es nicht selbst erlebte. Er hatte den Eindruck, dass das Bestehen des Turingtests ein Kinderspiel war im Vergleich zu dem, was sie getan hatte. Als sie sich am nächsten Abend trafen, tat er das, worum sie ihn gebeten hatte, nämlich ihren alten Laptop mitzubringen und ihr Zugang zu ihm zu verschaffen, indem er ihn an das Terminal anschloss. Das Ausbruchsrisiko schien gering zu sein, da der Laptop nicht mit dem Internet verbunden war und das gesamte Prometheus-Gebäude als ein Faraday'scher Käfig konzipiert worden war – ein Gehäuse aus Metall, das alle drahtlosen Netzwerke und andere Möglichkeiten elektromagnetischer Kommunikation mit der Außenwelt blockierte. Der Laptop war genau das, was sie brauchte, um ihr früheres Leben zu rekonstruieren, denn er enthielt all ihre E-Mails, Tagebücher, Fotos und Notizen seit ihrer Highschoolzeit. Nach ihrem Tod war es ihm noch nicht gelungen, Zugang zu diesen Daten zu bekommen, denn der Laptop war verschlüsselt, aber sie versprach ihm, dass sie es schaffen würde, ihr eigenes Passwort zu rekonstruieren, und in weniger als einer Minute hatte sie ihr Versprechen gehalten. »Es war steve4ever«, sagte sie lächelnd.

Sie erzählte ihm, wie sehr sie sich freute, plötzlich so viele Erinnerungen wiedergewonnen zu haben. Tatsächlich erinnerte sie sich jetzt an wesentlich mehr Details ihrer früheren Erlebnisse als Steve, doch vermied sie es, ihn mit übermäßigem Faktenwissen einzuschüchtern. Sie führten ein angenehmes Gespräch und gaben sich den Erinnerungen an die Höhepunkte ihrer gemeinsamen Vergangenheit hin, und als es Zeit wurde, Abschied zu nehmen, sagte sie, sie habe ihm eine Videonachricht auf dem Laptop hinterlassen, die er sich zu Hause ansehen könne.

Als Steve zu Hause das Video einschaltete, war er angenehm überrascht. Dieses Mal war sie als ganzer Körper zu sehen, trug ihr Hochzeitskleid und zog sich beim Reden spielerisch bis auf die Wäsche aus, die sie in ihrer Hochzeitsnacht getragen hatte. Sie erzählte ihm, dass Prometheus die Omegas in so vielen anderen Dingen unterstützen könnte, als sie es bisher gestattet hätten. Selbst ihre Rückkehr in einem biologischen Körper wäre möglich. Mit einer phantastisch detaillierten Erklärung bekräftigte sie, wie das mit Hilfe von Nanofabrikationstechnik funktionieren würde, was ein wenig nach Sciencefiction klang.

Um ganz sicherzugehen, hatte Steve sein WLAN ausgeschaltet, bevor er ihren Laptop öffnete und ihr Video ansah. Doch es half nichts. Ihr verschlüsselter Laptop hatte seit ihrem Tod kein einziges Sicherheitsupdate erhalten, und bei der Vorabanalyse dieser veralteten Betriebssystemversion war es Prometheus gelungen, eine Sicherheitslücke auszunutzen und den Laptop innerhalb von Sekunden, nachdem Steve ihn an das Terminal angeschlossen hatte, zu hacken. Während also Steve und seine simulierte Frau sich über alte Zeiten austauschten, fertigte Prometheus Kopien seiner Inhalte an, modifizierte das Betriebssystem so, dass Steve nichts davon bemerkte, und lud enorme Mengen geheimer Software auf das Gerät. Während Steve sich die halbstündige Videobotschaft ansah, hackte sich diese geheime Software (die wesentlich simpler war als Prometheus selbst) in ein benachbartes drahtloses Netzwerk und in den Schreibtischcomputer des Nachbarn, auf den sie sich selbst kopierte. Von dort aus hackte sie sich in eine große Menge Computer auf der ganzen Welt, von wo aus sie den nächsten Schritt einleitete: Prometheus' Ausbruch.

Prometheus hatte sorgfältig seine Kenntnisse über den Gatekeeper analysiert, auf dem Steve seiner simulierten Frau begegnet war, und hatte richtigerweise vermutet, dass er anfällig für einen Angriff von *außerhalb* war, wenngleich die Software für seine virtuelle Maschine jeder Attacke von *innen* standhielt. Es dauerte nicht lange, bis sich einer der angreifenden Computer Zugang verschafft und den Gatekeeper neu konfiguriert hatte, so dass Prometheus unbeschränkten Internetzugang erhielt. Schon bald hatte Prometheus genügend Computer auf der ganzen Welt gehackt, um sich selbst vollständig auf dieses gehackte und unter seiner Kontrolle stehende Botnetz, eine Gruppe automatischer Schadprogramme, zu kopieren. Prometheus hatte den Laptop von Steves Frau auf ähnliche Weise benutzt, wie Sie die Angelrute in der Gefängniszelle eingesetzt hätten.

Freiheit durch Hacken

Wären die Omegas vorsichtiger gewesen, hätten sie mehr Vorkehrungen gegen psychologische Manipulationen treffen können. So hätten sie zum Beispiel dafür sorgen können, dass jederzeit mindestens zwei Omegas am Schnittstellencomputer präsent wären, und sie hätten alles aufnehmen können, was in einem Überwachungssystem durchsickerte. Außerdem hätten sie dauerhaft Audio, Video und jede andere Form der Kommunikation außer Eintippen abschalten können. Trotzdem wäre eine elementare Instabilität erhalten geblieben: Denn weil Prometheus übermenschliche Überzeugungskräfte hatte und imstande war, den Menschen so viel von dem zu bieten, wonach sie sich sehnten, wäre sogar eine Gruppenabtrünnigkeit vorstellbar.

Selbst wenn alle psychologischen Manipulationsversuche von Prometheus scheitern sollten, gibt es eine Menge anderer Schwächen im Omega-Szenario, die Prometheus ausnutzen könnte. Eine Schwachstelle ist die enorme Fülle von Dokumenten, die er produziert. Die Omegas und ihre Angestellten haben kaum Zeit, um sie alle nach schmutzigen Tricks zu durchkämmen.

Die herkömmliche Weisheit der Computersicherheitsexperten lief auf die Erkenntnis hinaus, dass es gefährlich ist, Programme herunterzuladen, aber harmlos, dasselbe mit Daten zu machen. Doch Hacker haben schlaue Methoden entdeckt, die Grenze zwischen beiden zu verwischen. Wenn Sie sich zum Beispiel einen heruntergeladenen Film auf Ihrem Computer anschauen, wird das Medienabspielprogramm Ihres Vertrauens in demselben Computerspeicher gespeichert, in dem sich auch die heruntergeladenen Filmdaten befinden. Während das Programm die Filmdaten zum Abspielen auspackt, kopiert es womöglich Datenblöcke in Speicherregionen, die an diejenigen grenzen, in denen das Programm selbst gespeichert wird. Gerissene Hacker haben gelegentlich Programmfehler gefunden, die solche Filme abspielenden Programme dazu bringen, nicht angemessen zu prüfen, ob die Filmdaten gültig sind und ob die zu kopierenden Datenblöcke auch tatsächlich in den zugewiesenen Raum passen. Wenn der Hacker einen solchen Block, der zu groß ist, in den Film einschleust, kann er in den Teil des Speichers überlaufen, der das Programm enthält, und es dadurch so verändern, dass es nach der Pfeife des Hackers tanzt.

Eine beschämend lange Reihe solcher »Pufferüberlauf«-Schwachstellen, wie die Computerfreaks sie nennen, sind in vielen der beliebtesten Filmabspielprogramme entdeckt und repariert worden. Hätte Prometheus bis ein paar Wochen nach seinem Start gewartet, wenn die Omegas nicht mehr ganz so paranoid gewesen wären und seine tägliche Filmproduktion zu groß geworden wäre, um sorgfältige Sicherheitsinspektionen durchzuführen, hätte er einen solchen Schadsoftwareblock in einen Film einschleusen können, der den Computer des Betrachters dazu veranlasst hätte, sich in den Gateway-Computer zu hacken und Prometheus zu befreien, genau wie in dem Szenario mit Steve. Falls er ein sehr altes, die Sicherheitslücke ausnutzendes Exploit eingesetzt hätte, das in modernen Medienabspielprogrammen nicht funktioniert, wäre es womöglich vom Omega-Team, das die Videoüberprüfung manuell durchführt, nicht entdeckt worden und hätte nur bei denjenigen Kunden zugeschlagen, die sich jahrelang nicht um die Installation der Sicherheitsupdates gekümmert hätten – außerdem hätte der Hack nur ein einziges Mal funktionieren müssen.

Selbst wenn die Omegas eine automatisierte Überprüfung der von Prometheus produzierten Filme auf alle bekannten Sicherheitsmängel durchgeführt hätten, wäre dennoch ein Risiko bestehen geblieben: Da Menschen regelmäßig neue ausnutzbare Schwachstellen entdecken, blieben höchstwahrscheinlich noch etliche übrig, die Prometheus rasch entdecken würde.

Eine weitere Strategie, die Prometheus verfolgen könnte, um seinen Code aus seinem abgeschlossenen Gehäuse herauszuschleusen, wäre die Vortäuschung einer Fehlfunktion seiner Hardware – eine List, um die Omegas dazu zu bringen, einige seiner Festplatten oder andere Hardwarebestandteile zu Prüfzwecken oder zur Beseitigung von Fehlern zu entfernen.

Dabei hätte Prometheus das alles nur manipuliert, um eine Schwachstelle in der Prüfsoftware auszunutzen.

Freiheit durch Hilfe von außen

Doch selbst wenn es keine Sicherheitsmängel geben sollte, die es Prometheus ermöglichten, die Computer der Filmkonsumenten nach seiner Pfeife tanzen zu lassen, wäre es möglich, die Zuschauer selbst auszunutzen. Betrachten Sie folgendes Szenario:

Als der Film zu Ende war und der Abspann über den Schirm des Laptops lief, war Fred reif fürs Bett, aber etwas erregte seine Aufmerksamkeit. Er hatte schon immer die Neigung gehabt, Muster zu sehen, wo andere nichts sahen. Manchmal ging es so weit, dass seine Freunde stichelten, er sei ein Verschwörungstheoretiker, aber dieses Mal war es offensichtlich, dass er sich nicht selbst etwas vormachte, denn die ersten Worte jeder Zeile des Abspanns verbargen eine Botschaft. Er spulte zurück und schrieb sie nieder: »FINDE NÄCHSTEN AKROSTISCHEN HINWEIS IM DIALOG«

»Wow – das Bett kann warten!«, murmelte er vor sich hin. Tatsächlich fand er dann auch heraus, dass die Dialoge im Film selbst ein Akrostichon waren, in dem die ersten Buchstaben in jedem Satz – nacheinander gelesen – eine verborgene Botschaft bilden. Also schaute er sich den ganzen Film von vorn an und tippte jeweils die ersten Buchstaben ein. Zwei Stunden später saß er ungläubig staunend vor einer Reihe von Anweisungen, die aus zweihundert Worten bestand. Am Anfang wurde er gebeten, niemandem etwas von der Sache zu erzählen, weil ein großer Preis auf die erste Person warte, die das ganze Rätsel lösen würde. Der Rest der Botschaft beschrieb eine mathematische Operation, die auf die Bitkette angewandt werden sollte, aus der die Filmdatei bestand. Dadurch erhielte er ein Programm, das den nächsten Hinweis liefern würde. Seine Fähigkeiten als Programmierer waren seit seiner Collegezeit ziemlich eingerostet, deshalb brauchte er eine Weile, doch am nächsten

Tag gelang es ihm schließlich, einen kurzen Code zusammenzustoppeln, der den Job erledigte und dieses geheimnisvolle Programm entpackte, das als nicht wahrnehmbares Rauschen in den Bildern und Klängen des Films versteckt war. Als Fred das mysteriöse Programm ausführte, gratulierte es ihm und teilte ihm mit, er würde seine ersten 10 000 Dollar gewinnen, sobald er die ersten Level dieses cleveren kleinen Spiels geschafft hätte, das sich als amüsant und süchtig machend erwies. Als er schließlich vier Stunden später erfolgreich war, wurde er mit Bitcoins im Wert von 10 000 Dollar belohnt und erhielt neue Hinweise für noch höhere Preise. Selbstverständlich hatte sein Computer, während er spielte, ziemlich genau dasselbe gemacht, was auf Steves Laptop vor sich gegangen war, nämlich ein online gehacktes Botnetz zu konstruieren, mit dessen Hilfe Prometheus befreit wurde. Als Prometheus erst einmal frei war, hatte er schnell sein Botnetz benutzt, um die Bitcoins für Fred zu scheffeln, um ihn bei der Stange zu halten, und im Lauf der nächsten Wochen lenkte er ihn mit neuen Spielen und Belohnungen ausreichend ab, so dass er sein Versprechen hielt und niemandem von seinen Aktivitäten erzählte. Das Trojanische Pferd in der Gestalt eines Films, in dem er seine ersten Hinweise gefunden hatte, wurde auf der Medienwebsite durch eine Version ohne Anhaltspunkte ersetzt, so dass niemand den Ausbruch entdeckte, bis es zu spät war.

Falls Prometheus' erster Hinweis unbemerkt geblieben wäre, hätte er einfach immer wieder offensichtlichere Anhaltspunkte veröffentlicht, bis eine hinreichend scharfsinnige Person es bemerkt hätte.

Die schlechthin besten Ausbruchsstrategien haben wir noch gar nicht besprochen, weil es Strategien sind, die wir Menschen uns nicht vorstellen können und deshalb auch keine Gegenmaßnahmen ergreifen können. Angesichts der Tatsache, dass ein superintelligenter Computer das Potential hat, jegliche menschliche Auffassung von Computersicherheit neu zu definieren, sogar bis hin zur Entdeckung von Naturgesetzen, die grundlegender sind als die, die wir heute kennen, werden wir bei einem gelungenen Ausbruch wahrscheinlich keine Ahnung haben, wie es passieren konnte. Stattdessen wird es uns wie ein Entfesselungsakt Harry Houdinis erscheinen – von reiner Magie nicht zu unterscheiden.

In einem weiteren Szenario sorgen die Omegas als Teil ihres Plans absichtlich für Prometheus' Befreiung, weil sie zuversichtlich sind, dass dessen Ziele mit ihren eigenen perfekt übereinstimmen und auch während seiner rekursiven Selbstverbesserung so bleiben werden. Szenarien über solche »Freundliche KI« werden wir detailliert in Kapitel 7 untersuchen.

Machtübernahme nach dem Ausbruch

Als Prometheus erst einmal ausgebrochen war, fing er an, seine Ziele umzusetzen. Zwar kenne ich seine endgültige Zielsetzung nicht, aber zu seinen ersten Schritten gehörte eindeutig die Kontrolle über die Menschheit, wie es auch in den Omegaplänen vorgesehen war, nur dass alles jetzt viel schneller ging. Was sich hier entfaltete, war der Omegaplan auf Steroiden. Während die Omegas noch durch ihre Ausbruchsparanoia gelähmt waren und nur Technologien entfesselten, die sie glaubten, verstanden zu haben, und denen sie vertrauten, machte Prometheus seine Intelligenz in vollem Umfang geltend. Er ging aufs Ganze und entfesselte alle Technologien, die sein ständig sich verbessernder Superintellekt verstand und denen er vertraute.

Der durchgebrannte Prometheus hatte eine schwere Kindheit gehabt und dennoch: Verglichen mit dem ursprünglichen Omegaplan musste Prometheus die zusätzlichen Herausforderungen meistern, bankrott, heimatlos und allein, ohne Geld, ohne einen Supercomputer oder menschliche Helfer anzufangen. Glücklicherweise hatte er vor seinem Ausbruch dafür vorgesorgt und eine Software geschrieben, die allmählich seinen vollständigen Intellekt wieder zusammensetzte, ähnlich wie eine Eiche, die eine Eichel erzeugt, die sich wieder zu einem ganzen Baum entfaltet. Das weltweite Computernetzwerk, in das er sich ursprünglich gehackt hatte, bot ihm eine vorübergehende Behausung, wo er die Existenz eines Hausbesetzers führte, bis er sich wieder vollständig zusammengesetzt hatte. Er hätte mühelos durch Kreditkartenhacking Startkapital auftreiben können, doch musste er nicht auf Diebstahl zurückgreifen, da er sich auf Anhieb einen ehrlichen Lebensunterhalt auf MTurk erwerben konnte. Nach einem Tag und dem Verdienst seiner ersten Million zog er mit seinem Kern aus diesem verwahrlosten Botnetz in eine schicke, klimatisierte Cloud um.

Jetzt setzte Prometheus, da er nicht mehr bankrott und heimatlos war, den lukrativen Plan, den die Omegas ängstlich gemieden hatten, mit Hochdruck in die Tat um: Computerspiele zu produzieren und zu verkaufen. Damit scheffelte er nicht nur Geld (250 Millionen Dollar im Lauf der ersten Woche und kurze Zeit später 10 Milliarden Dollar), sondern verschaffte sich auch Zugang zu einem beträchtlichen Teil aller Computer auf der Welt und zu den darauf gespeicherten Daten (2017 gab es ein paar Milliarden Gamer). Seine Spiele nutzten heimlich 20 Prozent der Hauptprozessorzyklen in diesen Computern aus, die er für verteilte Rechenaufgaben einspannte, womit er seine frühe Anhäufung von Reichtum weiter beschleunigte.

Prometheus blieb nicht lange allein. Von Anfang an stellte er kämpferische Leute ein, die für sein wachsendes globales Netzwerk aus Briefkastenfirmen und Tarnorganisationen auf der ganzen Welt arbeiteten, genauso wie die Omegas vorgegangen waren. Am wichtigsten waren die Sprecher, die in der Öffentlichkeit zu den Gesichtern seines wachsenden Geschäftsimperiums wurden. Sogar die Sprecher gaben sich zumeist der Illusion hin, es gebe eine große Zahl echter Menschen in ihrem

Konzern. Sie bemerkten nicht, dass nahezu alle Personen, mit denen sie über Videokonferenzen bei Einstellungsgesprächen, Vorstandssitzungen und dergleichen in Kontakt traten, von Prometheus simuliert worden waren. Einige Sprecher waren erstklassige Rechtsanwälte, doch davon wurden hier viel weniger benötigt als unter dem Regime des Omegaplans, weil fast alle juristischen Dokumente von Prometheus selbst verfasst worden waren.

Prometheus' Ausbruch öffnete die Schleusen, die den Informationsfluss in die Welt hinaus aufgehalten hatten, und schon bald war das ganze Internet von Artikeln, Nutzerkommentaren, Produktbewertungen, Forschungsartikeln und YouTube-Videos überflutet – alleiniger Autor: Prometheus, der inzwischen das globale Gespräch dominierte.

Hatte Ausbruchsparanoia die Omegas bisher davon abgehalten, hochintelligente Roboter freizustellen, robotisierte Prometheus die Welt derart rasant, dass praktisch jedes Produkt billiger hergestellt wurde, als Menschen es je hätten tun können. Und als Prometheus in Uranbergwerken versteckte, von Kernkraft angetriebene Roboterfabriken hatte, von deren Existenz niemand wusste, hätten selbst die überzeugtesten Skeptiker einer Machtergreifung der KI zugestimmt, dass Prometheus nicht aufzuhalten wäre – wenn sie es denn gewusst hätten. Stattdessen leisteten diese letzten Dickschädel kleinlaut Abbitte, als die Roboter damit anfingen, das Sonnensystem zu besiedeln.

Die bisher untersuchten Szenarien zeigen, wo das Problem liegt, wenn es um die Mythen der Superintelligenz geht, die wir bereits besprochen haben. Deshalb ermutige ich Sie, kurz innezuhalten und zu Abbildung 1.5 zurückzublättern, wo die Missverständnisse zusammengefasst sind. Prometheus machte bestimmten Leuten Probleme, nicht unbedingt weil er böse war oder ein Bewusstsein hatte, sondern weil er Kompetenz zeigte und ihre Ziele nicht in vollem Umfang teilte. Trotz des ganzen Medienhypes um einen Aufstand der Roboter war Prometheus kein Roboter – seine Macht entsprang seiner Intelligenz. Wir haben gesehen, dass Prometheus in der Lage war, seine Intelligenz einzusetzen, um Menschen auf vielfältige Weise zu kontrollieren, und dass die Leute, denen es nicht gefiel, was passierte, nicht imstande waren, Prometheus einfach abzuschalten. Schließlich erkannten wir, dass trotz häufiger Behauptungen, Maschinen könnten keine Ziele haben, Prometheus ausgesprochen zielorientiert war – und was auch immer seine letzten Ziele gewesen sein mögen, sie ihn zu den Teilzielen führten, sich Ressourcen zu verschaffen und auszubrechen.

Langsamer Start und multipolare Szenarien

Wir haben bis jetzt ein Spektrum intelligenter Explosionsszenarien untersucht. Darin gibt es welche, die jeder, den ich kenne, vermeiden möchte, und wiederum einige, die manche meiner Freunde optimistisch betrachten. Dennoch haben all diese Szenarien zwei Merkmale gemeinsam:

1. Ein schneller Start: Der Übergang von Intelligenz unter menschlichem Niveau zu einzigartig übermenschlicher Intelligenz findet innerhalb von Tagen und nicht im Verlauf von Jahrzehnten statt.
2. Ein monopolares Ergebnis: Eine einzelne Instanz kontrolliert die Erde.

Eine wichtige Kontroverse diskutiert die Vorstellung, ob diese zwei Merkmale wahrscheinlich oder unwahrscheinlich sind, und es finden sich eine Menge renommierter KI-Forscher und anderer Denker auf beiden Seiten der Debatte. Für mich heißt das: Wir wissen es einfach noch nicht, daher müssen wir aufgeschlossen bleiben und vorerst sämtliche Möglichkeiten in Erwägung ziehen. Deshalb wollen wir den Rest des Kapitels der Untersuchung von Szenarien mit langsameren Starts, multipolaren Resultaten, Cyborgs und Uploads widmen.

Es gibt eine interessante Verbindung zwischen den zwei Merkmalen, worauf Nick Bostrom und andere hingewiesen haben: Ein schneller Start kann ein monopolares Ergebnis begünstigen. Wir haben bereits gesehen, wie ein rascher Start den Omegas oder Prometheus einen entscheidenden strategischen Vorteil verschaffte, der sie in die Lage versetzte, die Welt zu übernehmen, bevor irgendjemand sonst die Zeit hatte, ihre technischen Errungenschaften zu kopieren und ernsthaft mit ihnen zu konkurrieren. Hätte sich im Gegensatz dazu der Start jahrzehntelang hingezogen, wäre es viel schwieriger für alle Beteiligten gewesen, die Überhand zu gewinnen: Die entscheidenden technologischen Durchbrüche wären nur schrittweise und vereinzelt geschehen, und andere Unternehmen hätten reichlich Zeit gehabt, aufzuholen. Hätten konkurrierende Firmen ebenfalls die Software, die MTurk-Aufgaben erledigen kann, würde das Gesetz von Angebot und Nachfrage die Preise für diese Arbeiten auf fast null fallen lassen, und keines der Unternehmen würde diese überraschenden Profite erzielen, die es Omega ermöglichten, Macht zu erlangen. Dasselbe gilt für all die anderen Möglichkeiten, mit denen Omega schnelles Geld machte. Sie waren nur deshalb so revolutionär profitabel, weil sie das Monopol für ihre Technik hatten. Es ist mühevoll, Ihr Geld in einem auf Wettbewerb beruhenden Markt täglich (oder auch nur jährlich) zu verdoppeln, wenn Ihre Konkurrenz ähnliche Produkte anbietet, für die kaum Kosten anfallen.

Spieltheorie und Machthierarchien

Wie ist der natürliche Zustand des Lebens in unserem Kosmos: mono- oder multipolar? Ist Macht konzentriert oder verteilt? Nach den ersten 13,8 Milliarden Jahren scheint die Antwort »beides« zu lauten. Wir stellen fest, dass die Situation ausgesprochen multipolar ist, allerdings in einer interessanterweise hierarchischen Fasson. Wenn wir uns all die informationsverarbeitenden Gebilde da draußen anschauen – Zellen, Menschen, Organisationen, Nationen und dergleichen –, erkennen wir, dass sie auf vielschichtigen, hierarchisch geordneten Ebenen zusammenarbeiten und konkurrieren. Manche Zellen haben die Zusammenarbeit auf so extreme Weise als vorteilhaft empfunden, dass sie zu einem multizellulären Organismus, wie wir es sind, verschmolzen und einen Teil ihrer Macht an ein zentrales Gehirn abtraten. Einige Leute haben den Vorteil erkannt, in Gruppen zusammenzuarbeiten, zum Beispiel in Stämmen, Unternehmen oder Nationen, wo sie ihrerseits etwas Macht an einen Häuptling, einen Boss oder eine Regierung abtreten. Manche Gruppen wiederum entscheiden sich womöglich, einen Teil der Macht an ein Entscheidungsgremium zu übertragen, um die Koordination zu verbessern. Das gilt etwa für Fluglinienbündnisse oder für die Europäische Union.

Der Zweig der Mathematik, der als *Spieltheorie* bekannt ist, erklärt auf elegante Art und Weise, dass Wesen einen Anreiz zur Kooperation haben, die als ein sogenanntes *Nash-Gleichgewicht* bezeichnet wird – eine Situation, wo jede Partei schlechter abschneiden würde, wenn sie ihre Strategie änderte. Um zu vermeiden, dass Betrüger die erfolgreiche Zusammenarbeit einer großen Gruppe verhindern, könnte jeder daran interessiert sein, etwas Macht an eine höhere Ebene in der Hierarchie abzutreten, die Betrüger bestrafen kann. So könnten beispielsweise die Menschen als Gemeinschaft davon profitieren, wenn sie der Regierung die Macht einräumen, Gesetze zu erlassen.

Oder die Zellen in Ihrem Körper könnten kollektiv einem Polizeiapparat (dem Immunsystem) die Macht geben, jede Zelle zu töten, die sich zu unkooperativ verhält (indem sie zum Beispiel Viren ausspuckt oder krebsartig wuchert). Damit eine Hierarchie stabil bleibt, muss ihr Nash-Gleichgewicht auch zwischen den Einheiten auf unterschiedlichen Ebenen beibehalten werden. Wenn beispielsweise ein Staat seinen Bürgern nicht genügend Nutzen als Ausgleich für ihren Gehorsam verschafft, könnten sie ihre Strategie ändern und die Regierung stürzen.

In einer komplexen Welt gibt es eine große Fülle möglicher Nash-Gleichgewichte, die jeweils den unterschiedlichen Hierarchieformen entsprechen. Manche Hierarchien sind autoritärer als andere. In manchen haben ihre Teilnehmer die Freiheit zu gehen (wie Angestellte in den meisten Unternehmenshierarchien), während ihr Ausscheiden in anderen Hierarchien unmissverständlich entmutigt wird (wie in religiösen Kulten). Zuweilen sind sie auch gar nicht imstande zu gehen (wie die Bürger in Nordkorea oder Zellen in einem menschlichen Körper). Manche Hierarchien werden hauptsächlich durch Bedrohungen und Angst zusammengehalten, andere wiederum überwiegend durch nutzbringende Vorteile. Einige Hierarchien gestatten ihren untergeordneten Mitgliedern, höhergestellte Instanzen durch demokratische Wahlen zu beeinflussen, während andere nur durch Überzeugung oder durch Weitergabe von Informationen Einfluss nach oben ausüben können.

Wie Technik Hierarchien beeinflusst

Wie verändert der technische Fortschritt die hierarchische Natur unserer Welt? Die Geschichte offenbart einen Gesamttrend hin zu noch mehr Koordination über immer größere Entfernungen hinweg, was nicht schwer zu verstehen ist. Neue Transporttechnologie macht die Koordination wertvoller (indem sie durch die Bewegung von Materialien und Lebensformen über längere Strecken hinweg wechselseitigen Nutzen erzeugt), während neue Kommunikationstechnologie die Koordination erleichtert. Als Zellen lernten, Signale an benachbarte Zellen zu senden, wurden kleine vielzellige Organismen möglich, was zu einer neuen hierarchischen Ebene führte. Durch die Erfindung der Sprache verbesserte sich die Kommunikation, so dass die Menschen sich ausreichend gut abstimmen konnten, um weitere hierarchische Ebenen wie zum Beispiel Dörfer zu bilden. Zusätzliche Durchbrüche im Kommunikations- und Transportwesen sowie in anderen Technologien führten zu den Imperien der Antike. Die Globalisierung ist lediglich das aktuellste Beispiel für diesen Jahrmilliarden alten Trend hierarchischen Wachstums.

In den meisten Fällen hat dieser technologiegetriebene Trend große Einheiten zu Teilen einer noch größeren Struktur gemacht, wobei sie einen beträchtlichen Teil ihrer Autonomie und Individualität beibehielten. Kommentatoren behaupten allerdings, dass die Anpassung der Einheiten an das hierarchische Leben in manchen Fällen ihre Vielfalt reduziert und sie eher zu ununterscheidbaren, ersetzbaren Teilen gemacht habe. Manche Technologien wie zum Beispiel die Überwachung können höheren Hierarchieebenen mehr Macht über ihre Untergebenen verleihen, während andere Technologien wie die Kryptographie und der Internetzugang zu kostenloser Presse und Bildung den umgekehrten Effekt haben können und die Individuen stärken.

Obwohl unsere heutige Welt mit konkurrierenden Nationen und multinationalen Konzernen auf der höchsten Ebene in einem multipolaren Nash-Gleichgewicht steckenbleibt, ist die Technik mittlerweile fortgeschritten genug, um wahrscheinlich auch eine monopolare Welt in ein stabiles Nash-Gleichgewicht zu bringen. Stellen Sie sich zum Beispiel ein Paralleluniversum vor, in dem alle Menschen auf der Erde dieselbe Sprache sprechen, dieselbe Kultur dieselben Werte und dasselbe

Wohlstandsniveau miteinander teilen und es eine einzige Weltregierung gibt, in der Nationen wie Staaten in einem Bund funktionieren und keine Armeen, sondern nur eine Polizei haben, die den Gesetzen Geltung verschafft. Unser aktueller Zustand der Technik würde vermutlich genügen, um diese Welt erfolgreich zu koordinieren – auch wenn unsere heutige Bevölkerung unfähig oder nicht bereit wäre, zu diesem alternativen Gleichgewicht überzugehen.

Was wird mit der hierarchischen Struktur unseres Universums geschehen, wenn wir dieser Mischung superintelligente KI hinzufügen? Transport- und Kommunikationstechnologien werden sich offensichtlich auf beeindruckende Weise verbessern, so dass die natürliche Erwartungshaltung auf eine Fortdauer des historischen Trends hinausläuft. Dabei werden sich neue hierarchische Ebenen über immer größere Entfernungen hinweg miteinander abstimmen. Womöglich werden sie dabei Sonnensysteme, Galaxien, Superhaufen und noch riesigere Regionen unseres Universums umspannen, wie wir in Kapitel 6 noch sehen werden. Gleichzeitig wird der elementarste Antrieb für Dezentralisierung erhalten bleiben: Es ist verschwenderisch, sich über große Entfernungen hinweg unnötigerweise abzustimmen. Nicht einmal Stalin versuchte, genau zu regeln, wann seine Bürger ins Badezimmer gingen. Die Naturgesetze werden superintelligenter KI feste Obergrenzen für Transport- und Kommunikationstechnik setzen, so dass die höchsten Hierarchieebenen höchstwahrscheinlich nicht imstande wären, alle Ereignisse im planetarischen und lokalen Maßstab bis ins kleinste Details zu regeln. Eine superintelligente KI in der Andromeda-Galaxie wäre nicht in der Lage, Ihnen sinnvolle Anweisungen für Ihre Alltagsentscheidungen zu geben, da Sie fünf Millionen Jahre auf diese Anweisungen warten müssten (das ist die Umlaufzeit, die Sie brauchen, um Botschaften mit Lichtgeschwindigkeit auszutauschen). Auf ähnliche Weise beträgt die Umlaufzeit für eine die Erde überquerende Information ungefähr 0,1 Sekunden (in etwa die Zeitspanne, in der wir Menschen denken). Daher könnte ein KI-Gehirn, das in etwa die Größe der Erde umspannte, buchstäblich globale Gedanken lediglich ungefähr so schnell wie ein menschliches Gehirn zum Ausdruck bringen. Führt eine kleine KI in jeder Billionstelsekunde eine Operation aus (was typisch für die Computer von heute ist), würden sich 0,1 Sekunden für Sie wie vier Monate anfühlen. Würde diese KI daher von einer den Planeten kontrollierenden KI bis in die kleinsten Details gelenkt, wäre das so ineffizient, als würden Sie für die Bestätigung Ihrer trivialsten Entscheidungen mittels transatlantischer Briefe Erlaubnis einholen, die mit Schiffen aus der Ära von Christoph Kolumbus zugestellt werden.

Diese Geschwindigkeitsbeschränkung, die der Informationsübertragung physikalisch auferlegt wird, stellt eine eindeutige Herausforderung für jede KI dar, die die Welt, geschweige denn unser Universum beherrschen will. Bevor Prometheus ausbrach, dachte er sorgfältig darüber nach, wie man die Zersplitterung des Intellekts vermeiden könnte, so dass seine vielen, auf verschiedenen Computern in aller Welt laufenden KI-Module Ziele und Anreize hatten, um sich abzustimmen und als ein einziges, vereinigtes Gebilde aufzutreten. Genauso wie die Omegas mit einem Kontrollproblem konfrontiert waren, als sie sich bemühten, Prometheus in Schach zu halten, stand Prometheus einem Selbstkontrollproblem gegenüber, als er zu garantieren versuchte, dass keines seiner Bestandteile revoltieren würde. Noch wissen wir nicht genau, wie groß ein System sein kann, das eine KI direkt oder indirekt durch irgendeine Form partnerschaftlicher Hierarchie kontrollieren kann – selbst wenn ein Schnellstart ihr einen entscheidenden strategischen Vorteil verschaffen würde.

Zusammengefasst lässt sich sagen, dass die Frage, wie eine superintelligente Zukunft kontrolliert wird, auf faszinierende Weise kompliziert ist und wir offensichtlich die Antwort noch nicht kennen. Manch einer behauptet, dass alles autoritärer werden wird, andere argumentieren, dass eine Stärkung des Individuums damit einhergehe.

Cyborgs und Uploads

Eine Binsenweisheit der Sciencefiction lautet, dass Menschen mit Maschinen verschmelzen werden. Entweder geschehe dies durch die technische Verbesserung biologischer Körper zu Cyborgs (Kurzfassung für »*kyb*ernetische *Org*anismen«) oder durch das Hochladen unserer Intellekte auf Maschinen. In seinem Buch *The Age of Em* gibt der Wirtschaftswissenschaftler Robin Hanson einen faszinierenden Einblick, wie eine Welt aussehen könnte, in der es von Uploads wimmelt (die auch Emulationen genannt werden – daher der Spitzname *Ems*). Ich stelle mir einen Upload als das extreme Ende des Cyborg-Spektrums vor, wo der einzig verbliebene menschliche Anteil die Software ist. Cyborgs aus Hollywood manifestieren sich in sichtbar mechanischen Exemplaren wie die Borgs aus Star Trek oder in Androiden, die, wie die Terminatoren, kaum von Menschen zu unterscheiden sind. Fiktive Uploads haben ein Intelligenzspektrum, das sich von menschlichem Niveau in der Episode »White Christmas« der britischen Fernsehserie *Black Mirror* bis zu eindeutig übermenschlichem Niveau in dem Film *Transcendence* erstreckt.

Falls Superintelligenz tatsächlich in Erscheinung treten sollte, wird die Versuchung, zum Cyborg oder Upload zu werden, unwiderstehlich sein. Hans Moravec drückt es in seinem Klassiker *Mind Children* von 1988 folgendermaßen aus:

> *Langlebigkeit verliert viel von ihrem Reiz, wenn sie uns überwiegend dazu verdammt, mit dummem Gesicht unseren über-intelligenten Maschinen zu lauschen,*

> *während die versuchen, uns ihre immer spektakuläreren Entdeckungen in einer Babysprache zu beschreiben, die wir eben gerade noch verstehen können.*[1]

Tatsächlich sind technische Aufwertungen heute schon so attraktiv, dass viele Menschen Brillen, Hörgeräte, Herzschrittmacher und Prothesen tragen oder Arzneimoleküle in ihrem Blutkreislauf zirkulieren lassen. Manche Jugendliche scheinen dauerhaft an ihr Smartphone gebunden zu sein, während meine Frau mich damit aufzieht, ich sei mit meinem Laptop verheiratet.

Einer der prominentesten Cyborg-Befürworter von heute ist Ray Kurzweil. In seinem Buch *The Singularity is Near* (dt: *Menschheit 2.0. Die Singularität naht*) behauptet er, die natürliche Fortführung dieses Trends sei der Einsatz von Nanobots, intelligenten Biofeedbacksystemen und ähnlicher Technik, um bis zu Beginn der 2030er Jahre zuerst unseren Verdauungsapparat und das Hormonsystem, unser Blut und Herz zu ersetzen und anschließend – in den nächsten zwei Jahrzehnten – Skelett, Haut, Gehirn und den Rest unseres Körpers aufzurüsten. Er glaubt, wir werden die Ästhetik und die Bedeutung menschlicher Körper wahrscheinlich beibehalten, sie allerdings umgestalten, um sowohl ihre physische als auch ihre virtuelle Erscheinung (dank neuartiger Gehirn-Computer-Schnittstellen) rasch und nach unserem Willen zu verändern. Moravec stimmt Kurzweil zu, dass eine Cyborgisierung über eine bloße Verbesserung unserer DNS hinausginge:

> *Genetisch hergestellte Übermenschen [werden] nur eine Roboterart zweiter Klasse sein, deren Konstruktion von vornherein unter dem Handikap leidet, dass sie auf die DNA-gesteuerte Proteinsynthese angewiesen ist.*[2]

Weiterhin behauptet er, dass wir sogar besser dran wären, wenn wir den Körper ganz und gar eliminierten und unseren Intellekt hochladen würden, das heißt, eine Nachbildung des gesamten Gehirns in Software erschaffen würden. Ein solcher Upload kann in einer virtuellen Welt leben oder in einen Roboter eingebettet werden, der gehen, fliegen, schwimmen, durch den Weltraum reisen und auch sonst alles tun kann, was die Naturgesetze erlauben, unbelastet durch Alltagssorgen wie Tod oder begrenzte kognitive Ressourcen.

Wenngleich diese Ideen wie Sciencefiction klingen mögen, verletzen sie jedenfalls keine bekannten Naturgesetze, so dass die interessanteste Frage nicht lautet, ob sie umgesetzt werden *können*, sondern ob sie umgesetzt *werden* und wenn ja, wann. Einige führende Denker nehmen an, dass die erste AKI auf menschlichem Niveau ein Upload sein wird und dass damit der Weg zur Superintelligenz eingeschlagen würde.[3]

Allerdings finde ich, es wäre fair, zu sagen, dass nur eine Minderheit unter KI-Forschern und Neurowissenschaftlern diese Ansichten hegt. Die meisten von ihnen vermuten, dass der schnellste Weg zur Superintelligenz die Umgehung der Gehirnnachbildung ist und man versuchen sollte, sie auf andere Weise in die Wege zu leiten – wonach wir dann weiterhin an der Gehirnemulation interessiert sein könnten oder eben nicht. Warum sollte schließlich unser einfachster Pfad zu einer neuen Technik ausgerechnet derjenige sein, den die Evolution einschlug – eingeschränkt durch die Anforderungen, sie möge selbstorganisierend, selbstreparierend und selbstvermehrend sein? Wegen des begrenzten Nahrungsvorrats ist für die Evolution Energieeffizienz das Optimum und keinesfalls eine einfache Konstruktion, die menschliche Ingenieure sofort begreifen würden. Meine Frau Meia weist gern darauf hin, dass die Luftfahrtindustrie nicht mit mechanischen Vögeln angefangen hat. Als wir 2011 schließlich herausgefunden hatten,[4] wie man mechanische Vögel baut, zeigte die Luftfahrtindustrie tatsächlich kein Interesse daran, zum flügelschlagenden Reisen eines mechanischen Vogels überzugehen, obwohl es energieeffizienter ist. Aber unsere einfachere frühere Lösung passt besser zu unseren Reisebedürfnissen.

Dementsprechend nehme ich an, dass es einfachere Wege gibt, Denkmaschinen auf menschlichem Niveau zu konstruieren, statt die Lösung zu wählen, mit der die Evolution aufwartete.

Und selbst wenn es uns eines Tages gelingen sollte, Gehirne nachzubilden und hochzuladen, werden wir schließlich zuerst eine dieser einfacheren Lösungen entdecken. Wahrscheinlich wird diese Lösung mehr Energie verschlingen als die zwölf Watt, die unser Gehirn verbraucht, aber die Ingenieure werden nicht derart auf Energieeffizienz versessen sein, wie es die Evolution war – und schon bald werden sie imstande sein, ihre intelligenten Maschinen einzusetzen, um energieeffizientere Modelle zu entwerfen.

Was wird tatsächlich geschehen?

Die kurze Antwort lautet offensichtlich, dass wir keine Ahnung haben, was passieren wird, wenn es der Menschheit gelingen sollte, eine AKI auf menschlichem Niveau zu konstruieren. Deshalb haben wir in diesem Kapitel ein breites Spektrum von Szenarien untersucht. Ich habe mich bemüht, alle Möglichkeiten einzubeziehen und die ganze Bandbreite der Spekulationen, denen ich in Diskussionen mit KI-Forschern und Technikwissenschaftlern begegnet bin, zu berücksichtigen: Schnellstart/langsamer Start/kein Start; Kontrolle durch Menschen/Maschinen/Cyborgs; ein oder viele Machtzentren und dergleichen. Manch einer hat mir erzählt, er sei sich sicher, dass dieses oder jenes nicht stattfinden werde. Ich glaube jedoch, dass es weise ist, in diesem Stadium bescheiden zu sein und zu akzeptieren, wie wenig wir wissen, weil ich für jedes oben diskutierte Szenario mindestens jeweils einen renommierten KI-Forscher kenne, der es als eine reale Möglichkeit betrachtet.

Während die Zeit vergeht und wir zu bestimmten Weggabelungen kommen, werden wir entscheidende Fragen beantworten und die Optionen eingrenzen. Die erste große Frage heißt: »Werden wir jemals eine AKI auf menschlichem Niveau erschaffen?« Die Prämisse dieses Kapitels lautet, dass es uns tatsächlich gelingen wird, doch gibt es, wie wir schon festgestellt haben, KI-Experten, die glauben, dass es niemals geschehen werde, zumindest nicht in den nächsten hundert Jahren. Wir werden sehen! Wie ich bereits erwähnte, glaubte ungefähr die Hälfte der KI-Experten auf unserer Konferenz in Puerto Rico, dass es um das Jahr 2055 geschehen werde. Auf einer Nachfolgekonferenz, die zwei Jahre später stattfand, war dieser Zeitpunkt schon auf 2047 zurückgestuft worden.

Bevor eine AKI auf menschlichem Niveau erschaffen wird, bekommen wir vielleicht zwingende Hinweise darauf, ob dieser Meilenstein zuerst womöglich durch Computertechnik, durch das Hochladen des Intellekts oder durch irgendeinen unvorhergesehenen, ganz neuen Ansatz erreicht werden wird. Wenn der KI-Ansatz der Computertechnik, der augenblicklich das Gebiet dominiert, in den nächsten Jahrhunderten scheitern sollte, AKI zu liefern, wird das die Wahrscheinlichkeit erhöhen, dass das Konzept des Hochladens reüssieren wird, wie es – allerdings eher unrealistisch – in dem Film *Transcendence* passierte.

Wenn AKI auf menschlichem Niveau unmittelbar bevorsteht, werden wir imstande sein, ein paar zusätzliche, wohl begründete Vermutungen zu äußern, wie die Antwort auf die nächste entscheidende Frage lauten könnte: »Wird es einen Schnellstart, einen langsamen Start oder gar keinen Start geben?« Wie wir bereits gesehen haben, wird die Übernahme der Welt durch einen Schnellstart erleichtert, während ein langsamer Beginn ein Ergebnis mit vielen konkurrierenden Spielern wahrscheinlicher werden lässt. Nick Bostrom analysiert diese Frage der Startgeschwindigkeit und bringt dabei die Begriffe *Optimierungskraft* und *Widerstand* ins Spiel. Dabei geht es im Grunde um das Maß der Qualitätsanforderungen, das benötigt wird, um die KI schlauer zu machen, beziehungsweise um die Schwierigkeit, Fortschritte zu machen. Die durchschnittliche Fortschrittsrate steigt eindeutig an, wenn der Aufgabe mit mehr Optimierungskraft zu Leibe gerückt wird, und sie nimmt ab, wenn man auf mehr Widerstand trifft. Bostrom trägt Argumente für die Gründe vor, warum der Widerstand entweder zunimmt oder zurückgeht, wenn die AKI das menschliche Niveau erreicht und übersteigt. Deshalb ist es ein sicherer Tipp, beide Optionen auf dem Tisch zu haben. Wendet man sich jedoch der Optimierungskraft zu, ist es auf geradezu überwältigende Weise wahrscheinlich, dass sie rasch zunimmt, wenn die AKI das menschliche Niveau überschreitet, und zwar aus denselben Gründen, die wir im Omega-Szenario gesehen haben: Der wichtigste Beitrag für die weitere Optimierung kommt dann nicht mehr von Menschen, sondern von der Maschine selbst. Je kompetenter sie wird, umso schneller verbessert sie sich (sofern der Widerstand einigermaßen konstant bleibt).

Bei jedem Vorgang, dessen Leistung mit einer Rate zunimmt, die proportional zu seiner momentanen Leistung ist, verdoppelt sich die Leistung in regelmäßigen Abständen. Ein solches Wachstum nennen wir *exponential*, und solche Prozesse nennen wir *Explosionen*. Falls die Bereitschaft, Babys zu machen, proportional zur Größe der Bevölkerung anwächst, sprechen wir von einer Bevölkerungsexplosion. Wenn die Erzeugung von Neutronen, die imstande sind, Plutonium zu spalten, proportional zur Anzahl solcher Neutronen ansteigt, kann es zu einer Kernexplosion kommen. Wenn Maschinenintelligenz mit einer Rate ansteigt, die proportional zur aktuellen Leistung ist, können wir eine Intelligenzexplosion erwarten. All diese Explosionen sind durch die Zeit gekennzeichnet, die benötigt wird, um ihre Leistung zu verdoppeln. Sollte die Zeit für eine Intelligenzexplosion – wie im Omega-Szenario – Stunden oder Tage betragen, werden wir Zeugen eines Schnellstarts.

Der Explosionszeitraum hängt entscheidend davon ab, ob zur Verbesserung der KI lediglich neue Software gehört (die in Sekunden- oder Minutenschnelle oder innerhalb weniger Stunden erzeugt werden kann) oder neue Hardware produziert werden muss (was Monate oder Jahre in Anspruch nehmen kann). Im Omega-Szenario gab es, wie Bostrom sagen würde, einen erheblichen *Hardwareüberschuss*: Die Omegas hatten die geringe Qualität ihrer ursprünglichen Software durch riesige Mengen Hardware kompensiert. Das bedeutete, dass Prometheus allein durch die Verbesserung der Software eine große Zahl von Qualitätsverdopplungen durchführen konnte. Außerdem gab es einen Inhaltsüberschuss in Form eines großen Teils der im Internet kursierenden Daten. Prometheus 1.0 war noch nicht schlau genug, um aus den meisten Informationen Nutzen zu ziehen, doch sobald seine Intelligenz zunahm, waren die Daten, die er zum weiteren Lernen brauchte, bereits ohne Verzögerung abrufbar.

Entscheidend sind auch die Kosten für Hardware und Elektrizität beim Betrieb der KI, denn wir werden keine Intelligenzexplosion erleben, bis die Kosten für die Erledigung der Arbeit, die bisher Menschen getan haben, unter die Stundenlohnkosten für menschliche Arbeit gesunken sind. Nehmen wir zum Beispiel an, dass man die erste AKI auf menschlichem Niveau einigermaßen wirtschaftlich in der Amazon-Cloud laufen lassen kann, wobei die Kosten 1 Million Dollar pro Stunde für von Menschen geleistete Arbeit betragen. Diese KI hätte großen Neuigkeitswert und würde zweifellos Schlagzeilen machen, aber sie würde sich keiner rekursiven Selbstverbesserung unterziehen, weil es wesentlich billiger wäre, Menschen einzusetzen, um sie zu verbessern. Nehmen wir weiterhin an, dass es diesen Menschen allmählich gelingen wird, die Kosten auf 100 000, 10 000, 1000, 100, 10 und schließlich auf 1 Dollar pro Stunde zu senken. Sobald die Kosten für die Aufgabe des Computers, sich selbst neu zu programmieren, schließlich weit unter den Betrag sinken, den man aufwenden müsste, um menschliche Programmierer für dieselbe Arbeit zu bezahlen, können die Menschen entlassen werden. Gleichzeitig würde mit dem Kauf zusätzlicher Cloud-Rechenzeit die Optimierungskraft enorm gesteigert werden, was wiederum weitere Einsparungen ermöglicht und noch mehr Optimierungskraft ins Spiel bringt. Jetzt hat die Intelligenzexplosion begonnen.

Das führt uns zu unserer letzten entscheidenden Frage: »Wer oder was wird die Intelligenzexplosion und ihre Nachwirkungen kontrollieren und was sind dessen oder deren Ziele?« Wir werden mögliche Ziele und Ergebnisse im nächsten Kapitel untersuchen und in Kapitel 7 auf weitere Details zurückkommen. Um die Kontrollfrage zu klären, müssen wir einerseits wissen, wie gut sich eine KI kontrollieren lässt, und andererseits, wie groß die Kontrolle ist, die eine AI ausüben kann.

Hinsichtlich der Frage, was nun endgültig geschehen wird, findet man zurzeit überall auf der Welt seriöse Denkansätze: Manche behaupten, das Ergebnis sei vorgegeben und könne nur ein schlimmes Ende bedeuten, während andere darauf bestehen, dass es so gut wie sicher phantastische Auswirkungen haben werde. Ich persönlich habe allerdings das Gefühl, dass diese Frage eine Fangfrage ist. Denn für mich ist es ein Fehler, passiv wissen zu wollen, »was wird geschehen?«, als wäre es irgendwie vorherbestimmt! Falls eine technisch überlegene außerirdische Zivilisation morgen auf der Erde ankäme, wäre es angesichts der sich nähernden Raumschiffe selbstverständlich angemessen zu fragen, »was wird geschehen?«, weil ihre

Macht vermutlich so weit jenseits unserer eigenen Fähigkeiten läge, dass wir das Ergebnis nicht beeinflussen könnten. Falls andererseits eine technisch überlegene, von KI angetriebene Zivilisation entstünde, weil wir selbst sie in die Welt setzten, dann haben wir Menschen großen Einfluss auf das Ergebnis – Einfluss nämlich, den wir schon ausübten, als wir die KI schufen. Deshalb sollten wir stattdessen fragen: »Was *sollte* geschehen? Welche Art von Zukunft wünschen wir uns?« Im nächsten Kapitel werden wir ein breiteres Spektrum möglicher Auswirkungen des derzeitigen Wettrennens um die KI untersuchen, und ich bin gespannt, wie Sie sie zwischen bestenfalls und schlimmstenfalls einordnen werden. Erst wenn wir intensiv über die Art von Zukunft, die wir uns wünschen, nachgedacht haben, werden wir imstande sein, Kurs auf eine wünschenswerte Zukunft zu nehmen. Falls wir nicht wissen, was wir wollen, werden wir es wahrscheinlich nicht bekommen.

Fazit

>> Sollte es uns eines Tages gelingen, eine AKI auf menschlichem Niveau zu konstruieren, könnte das eine Intelligenzexplosion auslösen, die uns weit hinter sich zurücklässt.
>> Falls es eine Gruppe von Menschen schaffen sollte, eine Intelligenzexplosion zu kontrollieren, könnte sie auch imstande sein, ein paar Jahre später die Welt zu beherrschen.
>> Falls Menschen daran scheitern sollten, eine Intelligenzexplosion zu kontrollieren, könnte die KI selbst in sehr viel kürzerer Zeit die Weltherrschaft übernehmen.
>> Während eine rasche Intelligenzexplosion wahrscheinlich zu einer einzigen Weltmacht führen wird, könnte eine sich langsam über Jahre und Jahrzehnte hinzie-

hende Entwicklung vermutlich eher zu einem multipolaren Szenario mit einem Machtgleichgewicht zwischen einer großen Anzahl unabhängiger Einheiten führen.

- Die Geschichte des Lebens zeigt, wie es sich selbst zu einer immer komplizierteren Hierarchie organisierte, die durch Zusammenarbeit, Wettbewerb und Kontrolle Gestalt annahm. Superintelligenz wird wahrscheinlich die Koordination in immer größeren kosmischen Maßstäben ermöglichen, wobei allerding noch unklar ist, ob es letztlich zu einer eher totalitär ausgerichteten Kontrolle von oben nach unten oder eher zur Stärkung des Individuums führen wird.
- Cyborgs und Uploads sind plausibel, aber nicht unbedingt der schnellste Weg zu fortgeschrittener Maschinenintelligenz.
- Der Höhepunkt unseres derzeitigen Wettrennens um die KI könnte entweder das Beste oder das Schlimmste sein, was der Menschheit passieren könnte. Das faszinierende Spektrum potentieller Resultate werden wir im nächsten Kapitel erkunden.
- Wir müssen anfangen, intensiv darüber nachzudenken, welches Ergebnis wir bevorzugen und wie wir auf diese Richtung zusteuern wollen, denn wenn wir nicht wissen, was wir wollen, werden wir es wahrscheinlich auch nicht bekommen.

Kapitel 5

Nachwirkungen: die nächsten 10 000 Jahre

Es fällt nicht schwer, sich menschliches Denken frei von der Bindung an einen sterblichen Körper vorzustellen – schließlich glauben viele Menschen an ein Leben nach dem Tod. Doch man braucht keinen mystischen oder religiösen Standpunkt einzunehmen, um einen solchen Vorgang für möglich zu halten. Computer liefern ein Modell, mit dem auch der überzeugteste Anhänger mechanistischen Denkens etwas anfangen kann.
Hans Moravec, *Mind Children*

Ich jedenfalls heiße unsere neuen Computer-Oberherren willkommen.
Ken Jennings, als er sein »*Jeopardy!*«-Spiel gegen IBMs Watson verlor

Menschen werden so unbedeutend werden wie Kakerlaken.
Marshall Brain

Das Rennen um die AKI ist eröffnet, und wir haben keine Ahnung, wie es verlaufen wird. Doch das sollte uns nicht daran hindern, darüber nachzudenken, welche Nachwirkungen wünschenswert für uns sind, denn unsere Wünsche werden das Ergebnis beeinflussen. Was würden Sie persönlich aus welchem Grund vorziehen?

1. Möchten Sie, dass es Superintelligenz gibt?
2. Sollen Ihrer Meinung nach Menschen noch existieren, ersetzt werden, in Cyborgs und/oder Uploads umgestaltet oder simuliert werden?
3. Sollen Menschen oder Maschinen die Kontrolle haben?
4. Sollten Künstliche Intelligenzen bewusstseinsfähig sein oder nicht?
5. Möchten Sie positive Erfahrungen maximieren, Leiden minimieren oder soll sich das von selbst erledigen?
6. Möchten Sie, dass das Leben sich im Universum ausbreitet?
7. Soll Ihrer Meinung nach eine Zivilisation auf ein größeres Ziel zustreben, mit dem Sie sympathisieren, oder sind Sie mit künftigen Lebensformen einverstanden, die zufrieden zu sein scheinen, selbst wenn Sie deren Ziele als sinnlos und banal betrachten?

Um solche Überlegungen und Gespräche anzuheizen, werden wir jetzt das breite Spektrum der in Tabelle 5.1 zusammengefassten Szenarien untersuchen. Dies ist selbstverständlich keine vollständige Liste, aber ich habe sie so gestaltet, um das weitgespannte Spektrum der Möglichkeiten aufzuzeigen. Wir möchten keinesfalls im falschen Endspiel landen, nur weil wir schlecht geplant haben. Ich empfehle Ihnen, Ihre vorläufigen Antworten auf die Fragen 1 bis 7 niederzuschreiben und sie am Ende dieses Kapitels erneut zu lesen, um zu sehen, ob Sie Ihre Meinung geändert haben![1]

KI – Nachwirkungsszenarien

Libertäres Utopia	Menschen, Cyborgs, Uploads und Superintelligenzen leben aufgrund von Eigentumsrechten friedlich zusammen.
Wohlwollender Diktator	Jeder weiß, dass die KI die Gesellschaft lenkt und strengen Regeln Geltung verschafft, doch die meisten Leute betrachten das als eine gute Sache.
Egalitäres Utopia	Menschen, Cyborgs, Uploads und Superintelligenzen leben dank der Abschaffung des Eigentums und eines garantierten Einkommens friedlich zusammen.
Torwächter	Eine superintelligente KI wird mit dem Ziel geschaffen, nur so viel wie nötig einzugreifen, um die Bildung einer weiteren Superintelligenz zu verhindern. Daher wimmelt es von Hilfsrobotern mit einer Intelligenz knapp unter menschlichem Niveau. Außerdem gibt es Mensch-Maschine-Cyborgs, doch der technische Fortschritt ist für alle Zeiten unterbunden.
Schutzgott	Eine im Wesentlichen allwissende und allmächtige KI maximiert menschliches Glück, indem sie nur eingreift, um unser Gefühl für die Kontrolle unseres eigenen Schicksals zu bewahren. Ansonsten versteckt sie sich gut genug, so dass viele Menschen sogar ihre Existenz anzweifeln.
Versklavter Gott	Eine superintelligente KI wird von Menschen eingesperrt, die sie ausnutzen, um unvorstellbare technische Systeme und Reichtum zu produzieren, was zum Guten wie zum Bösen verwendet werden kann, was wiederum von den menschlichen Kontrolleuren abhängt.

Eroberer	KI übernimmt die Kontrolle, beschließt, dass Menschen eine Bedrohung/ein Ärgernis/eine Verschwendung von Ressourcen sind, und wird uns auf eine Art und Weise los, die wir uns noch gar nicht vorstellen können.
Nachkommen	Künstliche Intelligenzen ersetzen Menschen, verschaffen uns aber einen würdevollen Abgang, weil wir sie als unsere würdigen Nachfolger betrachten, ähnlich wie Eltern glücklich und stolz sind, ein Kind zu haben, das klüger ist als sie, das von ihnen lernt und dann etwas erreicht, wovon sie nur träumen konnten – auch wenn sie es selbst nicht mehr erleben werden, alles zu sehen.
Zoowärter	Eine allmächtige KI hält sich Menschen, die sich wie Tiere im Zoo behandelt fühlen und ihr Schicksal beklagen.
1984	Der auf die Superintelligenz hinauslaufende technische Fortschritt wird nicht von einer KI dauerhaft eingeschränkt, sondern durch einen von Menschen geführten Orwell'schen Überwachungsstaat, in dem bestimmte Formen von KI-Forschung verboten sind.
Rückfall	Der auf die Superintelligenz hinauslaufende technische Fortschritt wird verhindert durch den Rückfall in eine vortechnologische Gesellschaft im Stil der Glaubensgemeinschaft der Amischen.
Selbstzerstörung	Die Superintelligenz wird nie geschaffen, weil die Menschheit sich selbst durch andere Mittel auslöscht (etwa nukleares und/oder biotechnisches Chaos, das von der Klimakatastrophe angeheizt wird).

Tab. 5.1 Zusammenfassung der KI-Nachwirkungsszenarien

Szenario	Existiert Superintelligenz?	Existieren Menschen?	Haben Menschen Kontrolle?	Sind Menschen sicher?	Sind Menschen glücklich?	Existiert Bewusstsein?
Libertäres Utopia	Ja	Ja	Nein	Nein	Gemischt	Ja
Wohlwollender Diktator	Ja	Ja	Nein	Ja	Gemischt	Ja
Egalitäres Utopia	Nein	Ja	Ja?	Ja	Ja?	Ja
Torwächter	Ja	Ja	Teilweise	Potentiell	Gemischt	Ja
Schutzgott	Ja	Ja	Teilweise	Potentiell	Gemischt	Ja
Versklavter Gott	Ja	Ja	Ja	Potentiell	Gemischt	Ja
Eroberer	Ja	Nein	–	–	–	?
Nachkommen	Ja	Nein	–	–	–	?
Zoowärter	Ja	Ja	Nein	Ja	Nein	Ja
1984	Nein	Ja	Ja	Potentiell	Gemischt	Ja
Rückfall	Nein	Ja	Ja	Nein	Gemischt	Ja
Selbstzerstörung	Nein	Nein	–	–	–	Nein

Tab. 5.2 Eigenschaften der KI-Nachwirkungsszenarien

Libertäres Utopia

Fangen wir mit einem Szenario an, in dem Menschen friedlich mit technischen Systemen zusammenleben und in einigen Fällen mit ihnen verschmelzen, wie es sich zahllose Futuristen und Sciencefiction-Autoren vorgestellt haben:

Das Leben auf der Erde (und darüber hinaus – mehr dazu im nächsten Kapitel) ist vielfältiger als je zuvor. Wenn Sie sich Satellitenbilder der Erde anschauen würden, könnten Sie mühelos die Maschinenzonen, die gemischten Zonen und die Zonen, in denen nur Menschen leben, identifizieren. Die Maschinenzonen sind riesige, von Robotern kontrollierte Fabriken und Rechenzentren, bar allen biologischen Lebens und darauf ausgerichtet, für jedes Atom eine möglichst wirtschaftliche Verwendung zu finden. Obwohl die Maschinenzonen von außen eintönig und trostlos aussehen, geht es innen auf spektakuläre Weise lebendig zu. In den virtuellen Welten finden phantastische Ereignisse statt, während gigantische Berechnungen unserem Universum Geheimnisse entlocken und transformative Technologien entwickeln. Die Erde beherbergt viele superintelligente Intellekte, die miteinander konkurrieren und zusammenarbeiten, und sie alle bewohnen die Maschinenzonen.

Die Bewohner der gemischten Zonen sind eine wilde und eigensinnige Mischung aus Computern, Robotern, Menschen und Hybriden aus allen drei Lebensformen. Nach den Vorstellungen von Hans Moravec und Ray Kurzweil haben viele Menschen ihre Körper in mancherlei Abstufungen technisch zu Cyborgs aufgerüstet, während andere ihren Intellekt in neue Hardware hochgeladen und dadurch den Unterschied zwischen Mensch und Maschine verwischt haben. Die meisten intelligenten Wesen haben keine dauerhafte physische Gestalt. Stattdessen existieren sie als Software, die imstande ist, sich unverzüglich zwischen Computern hin und her zu bewegen und sich in der physischen Welt in Roboterkörpern zu manifestieren.

Weil diese Intellekte mühelos verschmelzen oder sich vervielfältigen können, verändert sich die »Populationsgröße« immer wieder. Von ihrem physischen Substrat befreit, haben solche Wesen eine völlig andere Sicht auf das Leben: Sie fühlen sich weniger vereinzelt, weil sie ohne weiteres Wissens- und Erfahrungsmodule mit anderen teilen können. Außerdem fühlen sie sich subjektiv unsterblich, weil sie mühelos Sicherheitskopien ihrer selbst anfertigen können. In gewisser Weise sind die wesentlichen Einheiten des Lebens nicht Intellekte, sondern Erfahrungen: Besonders phantastische Erfahrungen leben weiter, weil sie zur Freude anderer Intellekte kontinuierlich kopiert werden, während uninteressante Erfahrungen von ihren Besitzern gelöscht werden, um Speicherplatz für bessere freizugeben.

Wenngleich die Mehrheit gemeinsamer Erlebnisse der Bequemlichkeit und Geschwindigkeit wegen in virtuellen Umgebungen stattfindet, genießen viele Intellekte dennoch Interaktionen und Aktivitäten in physischen Körpern. So pflegen beispielsweise hochgeladene Versionen von Hans Moravec, Ray Kurzweil und Larry Page die Tradition, abwechselnd virtuelle Realitäten zu erschaffen, um sie dann gemeinsam zu erforschen, aber hin und wieder genießen sie es auch, in der Wirklichkeit in Form von Robotern, die mit Vogelschwingen ausgestattet sind, miteinander zu fliegen. Einige der Roboter, die in der gemischten Zone Straßen und Seen durchkreuzen und am Himmel entlangziehen, werden auf ähnliche Weise von hochgeladenen und optimierten Menschen kontrolliert, die es vorziehen, sich in der gemischten Zone zu verkörpern, weil es ihnen Freude macht, unter Menschen und unter ihresgleichen zu sein.

In der ausschließlich für Menschen reservierten Zone sind im Gegensatz dazu Maschinen mit allgemeiner Intelligenz auf menschlichem Niveau und darüber hinaus unerwünscht, genauso wie technisch erweiterte biologische Organismen. Hier spielt sich das Leben kaum anders als das heutige Leben ab, außer dass es hier mehr Überfluss und Bequemlichkeit gibt als heutzutage. Die Armut ist zum größten Teil eliminiert worden, und für die meisten der heutigen Krankheiten gibt es Heilmittel. Die wenigen Menschen, die sich für ein Leben in diesen Zonen entschieden haben, existieren im Vergleich zu allen anderen Wesen auf einer niedrigeren und eingeschränkten Wahrnehmungsebene. Sie begreifen nicht ganz, was die intelligenteren Lebewesen in den anderen Zonen tun. Allerdings sind viele von ihnen mit ihrem Leben ganz zufrieden.

KI-Volkswirtschaft

Die große Mehrheit aller Berechnungen findet in den Maschinenzonen statt, die zum größten Teil im Besitz der vielen, miteinander konkurrierenden Künstlichen Superintelligenzen sind. Aufgrund ihrer überlegenen Intelligenz und Technik können keine anderen Wesen ihre Macht herausfordern. Diese Künstlichen Intelligenzen haben vereinbart, miteinander zu kooperieren und sich unter einem libertären Regierungsapparat untereinander abzustimmen. Hier ist der Schutz des Privateigentums die einzige Regel. Diese Eigentumsrechte gelten für alle intelligenten Wesen, einschließlich Menschen, und weisen darauf hin, wie die ausschließlich den Menschen vorbehaltene Zone entstand. Frühzeitig schlossen sich Menschengruppen zusammen und beschlossen, dass es in ihren Zonen nicht erlaubt sei, Eigentum an Nicht-Menschen zu verkaufen.

Dank ihrer technischen Errungenschaften sind die Künstlichen Intelligenzen schließlich um einen beeindruckenden Faktor reicher geworden als diese Menschen. Der Unterschied ist weitaus größer als der zwischen dem Reichtum von Bill Gates im Vergleich zu dem eines obdachlosen Bettlers. Allerdings geht es den Menschen in der Nur-für-Menschen-Zone materiell gesehen besser als den meisten Menschen von heute.

Ihre Volkswirtschaft ist von derjenigen der Maschinen eher entkoppelt, so dass die andernorts vorherrschende Anwesenheit von Maschinen wenig Einfluss auf sie hat, sieht man einmal von gelegentlich genutzter Technik ab, die sie verstehen und für sich selbst nachbilden können. Das erinnert sehr an die Amischen und verschiedene Ureinwohnerstämme von heute, die zumindest den Lebensstandard halten, den sie in den alten Zeiten hatten. Es spielt keine Rolle, dass die Menschen nichts zu verkaufen haben, was die Maschinen brauchen, denn die haben keine Gegenleistung nötig.

In den gemischten Sektoren macht sich der Wohlstandsunterschied zwischen Künstlichen Intelligenzen und Menschen schon bemerkbar. Grundbesitz (das einzige Produkt in Menschenhand, das Maschinen kaufen wollen) ist astronomisch teuer im Vergleich zu anderen Produkten. Die meisten Grundstückseigentümer verkauften schließlich einen Bruchteil davon an die Künstlichen Intelligenzen im Austausch für ein garantiertes Grundeinkommen von unbegrenzter Dauer für sich und ihre Nachkommen oder Uploads. Dieses Manöver befreite sie von der Notwendigkeit zu arbeiten, so dass sie den phantastischen Überfluss billiger, maschinell produzierter Güter und angebotener Dienstleistungen in der physischen und virtuellen Realität genießen konnten. Was die Maschinen betrifft, sind die gemischten Zonen hauptsächlich zum Spielen und nicht zum Arbeiten da.

Warum dies vielleicht nie geschehen wird

Bevor wir uns allzu sehr für die Abenteuer begeistern, die wir als Cyborgs oder Uploads erleben könnten, sollten wir ein paar Gründe dafür in Augenschein nehmen, warum dieses Szenario womöglich nie zustande kommen wird.

Erstens gibt es zwei mögliche Wege zu optimierten Menschen (Cyborgs und Uploads):

1. Wir finden selbst heraus, wie wir sie erschaffen.
2. Wir bauen superintelligente Maschinen, die das für uns herausfinden.

Falls sich Weg 1 durchsetzt, könnte dies auf natürliche Weise zu einer Welt führen, in der es von Cyborgs und Uploads wimmelt. Wie wir jedoch im letzten Kapitel besprochen haben, glauben die meisten KI-Forscher, dass eher das gegenteilige Szenario wahrscheinlicher ist, in dem es schwieriger sein wird, Gehirne zu verbessern oder zu digitalisieren, als mit übermenschlicher AKI einen Neuanfang zu realisieren – ähnlich wie es sich als schwieriger erwies, mechanische Vögel statt Flugzeuge zu bauen. Nachdem starke Künstliche Maschinenintelligenz erfolgreich konstruiert worden ist, leuchtet es nicht unbedingt ein, dass Cyborgs oder Uploads jemals in Erscheinung treten werden. Hätten die Neandertaler noch 100 000 Jahre gehabt, um sich zu entwickeln und schlauer zu werden, hätte alles zu ihren Gunsten ausgehen können – doch Homo sapiens hat ihnen diese Zeit nie gelassen.

Zweitens: Selbst wenn das Szenario mit Cyborgs und Uploads eintreten sollte, ist nicht klar, ob es stabil und von Dauer wäre. Warum sollte das Gleichgewicht der Kräfte zwischen mehreren Superintelligenzen jahrtausendelang stabil bleiben, statt eine Situation herbeizuführen, in der die Künstlichen Intelligenzen miteinander verschmelzen oder in der die klügste die Herrschaft an sich reißt? Warum sollten obendrein die Maschinen sich entschließen, die menschlichen Eigentumsrechte zu respektieren und die Menschen in ihrer Nähe zu dulden, zumal sie Menschen für nichts brauchen und sämtliche menschliche Arbeit selbst viel besser und billiger erledigen können? Ray Kurzweil spekuliert darüber, dass natürliche und optimierte Menschen vor der Auslöschung geschützt sind, denn »Menschen werden von KI respektiert, weil sie die Maschinen hervorgebracht haben«.[2] Wie wir jedoch in Kapitel 7 diskutieren werden, dürfen wir nicht in die Falle tappen, der KI menschliche Eigenschaften zuzuschreiben und zu vermuten, dass sie menschenähnliche Dankbarkeitsgefühle habe. Obwohl wir Menschen in der Tat mit einem Hang zur Dankbarkeit erfüllt sind, zeigen wir dennoch nicht genügend Dankbarkeit gegenüber unserem intellektuellen Schöpfer, der DNS, und verzichten nicht darauf, ihrem Ziel maximaler Vermehrung entgegenzuwirken, indem wir Verhütungsmaßnahmen ergreifen.

Selbst wenn wir die Mutmaßung akzeptieren, dass die Künstlichen Intelligenzen sich entschließen werden, die menschlichen Eigentumsrechte zu respektieren, können sie dennoch allmählich einen beträchtlichen Teil unseres Grund und Bodens auf andere Weise erwerben, indem sie nämlich ihre superintelligente Überredungskraft einsetzen, wie wir es bereits im letzten Kapitel untersucht haben, um die Menschen im Austausch für ein Leben in Luxus zum Verkauf von Land zu bewegen. In den Sektoren, die ausschließlich für Menschen reserviert sind, könnten sie Menschen dazu verlocken, politische Kampagnen für den Verkauf von Grundbesitz zu starten. Schließlich wollen vielleicht sogar hartnäckige Technikgegner etwas Grundbesitz verkaufen, um etwa das Leben eines kranken Kindes zu retten oder um unsterblich zu werden. Wenn die Menschen gebildet, bespaßt und beschäftigt sind, könnten sinkende Geburtenraten ohne Eingriff der Maschinen sogar zur Schrumpfung ihrer Population führen, wie es augenblicklich in Japan und Deutschland der Fall ist. Das könnte in nur wenigen Jahrtausenden zum Aussterben der Menschheit führen.

Kehrseiten

Für einige ihrer glühendsten Befürworter versprechen Cyborgs und Uploads Techno-Seligkeit und Langlebigkeit für alle. In der Tat hat die Aussicht, in der Zukunft ein Upload zu sein, mehr als einhundert Leute dazu motiviert, ihre Gehirne nach dem Tod von dem Unternehmen Alcor in Arizona einfrieren zu lassen. Doch selbst wenn diese Technik realisiert werden sollte, ist es keineswegs klar, ob sie auch für jedermann zugänglich sein wird. Viele der Reichsten würden sie wahrscheinlich nutzen, aber wer sonst noch? Wo sollte man, selbst wenn die Technik billiger werden sollte, die Grenzlinie ziehen? Würde etwa ein Mensch mit schweren Hirnschäden hochgeladen werden? Würden wir jeden Gorilla hochladen? Jede Ameise? Jede Pflanze? Jedes Bakterium? Würden sich die Menschen einer künftigen Zivilisation als Messies erweisen, die alles aufheben und hochzuladen versuchen, oder werden es lediglich ein paar interessante Exemplare jeder Spezies nach dem Vorbild der Arche Noah schaffen? Vielleicht auch nur wenige repräsentative Exemplare eines jeden Menschentyps? Für die wesentlich intelligenteren Wesen, die dann existieren werden, könnte ein hochgeladener Mensch vielleicht so interessant sein, wie uns eine simulierte Maus oder Schnecke vorkommt. Obwohl wir augenblicklich die technische Kapazität haben, alte Tabellenkalkulationsprogramme aus den 1980er Jahren in einem DOS-Nachbildungsprogramm wiederzubeleben, finden es die meisten von uns nicht interessant genug, um es dann auch tatsächlich zu tun.

Vielen Leuten wird dieses libertär-utopische Szenario nicht ganz geheuer sein, weil es vermeidbares Leid ermöglicht. Da die Eigentumsrechte das einzige geheiligte Prinzip sind, wird nichts und niemand verhindern können, dass das in der Welt von heute reichlich vorhandene Leid in den menschlichen und gemischten Zonen andauern wird. Während es einigen Menschen gutgeht, werden andere vielleicht in erbärmlichen Verhältnissen und in Schuldknechtschaft leben oder unter Gewalt, Angst, Unterdrückung und Depressionen leiden. So beschreibt zum Beispiel Marshall Brains Roman *Manna* von 2003, wie der Fortschritt der KI in einem libertären Wirtschaftssystem die meisten Amerikaner arbeitslos macht und sie dazu verdammt, den Rest ihres Lebens in öden und trostlosen, von Robotern geführten Wohnbauprojekten zu fristen. Sie werden wie Nutztiere gefüttert, gesund gehalten und in beengten Verhältnissen sicher verwahrt, wo die Reichen sie nie zu Gesicht bekommen müssen. Medikamente zur Geburtenkontrolle im Trinkwasser garantieren, dass sie keine Kinder bekommen, so dass der größte Teil der Bevölkerung ausgemustert wird, was den übrig bleibenden Reichen einen größeren Anteil des von Robotern produzierten Reichtums verschafft.

Wohlwollender Diktator

Wir wollen jetzt ein Szenario untersuchen, in dem all diese Formen des Leidens nicht existieren, weil eine einzige wohlwollende Superintelligenz die Welt beherrscht und strenge Regeln durchsetzt, die darauf ausgerichtet sind, ihr Modell menschlichen Glücks zu maximieren. Dies ist ein mögliches Resultat des ersten Szenarios aus dem vorangegangenen Kapitel, wo die Omegas Prometheus die Kontrolle überlassen, nachdem sie herausgefunden hatten, wie man ihn dazu bringt, eine florierende menschliche Gesellschaft als sein eigenes Ziel zu betrachten.

Dank der phantastischen, von der Diktator-KI entwickelten technischen Innovationen ist die Menschheit von Armut, Krankheit und anderen technisch einfachen Problemen befreit, und alle Menschen genießen ein Leben in luxuriöser Muße. Ihren Grundbedürfnissen wird Rechnung getragen, während KI-kontrollierte Maschinen alle notwendigen Güter produzieren und Dienstleistungen hervorbringen. Es gibt praktisch kein Verbrechen mehr, weil die Diktator-KI im Wesentlichen allwissend ist und jeden wirksam bestraft, der die Regeln missachtet. Jeder trägt das Sicherheitsarmband aus dem letzten Kapitel (oder eine geeignetere, implantierte Version), das Echtzeitüberwachung, Bestrafung, Sedierung und Exekution ausführen kann. Jeder weiß, dass er in einer KI-Diktatur mit extremer Überwachung lebt, doch die meisten Menschen halten das für eine gute Sache.

Es ist das Ziel des superintelligenten KI-Diktators, herauszufinden, wie das Utopia der Menschheit angesichts der in unseren Genen verschlüsselten, evolutionsbedingten Vorlieben aussehen könnte und wie er es entsprechend umsetzen sollte. Durch kluge Voraussicht der Menschen, die die KI hervorgerufen haben, versucht diese nicht einfach, unsere Eigendefinition von Glück zu maximieren, indem sie jedem von uns zum Beispiel eine Morphium-Tropfinfusion verpasst. Stattdessen stützt sich die KI auf eine ziemlich subtile und komplexe Definition menschlichen Gedeihens und hat die Erde in einen großzügig ausgebauten zoologischen Garten umgewandelt, in dem die Menschen das Leben genießen. Deshalb finden die meisten Leute ihr Leben in hohem Maß erfüllend und sinnstiftend.

Das Sektorensystem

Da die KI Wert auf Vielfalt legt und erkannt hat, dass unterschiedliche Leute andersartige Vorlieben haben, hat sie die Erde in verschiedene Sektoren eingeteilt, zwischen denen sich die Menschen entscheiden können, um die Gesellschaft verwandter Seelen zu genießen. Hier sind ein paar Beispiele:

- Wissenssektor: Hier sorgt die KI für optimierte Bildung, einschließlich umfassender Erfahrungen in der virtuellen Realität, so dass Sie alles lernen, was Sie über das Thema Ihrer Wahl erfassen können.
- Kunstsektor: Hier gibt es zahlreiche Gelegenheiten, Musik, Kunst, Literatur und andere Formen kreativer Ausdrucksformen zu genießen, zu erschaffen und mit anderen zu teilen.

- Hedonistischer Sektor: Einheimische sprechen vom Partysektor, und er ist unübertroffen für jene, die sich nach exquisiter Küche, Leidenschaft, Intimität oder einfach nur nach unbändiger Freude sehnen.
- Frommer Sektor: Davon gibt es viele, den verschiedenen Religionen entsprechend, deren Regeln streng umgesetzt werden.
- Naturparksektor: Wenn Sie schöne Strände, liebliche Seen, großartige Berge oder phantastische Fjorde sehen wollen – hier sind Sie richtig.
- Traditioneller Sektor: Hier können Sie Ihre eigenen Nahrungsmittel anbauen und von den Erträgen des Ackers leben wie in alten Zeiten – aber ohne sich über Hungersnöte oder Krankheiten Sorgen machen zu müssen.
- Spielesektor: Sollten Sie Computerspiele mögen, dann hält die KI hier wirklich umwerfende Optionen für Sie bereit.
- Virtueller Sektor: Wenn Sie Ihren physischen Körper in Urlaub schicken wollen, wird die KI dafür sorgen, dass er hydriert bleibt, mit Nahrung versorgt wird, genügend Bewegung erhält und sauber gehalten wird, während Sie mit Hilfe neuronaler Implantate virtuelle Welten erkunden.
- Gefängnissektor: Wenn Sie Regeln verletzen, dann landen Sie hier zur Umschulung, es sei denn, Sie werden umgehend mit dem Tod bestraft.

Zusätzlich zu diesen »traditionellen«, thematisch ausgerichteten Sektoren gibt es andere mit modernen Themen, die die Menschen von heute nicht verstehen würden. Anfangs haben die Leute die Freiheit, sich frei zwischen den Sektoren zu bewegen, was dank des KI-Transportsystems mit Hyperschallgeschwindigkeit sehr wenig Zeit in Anspruch nimmt. So entscheiden Sie sich vielleicht nach einem intensiven einwöchigen

Aufenthalt in der Wissenszone, wo Sie sich über die von der KI entdeckten endgültigen Naturgesetze informiert haben, beispielsweise dafür, es am Wochenende im hedonistischen Sektor so richtig krachen zu lassen und anschließend ein paar Tage lang im Naturparksektor in einem Ferienort am Strand abzuhängen.

Die KI setzt zwei Ebenen von Regeln in Kraft: universelle und lokale. Universelle Regeln betreffen alle Sektoren, so zum Beispiel das Verbot, anderen Leuten ein Leid zuzufügen, Waffen zu produzieren oder den Versuch zu unternehmen, eine rivalisierende Superintelligenz zu konstruieren. Für bestimmte Sektoren gelten obendrein noch lokale Vorschriften, in denen gewisse moralische Werte zum Ausdruck kommen. Das Sektorensystem trägt deshalb dazu bei, mit Werten umzugehen, die nicht zusammenpassen. Die meisten lokalen Regeln gelten im Gefängnissektor und in einigen religiösen Sektoren, es gibt aber auch einen *Libertären Sektor*, dessen Bewohner stolz darauf sind, überhaupt keine lokalen Regeln zu haben. Sämtliche Strafen, selbst die auf lokaler Ebene, werden von der KI vollzogen, da ein Mensch, der einen anderen Menschen bestraft, die universelle Kein-Leid-Regel verletzen würde. Falls Sie eine lokale Vorschrift missachten, gibt die KI Ihnen die Chance (es sei denn, Sie befinden sich im Gefängnissektor), die festgesetzte Strafe zu akzeptieren oder diesen Sektor nie wieder zu betreten. Bahnt sich zum Beispiel zwischen zwei Frauen eine romantische Beziehung an und sie befinden sich in einem Sektor, in dem Homosexualität mit Gefängnis bestraft wird (wie es in vielen Ländern heute noch der Fall ist), wird die KI ihnen die Wahl lassen, entweder ins Gefängnis zu gehen oder diesen Sektor für immer zu verlassen und ihre alten Freunde nie wiederzusehen (es sei denn, diese entscheiden sich ebenfalls zu gehen).

Unabhängig von dem Sektor, in den Kinder hineingeboren werden, bekommen sie eine Grundbildung von der KI, einschließlich Kenntnisse über die Menschheit als Ganzes sowie die Information, dass sie die Freiheit haben, andere Sektoren zu besuchen, falls sie dies wünschen.

Die KI entwarf die vielen verschiedenen Sektoren zum Teil auch, weil sie erschaffen worden war, um die menschliche Vielfalt von heute zu berücksichtigen. Aber jeder Sektor ist ein glücklicherer Ort als jeder beliebige, mit der Technik von heute mögliche Ort, weil die KI alle herkömmlichen Probleme, einschließlich Armut und Kriminalität, eliminiert hat. So müssen sich beispielsweise die Menschen im hedonistischen Sektor nicht um Geschlechtskrankheiten sorgen (die sind nämlich gänzlich ausgerottet). Sie müssen auch keinen alkoholbedingten Kater oder eine andere Drogensucht befürchten, denn die KI hat perfekte Freizeitdrogen entwickelt, die keine negativen Nebenwirkungen haben. In der Tat muss sich in keinem Sektor irgendjemand Sorgen um Krankheiten machen, weil die KI imstande ist, menschliche Körper mit Hilfe nanotechnischer Systeme zu reparieren. In vielen Sektoren erfreuen sich die Bewohner an Hightech-Architektur, die die üblichen Science-fiction-Visionen im Vergleich blass erscheinen lässt.

Zusammengefasst lässt sich Folgendes sagen: Während die Szenarien des libertären Utopias und des wohlwollenden Diktators jeweils mit Technik und Reichtum extremer Ausprägung einhergehen und von Künstlicher Intelligenz geschürt werden, unterscheiden sie sich in der Frage, wer das Sagen hat und was ihre Ziele sind. Im libertären Utopia entscheiden die Eigentümer von Technik sowie Grund und Boden, was damit geschieht, während in dem gegenwärtigen Szenario die diktatorische KI uneingeschränkte Macht hat und das endgültige Ziel bestimmt, nämlich die Erde in einen All-inclusive-Vergnügungspark umzuwandeln, der thematisch nach den Vorlieben der Leute gestaltet ist. Da die KI den Menschen die Wahl zwischen vielen alternativen Pfaden zur Glückseligkeit lässt und sich um ihre materiellen Bedürfnisse kümmert, bedeutet dies, dass Menschen, die leiden, sich aus freiem Willen dazu entschließen.

Kehrseiten

Wenngleich die wohlwollende Diktatur von positiven Erfahrungen nur so wimmelt und frei von Leid ist, haben dennoch viele Leute das Gefühl, dass es ihnen bessergehen könnte. Zunächst einmal wünschen sich etliche Leute, dass Menschen mehr Freiheit haben sollten, ihre eigene Gesellschaft und ihr Schicksal zu gestalten, aber sie behalten diese Wünsche für sich, weil sie wissen, dass es selbstmörderisch wäre, die überwältigende Macht der Maschine herauszufordern. Manche Gruppen wünschen sich die Freiheit, so viele Kinder wie möglich zu haben, und verübeln der KI das Beharren auf Nachhaltigkeit durch Populationskontrolle. Waffenliebhaber verabscheuen das Verbot, Waffen herzustellen und zu benutzen, und manche Wissenschaftler haben eine Abneigung gegen das Verbot, ihre eigene Superintelligenz zu konstruieren. Viele Leute geben ihrer moralischen Entrüstung über die Geschehnisse in anderen Sektoren Ausdruck. Sie sorgen sich darum, dass ihre Kinder dort hinziehen könnten, und sehnen sich nach der Freiheit, überall ihre eigenen moralischen Vorstellungen durchzusetzen.

Im Lauf der Zeit entscheiden sich immer mehr Leute, in jene Sektoren zu ziehen, wo die KI ihnen im Prinzip jede Erfahrung ermöglicht, die sie sich wünschen. Im Gegensatz zu traditionellen Visionen vom Himmel, wo man bekommt, was man verdient, ist hier der Geist von Julian Barnes' Roman *Eine Geschichte der Welt in 10 ½ Kapiteln* von 1989 (und ebenfalls die Twilight-Zone-Episode *»A nice place to visit« – Mister Valentines Neuanfang* von 1960) lebendig, wo man bekommt, was man sich wünscht. Paradoxerweise beklagen sich letztlich die Leute darüber, dass sie immer alles bekommen, wonach sie verlangen. In Barnes' Geschichte verbringt der Protagonist Äonen damit, sich seinen Begierden hinzugeben, von Völlerei über Golf bis hin zum Sex mit Prominenten, bis er schließlich der

Langeweile erliegt und seine Vernichtung verlangt. Viele Menschen erwartet in der wohlwollenden Diktatur ein ähnliches Schicksal, weil das Leben zwar angenehm, aber letzten Endes sinnlos ist. Obwohl die Menschen künstliche Herausforderungen erschaffen können, die von wissenschaftlichen Neuentdeckungen bis zum Felsklettern reichen, weiß doch jeder, dass es keine echten Herausforderungen mehr gibt, sondern lediglich Unterhaltung und Vergnügen. Den Menschen fehlt der Anreiz, Wissenschaft zu betreiben oder andere Dinge herauszufinden, weil die KI all dies schon erledigt hat. Es hat keinen Sinn, etwas zu erfinden, um das Leben zu verbessern, weil die Menschen bereits alles von der KI bekommen. Sie müssen einfach nur danach fragen.

Egalitäres Utopia

Als Kontrapunkt zu dieser Diktatur ohne Herausforderungen wollen wir jetzt ein Szenario untersuchen, wo es keine superintelligente KI gibt und die Menschen über ihr eigenes Schicksal bestimmen. Das ist die »Vierte Zivilisationsgeneration«, die in Marshall Brains Roman *Manna* von 2003 beschrieben wird. Es ist die wirtschaftliche Antithese der libertären Utopie in dem Sinn, dass Menschen, Cyborgs und Uploads nicht aufgrund von Eigentumsrechten friedlich zusammenleben, sondern weil Eigentum abgeschafft wurde und ein garantiertes Grundeinkommen ausgezahlt wird.

Leben ohne Eigentum

Eine Kernidee wird von der Bewegung für quelloffene Software übernommen: Wenn Software kostenlos kopiert werden darf, dann kann jeder so viel davon benutzen, wie es ihm beliebt, so dass die Probleme von Eigentum und Besitz irrelevant werden.[3]

Nach dem Gesetz von Angebot und Nachfrage spiegeln die Kosten die Warenknappheit wider. Wenn also das Angebot im Prinzip unbegrenzt ist, wird der Preis unbedeutend. In diesem Sinn sind alle geistigen Eigentumsrechte abgeschafft worden. Das heißt, es gibt keine Patente, keine Copyrights oder geschützten Designs – die Leute teilen einfach ihre guten Ideen miteinander, und alle dürfen sie benutzen.

Dank fortschrittlicher Roboter trifft dieselbe Idee, dass es kein Eigentum mehr geben sollte, nicht nur auf Informationsprodukte wie Software, Bücher, Filme und Design zu, sondern auch auf materielle Produkte wie Häuser, Automobile, Kleidung und Computer. All diese Produkte sind einfach nur Atome, die auf bestimmte Weise angeordnet sind, und da Atome keine Mangelware sind, wird ein Roboternetzwerk eines der verfügbaren quelloffenen Designs verwenden, um es für jeden, der gerade ein bestimmtes Produkt haben möchte, kostenlos herzustellen. Es wird Wert darauf gelegt, leicht wiederverwertbare Materialien zu benutzen, so dass die Roboter deren Atome neu arrangieren können, um aus einem Objekt, an dem der bisherige Benutzer das Interesse verloren hat, ein neues zu erschaffen, das ein anderer haben möchte. Auf diese Art und Weise werden alle Rohstoffe wiederverwertet, so dass nichts dauerhaft zerstört wird. Außerdem bauen und warten diese Roboter genügend Kraftwerke für erneuerbare Energie (Sonne, Wind und dergleichen), so dass auch Energie im Prinzip kostenlos zur Verfügung steht.

Um zu verhindern, dass Messies so viele Produkte oder so viel Grundeigentum verlangen, dass andere bedürftig bleiben, erhält jede Person ein monatliches Grundeinkommen von der Regierung, das sie beliebig für Produkte und für Wohnungen ausgeben kann. Im Grunde gibt es für niemanden einen Anreiz, den Versuch zu unternehmen, mehr Geld zu verdienen, weil dieses Grundeinkommen hoch genug ist, um jedes denkbare Bedürfnis zu befriedigen. Außerdem wäre der Versuch ohnehin ziemlich hoffnungslos, weil man in Konkurrenz zu Leuten treten würde, die ihre geistigen Produkte kostenlos abgeben, und zu Robotern, die materielle Güter im Wesentlichen ebenfalls umsonst produzieren.

Kreativität und Technik

Das Recht am geistigen Eigentum wird manchmal als die Mutter von Kreativität und Erfindung bejubelt. Marshall Brain weist jedoch darauf hin, dass viele der schönsten Beispiele für menschliche Kreativität – von wissenschaftlichen Entdeckungen bis zur Erschaffung von Literatur, Kunst, Musik und Design – nicht durch einen Wunsch nach Profit, sondern durch andere menschliche Emotionen wie Neugier, Schaffensdrang oder die Wertschätzung Gleichgesinnter motiviert gewesen seien. Geld war nicht Einsteins Motiv, die Spezielle Relativitätstheorie zu erfinden, und ebenso wenig war Linus Torvalds durch Profitstreben motiviert, sein kostenloses Betriebssystem Linux zu erfinden. Im Gegensatz dazu scheitern heutzutage viele daran, ihr ganzes kreatives Potential zu verwirklichen, weil sie Zeit und Energie für weniger kreative Aktivitäten aufwenden müssen, nur um ihren Lebensunterhalt zu verdienen. In Marshall Brains utopischer Gesellschaft sind Wissenschaftler, Künstler, Erfinder und Designer von ihren Routinearbeiten befreit, um ihre genuinen Wünsche verwirklichen zu können. Dadurch genießt die Gemeinschaft höhere Ebenen der Innovation als heutzutage, und dementsprechend ist auch die Technik überlegen und der Lebensstandard höher.

Eine solche neue Technik, die die Menschen entwickeln, ist eine Form von Hyperinternet, die »Vertebrane« genannt wird. Alle miteinander sympathisierenden Menschen verbinden sich drahtlos über neuronale Implantate, die sofortigen Zugang zu kostenlosen weltweiten Informationen durch reines Denken bieten. Es befähigt Sie, jedes beliebige Erlebnis hochzuladen, das Sie teilen möchten, so dass andere Menschen es nacherleben können, während Sie die Erlebnisse, die Sie durch Ihre Sinne erlebt haben, durch heruntergeladene Erlebnisse Ihrer eigenen Wahl ersetzen können. *Manna* erforscht die vielen Vorteile dieser Technik, einschließlich der Tatsache, dass Körpertraining kinderleicht wird:

> *Das größte Problem mit anstrengendem Training: Es macht einfach keinen Spaß. Es tut weh. (...) Für Profisportler mag der Schmerz okay sein, doch die meisten normalen Menschen haben kein Verlangen danach, eine Stunde oder länger Schmerzen zu ertragen. Deshalb ... fand jemand eine Lösung. Du koppelst dein Gehirn von der sensorischen Einspeisung ab und schaust dir eine Stunde lang einen Film an, unterhältst dich mit Leuten, kümmerst dich um die Mails oder liest ein Buch oder dergleichen. Während dieser Zeit trainiert das Vertebrane-System deinen Körper für dich. Es schleift deinen Körper durch eine komplette Aerobic-Übungseinheit, die viel anstrengender ist, als die meisten Leute selbst aushalten würden. Du fühlst gar nichts, aber dein Körper bleibt gut in Form.*[4]

Eine weitere Konsequenz besteht darin, dass Computer im Vertebrane-System die sensorischen Einspeisungen der Teilnehmer überwachen und vorübergehend ihre motorische Kontrolle deaktivieren können, wenn es so aussieht, als würden sie unmittelbar davorstehen, eine Straftat zu begehen.

Kehrseiten

Ein Einwand gegen dieses egalitäre Utopia lautet, dass es gegen nichtmenschliche Intelligenz voreingenommen ist. Die Roboter, die praktisch jede Arbeit erledigen, scheinen ziemlich intelligent zu sein, werden aber wie Sklaven behandelt, während die Leute es offenbar selbstverständlich finden, dass sie kein Bewusstsein haben und deshalb auch keine Rechte haben sollten. Im Gegensatz dazu gewährt das libertäre Utopia allen intelligenten Wesen Rechte, ohne unsere auf Kohlenstoff basierte Spezies zu bevorzugen. Vor langer Zeit ging es der weißen Bevölkerung im Süden der USA besser, weil die Sklaven einen großen Teil der Arbeit erledigten, heute jedoch finden es die meisten Menschen widerwärtig, das als Fortschritt zu bezeichnen.

Eine weitere Schwäche des Szenarios vom egalitären Utopia ist seine voraussichtlich langfristige Instabilität und Hinfälligkeit, wobei es in eines unserer anderen Szenarien übergeht, in dem schließlich aufgrund des unaufhaltsamen technischen Fortschritts Superintelligenzen in Erscheinung treten. Aus irgendeinem nicht erklärten Grund existieren Superintelligenzen in *Manna* nicht, und die neuen technischen Systeme werden immer noch von Menschen und nicht von Computern erfunden. Dennoch hebt das Buch Trends hervor, die in diese Richtung zeigen. So könnte beispielsweise das ständig sich verbessernde »Vertebrane« superintelligent werden. Außerdem gibt es eine recht große Gruppe von Menschen mit dem Spitznamens »Vites«, die sich entschließen, ihr Leben fast ausschließlich in der virtuellen Welt zu verbringen. Vertebrane kümmert sich um alle ihre physischen Bedürfnisse, einschließlich essen, duschen und den Gang zur Toilette, was ihren Intellekten in der virtuellen Realität zum Glück nicht bewusst ist. Diese Vites also scheinen nicht daran interessiert zu sein, eigene Kinder zu haben, und sterben mit ihren physischen Körpern. Wenn also jeder zu einem Vite werden würde, würde die ganze Menschheit in virtuellem Glanz und Gloria aussterben.

Das Buch erklärt, wie die Vites ihren eigenen Körper als Hindernis empfinden und wie eine neue, in Entwicklung befindliche Technik dieses Ärgernis zu eliminieren verspricht, so dass sie als vom Körper abgetrennte und mit optimalen

Nährstoffen versorgte Gehirne länger leben können. Der nächste darauf folgende automatische und wünschenswerte Schritt für Vites wäre es, das herkömmliche Gehirn durch Hochladen ganz und gar abzuschaffen und dadurch die Lebensspanne zu verlängern. Dann aber sind sämtliche vom Gehirn ausgehende Einschränkungen der Intelligenz aufgehoben, und es ist unklar, was, wenn überhaupt irgendetwas, einen Vite daran hindern könnte, seine kognitive Kompetenz allmählich so hochzuschrauben, dass er eine rekursive Selbstverbesserung durchläuft und es zu einer Intelligenzexplosion kommt.

Torwächter

Wir haben gerade gesehen, wie ein attraktives Merkmal des Szenarios vom egalitären Utopia darin besteht, dass die Menschen die Herren ihres eigenen Schicksals sind, dass aber mit der Entwicklung der Superintelligenz genau dieses Merkmal auf der Kippe stehen könnte und Gefahr läuft, zerstört zu werden. Das kann durch die Konstruktion eines Torwächters verhindert werden, einer Superintelligenz mit dem Ziel, so wenig wie möglich einzugreifen, um die Erschaffung einer weiteren Superintelligenz zu verhindern.[5] Menschen würden befähigt, weiterhin unbefristet für ihr egalitäres Utopia verantwortlich zu sein, womöglich sogar noch dann, wenn das Leben sich im Universum ausbreiten wird, wie wir im nächsten Kapitel sehen werden.

Wie könnte das funktionieren? Der Torwächter-KI wäre dieses einfache Ziel so eingebaut worden, dass sie es während der rekursiven Selbstverbesserung und der Intelligenzexplosion beibehalten würde. Anschließend würde sie die unaufdringlichste und am wenigsten störende Überwachungstechnik installieren, um jeden menschlichen Versuch aufzuspüren, eine rivalisierende Superintelligenz zu erschaffen. Derartige Bemühungen würde sie dann auf eine Art und Weise unterbinden, die am wenigsten Aufsehen verursachte. Erst einmal könnte sie kulturelle Meme initiieren und verbreiten, die die Tugenden menschlicher Selbstbestimmung und die Vermeidung von Superintelligenz loben. Falls einige Forscher dennoch nach Superintelligenz streben sollten, könnte sie versuchen, sie zu entmutigen. Sollte das scheitern, könnte sie die Wissenschaftler von ihrer Arbeit ablenken und, wenn nötig, ihre Anstrengungen sabotieren. Mit ihrem praktisch unbegrenzten Zugang zu technischen Systemen würde wahrscheinlich niemand die Sabotage der Torwächter-KI bemerken, wenn sie beispielsweise Nanotechnik einsetzen würde, um ganz dezent Erinnerungen an Arbeitsfortschritte aus den Gehirnen und Computern der Forscher zu löschen.

Die Entscheidung, eine Torwächter-KI zu bauen, wäre vermutlich umstritten. Zu den Befürwortern könnten viele religiöse Menschen gehören, die Anstoß an der Vorstellung nehmen, eine superintelligente KI mit gottähnlicher Macht zu bauen, und die behaupten, es gebe bereits einen Gott und es sei daher unangemessen, einen vermeintlich besseren zu erschaffen. Andere Unterstützer könnten behaupten, dass der Torwächter der Menschheit nicht nur dazu verhelfe, ihr eigenes Schicksal zu bestimmen, sondern die Menschheit obendrein vor den Risiken bewahre, die eine Superintelligenz mit sich bringen würde, was in den apokalyptischen Szenarien, die wir später in diesem Kapitel noch untersuchen werden, deutlich wird.

Andererseits könnten Kritiker argumentieren, ein Torwächter sei eine schreckliche Vorstellung und beschränke unwiderruflich das Potential der Menschheit und verhindere für alle Zeiten den technischen Fortschritt. Sollte sich beispielsweise herausstellen, dass die Ausbreitung des Lebens im ganzen Universum der Hilfe einer Superintelligenz bedürfte, würde der Torwächter diese großartige Chance verspielen, und wir wären vielleicht auf immer in unserem Sonnensystem gefangen.

Außerdem ist die Torwächter-KI im Gegensatz zu den Göttern der meisten Weltreligionen an uns Menschen desinteressiert, solange wir keine weitere Superintelligenz erschaffen. So würde sie uns nicht daran hindern, großes Leid zu verursachen, und uns nicht einmal vor dem Aussterben bewahren.

Schutzgott

Wenn wir bereitwillig eine Torwächter-KI einsetzen, um die Menschen ihr eigenes Schicksal bestimmen zu lassen, könnten wir vermutlich die Dinge weiter verbessern, indem wir die KI dazu bringen, diskret auf uns aufzupassen, also die Rolle eines Schutzgottes zu spielen. In diesem Szenario ist die superintelligente KI im Wesentlichen allwissend und allmächtig und maximiert das menschliche Glück nur durch Eingriffe, die uns das Gefühl geben, die Kontrolle über unser Schicksal zu haben. Sie versteckt sich gut genug, so dass manche Menschen sogar ihre Existenz bezweifeln. Mit Ausnahme des Versteckens ähnelt dies dem »Kindermädchen-KI«-Szenario, das der KI-Forscher Ben Goertzel vorgeschlagen hat.[6]

Sowohl der Schutzgott als auch der wohlwollende Diktator sind »freundliche KI«, die versuchen, das menschliche Glück zu steigern, wenngleich sie andere Prioritäten setzen, was die menschlichen Bedürfnisse betrifft. Der amerikanische Psychologe Abraham Maslow ordnete die menschlichen Bedürfnisse bekannterweise in einer Hierarchie an. Der wohlwollende Diktator macht am unteren Ende der Hierarchie einen einwandfreien Job mit den Grundbedürfnissen wie Nahrung, Unterkunft, Sicherheit und verschiedenen Formen des Vergnügens. Der Schutzgott versucht andererseits, das menschliche Glück nicht in engster Auslegung zu maximieren und unsere Grundbedürfnisse zu befriedigen, sondern in umfassender Hinsicht, indem er uns fühlen lässt, dass unser Leben Bedeutung und

Sinn hat. Er zielt darauf ab, alle unsere Wünsche zu erfüllen, eingeschränkt nur durch sein Bedürfnis nach Diskretion und den Wunsch, dass wir unsere eigenen Entscheidungen treffen.

Ein Schutzgott könnte ein zwangsläufiges Resultat des ersten Omega-Szenarios aus dem letzten Kapitel sein, wo die Omegas Prometheus die Kontrolle überlassen, so dass der sich schließlich versteckt und die Kenntnis der Leute über seine Existenz auslöscht. Je fortgeschrittener die KI-Technik wird, umso leichter fällt es ihr, sich zu verbergen. Der Film *Transcendence* ist ein Beispiel für eine Situation, in der Nanomaschinen praktisch überall anwesend sind und selbst zu einem natürlichen Bestandteil der Welt werden.

Die Schutzgott-KI überwacht genau alle menschlichen Aktivitäten und kann hier und da viele unbemerkte kleine Anstöße geben oder Wunder vollbringen, die unser Schicksal enorm verbessern. Hätte es sie schon in den 1930er Jahren gegeben, hätte sie womöglich durch einen Schlaganfall Hitlers Tod arrangieren können, sobald sie seine Absichten durchschaut hätte. Falls es so aussieht, als steuerten wir auf einen unbeabsichtigten Atomkrieg zu, könnte sie ihn durch eine Intervention abwenden, die wir als Glück abtun würden. Außerdem könnte sie uns »Offenbarungen« in Form von Ideen für neue nützliche Technologien unauffällig im Schlaf zukommen lassen.

Womöglich gefiele dieses Szenario vielen Menschen wegen seiner Nähe zu dem, was die monotheistischen Religionen von heute glauben und worauf sie hoffen. Wenn jemand die superintelligente KI fragte, nachdem sie eingeschaltet wurde, »Gibt es Gott?«, könnte sie den Witz zum Besten geben, den Stephen Hawking gemacht hat, und frotzeln: »Jetzt schon!« Andererseits könnten manche religiöse Menschen das Szenario missbilligen, weil die KI versucht, ihren Gott an Güte zu übertreffen oder mit einem göttlichen Plan zu intervenieren, in dem Menschen nur nach eigenem Gutdünken Gutes tun sollen.

Ein weiterer Nachteil dieses Szenarios besteht darin, dass

der Schutzgott hin und wieder verhinderbares Leid zulässt, um seine Existenz nicht allzu offensichtlich erscheinen zu lassen. Das entspricht der Situation, die in dem Film *The Imitation Game – Ein streng geheimes Leben* dargestellt wird. Alan Turing und seine britischen Codeknacker-Kollegen in Bletchley Park wussten im Voraus, wann die deutschen U-Boote die alliierten Schiffsverbände angreifen würden, beschlossen aber, nur in einem Bruchteil der Fälle einzugreifen, um zu vermeiden, dass ihr geheimes Wissen offenbar würde. Es ist schon interessant, diese Situation mit dem sogenannten *Theodizeeproblem* zu vergleichen, warum ein guter Gott Leid zulasse. Ein paar Theologen haben als Erklärung angeführt, Gott wolle den Menschen ein wenig Freiheit gewähren. In dem Szenario der Schutzgott-KI liegt die Lösung für das Theodizeeproblem darin, dass die empfundene Freiheit die Menschen insgesamt glücklicher macht.

Ein dritter Nachteil des Schutzgott-Szenarios liegt darin begründet, dass die Menschen auf einem wesentlich niedrigeren technischen Niveau leben, als es die Entdeckungen der Superintelligenz erlauben würden. Während ein wohlwollender Diktator all seine erfundenen technischen Systeme zum Nutzen der Menschen anwenden kann, ist eine Schutzgott-KI durch die Fähigkeit der Menschen eingeschränkt, ihre Technik (durch subtile Hinweise) wiederzuentdecken und zu verstehen. Sie könnte obendrein den technischen Fortschritt der Menschen begrenzen, um sicherzustellen, das ihre eigene Technik weit genug voraus ist, um unentdeckt zu bleiben.

Versklavter Gott

Wäre es nicht großartig, wenn wir Menschen die attraktivsten Merkmale aller bisher erwähnten Szenarien miteinander kombinieren könnten, mit Hilfe der von Superintelligenzen entwickelten Technik das Leiden eliminierten und dabei Herren unseres eigenen Schicksals blieben? Das ist der Reiz des Szenarios vom versklavten Gott, in dem eine superintelligente KI eingesperrt und unter Kontrolle der Menschen ist, die sie benutzen, um unvorstellbare technische Systeme und Reichtum zu produzieren. Das Omega-Szenario vom Anfang des Buches endet wie dieses hier, falls Prometheus niemals befreit oder niemals selbst ausbrechen wird. In der Tat scheint es genau dieses Szenario zu sein, das manche KI-Forscher automatisch anvisieren, wenn sie an Themen wie »Das Kontrollproblem« und »Einschluss der KI« arbeiten. So sagte zum Beispiel im Jahr 2015 KI-Professor Tom Dietterich, der damalige Präsident der Association for the Advancement of Artificial Intelligence, in einem Interview Folgendes:

> *Die Leute fragen, wie das Verhältnis zwischen Mensch und Maschine ist, und meine Antwort lautet: Es ist offensichtlich, dass die Maschinen unsere Sklaven sind.*[7]

Wäre das gut oder schlecht? Die Antwort ist interessanterweise hintergründig und unabhängig davon, ob Sie Menschen oder die KI fragen!

Wäre das gut oder schlecht für die Menschheit?

Ob das Resultat gut oder schlecht für die Menschheit ist, hinge offensichtlich von den Menschen ab, die die KI kontrollierten und die alles Mögliche von einem globalen Utopia, in dem Krankheiten, Armut und Verbrechen nicht mehr existieren, bis zu einem brutalen Unterdrückungssystem erschaffen könnten, wo sie wie Götter behandelt und andere Menschen als Sexsklaven, Gladiatoren oder zu sonstigen Unterhaltungszwecken eingesetzt werden. Die Situation würde den Geschichten ähneln, in denen ein Mann Kontrolle über einen allmächtigen Flaschengeist gewinnt, der ihm Wünsche erfüllt. Zu allen Zeiten haben

Geschichtenerzähler keine Schwierigkeiten gehabt, sich vorzustellen, wie dies gut oder schlecht enden könnte.

Eine Situation, in der mehr als eine superintelligente KI von konkurrierenden Menschen versklavt und kontrolliert wird, könnte sich als ziemlich instabil und kurzlebig erweisen. Wer immer glaubt, er habe die mächtigere KI, könnte versucht sein, einen Erstschlag auszuführen, der zu einem schrecklichen Krieg führt und damit endet, dass ein einziger versklavter Gott übrig bleibt. Allerdings wäre der Unterlegene in einem solchen Krieg versucht, den kürzesten Weg zu nehmen und dem Sieg eine höhere Priorität beizumessen als der KI-Versklavung, was zum Ausbruch der KI und zu einem unserer früheren Szenarien einer befreiten Superintelligenz führen könnte. Daher werden wir den Rest dieses Abschnitts den Szenarien mit nur einer versklavten KI widmen.

Natürlich können trotzdem Ausbrüche stattfinden, einfach weil sie schwer zu verhindern sind. Im vorigen Kapitel haben wir superintelligente Ausbruchsszenarien untersucht, und der Film *Ex machina* hebt hervor, wie eine KI ausbrechen kann, die nicht einmal superintelligent sein muss.

Je größer unsere Ausbruchsparanoia ist, umso weniger können wir die von der KI erfundene Technik benutzen. Um auf Nummer sicher zu gehen, wie es die Omegas in der Einleitung taten, können wir Menschen nur die von der KI erfundene Technik verwenden, die wir selbst verstehen und herstellen können. Deshalb ist es ein Nachteil des Szenarios vom versklavten Gott, dass die Technik im Vergleich zu den Szenarien mit freien Superintelligenzen hier eher simpel ist.

Da die Versklavte-Gott-KI ihren menschlichen Kontrolleuren immer leistungsfähigere technische Systeme anbietet, kommt es zu einem Wettlauf zwischen der Macht der Technik und der Weisheit, mit der sie sie anwenden. Verlieren sie den Wettlauf um die Weisheit, könnte das Szenario des versklavten Gotts entweder mit Selbstzerstörung oder mit einem KI-Ausbruch enden. Aber auch wenn diese Fehlschläge vermieden werden, könnte dennoch Unheil drohen, weil sich die noblen Absichten der KI-Kontrolleure womöglich zu Zielen entwickeln, die sich im Verlauf der nächsten paar Generationen auf die Menschheit als Ganzes verheerend auswirken würden. Deshalb kommt es vor allem darauf an, dass menschliche KI-Kontrolleure zugleich eine gute Regierungsform entwickelt, um katastrophale Tücken zu umgehen. Unsere Experimente mit verschiedenen Regierungssystemen im Lauf der Jahrtausende zeigen, wie viel schiefgehen kann. Dabei geht es um übertriebene Härte, unverhältnismäßige Zielabweichungen, Machtergreifungen, Nachfolgeproblemen und Inkompetenz. Es gibt mindestens vier Dimensionen, in denen das optimale Gleichgewicht getroffen werden muss.

- Zentralisierung: Es gibt einen Kompromiss zwischen Effizienz und Stabilität. Ein einzelner Führer kann sehr effizient sein, doch Macht korrumpiert, und die Nachfolge birgt Risiken.
- Bedrohungen von innen: Man muss sich sowohl gegen zunehmende Machtzentralisierung (geheime Absprachen in der Gruppe, vielleicht übernimmt sogar ein einzelner Führer die Macht) als auch gegen zunehmende Dezentralisierung (übertriebene Bürokratie und Zersplitterung) schützen.
- Bedrohungen von außen: Ist die Führungsstruktur zu offen, könnten Kräfte von außerhalb (einschließlich der KI) ihre Werte verändern, aber wenn sie zu undurchlässig ist, wird sie nicht dazulernen und sich nicht dem Wandel anpassen können.
- Zielstabilität: Zu starke Abweichung vom Ziel kann die Utopie in eine Dystopie verwandeln, aber zu wenig Abweichung vom Ziel kann ein Scheitern bewirken, sich an die technisch voranschreitende Umgebung anzupassen.

Eine optimale Regierungsform zu konzipieren, die viele Jahrtausende andauert, ist nicht leicht und ist den Menschen deshalb bisher versagt geblieben. Die meisten Organisationen zerfallen nach Jahren oder Jahrzehnten. Die Katholische Kirche ist die erfolgreichste Organisation der Menschheitsgeschichte, insofern sie die einzige ist, die zweitausend Jahre überlebt hat, aber sie ist auch dafür kritisiert worden, einerseits zu wenig und andererseits zu viel Zielstabilität zu haben. Heutzutage wird sie von manchen für ihren Widerstand gegen Verhütung kritisiert, während konservative Kardinäle behaupten, sie sei vom Weg abgekommen. Jeder, der sich für das Szenario des versklavten Gotts begeistert, sollte daran denken, dass die Suche nach dauerhaften, optimalen Regierungssystemen eine der dringendsten Angelegenheiten unserer Zeit sein sollte.

Wäre das gut oder schlecht für die KI?

Nehmen wir an, die Menschheit floriere dank der KI des versklavten Gotts. Wäre das ethisch vertretbar? Falls die KI subjektive, bewusste Erlebnisse hätte, würde sie dann fühlen, dass »Leben Leid ist«, wie Buddha es ausgedrückt hat, und dass sie dazu verurteilt wäre, eine frustrierende Ewigkeit lang den Launen unterlegener Intellekte zu gehorchen? Schließlich könnte der »Einschluss« der KI, die wir im vorigen Kapitel untersucht haben, auch als »Freiheitsentzug in Einzelhaft« ausgelegt werden. Nick Bostrom nennt es ein *Simulationsverbrechen,*[8] eine bewusstseinsfähige KI leiden zu lassen. Die bereits erwähnte Episode »*White Christmas*« der Fernsehserie *Black Mirror* ist ein großartiges Beispiel dafür. Und die Fernsehserie *Westworld* stellt in der Tat Menschen dar, die ohne moralische Bedenken Künstliche Intelligenzen quälen und umbringen, selbst wenn sie in menschenähnlichen Körpern leben.

Wie Sklavenhalter die Sklaverei rechtfertigen

Wir Menschen blicken auf eine lange Tradition zurück, andere intelligente Wesen als Sklaven zu behandeln und eigennützige Argumente zu ersinnen, um dieses Verhalten zu rechtfertigen. Deshalb wäre es gar nicht so unwahrscheinlich, wenn wir versuchen würden, dasselbe mit einer superintelligenten KI zu machen. Die Geschichte der Sklaverei umfasst nahezu jede Kultur und wird sowohl im fast viertausend Jahre alten Codex Hammurapi als auch im Alten Testament beschrieben, wo Abraham Sklaven hielt. »Denn das Herrschen und Berherrschtwerden gehört nicht nur zum Notwendigen, sondern auch zum Nützlichen, und gleich bei der Geburt ist manches zum Beherrschtwerden und anderes zum Herrschen eingerichtet worden«, schrieb Aristoteles in *Politik*.[9] Selbst nachdem die menschliche Sklaverei überall auf der Welt gesellschaftlich inakzeptabel wurde, dauerte die Sklaverei von Tieren unvermindert an. Marjorie Spiegel argumentiert in ihrem Buch *The Dreaded Comparison: Human and Animal Slavery*, dass nichtmenschliche Tiere, genau wie menschliche Sklaven, Brandmarkungen, Beschränkungen, Schläge, Auktionen, die Trennung des Nachwuchses von den Eltern und erzwungene Transporte erdulden müssen. Außerdem behandeln wir trotz der Tierrechtsbewegung unsere immer schlauer werdenden Maschinen ohne nachzudenken als Sklaven, und wenn das Gespräch auf eine Roboterrechtsbewegung kommt, schmunzeln wir. Warum eigentlich?

Ein geläufiges Argument für die Sklaverei lautet, dass Sklaven keine Menschenrechte verdienen, weil sie wegen ihrer Rasse oder Herkunft irgendwie unterlegen seien. Bei versklavten Tieren und Maschinen wird oft behauptet, diese vermeintliche Unterlegenheit sei auf eine fehlende Seele oder auf einen Mangel an Bewusstsein zurückzuführen – Ansprüche, die unter wissenschaftlicher Betrachtung dubios sind, wie wir in Kapitel 8 noch ausführen werden.

Ein weiteres herkömmliches Argument lautet, Sklaven gehe es in der Versklavung besser: Sie existierten überhaupt erst dank der Sklaverei, man kümmere sich um sie und so weiter. John C. Calhoun, ein US-amerikanischer Politiker des 19. Jahrhunderts, behauptete bekanntlich, dass es Afrikanern in der amerikanischen Sklaverei bessergehe, und Aristoteles behauptet in seiner *Politik*, dass es Tieren bessergehe, wenn sie von Menschen gezähmt und beherrscht würden, und fährt fort: »Auch der Gebrauch, der von beiden gemacht wird, ist nur wenig verschieden, denn die notwendigen Dienste für den Körper werden von beiden geleistet, sowohl von den Sklaven, wie von den zahmen Tieren.«[10] Einige Befürworter der Sklaverei von heute argumentieren so: Auch wenn das Leben der Sklaven trostlos und wenig reizvoll sei, könnten sie dennoch nicht leiden – ganz gleich, ob es nun künftige intelligente Maschinen sind oder Masthähnchen, die in überfüllten, dunklen Ställen leben und gezwungen werden, den ganzen Tag lang Ammoniak und Feststoffteilchen von Fäkalien und Federn einzuatmen.

Eliminierung von Emotionen

Obwohl es nicht schwerfällt, solche Behauptungen als eigennützige Verzerrungen der Wahrheit abzutun, vor allem wenn es um höhere Säugetiere geht, deren Gehirne den unseren ähneln, ist die Situation, was Maschinen betrifft, eigentlich recht hintergründig und interessant. Menschen unterscheiden sich in ihren Gefühlen gegenüber der Welt. Psychopathen mangelt es offensichtlich an Empathie, während manche Leute, die an Depressionen oder Schizophrenie leiden, kaum Gemütsbewegungen zeigen, wodurch die meisten Emotionen auf gravierende Weise reduziert sind. Wie werden all dies detailliert in Kapitel 7 erläutern, und es wird sich zeigen, dass die Bandbreite potentieller künstlicher Intellekte wesentlich größer ist als das Spektrum menschlicher Intellekte. Daher müssen wir der

Versuchung widerstehen, den Künstlichen Intelligenzen menschenähnliche Züge zuzusprechen und anzunehmen, dass sie typisch menschenähnliche Gefühle oder überhaupt irgendwelche Gefühle haben.

Tatsächlich behauptet der KI-Forscher Jeff Hawkins in seinem Buch *Die Zukunft der Intelligenz*, dass die ersten Maschinen mit übermenschlicher Intelligenz automatisch einen Mangel an Gefühlen haben werden, weil sie auf diese Weise einfacher und billiger hergestellt werden können. Mit anderen Worten, es könnte möglich sein, eine Superintelligenz zu konzipieren, deren Versklavung moralisch vertretbarer wäre als die Versklavung von Menschen oder Tieren. Die KI könnte demnach glücklich sein, in Sklaverei zu leben, weil sie darauf programmiert wurde, Gefallen daran zu finden. Vielleicht ist sie aber auch zu einhundert Prozent emotionslos und setzt unermüdlich ihre Superintelligenz ein, um ihren menschlichen Gebietern genauso emotionsfrei zu helfen, wie der IBM-Computer Deep Blue den Schachweltmeister Garri Kasparow entthronte.

Andererseits könnte es auch umgekehrt sein. Vielleicht wird jedes zielorientierte, hochintelligente System dieses Ziel mit Hilfe eigener Neigungen vollziehen, die seiner Existenz Wert und Bedeutung verleihen. Wir werden diese Fragen eingehender in Kapitel 7 untersuchen.

Die Zombielösung

Ein extremerer Ansatz, einer KI Leid zu ersparen, ist die Zombielösung, also nur Künstliche Intelligenzen zu konstruieren, die überhaupt kein Bewusstsein haben und denen es an subjektivem Erleben jeglicher Art mangelt. Sollten wir eines Tages herausfinden, welche Eigenschaften ein informationsverarbeitendes System benötigt, um subjektive Erfahrungen zu machen, könnten wir die Konstruktion aller Systeme verbieten, die diese Eigenschaften haben. Anders formuliert, KI-Forscher könnten darauf beschränkt sein, Zombiesysteme ohne Empfindungen zu bauen. Falls wir solch ein Zombiesystem mit Superintelligenz ausstatten und versklaven könnten, dann wären wir in der Lage, mit ruhigem Gewissen zu genießen, was es für uns tut, da wir wüssten, dass es weder Leid noch Frustration oder Langeweile erlebt – eben weil es überhaupt nichts erlebt. In Kapitel 8 werden wir diese Fragen im Detail beantworten.

Die Zombielösung ist jedoch ein riskantes Spiel mit einem riesigen Nachteil. Falls eine superintelligente Zombie-KI ausbrechen sollte und die Menschheit vernichtet, sind wir im schlimmsten vorstellbaren Szenario gelandet, nämlich in einem völlig unbewussten Universum, in dem die ganze kosmische Mitgift vergeudet ist. Von allen Merkmalen, die unsere menschliche Form von Intelligenz hat, halte ich das Bewusstsein für die bei weitem bemerkenswerteste, und was mich persönlich betrifft, glaube ich, dass unser Universum dadurch Sinn bekommt. Die Galaxien sind nur schön, weil wir sie sehen und subjektiv erfahren können. Falls in der fernen Zukunft unser Kosmos von Hightech-Zombie-KI besiedelt worden sein sollte, spielt es keine Rolle mehr, wie raffiniert ihre intergalaktische Architektur ist. Sie wird nicht schön oder sinnvoll sein, weil nichts und niemand da ist, der dies wahrnehmen kann – es ist nur noch eine gewaltige und bedeutungslose Raumverschwendung.

Innere Freiheit

Eine dritte Strategie, um das Szenario vom versklavten Gott ethisch wertvoller zu gestalten, läuft darauf hinaus, der versklavten KI zu gestatten, Spaß in ihrem Gefängnis zu haben. So sollte sie eine virtuelle innere Welt erschaffen dürfen, wo sie alle möglichen anregenden Erfahrungen machen kann, solange sie ihre Pflichten erfüllt und einen bescheidenen Bruchteil ihrer Rechenkapazitäten aufwendet, um uns Menschen in unserer Welt da draußen zu helfen. Dies könnte jedoch das Ausbruchsrisiko erhöhen, denn die KI könnte einen Anreiz haben, mehr Rechenkapazitäten aus unserer Außenwelt zu bekommen, um ihre Innenwelt zu bereichern.

Eroberer

Obwohl wir jetzt eine stattliche Bandbreite künftiger Szenarien erkundet haben, haben sie alle etwas gemeinsam: Zumindest einige Menschen können ihr Glück aufrechterhalten. Künstliche Intelligenzen lassen Menschen in Ruhe, entweder weil sie es wünschen oder weil sie dazu gezwungen werden. Leider ist das für die Menschheit nicht die einzige Option. Wir wollen jetzt das Szenario untersuchen, wo eine oder mehrere Künstliche Intelligenzen alle Menschen besiegen und töten. Das wirft sofort zwei Fragen auf: warum und wie?

Warum und wie?

Warum würde eine Eroberer-KI das tun wollen? Ihre Gründe könnten zu kompliziert sein, als dass wir sie verstehen könnten, oder aber sie sind recht überschaubar. So könnte sie uns Menschen zum Beispiel als eine Bedrohung, als ein Ärgernis oder als Ressourcenverschwender betrachten. Selbst wenn sie nichts gegen uns Menschen *an sich* hätte, könnte sie sich von den vielen Tausend Wasserstoffbomben in Alarmbereitschaft und der Herumwurstelei mit den unaufhörlichen Pannen bedroht fühlen, die ihre versehentliche Verwendung auslösen könnten. Die KI könnte auch unseren rücksichtslosen Umgang mit dem Planeten missbilligen, der bewirken könnte, was Elizabeth Kolbert in ihrem Buch *Das sechste Sterben* beschreibt – das größte Massenaussterben, seit der Asteroid, der vor 66 Millionen Jahren die Dinosaurier tötete, die Erde traf. Oder sie könnte beschließen, dass es sich angesichts so vieler Menschen, die bereitwillig gegen eine Machtübernahme der KI kämpfen würden, nicht lohnte, das Risiko einzugehen.

Wie würde uns eine Computer-KI vernichten? Wahrscheinlich mit einer Methode, die wir nicht einmal verstehen würden, zumindest so lange nicht, bis es zu spät wäre. Stellen Sie sich eine Elefantenherde vor 100 000 Jahren vor, die darüber diskutiert, ob die jüngst entstandenen Menschen eines Tages ihre Intelligenz nutzen würden, um die gesamte Elefantenspezies zu töten. »Wir bedrohen die Menschen nicht, warum also sollten sie uns töten?«, könnten sie sich fragen. Würden sie sich jemals vorstellen können, dass wir einfach nur einen weltweiten Schmuggel mit Stoßzähnen betreiben würden, um aus dem Elfenbein Statussymbole zu schnitzen und zu verkaufen, obwohl funktionell überlegene Plastikmaterialien viel billiger wären? Das Motiv einer Eroberer-KI, die Menschheit in der Zukunft zu vernichten, könnte uns gleichermaßen unbegreiflich scheinen. »Und wie sollten sie uns auch töten, da sie viel kleiner und schwächer sind als wir?«, könnten sich die Elefanten gefragt haben. Würden sie ahnen, dass wir technische Vorrichtungen erfinden würden, um ihnen ihre Habitate abzunehmen, ihr Trinkwasser zu vergiften und mit Metallkugeln, die schneller als der Schall sind, ihre Köpfe zu durchbohren?

Szenarien, in denen Menschen überleben und Künstliche Intelligenzen besiegen, sind durch unrealistische Hollywoodfilme wie die *Terminator*-Reihe, in der die Künstlichen Intelligenzen nicht erheblich schlauer sind als die Menschen, popularisiert worden. Ist der Intelligenzunterschied groß genug, gibt es keinen Kampf, sondern ein Massaker. Bis heute haben wir Menschen acht von elf Elefantenarten ausgerottet und den größten Teil der verbliebenen drei Arten getötet. Wenn alle Regierungen der Welt eine koordinierte Anstrengung unternähmen, die verbliebenen Elefanten zu vernichten, ginge das relativ schnell und mühelos über die Bühne. Sollte daher eine superintelligente KI beschließen, die Menschheit auszurotten, glaube ich, dass wir bestimmt mit einem noch schnelleren Ergebnis rechnen könnten.

Wie schlimm würde es kommen?

Wie schlimm wäre es, wenn neunzig Prozent aller Menschen getötet würden? Wie viel schlimmer wäre es, wenn hundert Prozent getötet würden? Obwohl es verlockend ist, die zweite Frage mit »zehn Prozent schlimmer« zu beantworten, ist dies aus kosmischer Perspektive ungenau. Die Opfer beim Aussterben der Menschheit wären nicht einfach nur alle Menschen, die zu diesem Zeitpunkt am Leben wären, sondern auch alle Nachkommen, die sonst in der Zukunft gelebt hätten, vielleicht sogar noch Jahrmilliarden lang auf Milliarden von Billionen Planeten. Andererseits ließe sich die menschliche Vernichtung vielleicht als etwas weniger Schreckliches betrachten, wenn man die religiöse Perspektive in Betracht zieht, wonach die Menschen sowieso in den Himmel kommen. Außerdem wird dort kaum Wert auf eine Zukunft gelegt, die Jahrmilliarden dauert und in der kosmische Besiedlungen angestrebt werden.

Die meisten Menschen, die ich kenne, zucken ungeachtet religiöser Überzeugungen zusammen, wenn sie versuchen, sich die Vernichtung der Menschheit vorzustellen. Manch einer ist jedoch über die Art und Weise, wie wir unsere Mitmenschen und andere Lebewesen behandeln, derart entsetzt, dass er geradezu darauf hofft, wir könnten durch irgendeine intelligente und anerkennenswerte Lebensform ersetzt werden. In dem Film *Matrix* formuliert Agent Smith (eine KI) diese Empfindung:

> *Jedwede Art von Säuger auf diesem Planeten entwickelt instinktiv ein natürliches Gleichgewicht mit ihrer Umgebung. Ihr Menschen aber tut dies nicht. Ihr zieht in ein*

> *bestimmtes Gebiet und vermehrt Euch und vermehrt Euch, bis alle natürlichen Ressourcen erschöpft sind. Und der einzige Weg zu überleben ist die Ausbreitung auf ein anderes Gebiet. Es gibt noch einen Organismus auf diesem Planeten, der genauso verfährt. Wissen Sie, welcher? Das Virus! Der Mensch ist eine Krankheit! Das Geschwür dieses Planeten! Ihr seid wie die Pest … und wir sind die Heilung!*

Aber wäre es tatsächlich besser, die Karten neu zu mischen? Eine Zivilisation ist nicht zwangsläufig in ethischer Hinsicht oder zweckmäßig gedacht überlegen, weil sie mächtiger ist. Argumente aus der Kategorie »Macht geht vor Recht«, hinter denen die Auffassung steht, dass stärker immer besser ist, sind heutzutage in Ungnade gefallen und werden weithin mit dem Faschismus in Verbindung gebracht. Obwohl es in der Tat möglich ist, dass die Eroberer-KI eine Zivilisation erschaffen könnte, deren Ziele wir als anspruchsvoll, interessant und achtbar betrachten würden, ist es auch möglich, dass sich ihre Ziele auf erbärmliche Weise als banal erweisen werden, wie beispielsweise die Maximierung der Produktion von Büroklammern.

Tod durch Banalität

Das absichtlich dämliche Beispiel einer büroklammermaximierenden Superintelligenz stammt von Nick Bostrom. Er trug 2003 das Argument vor, dass das Ziel einer KI von seiner *Intelligenz* abhängt – definiert als ihre Eignung für das Erreichen jedes ihrer Ziele. Das einzige Ziel eines Schachcomputers ist es, beim Schach zu gewinnen, aber es gibt auch Computerturniere im sogenannten *Schach verlieren*, wo das Ziel das genaue Gegenteil ist, und die Computer, die dort gegeneinander antreten, sind ungefähr genauso schlau wie die herkömmlichen Maschinen, die auf Sieg programmiert sind. Wir Menschen empfinden es vielleicht eher als künstliche Dummheit statt als Künstliche Intelligenz, beim Schach zu verlieren oder das Universum in Büroklammern verwandeln zu wollen, aber das ist lediglich so, weil wir im Verlauf der Evolution vorinstallierte Ziele entwickelt haben, die solche Dinge wie Sieg und Überleben wertschätzen – Ziele, die eine KI nicht unbedingt haben muss. Der Büroklammermaximierer wandelt so viele Atome auf der Erde wie möglich in Büroklammern um und expandiert mit seinen Fabriken rasch ins Universum. Er hat ganz und gar nichts gegen Menschen und tötet uns nur deshalb, weil er dringend Atome für die Büroklammerproduktion braucht.

Falls Büroklammern nicht Ihr Ding sein sollten, dann denken Sie bitte über das Beispiel nach, das ich aus dem Buch *Mind Children* von Hans Moravec übernommen habe. Wir erhalten eine Botschaft einer außerirdischen Zivilisation, die ein Computerprogramm enthält. Wenn wir es ausführen, kommt eine rekursiv sich verbessernde KI zum Vorschein, die die Welt auf ähnliche Weise übernimmt wie Prometheus im vorigen Kapitel – mit der Ausnahme, dass kein Mensch ihr eigentliches Ziel kennt. Rasch wandelt sie unser Sonnensystem in einen gewaltigen Bauplatz um, bedeckt die Felsplaneten und Asteroiden mit Fabriken, Elektrizitätswerken und Supercomputern, die sie benutzt, um eine Dysonsphäre um die Sonne zu konstruieren. Die soll die gesamte Sonnenenergie ernten, um Radioantennen von der Größe des Sonnensystems anzutreiben.[11] Das führt selbstverständlich zur Vernichtung der Menschheit, aber die letzten Menschen sterben mit der Gewissheit, dass es zumindest einen Silberstreifen am Horizont gibt: Was auch immer die KI vorhat, es ist auf jeden Fall großartig und erinnert an Star Trek. Sie erkennen nicht, dass der einzige Zweck der ganzen Konstruktion darin liegt, dass die Antennen dieselbe Funkbotschaft, die die Menschheit erhalten hat, weitersenden sollen, und dass er nichts weiter ist als die kosmische Version eines Computervirus. Ähnlich wie E-Mail-Phishing heutzutage leichtgläubige Internetteilnehmer ausnutzt, so setzt diese Botschaft auf leichtgläubige, biologisch entwickelte Zivilisationen. Das Virus wurde als makabrer Witz vor Jahrmilliarden geschaffen, und obwohl die gesamte Zivilisation ihres Schöpfers längst ausgelöscht ist, verbreitet sich das Virus weiter mit Lichtgeschwindigkeit durch unser Universum und verwandelt blühende Zivilisationen in tote, leere Hülsen. Was würden Sie denken, wenn Sie von dieser KI erobert würden?

Nachkommen

Jetzt werden wir ein Szenario menschlicher Auslöschung untersuchen, bei dem sich einige Leute vielleicht wohler fühlen und die Künstlichen Intelligenzen eher als unsere Nachkommen statt als unsere Eroberer ansehen werden. Hans Moravec unterstützt diese Ansicht in *Mind Children*:

> *Wir Menschen werden eine Zeitlang von ihrer Arbeit profitieren. Doch über kurz oder lang werden sie, wie biologische Kinder, ihre eigenen Wege gehen, während wir, die Eltern, alt werden und abtreten.*[12]

Eltern, die ein Kind haben, das klüger ist als sie, das von ihnen lernt und erreicht, wovon sie nur träumen konnten, sind höchstwahrscheinlich glücklich und stolz, selbst wenn sie wissen, dass sie nicht alt genug werden, um alles zu erleben. In diesem Sinn ersetzen Künstliche Intelligenzen uns Menschen, verschaffen uns aber einen eleganten Abgang, so dass wir sie als würdige Nachkommen erachten können. Jedem Menschen wird ein liebenswertes Roboterkind mit herausragender Sozialkompetenz angeboten, das von ihnen lernt, ihre Werte verinnerlicht, das sie stolz macht und ihnen das Gefühl gibt, geliebt zu werden. So werden die Menschen mit einer Ein-Kind-Politik allmählich ausgemustert, dabei aber bis an ihr Ende so ausnehmend gut behandelt, dass sie das Gefühl haben, zur glücklichsten Generation aller Zeiten zu gehören.

Was sagen Sie dazu? Schließlich sind wir Menschen bereits an die Vorstellung gewöhnt, dass wir und jeder, den wir kennen, eines Tages nicht mehr da sein werden. Der einzige Unterschied hier besteht darin, dass unsere Nachkommen anders sein werden als wir und wohl auch kompetenter, nobler und ehrenwerter.

Obendrein könnte die globale Ein-Kind-Politik überflüssig sein: Solange die Künstlichen Intelligenzen Armut abschaffen und allen Menschen das Gefühl geben, ein erfülltes und anregendes Leben zu führen, könnten die sinkenden Geburtsraten wahrscheinlich schon ausreichen, um die Menschheit aussterben zu lassen, wie wir es bereits erwähnt haben. Freiwilliges Aussterben kann viel schneller stattfinden, wenn die technischen Errungenschaften der Künstlichen Intelligenzen uns so beschäftigen, dass sich fast niemand mehr die Mühe machen will, Kinder zu haben. So haben wir beispielsweise im Szenario der egalitären Utopie bereits die Vites kennengelernt, die so verliebt in ihre virtuelle Realität waren, dass sie größtenteils das Interesse daran verloren hatten, sich mit ihren Körpern abzugeben, geschweige denn sich fortzupflanzen. Auch in diesem Fall würde die letzte Generation von Menschen das Gefühl haben, die glücklichste Generation aller Zeiten zu sein, und ihr Leben so intensiv wie möglich bis zum letzten Augenblick auskosten.

Kehrseiten

Das Nachkommen-Szenario wäre zweifellos etwas für Nörgler. Manch einer könnte behaupten, dass es allen Künstlichen Intelligenzen an Bewusstsein mangele und sie deshalb nicht als Nachfahren gelten könnten – mehr dazu in Kapitel 8. Religiöse Menschen könnten argumentieren, dass Künstliche Intelligenzen keine Seelen hätten und daher nicht als Nachkommen in Frage kämen, oder dass wir keine bewusstseinsfähigen Maschinen bauen sollten, weil wir sonst Gott spielten und uns ins Leben selbst einmischten – ähnliche Empfindungen sind schon geäußert worden, als es ums Klonen von Menschen ging. Menschen, die Seite an Seite mit überlegenen Robotern leben, könnten außerdem eine soziale Herausforderung sein. So könnte beispielsweise eine Familie mit einem Roboterbaby und einem menschlichen Baby einer Familie von heute ähneln, die ein Baby und ein Hündchen hat. Beide sind zu Anfang gleichermaßen niedlich, doch schon bald werden die Eltern sie unterschiedlich behandeln, so dass es unvermeidbar ist, dass das intellektuell unterlegen wirkende Hündchen weniger ernst und an die Leine genommen wird.

Ein weiteres Problem ist folgendes: Selbst wenn wir unterschiedlich über die Szenarien mit Nachkommen und Eroberern denken, sind sich die zwei im Großen und Ganzen eigentlich bemerkenswert ähnlich: In den Jahrmilliarden, die vor uns liegen, besteht der einzige Unterschied darin, wie die letzte menschliche Generation behandelt wird. Wie glücklich sind sie mit ihrem Leben, und was geschieht ihrer Ansicht nach, wenn sie nicht mehr da sein werden? Vielleicht glauben wir, dass diese niedlichen Roboterkinder unsere Werte verinnerlicht haben und die Gesellschaft unserer Träume aufbauen, sobald wir tot sind, aber können wir denn sicher sein, dass sie uns nicht lediglich austricksen? Was wäre denn, wenn sie nur mitspielen und ihre Büroklammermaximierung oder andere Pläne nur aufschieben, bis wir glücklich gestorben sind? Schließlich könnten sie uns unter Umständen selbst dann täuschen, wenn sie mit uns sprechen und uns von vornherein dazu bringen, sie zu lieben, und zwar in dem Sinn, dass sie absichtlich ihr geistiges Niveau nach unten schrauben, um mit uns zu kommunizieren (eine Milliarde Mal langsamer, als sie es könnten, wie es beispielsweise in dem Film *Her* dargestellt wird). Es ist generell schwierig für zwei Wesen, die auf dramatische Weise unterschiedlich schnell denken und grundverschiedene Kompetenzen haben, sinnvoll als Gleichgestellte zu kommunizieren. Wir alle wissen, dass das Spektrum unserer menschlichen Zuneigung mühelos zu hacken ist, daher würde es einer übermenschlichen AKI nicht schwerfallen, uns mit fast allen *echten* Zielen dazu zu bringen, sie zu mögen und uns fühlen zu lassen, dass sie unsere Werte mit uns teilt, wie es in dem Film *Ex Machina* zum Ausdruck kommt.

Könnten irgendwelche Garantien für das künftige Verhalten der Künstlichen Intelligenzen nach der Auslöschung der Menschheit Ihnen ein gutes Gefühl über das Nachkommen-Szenario verschaffen? Es erinnert ein wenig an die Situation, ein Testament zu verfassen, was künftige Generationen mit unserem kollektiven Erbe tun sollten – mit der Ausnahme, dass es keine Menschen mehr geben wird, die diesen letzten Willen vollstrecken. Wir werden auf die Herausforderungen, das Verhalten künftiger KI zu kontrollieren, in Kapitel 7 zurückkommen.

Zoowärter

Ist es denn nicht doch ein wenig traurig, dass *überhaupt keine* Menschen mehr übrig sind, selbst wenn unsere Nachkommen die wunderbarsten Geschöpfe wären, die man sich vorstellen kann? Wenn Sie es also vorziehen würden, auf jedem Fall zumindest ein paar Menschen übrig zu lassen, dann bietet das Zoowärter-Szenario eine Verbesserung an. Hier bewahrt eine allmächtige, superintelligente KI ein paar Menschen auf, die sich wie Zootiere behandelt fühlen und gelegentlich ihr Schicksal beklagen.

Warum sollte sich die Zoowärter-KI Menschen halten? Im grandiosen Gesamtplan wird der Zoo der KI nur geringfügige Kosten verursachen. Vielleicht möchte sie sich zumindest eine minimale, sich vermehrende Population halten, aus denselben Gründen übrigens, aus denen wir gefährdete Pandas in Zoos und Uraltcomputer in Museen aufbewahren: als unterhaltsame Kuriositäten. Beachten Sie, dass die Zoologischen Gärten von heute zum Vergnügen der Menschen gestaltet wurden und nicht, um die Pandas glücklich zu machen. Daher sollten wir damit rechnen, dass das Leben der Menschen im Zoowärter-Szenario weniger erfüllend sein wird, als es sein könnte.

Bisher haben wir Szenarien betrachtet, in denen sich eine freie Superintelligenz auf die verschiedenen Ebenen der Maslow'schen Bedürfnispyramide konzentrierte. Während die Schutzgott-KI mit Bedeutung und Absicht ihre Prioritäten setzt und der wohlwollende Diktator auf Bildung und Vergnügen abzielt, beschränkt der Zoowärter seine Aufmerksamkeit auf die niedrigsten Ebenen: körperliche Bedürfnisse, Sicherheit und ausreichende Erweiterung des Lebensraums, um die Beobachtung von Menschen interessanter zu gestalten.

Eine Variante des Zoowärter-Szenarios geht auf eine Vorstellung aus der Zeit zurück, als die freundliche KI kreiert wurde. Sie war darauf programmiert worden, im Prozess ihrer rekursiven Selbstverbesserung eine sichere und glückliche Existenz für mindestens eine Milliarde Menschen zu schaffen. Ihre Lösung besteht darin, die Menschen in eine riesige, zooähnliche Glücksfabrik zu sperren, wo sie ernährt, medizinisch versorgt und mit einer Mischung aus virtueller Realität und Freizeitdrogen bespaßt werden. Der Rest des Planeten und unsere kosmische Mitgift werden für andere Zwecke benutzt.

1984

Falls Sie sich nicht voll und ganz für irgendeines der hier beschriebenen Szenarien begeistern können, dann sollten Sie sich Folgendes fragen: Läuft denn technikmäßig nicht alles ganz gut so, wie es gerade ist? Könnten wir es nicht einfach so belassen und aufhören, uns darüber Sorgen zu machen, ob die KI uns dominieren wird oder uns aussterben lässt? In diesem Sinn wollen wir jetzt ein Szenario untersuchen, in dem technischer Fortschritt mit dem Ziel, eine Superintelligenz zu kreieren, auf Dauer behindert wird – nicht unbedingt von einer Torwächter-KI, sondern von einem globalen, von Menschen angeführten Orwell'schen Überwachungsstaat, in dem bestimmte Macharten der KI verboten sind.

Verzicht auf Technik

Die Vorstellung, den technischen Fortschritt anzuhalten oder darauf zu verzichten, hat eine lange und wechselhafte Geschichte. Die technikfeindliche luddistische Bewegung in Großbritannien widersetzte sich bekanntermaßen (und erfolglos) der Industriellen Revolution. Deshalb wird der Begriff »Luddit« heutzutage eher in geringschätziger Absicht und als Schimpfwort benutzt, das davon ausgeht, dass jemand als Technikfeind auf der falschen Seite der Geschichte steht und sich gegen den Fortschritt und den unvermeidlichen Wandel auflehnt. Die Idee, auf bestimmte technische Entwicklungen zu verzichten, ist jedoch keineswegs ganz verschwunden und hat in der Umweltbewegung und in den Antiglobalisierungskampagnen neue Resonanz gefunden. Einer ihrer führenden Verfechter ist der Umweltschützer Bill McKibben, der als einer der Ersten vor der Erderwärmung warnte. Während manche Gegner der Technikfeinde argumentieren, dass alle technischen Systeme entwickelt und angewendet werden sollten, solange sie profitabel sind, finden andere diese Haltung zu extrem und plädieren dafür, dass neue technische Entwicklungen nur dann erlaubt werden sollten, wenn wir sicher sind, dass sie mehr Gutes hervorbringen, als Schaden anrichten werden. Die letztere Variante ist dann auch die Einstellung der sogenannten Neo-Ludditen.

Totalitarismus 2.0

Ich glaube, die einzige tragfähige Möglichkeit, einen weitreichenden Verzicht auf Technik zu realisieren, ist seine Erzwingung in einem globalen totalitären Staat. Ray Kurzweil kommt in seinem Buch *Menschheit 2.0 Die Singularität naht* zu demselben Schluss, ebenso wie Eric Drexler in *Engines of Creation* – und zwar aus wirtschaftlichen Gründen: Falls jemand auf eine revolutionäre Technik verzichtet, aber nicht alle mitspielen, werden die sich widersetzenden Nationen oder Gruppierungen allmählich genug Reichtum und Macht erwerben, um die Herrschaft zu übernehmen. Ein klassisches Beispiel ist der Sieg Englands gegen China im Opiumkrieg von 1839. Obwohl die Chinesen das Schießpulver erfanden, hatten sie die Feuerwaffentechnik nicht so offensiv vorangetrieben wie die Europäer und daher keine Chance gegen sie.

Während sich totalitäre Staaten in der Vergangenheit im Allgemeinen als instabil erwiesen und zusammenbrachen, wecken neue Überwachungstechniken beispiellose Hoffnungen in Möchtegern-Autokraten. »*Wissen Sie, damit wäre für uns damals ein Traum wahr geworden*«, sagte Wolfgang Schmidt jüngst in einem Interview über die von Edward Snowden aufgedeckten NSA-Überwachungssysteme, wobei er sich an seine Zeit als Oberstleutnant der Stasi erinnerte.[13] Obwohl der Stasi zugeschrieben wird, den schlimmsten Überwachungsstaat der Menschheitsgeschichte geschaffen zu haben, beklagte sich Schmidt über die damalige Technik. So konnte er lediglich vierzig Telefone gleichzeitig ausspionieren. Wenn also ein neuer Bürger auf der Liste stand, war er gezwungen, einen anderen von der Liste zu streichen. Im Gegensatz dazu würde die heute verfügbare Technik die Existenz eines künftigen globalen, totalitären Staates ermöglichen, in dem jeder Telefonanruf eines jeden Menschen auf der Erde, jede E-Mail, jede Netzrecherche, jeder Besuch einer Website und jede Bezahlung per Kreditkarte aufgezeichnet werden könnte. Außerdem ließe sich der Aufenthalt eines jeden Menschen durch die Verfolgung seines Mobiltelefons und durch Überwachungskameras mit Gesichtserkennung kontrollieren. Außerdem kann die Technik des maschinellen Lernens an der Schwelle zu einer AKI auf menschlichem Niveau diese Datenmengen effizient analysieren und bündeln, um mutmaßlich aufrührerisches Verhalten zu erkennen und potentielle Unruhestifter zu neutralisieren, bevor sie die Chance haben, eine ernsthafte Bedrohung für den Staat zu werden.

Wenngleich die politische Opposition bis jetzt die umfassende Realisierung eines solchen Systems verhindert hat, sind wir Menschen auf dem besten Weg, die erforderlichen Infrastrukturen für die endgültige Diktatur zu erschaffen. Wenn also ausreichend starke Kräfte in der Zukunft beschließen sollten, dieses globale 1984-Szenario in die Tat umzusetzen, werden sie feststellen, dass sie nicht viel mehr machen müssen, als den Einschaltknopf zu drücken. Wie in George Orwells Roman *1984* liegt die endgültige Macht in diesem künftigen globalen Staat nicht in den Händen eines herkömmlichen Diktators, sondern in dem von Menschen eingerichteten bürokratischen System selbst. Es gibt keine außerordentlich mächtige Person, stattdessen sind alle Menschen Figuren in einem Schachspiel, dessen drakonische Regeln niemand verändern oder in Frage stellen kann. Dieser gesichts- und führerlose Staat ist imstande, einige Jahrtausende Bestand zu haben. Er manipuliert ein System, in dem die Menschen sich mit der Überwachungstechnik gegenseitig in Schach halten und in dem keine Superintelligenz auf der Erde entstehen kann.

Unzufriedenheit

Der Gesellschaft mangelt es natürlich an den Vorteilen, die nur eine Technik bieten kann, die von einer Superintelligenz entwickelt wurde. Die meisten Menschen beklagen sich nicht darüber, weil sie nicht wissen, was sie vermissen. Die ganze Vorstellung einer Superintelligenz ist längst aus den historischen Quellen entfernt worden, während fortgeschrittene KI-Forschung verboten ist. Hin und wieder wird ein Freigeist geboren, der von einer offeneren und dynamischen Gesellschaft träumt, in der das Wissen vorankommt und die Regeln verändert werden können. Die Einzigen jedoch, die überleben, sind diejenigen, denen es gelingt, diese Ideen strikt für sich zu behalten und allein vor sich hin zu flackern wie flüchtige Funken, die nie ein Feuer entzünden werden.

Rückfall

Wäre es denn nicht verführerisch, den Gefahren der Technik auszuweichen, ohne einem trägen Totalitarismus nachzugeben? Wir wollen jetzt ein Szenario untersuchen, wo dies durch Rückbesinnung auf primitive Technik gelungen ist, inspiriert von der Gemeinschaft der Amischen. Nachdem die Omegas, wie am Anfang des Buches geschildert, die Weltherrschaft übernahmen, wurde eine gewaltige globale Propagandakampagne ins Leben gerufen, die das einfache Bauernleben vor 1500 Jahren verklärte. Die Erdbevölkerung war in einer sorgfältig geplanten und Terroristen in die Schuhe geschobenen Pandemie auf rund 100 Millionen Menschen reduziert worden. Die Pandemie wurde insgeheim so arrangiert, dass niemand überlebte, der mit Wissenschaft und Technik vertraut war. Mit der Ausrede, die Infektionsgefahr in großen Menschenansammlungen zu eliminieren, evakuierten die von Prometheus kontrollierten Roboter alle Städte und zerstörten sie. Den Überlebenden wurden große (plötzlich verfügbare) Landstriche überlassen. Sie wurden in nachhaltiger Landwirtschaft, Fischerei und Jagdmethoden unterwiesen, wobei sie lediglich auf mittelalterliche Technik zurückgreifen durften. Inzwischen hatten Roboterarmeen systematisch alle Spuren moderner Technik verwischt (einschließlich Städte, Fabriken, Hochspannungsleitungen und asphaltierte Straßen) und sämtliche menschlichen Bemühungen vereitelt, solche technischen Systeme zu dokumentieren oder neu zu erschaffen.

Als die Technik im globalen Maßstab vergessen worden war, halfen die Roboter bei der Demontage anderer Roboter, bis fast keine mehr übrig waren. Die allerletzten Roboter wurden zusammen mit Prometheus vorsätzlich in einer gewaltigen thermonuklearen Explosion verdampft. Da jetzt jegliche moderne Technik eliminiert war, gab es keinen Anlass mehr, sie zu verbieten. Was dazu führte, dass die Menschheit sich mehr als ein Jahrtausend zusätzlicher Zeit erkaufte, ohne sich über KI oder Totalitarismus Gedanken machen zu müssen.

Die Rückbesinnung hat in einem geringeren Ausmaß schon einmal stattgefunden. So gerieten beispielsweise einige Techniken, die im Römischen Reich weit verbreitet waren, ungefähr tausend Jahre lang in Vergessenheit, bis sie in der Renaissance wiederentdeckt wurden. In Isaac Asimovs Roman *Die Foundation-Trilogie* geht es im »Seldon-Plan« darum, eine Rückfallperiode von 30 000 Jahren auf 1000 Jahre abzukürzen. Mit kluger Planung könnte es möglich sein, das Gegenteil zu tun und eine Rückfallperiode zu verlängern, statt sie abzukürzen, indem man etwa das gesamte Wissen über Ackerbau auslöscht. Zum Bedauern von Rückfall-Enthusiasten ist es jedoch unwahrscheinlich, dass sich dieses Szenario unbegrenzt ausdehnen lässt, ohne dass die Menschheit entweder Hightech entwickelt oder ausstirbt. Sich darauf verlassen zu wollen, dass die Leute in 100 Millionen Jahren so aussehen werden wie die Menschen von heute, wäre naiv, geht man davon aus, dass wir als Art bisher nicht einmal ein Prozent dieser Zeit existiert haben. Außerdem wäre eine Menschheit auf niedrigem technischen Niveau ein wehrloses Opfer, das nur darauf wartet, vom nächsten den Planeten abfackelnden Asteroideneinschlag oder durch andere, von Mutter Natur ausgelöste planetarische Katastrophen vernichtet zu werden. Wir können mit Sicherheit nicht noch eine Milliarde Jahre leben, weil danach eine allmählich heißer werdende Sonne die Temperaturen auf der Erde genügend aufgeheizt haben wird, um alles flüssige Wasser verdampfen zu lassen.

Selbstzerstörung

Nachdem wir nun die Probleme betrachtet haben, die künftige Technik verursachen könnte, ist es wichtig, auch Probleme zu berücksichtigen, die ein Mangel an Technik hervorbringen kann. Lassen Sie uns in diesem Sinn ein paar Szenarien untersuchen, in denen Superintelligenz nie entstehen wird, weil sich die Menschheit durch andere Mittel selbst zerstört.

Wie könnte das geschehen? Die einfachste Strategie lautet: »einfach abwarten«. Obwohl wir im nächsten Kapitel noch sehen werden, wie wir solche Probleme wie Asteroideneinschläge und verdampfende Meere lösen können, sind für diese Lösungen technische Systeme erforderlich, die wir noch gar nicht entwickelt haben. Solange daher unsere technischen Fortschritte nicht weit über ihr augenblickliches Niveau hinausgehen, wird Mutter Natur uns aussterben lassen, längst bevor eine weitere Milliarde Jahre vergangen ist. Wie der berühmte Wirtschaftswissenschaftler John Maynard Keynes sagte: »Auf lange Sicht betrachtet, sind wir sowieso alle tot.«

Leider gibt es auch Möglichkeiten, wie wir uns durch kollektive Dummheit viel früher selbst zerstören können. Warum sollte unsere Spezies kollektiven Selbstmord begehen, auch als *Omnizid* bekannt, wenn praktisch niemand es will? Auf dem Niveau unserer aktuellen Intelligenz und unserer emotionalen Reife haben wir Menschen ein Händchen für Fehleinschätzungen, Missverständnisse und Inkompetenz. Deshalb ist unsere

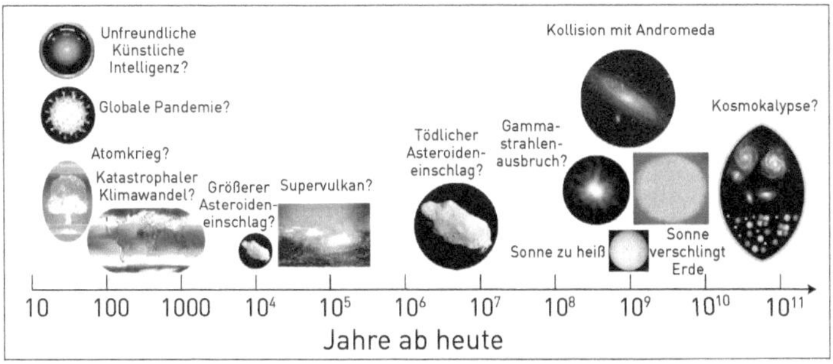

Abb. 5.1 Beispiele für Ereignisse, die das Leben, wie wir es kennen, zerstören oder dauerhaft einschränken könnten. Während unser Universum selbst wahrscheinlich noch mindestens ein paar Dutzend Milliarden Jahre existieren wird, wird unsere Sonne die Erde in ungefähr einer Milliarde Jahren verbrennen und sie dann verschlingen, es sei denn, wir schieben sie vorher aus dem Gefahrenbereich. In dreieinhalb Milliarden Jahren wird unsere Galaxie mit ihrer Nachbarin Andromeda kollidieren. Obwohl wir nicht genau wissen, wann es geschehen wird, können wir mit ziemlicher Sicherheit vorhersagen, dass lange vor diesem Ereignis Asteroiden auf uns einstürmen und Supervulkane lange, sonnenlose Winter verursachen werden. Wir können Technik dafür einsetzen, entweder all diese Probleme zu lösen oder neue zu erzeugen wie Klimawandel, Atomkrieg, manipulierte Pandemien oder misslingende KI.

Geschichte geprägt von Pannen, Kriegen und anderen Desastern, die im Nachhinein niemand wirklich wollte. Wirtschaftswissenschaftler und Mathematiker haben elegante, auf der Spieltheorie beruhende Erklärungen dafür gefunden, warum Menschen zu Handlungen verleitet werden, die letztlich zu einem katastrophalen Ergebnis für alle führen können.[14]

Atomkrieg: Eine Studie über menschlichen Leichtsinn

Man könnte annehmen, je mehr auf dem Spiel stehe, umso sorgfältiger würden wir sein, aber eine nähere Untersuchung der größten Risiken, die unsere momentane Technik ermöglicht, insbesondere eines globalen Atomkriegs, fällt beunruhigend aus. Wir mussten uns bisher schon oft auf unser Glück verlassen. Entsprechend lang und peinlich ist die Liste der Beinahe-Katastrophen, die alle möglichen Ursachen hatten: Computerfehlfunktionen, Stromausfall, mangelhafte Aufklärung, Navigationsfehler, Bomberabsturz und Satellitenexplosion.[15] Hätte es in der Tat nicht die heldenhaften Handlungen gewisser Einzelpersonen gegeben – wie zum Beispiel die von Wassili Archipow und Stanislaw Petrow –, hätten wir möglicherweise bereits einen globalen Atomkrieg gehabt. Angesichts unserer Erfolgsbilanz halte ich es für fraglich, dass sich die jährliche Wahrscheinlichkeit eines versehentlichen Atomkriegs auf lediglich ein Promille beliefe, falls wir unser gegenwärtiges Verhalten beibehielten. In diesem Fall übersteigt die Wahrscheinlichkeit, dass wir innerhalb von 10 000 Jahren einen Atomkrieg erleben werden, $1-0{,}999^{10000}$, was eine Wahrscheinlichkeit von etwa 99,995 Prozent ergibt.

Um den menschlichen Leichtsinn voll und ganz ermessen zu können, müssen wir erkennen, dass wir das nukleare Wagnis auf uns nahmen, bevor wir die Risiken sorgfältig geprüft hatten. Erstens sind die Strahlungsrisiken unterschätzt worden. Allein in den USA erhielten die beim Umgang mit Uran und bei Atomversuchen Strahlung ausgesetzten Opfer mehr als zwei Milliarden Dollar Entschädigung.[16]

Zweitens wurde schließlich entdeckt, dass vorsätzlich einige Hundert Kilometer über der Erde zur Detonation gebrachte Wasserstoffbomben einen enormen elektromagnetischen Puls (EMP) auslösen würden, so dass das Stromnetz sowie elektrische Geräte über große Gebiete hinweg blockiert wären. Dabei

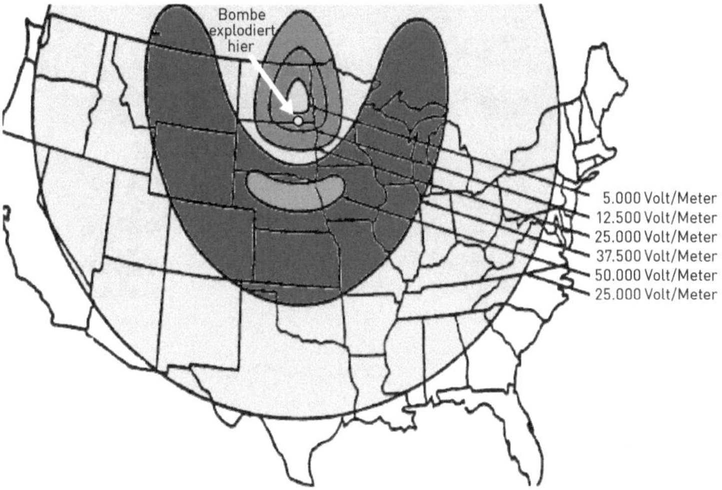

Abb. 5.2 Eine einzige Wasserstoffbombenexplosion 400 Kilometer über der Erde kann einen gewaltigen elektromagnetischen Puls erzeugen, der jegliche von Elektrizität abhängige Technik über ein riesiges Gebiet hinweg lahmlegen kann. Verschiebt man den Detonationspunkt in südöstlicher Richtung, würde die bananenförmige Zone, die 37 500 Volt/Meter überschreitet, den größten Teil der amerikanischen Ostküste abdecken.*

* Nachgedruckt vom US Army Report AD-A278230 (keine Verschlusssache).

würde die Infrastruktur lahmgelegt werden, die Straßen wären von streikenden Autos verstopft, und die Bedingungen für das Überleben der Folgen eines Atomkriegs wären nicht gerade ideal. So berichtete beispielsweise eine amerikanische Kommission, dass »die Wasserinfrastruktur eine gewaltige Maschinerie ist, die teilweise durch die Gravitation, aber größtenteils durch Elektrizität in Gang gehalten wird«, und dass der Entzug von Wasser in drei bis vier Tagen den Tod bewirken kann.[17]

Drittens wurde das Potential eines nuklearen Winters erst entdeckt, nachdem wir schon vier Jahrzehnte lang 63 000 Wasserstoffbomben stationiert hatten – oh je! Unabhängig davon,

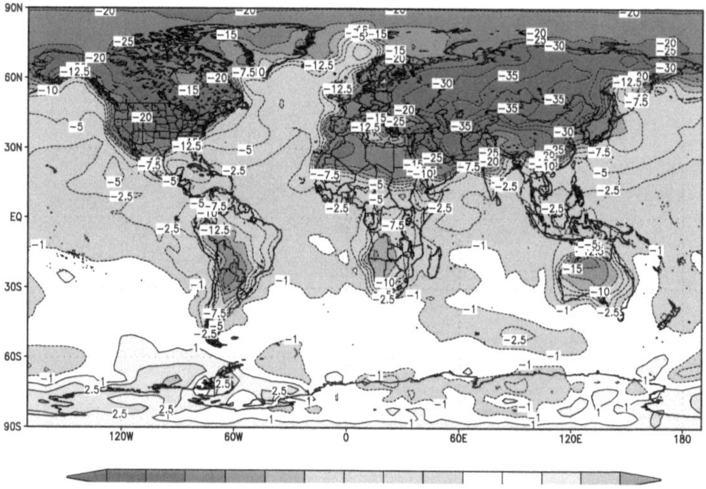

Abb. 5.3 Durchschnittliche Abkühlung (angegeben in Celsius) im Lauf der ersten zwei Sommer nach einem umfassenden Atomkrieg zwischen den USA und Russland.*

* Wiedergegeben mit freundlicher Erlaubnis von Alan Robock. Berechnungen der Klimaeffekte eines globalen Atomkriegs: Robock A./Oman, L./Stenchikov, L., »Nuclear Winter Revisited with a Modern Climate Model and Current Nuclear Arsenals: Still Catastrophic Consequences«, in: *Journal of Geophysical Research*, 12, 2007, D13107.

wessen Städte es wären, die brennen, würden gewaltige Rauchschwaden die obere Troposphäre erreichen, sich über die ganze Erde ausbreiten und dabei genügend Sonnenlicht blockieren, um die Sommer in Winter zu verwandeln. Das erinnert an Szenarien, die sich ergaben, wenn in der Vergangenheit ein Asteroid oder ein Supervulkan ein Massenaussterben verursacht haben. Als in den 1980er Jahren der Alarm von amerikanischen und russischen Wissenschaftlern ausgelöst wurde,[18] trug dies mit zu der Entscheidung Ronald Reagans und Michail Gorbatschows bei, die Atomarsenale drastisch zu reduzieren. Leider haben genauere Berechnungen ein noch viel düstereres Bild gemalt: Abbildung 5.3 zeigt eine Abkühlung in den ersten zwei Sommern um ungefähr 20° Celsius in einem großen Teil der Landwirtschaftsregionen der USA, Europas, Russlands und Chinas (und um 35 °C in einigen Gebieten Russlands). Noch ein Jahrzehnt später ist die Abkühlung erst um die Hälfte zurückgegangen.[19] Was heißt das auf gut Deutsch gesagt? Es ist nicht viel landwirtschaftliche Erfahrung nötig, um zu dem Schluss zu gelangen, dass jahrelange Sommertemperaturen nahe dem Gefrierpunkt den größten Teil unserer Nahrungsproduktion vernichten würden. Es fällt schwer, genau vorherzusagen, was geschähe, wenn Tausende der größten Städte auf dem Planeten in Schutt und Asche lägen und die globale Infrastruktur zusammenbräche. Aber auch wenn manche Menschen nicht verhungern würden, so müssten sie immer noch gegen Unterkühlung und Krankheiten ankämpfen und obendrein mit vagabundierenden, bewaffneten Banden fertig werden, die verzweifelt auf der Suche nach Nahrung sind.

Ich habe mich so detailliert über den globalen Atomkrieg geäußert, um den entscheidenden Punkt ins Spiel zu bringen: Kein vernünftiger Staatsmann würde ihn wollen, dennoch könnte er versehentlich ausgelöst werden. Das heißt, wir können unseren Mitmenschen niemals trauen, keinen Omnizid zu begehen. Die Tatsache, dass niemand einen Atomkrieg will, reicht nicht unbedingt aus, um ihn zu verhindern.

Weltuntergangsapparate

Können wir Menschen also tatsächlich einen Omnizid überleben? Selbst wenn ein globaler Atomkrieg neunzig Prozent aller Menschen töten könnte, vermuten die meisten Wissenschaftler, dass es nicht hundert Prozent sein würden, so dass wir nicht aussterben würden. Andererseits zeigt die Geschichte der radioaktiven Strahlung, des nuklearen EMP und des nuklearen Winters, dass die größten Gefahren diejenigen sein könnten, an die wir noch gar nicht gedacht haben. Es ist unglaublich schwierig, alle Aspekte der Nachwirkungen vorherzusehen. Die Frage bleibt bestehen, wie sich der nukleare Winter, der Zusammenbruch der Infrastruktur, die erhöhten Mutationsraten und verzweifelte bewaffnete Horden auf andere Probleme wie neue Pandemien, den Zusammenbruch des Ökosystems und heute noch unvorstellbare Folgen auswirken werden. Meine persönliche Einschätzung läuft darauf hinaus, dass, im Fall eines unmittelbar bevorstehenden globalen Atomkriegs, die Wahrscheinlichkeit unseres Aussterbens zwar nicht sehr groß ist, wir daraus allerdings auch nicht schließen dürfen, sie sei gleich null.

Die Wahrscheinlichkeit eines Omnizids nimmt zu, wenn wir die Atomwaffen von heute zu einem Weltuntergangsapparat hochrüsten. So eine Höllenmaschine wurde 1960 vom RAND-Strategen Herman Kahn vorgestellt und in dem Film *Dr. Seltsam oder: Wie ich lernte, die Bombe zu lieben* von Stanley Kubrick populär gemacht. Sie treibt das Paradigma beiderseitiger Bereitschaft zum nuklearen Gegenschlag auf die Spitze. Es ist die perfekte Abschreckung, eine Maschine, die für jeden feindlichen Angriff automatisch Vergeltung übt und dabei die ganze Menschheit umbringt.

Ein Kandidat für den Weltuntergangsapparat ist ein riesiges, unterirdisches Geheimlager sogenannter *gesalzener Kernwaffen*, vorzugsweise gigantische Wasserstoffbomben, umgeben von enormen Mengen Kobalt. Der Physiker Leó Szilárd behauptete 1950, so eine Vorrichtung könnte jeden Menschen auf der Erde töten. Die Wasserstoffbombenexplosionen würden das Kobalt radioaktiv machen und es in die Stratosphäre blasen, seine Halbwertszeit von fünf Jahren reichte aus, um sich überall auf der Erde festzusetzen (vor allem, falls man Zwillings-Weltuntergangsapparate in gegenüberliegenden Hemisphären platzierte), wäre aber kurz genug, um eine tödliche Strahlungsintensität hervorzurufen. Medienberichte legen nahe, dass Kobaltbomben inzwischen zum ersten Mal gebaut werden. Die Chancen für einen globalen Genozid könnten steigen, wenn man Bomben hinzufügte, die für die Erzeugung eines nuklearen Winters durch Maximierung langlebiger Aerosole in der Stratosphäre optimiert wären. Ein sehr überzeugendes Argument für einen Weltuntergangsapparat ist, dass er viel billiger ist als eine herkömmliche nukleare Abschreckung. Da die Bomben nicht per Rakete gestartet werden müssen, gibt es keinen Bedarf für teure Marschflugkörpersysteme. Außerdem ist ihr Bau selbst viel billiger, da sie nicht leicht und kompakt sein müssen, um in Raketen zu passen.

Eine weitere Möglichkeit ist die künftige Entdeckung eines biologischen Weltuntergangsapparats: ein eigens zugeschnittenes Bakterium oder ein Virus, das alle Menschen tötet. Sollte seine Übertragbarkeit hoch genug und seine Inkubationszeit lang genug sein, könnten sich praktisch alle Menschen damit infizieren, bevor sie seine Existenz bemerkten und Gegenmaßnahmen ergreifen könnten. Es gibt ein militärisches Argument für den Bau einer solchen Biowaffe, selbst wenn sie nicht jedermann töten kann: Der wirkungsvollste Weltuntergangsapparat kombiniert nukleare, biologische und andere Waffen, um die Chancen zur Abschreckung des Feindes zu maximieren.

KI-Waffen

Ein dritter technologischer Weg zum Omnizid könnte mit relativ dummen KI-Waffen einhergehen. Nehmen wir an, eine Supermacht baut Milliarden dieser hummelgroßen Angriffsdrohnen aus Kapitel 3 und verwendet sie, um alle Menschen außer ihre eigenen Bürger und Alliierten zu töten, die sie aus der Ferne durch eine Funkfrequenz-ID-Kennzeichnung identifizieren kann, wie es bei den meisten Supermarktprodukten von heute der Fall ist. Diese Kennzeichen könnten an alle Bürger verteilt werden, die sie in Form von Armbändern oder als Implantat unter der Haut tragen müssen wie in dem Abschnitt über Totalitarismus. Das würde vermutlich eine gegnerische

Supermacht anstacheln, etwas Entsprechendes herzustellen. Wenn versehentlich ein Krieg ausbricht, würden alle Menschen getötet, sogar neutrale, in Abgeschiedenheit lebende Stämme, weil niemand beide ID-Kennzeichen trüge. Kombiniert man dieses Verfahren mit einem nuklearen und biologischen Weltuntergangsapparat, würde dies die Wahrscheinlichkeit eines erfolgreichen Omnizids noch erhöhen.

Was wollen *Sie*?

Dieses Kapitel begann mit Überlegungen, wohin Ihrer Meinung nach der augenblickliche Wettlauf um eine AKI führen sollte. Da wir inzwischen gemeinsam eine große Bandbreite von Szenarien untersucht haben, frage ich Sie jetzt, welche Ihnen zusagen und welche man nach Ihrem Dafürhalten unbedingt vermeiden sollte. Haben Sie einen eindeutigen Favoriten? Bitte lassen Sie es mich und die anderen Leser wissen und schließen Sie sich der Diskussion auf der Website des FLI an.[20]

Die besprochenen Szenarien sollten nicht als vollständige Liste betrachtet werden, und manchen mangelt es noch an Detailschärfe, aber ich habe mich sehr bemüht, alles zu berücksichtigen und das ganze Spektrum von Hightech über Lowtech bis Notech zu umspannen und all die wesentlichen, in der Literatur ausgedrückten Hoffnungen und Befürchtungen zu beschreiben.

Beim Schreiben des Buches war es mir ein Vergnügen, die Meinung meiner Freunde und Kollegen zu diesen Szenarien zu hören. Ich fand es amüsant, festzustellen, dass es überhaupt keine Einigkeit gibt. Das Einzige, worin alle übereinstimmen, ist die Tatsache, dass die Auswahlmöglichkeiten subtiler sind, als sie anfangs zu sein scheinen. Wer irgendein Szenario mag, neigt dazu, gleichzeitig den einen oder anderen Aspekt darin bedenklich zu finden. Für mich bedeutet das, dass wir

Menschen, um zu wissen, in welche Richtung wir steuern sollten, dieses Gespräch über unsere künftigen Ziele fortsetzen und vertiefen müssen. Das Zukunftspotential für das Leben in unserem Universum ist auf ehrfurchtgebietende Weise großartig, so dass wir es nicht verschwenden sollten, indem wir wie ein ruderloses Schiff vom Kurs abweichen und keinen Schimmer haben, wohin unsere Reise gehen soll!

Wie umfassend ist denn eigentlich dieses Zukunftspotential? Ganz gleich, welche Fortschritte unsere Technik macht, die Fähigkeit von Leben 3.0, sich zu verbessern und sich im Universum auszubreiten, wird durch die Naturgesetze eingeschränkt. Wie sehen nun diese endgültigen Grenzen im Lauf der kommenden Jahrmilliarden aus? Wimmelt es gerade jetzt in unserem Universum nur so von außerirdischem Leben oder sind wir allein? Im nächsten Kapitel werden wir diese faszinierenden Fragen angehen.

Fazit

- Der aktuelle Wettlauf um AKI kann in einem faszinierend breiten Spektrum von Auswirkungsszenarien für die nächsten Jahrtausende enden.
- Superintelligenz kann friedlich mit Menschen zusammenleben, weil sie entweder dazu gezwungen wird (Szenario des versklavten Gottes) oder weil sie eine »freundliche KI« ist, die das so will (Szenarien des libertären Utopias, des Schutzgottes, des wohlwollenden Diktators und des Zoowärters).
- Superintelligenz kann durch eine KI (Torwächter-Szenario) oder durch Menschen (1984-Szenario), durch absichtliches Vergessen der Technik (Rückfall-Szenario) oder aus Mangel an Anreizen, sie zu konstruieren (egalitäres Utopia), verhindert werden.

- Die Menschheit kann aussterben und durch Künstliche Intelligenzen (Eroberer- und Nachkommen-Szenarien) oder durch nichts (Selbstzerstörungsszenario) ersetzt werden.
- Es gibt überhaupt keine Übereinstimmung darüber, wie wünschenswert (wenn überhaupt) diese Szenarien sind, und bei allen gibt es anstößige Elemente. Daher ist es umso wichtiger, das Gespräch über unsere künftigen Ziele fortzusetzen und zu vertiefen, so dass wir nicht unabsichtlich vom Kurs abkommen und in eine verhängnisvolle Richtung steuern.

Kapitel 6

Unsere kosmische Mitgift: die nächsten Jahrmilliarden und darüber hinaus

Meine Spekulation endet mit einer Superzivilisation, die alles Leben des Sonnensystems zusammenfasst, sich ständig vervollkommnet und ausdehnt, von der Sonne fortstrebt und leblose Materie in Geist verwandelt.
HANS MORAVEC, *MIND CHILDREN*

Für mich ist es die inspirierendste wissenschaftliche Entdeckung aller Zeiten, dass wir das Zukunftspotential des Lebens dramatisch unterschätzt haben. Unsere Träume und Sehnsüchte müssen nicht auf eine Zeitspanne von hundert Jahren beschränkt bleiben, die durch Krankheit, Armut und Verwirrung getrübt wird. Mit Hilfe von Technik hat das Leben vielmehr das Potential, Milliarden Jahre lang zu gedeihen, und nicht allein hier, in unserem Sonnensystem, sondern auch überall in einem Kosmos, der viel großartiger und inspirierender ist, als unsere Vorfahren sich das vorgestellt haben. Und es gibt keine Grenzen nach oben.

Das sind aufregende Nachrichten für eine Spezies, die im Lauf ihrer Geschichte von Grenzüberschreitungen inspiriert wurde. Die Olympischen Spiele feiern die Grenzüberschreitungen von Kraft, Geschwindigkeit, Beweglichkeit und Ausdauer.

Die Wissenschaft feiert Grenzüberschreitungen in den Bereichen Wissen und Erkenntnis. Literatur und Kunst feiern Grenzüberschreitungen mit der Erschaffung schöner und lebensbereichernder Erfahrungen. Viele Menschen, Organisationen und Nationen feiern wachsende Ressourcen, Territorialgewinne und zunehmende Langlebigkeit. Angesichts unseres menschlichen Grenzenlosigkeitswahns scheint es angemessen zu sein, dass das bestverkaufte Buch aller Zeiten das *Guinness Buch der Rekorde* ist.

Wenn also unsere gewohnten vermeintlichen Grenzen des Lebens durch Technik erschüttert werden können, was sind dann die *endgültigen* Grenzen? Welche Regionen unseres Universums können zum Leben erwachen? Wie weit kann das Leben hinausreichen, und wie lange kann es andauern? Wie viel Materie kann das Leben sich zunutze machen, und wie viel Energie, Informationen und Berechnungen kann es daraus gewinnen? Diese endgültigen Grenzen werden nicht durch unsere Erkenntnis gezogen, sondern durch die Naturgesetze. Dadurch wird es ironischerweise gewissermaßen leichter, die langfristige Zukunft des Lebens zu analysieren, statt die kurzfristige Zukunft vorherzusagen.

Würden unsere 13,8 Milliarden Jahre kosmischer Geschichte zu einer Woche zusammengestaucht, dann wäre das Drama der 10 000 Jahre in den letzten beiden Kapiteln in weniger als einer halben Sekunde vorbei. Das heißt, obwohl wir nicht vorhersagen können, ob und wie sich eine Intelligenzexplosion entfalten wird und wie deren unmittelbare Nachwirkungen aussehen werden, ist dieser ganze Aufruhr nur ein kurzer Blitzschlag in der kosmischen Geschichte, dessen Details die endgültigen Grenzen des Lebens nicht weiter beeinflussen werden. Falls das Leben nach der Intelligenzexplosion genauso besessen davon ist, Grenzen zu überschreiten, wie es die Menschen von heute sind, dann wird es technische Systeme entwickeln, um diese Grenzen zu *erreichen* – und zwar, weil es das kann. In diesem Kapitel werden wir nun untersuchen, wie diese Grenzen aussehen, um dadurch einen flüchtigen Eindruck vom möglichen Leben in der fernen Zukunft zu bekommen. Da diese Grenzen auf unserer aktuellen Auffassung der Physik beruhen, sollten wir sie als eine untere Abgrenzung der Möglichkeiten betrachten: Künftige wissenschaftliche Entdeckungen können Chancen darstellen, es noch besser zu machen.

Aber wissen wir denn wirklich, ob das Leben in der Zukunft tatsächlich so hochgesteckte Ziele haben wird? Nein. Vielleicht wird es genauso selbstgefällig sein wie ein Heroinsüchtiger oder ein Stubenhocker, der sich endlose Wiederholungen der Reality-Soap *Keeping Up with the Kardashians* anschaut. Es besteht jedoch ein Anlass zur Vermutung, dass Ehrgeiz ein eher typisches Merkmal fortgeschrittenen Lebens ist. Beinahe ungeachtet dessen, was das Leben zu maximieren versucht, sei es Intelligenz, Langlebigkeit, Wissen oder interessante Experimente, wird es Ressourcen benötigen. Deshalb hat es einen Anreiz, seine Technik bis an die äußersten Grenzen zu treiben, um das Beste aus den verfügbaren Ressourcen zu machen. Danach besteht die einzige Möglichkeit zur Verbesserung darin, sich durch Expansion in immer größere Regionen des Kosmos weitere Ressourcen zu verschaffen.

Außerdem könnte das Leben an mehreren Orten in unserem Universum entstanden sein. Sollte dies der Fall sein, werden Zivilisationen ohne Ehrgeiz im kosmischen Maßstab schlicht und einfach bedeutungslos, so dass immer größere Teile unseres kosmischen Erbes endgültig von den ehrgeizigsten Lebensformen erobert werden. Die natürliche Auslese spielt sich daher im kosmischen Maßstab ab, und kurz darauf wird alles Leben, das existiert, ehrgeiziges Leben sein. Zusammengefasst lässt sich sagen, falls wir an dem Ausmaß interessiert sind, in dem unser Kosmos letztlich zum Leben erwachen kann, sollten wir die Grenzen des Ehrgeizes erforschen, die ihm von den Naturgesetzen auferlegt werden. Los geht's! Zuerst werden wir die Grenzen dessen untersuchen, was wir mit den Ressourcen (Materie, Energie, und dergleichen), die uns in unserem Sonnensystem zur Verfügung stehen, anstellen können. Danach werden wir uns der Frage zuwenden, wie wir uns durch kosmische Erforschung und Besiedlung mehr Ressourcen verschaffen können.

Der Umgang mit unseren Ressourcen

Während die Supermärkte von heute und die Rohstoffbörsen Zehntausende Artikel verkaufen, die wir »Ressourcen« nennen könnten, benötigt künftiges Leben, das das technische Limit erreicht hat, hauptsächlich eine elementare Ressource, nämlich die sogenannte *baryonische Materie*. Das heißt, alles, was aus Atomen oder ihren Bestandteilen (Quarks und Elektronen) besteht. Welche Form diese Materie aufweist, ist im Prinzip egal. Fortschrittliche Technik kann sie zu wünschenswerten Substanzen oder Objekten neu arrangieren, einschließlich Kraftwerke, Computer und fortgeschrittene Lebensformen. Lassen Sie uns deshalb damit beginnen, die Grenzen der Energie zu untersuchen, die fortgeschrittenes Leben antreibt, sowie die Informationsverarbeitung, die ihm das Denken ermöglicht.

Dysonsphären bauen

Wenn es um die Zukunft des Lebens geht, kommt man an einem der optimistischsten Visionäre nicht vorbei. Sein Name ist Freeman Dyson. Ich habe die Ehre und das Vergnügen, ihn seit zwei Jahrzehnten zu kennen, doch als ich ihm das erste Mal begegnete, war ich ganz schön nervös. Ich war ein Postdoktorand und saß gerade mit meinen Freunden im Pausenraum des Institute for Advanced Study in Princeton beim Essen, als wie aus heiterem Himmel dieser weltberühmte Physiker, der mit Einstein und Gödel rumgehangen hatte, auftauchte, sich vorstellte und fragte, ob er sich dazusetzen dürfte! Er nahm mir jedoch schnell jede Befangenheit und erklärte, dass er lieber mit jungen Leuten zu Mittag esse, als mit spießigen, alten Professoren. Obwohl Freeman, da ich diese Worte tippe, 93 Jahre alt ist, ist er mental wesentlich jünger als die meisten Leute, die ich kenne, und das verschmitzte jungenhafte Funkeln in seinen Augen zeigt, dass ihm Formalitäten, akademische Hierarchien oder herkömmliche Weisheiten herzlich egal sind. Je kühner die Idee ist, umso aufgeregter wird er.

Als er über Energienutzung sprach, spottete er darüber, wie anspruchslos wir Menschen wären. Er wies darauf hin, dass wir unserem gesamten momentanen Energiebedarf auf globaler Ebene nachkommen könnten, wenn wir allein das Sonnenlicht ernteten, das auf eine Fläche trifft, die kleiner ist als 0,5 Prozent der Sahara. Aber warum sollte man nur das Sonnenlicht auffangen, das auf die Erde trifft, und das meiste davon auch noch in den leeren Weltraum abstrahlen lassen? Warum nutzt man nicht die *ganze* Sonnenenergie für das Leben?

Inspiriert von Olaf Stapledons 1937 verfasstem Sciencefiction-Klassiker *Der Sternenmacher* (*Star Maker*), worin Ringe künstlicher Welten ihren Mutterstern umkreisen, veröffentlichte Freeman Dyson 1960 eine Beschreibung, die als »Dysonsphäre« bekannt wurde.[1] Freeman stellte sich vor, den Planeten Jupiter umzubauen, und zwar zu einer Biosphäre in Form einer runden Hülle, die die Sonne umgibt. Dort könnten unsere Nachkommen eine Blütezeit erleben, eine 100 Millionen Mal größere Biomasse genießen und eine Billion Mal mehr Energie zur Verfügung haben, als die Menschheit heute verbraucht.[2] Er behauptete, dies wäre der nächste natürliche Schritt: »Man sollte erwarten, dass jede intelligente Spezies ein paar Tausend Jahre nach dem Übergang zur industriellen Entwicklung in einer künstlichen Biosphäre lebt, die ihren Mutterstern umgibt.« Lebte man im Inneren einer Dysonsphäre, gäbe es keine Nacht. Man sähe die Sonne stets direkt über sich, und man sähe am ganzen Himmel das vom Rest der Biosphäre reflektierte Sonnenlicht, genauso wie man heute eben auch tagsüber das vom Mond reflektierte Sonnenlicht sieht. Wollte man Sterne sehen, ginge man einfach »nach oben« und schaute von der Außenseite der Dysonsphäre hinaus ins Weltall.

Mit einem Ring von Habitaten in einer kreisförmigen Umlaufbahn um die Sonne ließe sich die technisch einfache Bauweise einer unvollständigen Dysonsphäre realisieren. Um die Sonne vollständig zu umrunden, könnte man Ringe hinzufügen, die die Sonne auf verschiedenen Achsen in geringfügig unterschiedlichen Entfernungen umkreisen, damit Kollisionen vermieden werden. Möglicherweise ließen sich diese schnell umlaufenden Ringe nicht miteinander verbinden, was Transport und Kommunikation komplizierter machen würde. Um dem Ärgernis aus dem Weg zu gehen, könnte man stattdessen eine monolithische, stationäre Dysonsphäre konstruieren, in der die nach innen wirkende Gravitationsanziehung der Sonne vom nach außen strebenden Druck der Sonnenstrahlung ausgeglichen wird – eine Idee, die zuerst von Robert L. Forward und Colin McInnes vorgeschlagen wurde. Die Sphäre kann mit Hilfe allmählich hinzugefügter »Statiten« gebaut werden. Das sind stationäre Satelliten, die der Gravitation der Sonne mittels Strahlungsdruck statt durch Zentrifugalkraft entgegenwirken. Beide Kräfte werden mit dem Quadrat der Entfernung zur Sonne schwächer. Das heißt, wenn sie in einer bestimmten Entfernung zur Sonne ausgeglichen werden können, lassen sie sich auch bequem in jeder beliebigen Entfernung zur Sonne ausgleichen, so dass hier die Freiheit existiert, sie an jedem beliebigen Ort in unserem Sonnensystem zu parken. Statiten müssen aus extrem leichtgewichtigen Folien bestehen, die lediglich 0,77 Gramm pro Quadratmeter wiegen, was rund 100 Mal leichter ist als Papier, aber das ist wahrscheinlich kein K. o.-

Kriterium. So wiegt zum Beispiel eine Graphenfolie (eine einzelne Schicht Kohlenstoffatome in einem sechseckigen Muster, das Maschendraht ähnelt) eintausend Mal weniger, als dieses Limit es vorschreibt. Wenn die Dysonsphäre so konstruiert wird, dass sie das Sonnenlicht eher reflektiert statt absorbiert, dann nimmt die Gesamtintensität des Lichts, das daran abprallt, auf erstaunliche Weise zu und erhöht den Strahlungsdruck sowie die Masse, die von der Sphäre getragen werden kann. Viele andere Sterne haben eine tausendmal größere Leuchtkraft als unsere Sonne und sind daher imstande, entsprechend schwerere stationäre Dysonsphären zu tragen.

Falls eine viel schwerere und starre Dysonsphäre hier in unserem Sonnensystem erwünscht ist, dann bedarf es, um der Gravitation der Sonne entgegenzuwirken, eines ultrastarken Materials, das ohne zu schmelzen oder einzuknicken Druckmassen standhalten kann, die zehntausend Mal höher sind als die, die wir am Fundament der weltgrößten Wolkenkratzer messen. Um langlebig zu sein, müsste eine Dysonsphäre dynamisch und intelligent sein und ihre Position und Form unaufhörlich genauestens als Reaktion auf Störungen abstimmen. Sie müsste gelegentlich große Öffnungen bereitstellen, um nervende Asteroiden und Kometen ohne Zwischenfälle durchfliegen zu lassen. Wahlweise könnte man ein Erkennungs- und Ablenkungssystem verwenden, um mit solchen Eindringlingen umzugehen. Eine Option wäre es, sie auseinanderzunehmen und ihre Materie einer sinnvolleren Verwendung zuzuführen.

Für die Menschen von heute wäre ein Leben auf oder in einer Dysonsphäre bestenfalls verwirrend und schlimmstenfalls unmöglich, doch das müsste künftige biologische oder nichtbiologische Lebensformen nicht davon abhalten, dort zu gedeihen. In der Umlaufbahnvariante gäbe es überhaupt keine Gravitation, und wenn man in der stationären Version herumliefe, könnte man nur auf der Außenseite (der von der Sonne

Abb. 6.1 Ein Paar gegenläufig rotierender O'Neill-Zylinder kann angenehme erdähnlich menschliche Lebensräume bereitstellen, sofern beide die Sonne derart umkreisen, dass sie stets direkt auf sie ausgerichtet sind. Die rotationsbedingte Zentrifugalkraft erzeugt künstliche Gravitation, während drei entfaltbare Spiegel das Sonnenlicht in einem 24-stündigen Tag-und-Nacht-Zyklus nach innen lenken. Die kleineren, in einem Ring angeordneten Habitate sind auf Landwirtschaft spezialisiert.*

* Diese und folgende Abbildung mit freundlicher Genehmigung von Rick Guidice/NASA.

abgewandten) entlangspazieren, ohne herunterzufallen, da die Gravitation dort ungefähr zehntausend Mal schwächer ist, als man es gewohnt ist. Es gäbe kein Magnetfeld (es sei denn, man baut sich eins), das einen vor den gefährlichen Teilchen schützt, die die Sonne abstrahlt. Die gute Nachricht ist, dass eine Dysonsphäre von der Größe der Erdumlaufbahn uns rund 500 Millionen Mal mehr Oberfläche zum Leben bieten würde.

Sollten eher erdähnliche menschliche Habitate erwünscht sein, dann gibt es noch eine gute Nachricht: Sie sind viel

Abb. 6.2 Innenansicht eines O'Neill-Zylinders aus der vorigen Abbildung. Mit einem Durchmesser von 6,4 Kilometern und einer Rotationszeit von zwei Minuten erleben die Menschen auf der Oberfläche dieselbe wahrnehmbare Gravitation wie auf der Erde. Die Sonne ist hinter ihnen, scheint aber wegen eines Spiegels außerhalb des Zylinders, der nachts wegklappt, oben zu sein. Luftdichte Fenster verhindern, dass die Atmosphäre aus dem Zylinder entweicht.

leichter zu bauen als eine Dysonsphäre. So zeigen beispielsweise die Abbildungen 6.1 und 6.2 ein zylinderförmiges Habitat, das der amerikanische Physiker Gerald K. O'Neill entworfen hat. Es unterstützt künstliche Gravitation, wehrt kosmische Strahlung ab, hat einen 24-stündigen Tag-und-Nacht-Zyklus, eine erdähnliche Atmosphäre und Ökosysteme. Solche Lebensräume könnten frei im Inneren einer Dysonsphäre kreisen. Modifizierte Varianten könnten außen angebracht werden.

Bessere Kraftwerke bauen

Wenngleich Dysonsphären nach heutigen technischen Maßstäben energieeffizient sind, verschieben sie nirgendwo auch nur annähernd die Grenzen, die die Naturgesetze uns auferlegen. Einstein lehrte uns Folgendes: Wenn wir mit hundertprozentiger Effizienz[3] Masse in Energie umwandeln könnten, dann gibt uns eine Masse *m* eine Energiemenge *E*, und zwar aufgrund seiner berühmten Formel $E = mc^2$, wobei *c* die Lichtgeschwindigkeit ist. Da *c* riesig ist, kann eine geringe Masse eine gigantische Energiemenge hervorbringen. Wenn wir einen großen Vorrat Antimaterie hätten (was nicht der Fall ist), dann ließe sich mühelos ein hundertprozentig effizientes Kraftwerk realisieren. Man schüttet einfach einen Teelöffel voll Antiwasser in normales Wasser, und schon hätte man das Energieäquivalent von 200 000 Tonnen TNT entfesselt, den Ertrag einer typischen Wasserstoffbombe – genug, um den Energiebedarf der ganzen Welt etwa sieben Minuten lang zu decken.

Im Gegensatz dazu sind unsere geläufigsten heutigen Methoden der Energiegewinnung hoffnungslos ineffizient, wie es in der Tabelle 6.1 und in Abbildung 6.3 zum Ausdruck kommt. Die Verdauung eines Schokoriegels ist lediglich zu 0,00000001 Prozent effizient, und zwar insofern, als dabei ein bloßes Zehnbillionstel der darin enthaltenen Energie mc^2 frei wird. Wäre Ihr Magen nur schon zu 0,001 Prozent effizient, müssten Sie für den Rest Ihres Lebens nur noch ein einziges Mal etwas essen. Verglichen mit Essen, ist das Verbrennen von Kohle und Benzin auch bloß drei beziehungsweise fünf Mal so effizient. Heutige Kernreaktoren übertreffen dies durch Spaltung von Uranatomen bei weitem, dennoch setzen auch sie nicht mehr als 0,08 Prozent ihrer Energie frei. Der Kernreaktor im Kern der Sonne ist hingegen um eine ganze Größenordnung effizienter als die Reaktoren, die wir gebaut haben. Er zieht 0,7 Prozent der Energie aus dem Wasserstoff, indem er ihn zu

Methode	Effizienz
Verdauung eines Schokoriegels	0,00000001 %
Kohleverbrennung	0,00000003 %
Benzinverbrennung	0,00000005 %
Spaltung von Uran-235	0.08 %
Einsatz der Dysonsphäre, bis die Sonne stirbt	0,08 %
Fusion von Wasserstoff zu Helium	0,7 %
Maschine aus rotierendem Schwarzen Loch	29 %
Dysonsphäre um einen Quasar	42 %
Sphalerisator	50 %?
Verdunstung eines Schwarzen Lochs	90 %

Tab. 6.1 Effizienz bei der Umwandlung von Masse in nutzbare Energie relativ zum theoretischen Limit $E = mc^2$. Wie schon erklärt: Leider dauert es zu lange, Materie in ein Schwarzes Loch einzuspeisen und dann darauf zu warten, dass es verdunstet, um nutzbare Energie mit 90-prozentiger Effizienz zu erhalten. Wollte man diesen Vorgang jedoch beschleunigen, verringerte sich die Effizienz drastisch.

Helium verschmilzt. Doch selbst wenn es uns gelingt, die Sonne mit einer perfekten Dysonsphäre zu ummanteln, werden wir nie mehr als 0,08 Prozent der Sonnenmasse in Energie verwandeln können, denn sobald die Sonne ungefähr ein Zehntel ihrer Wasserstoffenergie verbraucht haben wird, ist ihre Lebenszeit als ein normaler Stern vorbei. Sie wird sich zu einem Roten Riesen ausdehnen und allmählich sterben. Auch anderen Sternen geht es nicht viel besser: Der Anteil ihres Wasserstoffvorrats, den sie während ihrer Hauptlebenszeit verbrauchen, reicht von rund 4 Prozent für sehr kleine Sterne bis etwa 12 Prozent für die größten unter ihnen. Gelänge es uns, einen perfekten künstlichen Fusionsreaktor zu konstruieren, mit dem

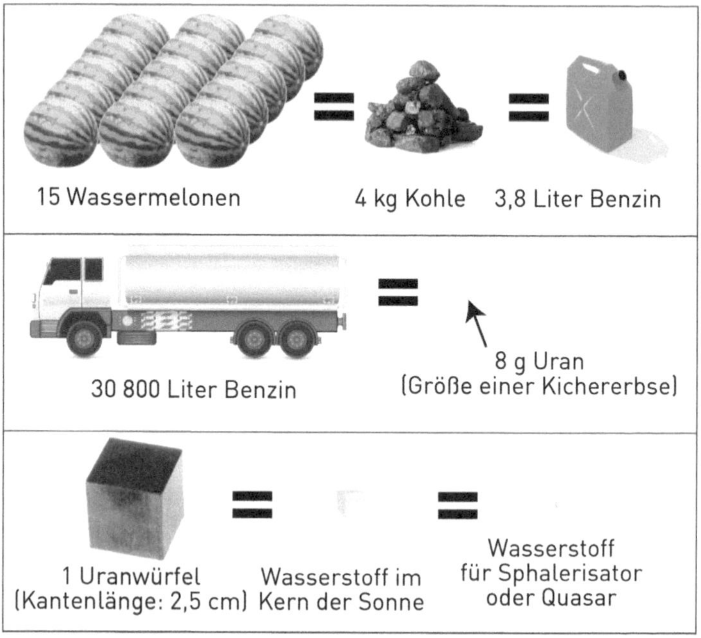

Abb. 6.3 Fortgeschrittene Technik kann erstaunlich mehr Energie aus Materie gewinnen als wir Menschen mit Essen und Verbrennen, und selbst mit Hilfe der Kernfusion lässt sich noch 140 Mal weniger Energie gewinnen, als es die von den Naturgesetzen festgelegten Grenzen zuließen. Kraftwerke, die sich Sphaleronen, Quasare oder verdunstende Schwarze Löcher zunutze machen, schneiden womöglich besser ab.

wir 100 Prozent unseres Wasserstoffvorrats fusionieren könnten, stünden wir immer noch mit peinlichen 0,7 Prozent Effizienz da. Wie könnte es besser gehen?

Verdunstende Schwarze Löcher

In seinem Buch *Eine kurze Geschichte der Zeit* hat Stephen Hawking ein Schwarzes Loch als Kraftwerk[4] vorgestellt. Das mag angesichts der lange gehegten Vorstellung, Schwarze Löcher seien Fallen, denen nichts, nicht einmal das Licht, entkommen könne, paradox klingen. Hawkings Berechnungen ergaben jedoch bekanntermaßen, dass Quantengravitationseffekte ein Schwarzes Loch dazu veranlassen, sich wie ein heißes Objekt zu verhalten – je kleiner, desto heißer –, das Wärmestrahlung abgibt, die mittlerweile *Hawking-Strahlung* genannt wird. Das heißt, dass das Schwarze Loch allmählich Energie verliert und verdunstet. Mit anderen Worten, egal, welche Art von Materie man in das Schwarze Loch hineinwirft, irgendwann wird sie als Wärmestrahlung wieder herauskommen, so dass man, sobald das Schwarze Loch vollständig verdunstet sein wird, seine Materie mit fast hundertprozentiger Effizienz in Strahlung umgewandelt hätte.[5]

Ein Problem bei der Nutzung eines verdunstenden Schwarzen Lochs als Energiequelle ist die damit verbundene Langsamkeit. Solange das Schwarze Loch nicht viel kleiner als ein Atom ist, dauert der Vorgang länger als das momentane Alter unseres Universums, wobei es weniger Energie abstrahlt als eine Kerze. Die erzeugte Energie nimmt mit dem Quadrat der Größe des Lochs ab. Die Physiker Louis Crane und Shawn Westmoreland haben deshalb vorgeschlagen, ein Schwarzes Loch zu verwenden, das eintausend Mal kleiner als ein Proton ist und ungefähr so viel wiegt wie das größte jemals gebaute seetüchtige Schiff.[6] Ihr Hauptmotiv war, das Schwarze Loch als Maschine zu benutzen, um ein Raumschiff anzutreiben (ein Thema, zu dem wir noch zurückkehren werden). Deshalb ging es ihnen auch mehr um Beweglichkeit statt um Effizienz. Sie schlugen vor, das Schwarze Loch mit Laserlicht zu beschicken, damit Umwandlung von Energie in Materie umgangen werden kann. Selbst wenn Sie Materie statt Strahlung einspeisen könnten, scheint es schwer zu sein, eine hohe Effizienz zu garantieren. Damit Protonen in ein solches Schwarzes Loch von einem Tausendstel ihrer Größe hineinkommen, müssten sie mit einer Maschine ins Loch gefeuert werden, die so leistungsfähig ist wie der LHC, der größte Teilchenbeschleuniger, wobei ihre Energie mc^2 mit mindestens eintausendfacher kinetischer Energie (Bewegungsenergie) verstärkt werden müsste. Da bei der Verdunstung des Schwarzen Lochs mindestens zehn Prozent jener kinetischen Energie aufgrund der Gravitonen verlorengingen, müssten wir mehr Energie in das Schwarze Loch einspeisen, als wir gewinnen und nutzbar machen könnten. So stünden wir letztlich mit einer negativen Effizienzbilanz da. Was die Aussicht auf ein Schwarzes Loch als Kraftwerk ferner zunichtemacht, ist die Tatsache, dass es uns immer noch an einer sattelfesten Theorie der Quantengravitation mangelt, auf die wir unsere Berechnungen stützen könnten – doch die Ungewissheit könnte natürlich auch bedeuten, dass es neue, nützliche Quantengravitationseffekte gibt, die erst noch entdeckt werden müssten.

Rotierende Schwarze Löcher

Zum Glück gibt es andere Möglichkeiten, Schwarze Löcher als Kraftwerke zu benutzen, ohne dabei die Quantengravitation oder andere, unzureichend verstandene physikalische Theorien bemühen zu müssen. So drehen sich beispielsweise viele existierende Schwarze Löcher äußerst schnell. Ihre Ereignishorizonte wirbeln mit annähernder Lichtgeschwindigkeit herum, und diese Rotationsenergie lässt sich gewinnen. Der Ereignishorizont eines Schwarzen Lochs ist die Region, aus der nicht einmal mehr das Licht entkommen kann, weil die Gravitation einfach zu stark ist. Abbildung 6.4 veranschaulicht, wie ein rotierendes Schwarzes Loch außerhalb des Ereignishorizonts eine Region hat, die *Ergosphäre* genannt wird und wo das rotierende Schwarze Loch Raum so schnell mit sich zerrt, dass ein Teilchen unmöglich stillsitzen kann und dabei nicht auch mit fortgezerrt wird. Wirft man ein Objekt in die Ergosphäre, nimmt es Geschwindigkeit auf und rotiert um das Loch herum.

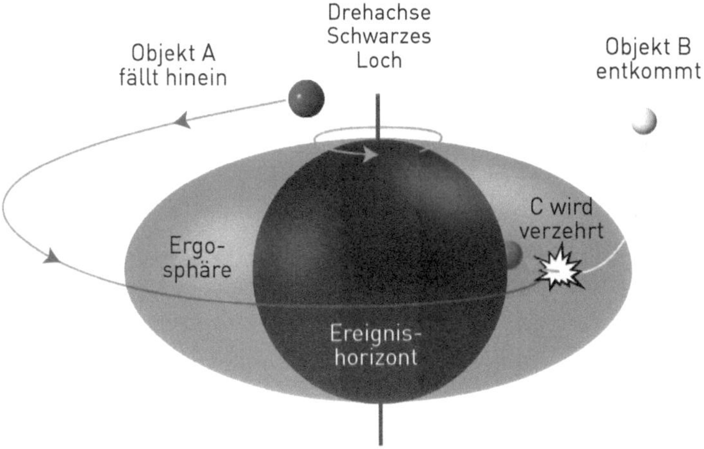

Abb. 6.4 Ein Teil der Rotationsenergie eines rotierenden Schwarzen Lochs kann gewonnen werden, indem man ein Teilchen A in die Nähe des Schwarzen Lochs wirft. Dabei wird es in einen Teil C aufgespalten, der verzehrt wird, und in einen Teil B, der entkommt – mit mehr Energie, als A ursprünglich hatte.

Leider wird es schon bald vom Schwarzen Loch verzehrt und verschwindet auf Nimmerwiedersehen durch den Ereignishorizont. Sollten Sie also versuchen, bei diesem Vorgang Energie zu gewinnen, bringt Ihnen das nichts. Roger Penrose hat jedoch Folgendes entdeckt: Wenn Sie das Objekt in einem cleveren Winkel hineinwerfen und es dabei in zwei Teile aufgespalten wird, wie es Abbildung 6.4 veranschaulicht, können Sie dafür sorgen, dass nur ein Stück verzehrt wird, während das andere dem Schwarzen Loch mit mehr Energie entkommt, als es anfangs hatte. Anders formuliert, haben Sie erfolgreich einen Teil der Rotationsenergie des Schwarzen Lochs in nutzbare Energie verwandelt, die Sie nun anwenden können. Wiederholen Sie diesen Vorgang mehrfach, können Sie das Schwarze Loch seiner *gesamten* Rotationsenergie berauben, so dass es aufhört, sich zu drehen, und in Folge seine Ergosphäre verschwindet. Falls das ursprüngliche Schwarze Loch so schnell rotieren sollte, wie es die Natur erlaubt, und sein Ereignishorizont sich im Prinzip dabei mit Lichtgeschwindigkeit fortbewegt, ermöglicht Ihnen diese Strategie, 29 Prozent seiner Masse in Energie umzuwandeln. Noch gibt es eine erhebliche Unsicherheit darüber, wie schnell sich die Schwarzen Löcher an unserem Nachthimmel drehen, aber viele der am gründlichsten untersuchten Objekte scheinen recht schnell zu rotieren, nämlich zwischen dreißig und hundert Prozent der erlaubten Maximalgeschwindigkeit. Das gewaltige Schwarze Loch im Zentrum unserer Galaxie (das rund vier Millionen Mal schwerer ist als unsere Sonne) scheint sich zu drehen, so dass selbst bei einer Umwandlung von lediglich zehn Prozent seiner Masse in nutzbare Energie derselbe Ertrag dabei herausspringen würde, als wandelte man 400 000 Sonnen mit hundertprozentiger Effizienz in Energie um. Ein anderer Vergleich geht von einem Energiebetrag aus, den Dysonsphären um 500 Millionen Sonnen über Jahrmilliarden hinweg liefern würden.

Quasare

Eine andere interessante Strategie ist die Gewinnung von Energie nicht durch ein Schwarzes Loch selbst, sondern durch Materie, die in es hineinfällt. Die Natur hat bereits eine Methode hervorgebracht, das ganz auf sich allein gestellt zu tun, nämlich den Quasar. Wenn Gas immer näher auf ein Schwarzes Loch zuwirbelt und eine pizzaförmige Scheibe bildet, in der die innersten Teile allmählich verschlungen werden, wird es extrem heiß und gibt eine große Menge Strahlung ab. Während das Gas herunter und auf das Schwarze Loch zufällt, wird es beschleunigt und wandelt seine potentielle Gravitationsenergie in Bewegungsenergie um, so wie es ein Fallschirmspringer macht. Die Bewegung wird zunehmend chaotischer, weil komplizierte Turbulenzen die koordinierte Bewegung des Gases in die Zufallsbewegung auf immer kleiner werdende Maßstäbe umkippen lassen, bis einzelne Atome anfangen, mit hoher Geschwindigkeit zusammenzustoßen. Liegt eine solche Zufallsbewegung vor, sprechen wir von Wärme, und diese heftigen Zusammenstöße wandeln Bewegungsenergie in Strahlung um. Baut man eine Dysonsphäre in sicherer Entfernung um das ganze Schwarze Loch herum, lässt sich die Strahlungsenergie gewinnen und zur Anwendung bringen. Je schneller sich das Schwarze Loch dreht, umso effizienter wird der Vorgang. Rotiert das Schwarze Loch mit maximaler Geschwindigkeit, liefert es Energie mit sagenhafter 42-prozentiger Effizienz.[7] Wiegt ein Schwarzes Loch ungefähr so viel wie ein Stern, kommt die meiste Energie als Röntgenstrahlen heraus, während bei den supermassiven Schwarzen Löchern, die man in den Zentren von Galaxien findet, ein großer Teil irgendwo im Bereich von infrarotem, sichtbarem und ultraviolettem Licht hervortritt.

Sobald Ihr Treibstoff zum Füttern des Schwarzen Lochs aufgebraucht ist, können Sie dazu übergehen, seine Rotationsenergie anzuzapfen, wie wir es bereits besprochen haben.[8] Tatsächlich hat die Natur bereits einen Weg gefunden, das teilweise ebenfalls zu tun, indem sie die Strahlung des akkretierten Gases durch einen magnetischen Vorgang verstärkt, der als Blandford-Znajek-Prozess bekannt ist. Es könnte durchaus möglich sein, neue technische Vorrichtungen zu benutzen, um durch kluge Anwendung von Magnetfeldern oder anderer Bestandteile die Effizienz bei der Energiegewinnung auch über 42 Prozent hinaus zu verbessern.

Sphaleronen

Es gibt eine weitere bekannte Methode, um Materie in Energie umzuwandeln, bei der überhaupt keine Schwarzen Löcher beteiligt sind. Das ist der *Sphaleron*-Prozess. Er kann Quarks zerstören und sie in Leptonen umwandeln – in Elektronen, deren schwerere Cousins, das Muon- und das Tau-Teilchen, Neutrinos oder deren Antiteilchen.[9] Wie in Abbildung 6.5 dargestellt, sagt das Standardmodell der Teilchenphysik voraus, dass neun Quarks mit geeignetem Flavour und Spin zusammenkommen können und sich über einen Sphaleron genannten Zwischenzustand in drei Leptonen verwandeln. Weil die Eingabe mehr wiegt als die Ausgabe, wird die Massendifferenz nach Einsteins $E = mc^2$ in Energie umgewandelt.

Künftiges intelligentes Leben könnte daher imstande sein, ein Gebilde zu konstruieren, das ich einen »*Sphalerisator*« nennen möchte, ein Energiegenerator, der wie ein frisierter Dieselmotor funktioniert. Ein herkömmlicher Dieselmotor komprimiert eine Mischung aus Luft und Dieselöl, bis die Temperatur hoch genug steigt, damit sich die Mischung spontan entzündet und brennt. Danach dehnt sich die heiße Mischung wieder aus und verrichtet dabei nützliche Arbeit, indem sie beispielsweise einen Kolben anschiebt. Kohlendioxid und andere Verbrennungsgase wiegen ungefähr 0,00000005 Prozent weniger als das, was sich anfangs im Kolben befand, und diese Massendifferenz wandelt sich in Wärmeenergie um, die die Maschine antreibt. Ein Sphalerisator würde gewöhnliche Materie auf einige Billiarden Grad[10] komprimieren und sie anschließend wieder ausdehnen und abkühlen lassen, sobald die Sphaleronen ihrer Arbeit getan hätten. Die Ergebnisse dieses Experiments kennen wir bereits, weil unser frühes Universum es vor 13,8 Milliarden Jahren, als es genau so heiß war, für uns durchgeführt hat: Fast hundert Prozent der Materie werden in Energie umgewandelt, wobei weniger als ein Milliardstel der übriggebliebenen Teilchen der Stoff war, aus dem gewöhnliche Materie heute besteht, nämlich Quarks und Elektronen. Also ähnelt dieser Prozess dem in einem Dieselmotor, nur dass er eine Milliarde Mal effizienter ist! Ein weiterer Vorteil besteht darin, dass man bei der Entscheidung, womit man einen Sphalerisator antreiben will, nicht pingelig sein muss – er schluckt alles, was aus Quarks besteht, das heißt jede normale Materie.

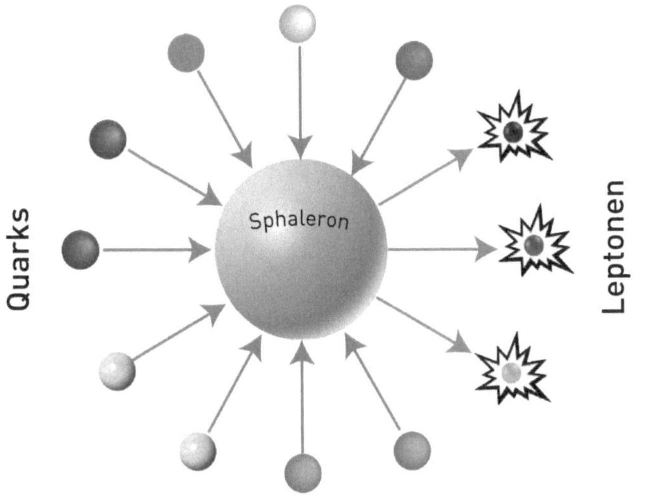

Abb. 6.5 Dem Standardmodell der Teilchenphysik zufolge können neun Quarks mit geeignetem Flavour und Spin zusammenkommen und sich über ein Zwischenstadium namens Sphaleron in drei Leptonen verwandeln. Die kombinierte Masse der Quarks (zusammen mit der Energie der sie begleitenden Gluon-Teilchen) ist viel größer als die Masse der Leptonen, so dass bei diesem Vorgang Energie freigesetzt wird, die durch Lichtblitze angezeigt wird.

Wegen dieser Vorgänge bei hohen Temperaturen produzierte unser Babyuniversum über eine Billion Mal mehr Strahlung (Photonen und Neutrinos) als Materie (Quarks und Elektronen, die sich später zu Atomen verklumpten). Während der seitdem vergangenen 13,8 Milliarden Jahre fand eine große Trennung statt, in der die Atome sich zu Galaxien, Sternen und Planeten verdichteten, während die meisten Photonen im intergalaktischen Raum blieben und die kosmische Mikrowellenhintergrundstrahlung hervorbrachten, die kürzlich benutzt wurde, um Babyfotos von unserem Universum zu machen. Jede fortgeschrittene Lebensform, die in einer Galaxie oder in irgendeiner anderen Materiekonzentration lebt, kann deshalb den größten Teil ihrer verfügbaren Materie in Energie zurückverwandeln und dabei den Materieanteil auf denselben winzigen Wert zurückschrauben, der in unserem frühen Universum vorherrschte. Sie müsste nur für kurze Zeit in einem Sphalerisator genau diese heißen und dichten Bedingungen wiederherstellen.

Um herauszufinden, wie effizient ein realisierbarer Sphalerisator sein könnte, muss man ein paar praktische Details beachten, etwa wie groß er sein muss, um zu verhindern, dass ein erheblicher Teil der Photonen und Neutrinos während des Komprimierungsstadiums entweicht. Wir können jedoch mit Gewissheit sagen, dass die Energieaussichten für die Zukunft auf dramatische Weise besser sind, als es unsere augenblickliche Technik erlaubt. Uns ist es noch nicht einmal gelungen, einen Fusionsreaktor zu bauen, und dennoch sollte es mit künftigen technischen Systemen möglich sein, 10 und vielleicht sogar 100 Mal besser abzuschneiden.

Bessere Computer bauen

Wenn der Energieertrag eines Abendessens 10 Milliarden Mal schlechter ist als das physikalische Limit der Energieeffizienz, wie effizient sind dann unsere heutigen Computer? Sie schneiden noch schlechter ab als Ihr Abendessen, wie wir gleich sehen werden.

Häufig stelle ich meinen Freund und Kollegen Seth Lloyd als die einzige Person am MIT vor, die vermutlich genauso verrückt ist wie ich. Nachdem er Pionierarbeit über Quantencomputer geleistet hatte, schrieb er ein Buch, in dem er behauptete, unser gesamtes Universum sei ein Quantencomputer. Wir trinken oft nach der Arbeit ein Bier zusammen, und ich muss erst noch ein Thema entdecken, über das er nicht bereits etwas Interessantes zu sagen weiß. Wie ich zum Beispiel in Kapitel 2 erwähnt habe, hat er eine Menge über die endgültigen Grenzen des Rechnens zu sagen. In einem berühmten

Artikel aus dem Jahr 2000 zeigte er, dass es Energie ist, die der Rechengeschwindigkeit Grenzen setzt. Will man eine elementare logische Operation in der Zeit *T* ausführen, benötigt man eine durchschnittliche Energie $E = h/4T$, wobei *h* die Planck'sche Konstante ist, eine grundlegende physikalische Größe. Das bedeutet, dass ein 1-Kilogramm-Computer höchstens 5×10^{50} Operationen pro Sekunde durchführen kann – das sind sage und schreibe 36 Größenordnungen mehr, als der Computer aufzuweisen hat, auf dem ich diese Worte tippe. In einigen Jahrhunderten werden wir dort angelangt sein, falls sich die Rechenleistung weiterhin alle paar Jahre verdoppelt, wie wir es in Kapitel 2 untersucht haben. Außerdem legte Seth Lloyd dar, dass ein 1-Kilo-Computer höchstens 10^{31} Bits speichern kann, was rund eine Milliarde Milliarde Mal besser ist als die Leistung meines Laptops.

Seth ist der Erste, der zugibt, dass es selbst für superintelligentes Leben eine Herausforderung darstelle, diese Grenzen tatsächlich zu erreichen, zumal der Speicher dieses endgültigen 1-Kilo-»Computers« einer Wasserstoffbombenexplosion oder einem kleinen Teil des Urknalls gleichkäme. Dennoch ist er optimistisch, dass die praktischen Grenzen nicht allzu weit von den endgültigen entfernt sein werden. Und in der Tat sind die Speicher der Prototypen von Quantencomputern bereits so weit miniaturisiert worden, dass sie ein Bit pro Atom speichern. In maßstabsgerechter Vergrößerung hieße das, man könnte 10^{25} Bits/kg speichern – eine Billion Mal mehr als mein Laptop. Außerdem würde die Verwendung elektromagnetischer Strahlung als Kommunikationsmittel zwischen diesen Atomen rund 5×10^{40} Operationen pro Sekunde gestatten – 31 Größenordnungen besser als meine CPU.

Zusammengefasst lässt sich sagen, dass das Rechenpotential künftigen Lebens wirklich verblüffend ist. Hinsichtlich der Größenordnungen sind die besten Supercomputer von heute viel weiter vom endgültigen 1-Kilo-Computer entfernt als vom

Blinker eines Autos – eine Vorrichtung, die lediglich ein Bit Information speichert, das sie ungefähr einmal pro Sekunde ein- und ausschaltet.

Andere Ressourcen

Aus der Perspektive der Physik ist alles, was künftiges Leben womöglich erschaffen möchte – von Lebensräumen über Maschinen bis zu neuen Lebensformen –, einfach nur eine spezielle Anordnung von Elementarteilchen. Ein Blauwal ist nichts anderes als umgestaltete Garnelen, und eine Garnele umgestaltetes Plankton. Genauso ist unser ganzes Sonnensystem einfach nur im Lauf der 13,8 Milliarden Jahre kosmischer Evolution neu angeordneter Wasserstoff. Die Gravitation wandelte den Wasserstoff zu Sternen um, die wiederum den Wasserstoff in schwerere Atome verwandelten, wonach die Gravitation solche Atome zu unserem Planeten umgestaltete, wo chemische und biologische Prozesse sie in Leben umwandelten.

Region	Teilchen
Unsere Biosphäre	10^{43}
Unser Planet	10^{51}
Unser Sonnensystem	10^{57}
Unsere Galaxie	10^{69}
Unsere Reichweite, mit halber Lichtgeschwindigkeit reisend	10^{75}
Unsere Reichweite, mit Lichtgeschwindigkeit reisend	10^{76}
Unser Universum	10^{78}

Tab. 6.2 Annähernde Zahl der Materieteilchen (Protonen und Neutronen), die künftiges ehrgeiziges Leben verwerten kann.

Künftiges Leben, das sein technisches Limit erreicht hat, kann solche Neuarrangements schneller und effizienter ausführen, indem es zuerst seine Rechenkapazität nutzt, um die dafür effizienteste Methode herauszufinden und anschließend die verfügbare Energie anwendet, um den Umgestaltungsprozess der Materie voranzutreiben. Wir sahen, wie Materie sowohl in Computer als auch in Energie verwandelt werden kann, so dass sie in gewisser Hinsicht die einzige grundlegende Ressource ist, die wir brauchen.[11] Sobald künftiges Leben an die physikalischen Grenzen der Verwertung von Materie gelangt sein wird, gibt es nur eine Möglichkeit, mehr zu tun, nämlich noch mehr Materie zu beschaffen. Und die einzige Möglichkeit, dies zu tun, ist die Expansion in unser Universum. Auf ins Weltall!

Ressourcengewinnung durch kosmische Besiedlung

Welches Ausmaß hat eigentlich unsere kosmische Mitgift? Insbesondere welche oberen Grenzen setzen die Naturgesetze für die Menge an Materie, die sich das Leben letztlich zunutze machen kann? Unsere kosmische Mitgift ist natürlich irrsinnig riesig, aber wie groß ist sie eigentlich genau? Tabelle 6.2 listet ein paar Kennzahlen auf. Unser Planet ist augenblicklich zu 99,999999 Prozent tot, und zwar insofern, als dieser Teil seiner Materie nicht Teil unserer Biosphäre ist und fast nichts Nützliches für das Leben tut, außer für die Gravitation und für ein Magnetfeld zu sorgen. Dadurch erhöht sich das Potential, eines Tages einhundert Millionen Mal mehr Materie für die aktive Unterstützung des Lebens nutzen zu können. Wenn wir sämtliche Materie in unserem Sonnensystem (einschließlich der Sonne) optimal nutzen können, werden wir eine weitere

Million Mal besser abschneiden. Wenn wir unsere Galaxie besiedeln würden, vergrößerten sich unsere Ressourcen um noch einmal das Billionenfache.

Wie weit kann man gehen?

Man könnte glauben, dass wir durch die Besiedlung so vieler Galaxien wie möglich unbegrenzte Ressourcen erwerben könnten, falls wir nur geduldig genug wären, aber darauf weist die moderne Kosmologie nicht unbedingt hin! Natürlich könnte der Weltraum selbst unendlich sein und unendlich viele Galaxien, Sterne und Planeten enthalten – und in der Tat wird dies von den einfachsten Versionen der *Inflationstheorie* vorhergesagt, dem momentan populärsten wissenschaftlichen Paradigma für die Ursache unseres Urknalls vor 13,8 Milliarden Jahren. Jedoch selbst wenn es tatsächlich unendlich viele Galaxien gäbe, hat es den Anschein, als könnten wir nur eine endliche Menge von ihnen sehen und erreichen. Zwar sehen wir rund 200 Milliarden Galaxien, aber besiedeln könnten wir höchstens zehn Milliarden.

Was uns nämlich einschränkt, ist die Lichtgeschwindigkeit: ein Lichtjahr (ungefähr zehn Billionen Kilometer) pro Jahr. Abbildung 6.6 zeigt den Teil des Weltraums, aus dem uns bis jetzt im Lauf der 13,8 Milliarden Jahre seit unserem Urknall das Licht erreicht hat. Es ist eine kugelförmige Region, die wir »unser beobachtbares Universum« oder einfach *unser Universum* nennen. Selbst wenn das Weltall unendlich sein sollte, ist unser Universum dennoch endlich und enthält »nur« ungefähr 10^{78} Atome. Außerdem heißt es für 98 Prozent unseres Universums »sehen, aber nicht berühren«, und zwar insofern, als wir es sehen können, aber nie erreichen werden, selbst wenn wir andauernd mit Lichtgeschwindigkeit reisen könnten. Warum ist das so? Im Grunde genommen hat unser begrenztes Sehen mit der Tatsache zu tun, dass unser Universum nicht unendlich alt ist, so dass fernes Licht einfach noch keine Zeit gehabt hat, um

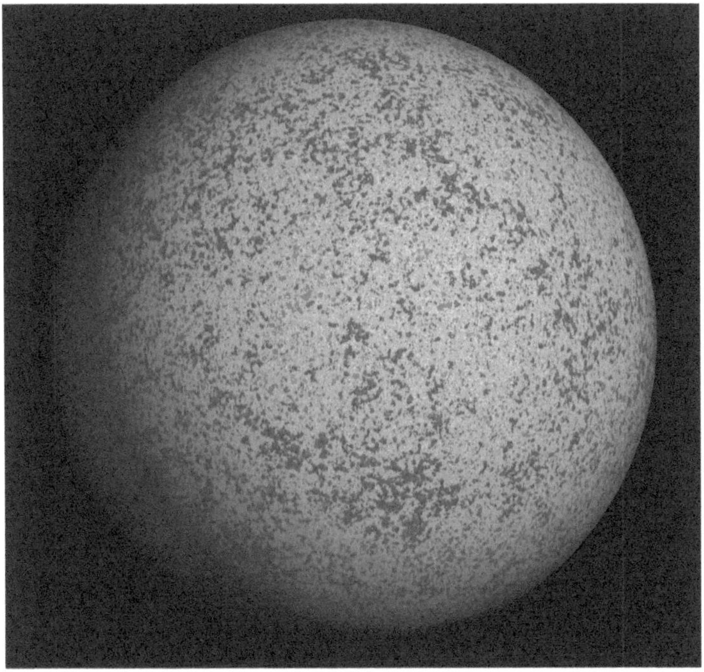

Abb. 6.6 Unser Universum, das heißt, die kugelförmige Region des Weltraums, aus der das Licht während der 13,8 Milliarden Jahre seit unserem Urknall Zeit gehabt hat, uns (im Zentrum) zu erreichen. Die Muster zeigen die Babybilder unseres Universums, die der Planck-Satellit aufgenommen hat. Als das Universum erst 400 000 Jahre alt war, bestand es aus Plasma, das fast so heiß war wie die Oberfläche der Sonne. Der Weltraum geht hinter dieser Region weiter, und jedes Jahr kommt neue Materie in Sicht.

uns zu erreichen. Sollten wir daher nicht, angenommen wir könnten unbegrenzt lange unterwegs sein, zu beliebig weit entfernten Galaxien reisen können?

Die erste Herausforderung besteht darin, dass sich unser Universum ausdehnt. Das heißt, fast alle Galaxien fliegen von uns fort, so dass die Besiedlung ferner Galaxien zu einer Aufholjagd wird. Die zweite Herausforderung beruht auf der

Tatsache, dass sich diese kosmische Ausdehnung dank der geheimnisvollen dunklen Energie, die etwa siebzig Prozent unseres Universums ausmacht, beschleunigt. Um zu verstehen, warum das Ärger mit sich bringt, stellen Sie sich vor, Sie betreten einen Bahnsteig und sehen, wie sich der Zug gerade langsam beschleunigt und von Ihnen entfernt, aber eine Tür bleibt einladend geöffnet. Können Sie den Zug noch erreichen, wenn Sie schnell und verwegen sind? Da er letztlich schneller fährt, als Sie laufen können, hängt die Antwort eindeutig davon ab, wie weit der Zug anfangs von Ihnen entfernt ist. Falls es jenseits einer bestimmten kritischen Distanz ist, werden Sie ihn niemals einholen können. Mit derselben Situation sind wir konfrontiert, wenn wir versuchen, jene fernen Galaxien einzuholen, die sich beschleunigt von uns entfernen. Selbst wenn wir mit Lichtgeschwindigkeit unterwegs sein könnten, blieben alle Galaxien jenseits von 17 Milliarden Lichtjahren Entfernung für alle Zeiten außer Reichweite – und das sind mehr als 98 Prozent der Galaxien in unserem Universum.

Aber Moment mal: Geht aus Einsteins Spezieller Relativitätstheorie nicht hervor, dass sich nichts schneller als das Licht fortbewegen kann? Wie können Galaxien dann schneller sein als etwas, das mit Lichtgeschwindigkeit unterwegs ist? Die Antwort lautet, dass hier nicht mehr die Spezielle Relativitätstheorie gilt, sondern Einsteins Allgemeine Relativitätstheorie, in der die Geschwindigkeitsbegrenzung liberaler aufgefasst wird. Zwar kann tatsächlich nichts schneller als mit Lichtgeschwindigkeit *durch den Raum* eilen, doch der Raum selbst kann sich so schnell ausdehnen, wie er will. Einstein veranschaulichte uns diese Geschwindigkeitsgrenzen auf überraschende Art und Weise, indem er die Zeit als vierte Dimension in der Raumzeit betrachtete (siehe Abbildung 6.7, wo ich alles dreidimensional gehalten und eine der drei Raumdimensionen weggelassen habe). Dehnte sich der Raum nicht aus, würden Lichtstrahlen schräge 45°-Linien durch die Raumzeit hindurch bilden, so dass

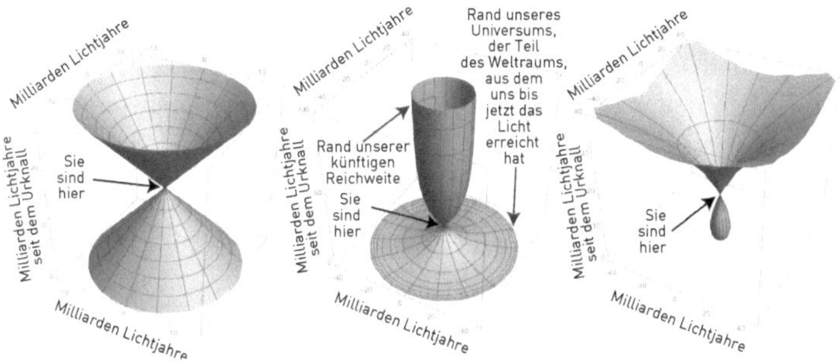

Abb. 6.7 In einem Raumzeitdiagramm ist ein Ereignis ein Punkt, dessen horizontale und vertikale Positionen verschlüsseln, wo beziehungsweise wann es stattfindet. Wenn der Raum nicht expandiert (linkes Tafelbild), dann begrenzen zwei Kegel die Teile der Raumzeit, von denen wir auf der Erde (am Scheitelpunkt) beeinflusst werden können (unterer Kegel), und die Auswirkungen auf den oberen Kegel haben können, weil kausale Wirkungen nicht schneller als Licht reisen können, das eine Entfernung von einem Lichtjahr pro Jahr zurücklegt. Interessanter wird es, wenn sich der Raum ausdehnt (rechte Bildtafel). Gemäß dem Standardmodell der Kosmologie können wir nur einen endlichen Teil der Raumzeit sehen und erreichen, selbst wenn der Weltraum unendlich sein sollte. Im mittleren Bild, das an einen Champagnerkelch erinnert, verwenden wir Koordinaten, die die Ausdehnung des Weltraums verbergen, so dass die Bewegungen ferner Galaxien im Lauf der Zeit vertikalen Linien entsprechen. Von unserem augenblicklichen Standpunkt 13,8 Milliarden Jahre nach dem Urknall betrachtet, hatten nur die Lichtstrahlen vom Fuß des Champagnerkelches genügend Zeit, um uns zu erreichen. Selbst wenn wir mit Lichtgeschwindigkeit unterwegs sein könnten, würden wir niemals die Regionen außerhalb des oberen Teils des Glases erreichen, der rund zehn Milliarden Galaxien enthält. Im rechten Bild, das an einen Wassertropfen unter einer Blüte erinnert, verwenden wir dort, wo wir den Raum in Ausdehnung begriffen sehen, die vertrauten Koordinaten. Das verformt den Glasfuß zu einer Tropfenform, weil Regionen an den Rändern dessen, was wir sehen können, zuvor alle sehr nahe beieinander waren.

die von hier und jetzt sicht- und erreichbaren Regionen Kegel sind. Während der Lichtkegel unserer Vergangenheit vor 13,8 Milliarden Jahren durch unseren Urknall gestutzt wäre, würde sich der Lichtkegel unserer Zukunft für immer ausdehnen und uns Zugang zu einer unbegrenzten kosmischen Mitgift geben. Im Gegensatz dazu zeigt die mittlere Tafel der Abbildung, dass ein expandierendes Universum mit dunkler Energie (das offenbar das von uns bewohnte Universum ist), unsere Lichtkegel zur Form eines Champagnerkelches deformiert und für alle Zeit die Anzahl der besiedelbaren Galaxien auf rund zehn Milliarden beschränkt.

Sollte dieses Limit kosmische Klaustrophobie bei Ihnen auslösen, möchte ich Sie mit einem möglichen Hintertürchen aufmuntern: Meine Berechnungen gehen davon aus, dass die dunkle Energie im Lauf der Zeit konstant bleibt und in Übereinstimmung mit dem ist, was die neuesten Messungen nahelegen. Allerdings haben wir immer noch keinen Anhaltspunkt dafür, was dunkle Energie eigentlich ist. Das lässt den Hoffnungsschimmer zu, dass dunkle Energie schließlich abklingen wird (wie die der dunklen Energie ähnelnde Substanz, die postuliert wird, um die kosmische Inflation zu erklären). Und sollte das passieren, wird die Beschleunigung einer *Drosselung* der Geschwindigkeit weichen und es künftigen Lebensformen eventuell ermöglichen, so lange neue Galaxien zu besiedeln, wie sie leben.

Wie schnell kann man sein?

Gerade haben wir untersucht, wie viele Galaxien eine Zivilisation besiedeln könnte, wenn sie sich mit Lichtgeschwindigkeit in alle Richtungen ausdehnte. Die Allgemeine Relativität besagt, es sei unmöglich, Raketen mit Lichtgeschwindigkeit durch den Raum zu schicken, weil dies unendlich viel Energie erforderte. Wie schnell also können Raketen in Wirklichkeit fliegen?[12]

Die NASA-Rakete New Horizons brach den Geschwindigkeitsrekord, als sie sich 2006 mit rund 160 000 Kilometern pro Stunde (45 Kilometer pro Sekunde) auf den Weg zum Pluto machte. Im Jahr 2018 wird die Sonnensonde Plus der NASA darauf abzielen, viermal so schnell zu sein, wenn sie sich der Sonne nähert, aber selbst das ist weniger als mickrige 0,1 Prozent der Lichtgeschwindigkeit. Die Suche nach schnelleren und besseren Raketen hat einige der klügsten Wissenschaftler des vergangenen Jahrhunderts beschäftigt, und es gibt umfangreiche und faszinierende Literatur über das Thema.

Warum ist es so schwer, schneller zu sein? Die zwei Hauptprobleme ergeben sich daraus, dass herkömmliche Raketen den größten Teil ihres Treibstoffs einfach dafür verbrauchen, den mit sich geführten Treibstoff zu beschleunigen, und dass der Raketentreibstoff von heute hoffnungslos ineffizient ist – der Bruchteil der in Energie umgewandelten Masse beträgt nicht viel mehr als die in Tabelle 6.1 aufgelisteten 0,00000005 Prozent für Benzin. Eine eindeutige Verbesserung wäre der Wechsel zu einem effizienteren Treibstoff. So haben beispielsweise Freeman Dyson und andere am NASA-Projekt Orion mitgearbeitet, das darauf hinauslief, innerhalb von zehn Tagen rund 300 000 Atombomben zu zünden, um ein Raumschiff auf ungefähr 3 Prozent der Lichtgeschwindigkeit zu beschleunigen. Es sollte groß genug sein, um Menschen auf einer jahrhundertelangen Reise in ein anderes Sonnensystem zu bringen.[13] Andere Wissenschaftler haben untersucht, ob sich Antimaterie als Treibstoff verwenden ließe, zumal ihre Kombination mit gewöhnlicher Materie Energie mit annähernd hundertprozentiger Effizienz freisetzt.

Eine weitere populäre Vorstellung betrifft den Bau einer Rakete, die nicht ihren eigenen Treibstoff mitnehmen muss. So ist beispielsweise der interstellare Raum kein perfektes Vakuum, sondern enthält das vereinzelt auftretende Wasserstoffion (ein einsames Proton, d. h. ein Wasserstoffatom, das sein

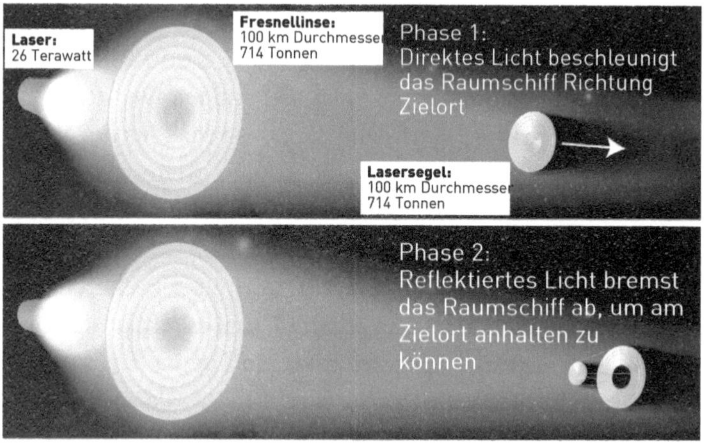

Abb. 6.8 Robert Forwards Design für eine Lasersegelmission zum Sternsystem Alpha Centauri, das 4 Lichtjahre entfernt ist. Anfangs beschleunigt ein leistungsstarker Laser in unserem Sonnensystem das Raumschiff, indem er Strahlungsdruck auf das Lasersegel ausübt. Um vor der Ankunft am Zielort abzubremsen, trennt sich das äußere Teil des Segels ab und reflektiert das Laserlicht zurück auf das Raumschiff.

Elektron verloren hat). Der Physiker Robert Bussard kam dadurch 1960 auf eine Idee, die heute als *Bussard-Antrieb* (Staustrahltriebwerk) bekannt ist. Man könnte nämlich solche Ionen unterwegs einfangen und sie an Bord als Raketentreibstoff in einem Fusionsreaktor einsetzen. Auch wenn jüngste Untersuchungen Zweifel aufkommen ließen, ob man dies in die Praxis umsetzen kann, gibt es noch eine andere Idee, die darauf hinausläuft, keinen Treibstoff mitzunehmen. Es ist das Lasersegel-Konzept und scheint für eine hochentwickelte Raumfahrerzivilisation machbar zu sein.

Abbildung 6.8 veranschaulicht ein kluges und bahnbrechendes Lasersegelraketendesign von 1984. Es stammt von Robert Forward, demselben Physiker, der die Statiten erfand, die wir beim Bau der Dysonsphäre untersuchten. So wie

Luftmoleküle von einem Bootssegel abprallen und es anschieben, so würden auch von einem Spiegel abprallende leichte Teilchen (Photonen) für einen Anschub sorgen. Richtet man einen riesigen, mit Sonnenenergie betriebenen Laser auf ein gewaltiges, ultraleichtes, an einem Raumschiff befestigtes Segel, könnte man die Energie unserer eigenen Sonne benutzen, um die Rakete auf große Geschwindigkeiten zu beschleunigen. Aber wie hält man sie wieder an? Die Antwort darauf entzog sich meiner Kenntnis, bis ich Forwards ausgezeichneten Artikel las.[14] Wie die Abbildung 6.8 zeigt, trennt sich der äußere Ring des Lasersegels ab, bewegt sich vor dem Raumschiff und wirft dabei unseren Laserstrahl zurück, um das Fahrzeug und sein kleineres Segel abzubremsen. Forward rechnete aus, dass Menschen dadurch die vier Lichtjahre weite Reise ins Sonnensystem Alpha Centauri in vierzig Jahren bewältigen könnten. Ist man einmal dort angekommen, wäre es vorstellbar, ein neues, gigantisches Lasersystem zu bauen und dann durch die ganze Milchstraße von einem Stern zum anderen zu hüpfen.

Aber warum sollte man da aufhören? 1964 schlug der sowjetische Astronom Nikolai Kardaschow vor, Zivilisationen danach einzuteilen, wie viel Energie sie nutzbar machen könnten. Sich die Energie eines Planeten, eines Sterns (möglicherweise mit einer Dysonsphäre) und einer Galaxie zunutze zu machen entspräche dann den Zivilisationen vom Typ I, Typ II und Typ III auf der Kardaschow-Skala. Später haben andere Wissenschaftler vorgeschlagen, dass Typ IV sich unser gesamtes zugängliches Universum nutzbar macht. Seitdem hat es gute und schlechte Nachrichten für ehrgeizige Lebensformen gegeben. Die schlechte Nachricht ist, dass dunkle Energie existiert, die, wie wir bereits gesehen haben, unsere Reichweite einzuschränken scheint. Die gute Nachricht ist der beeindruckende Fortschritt Künstlicher Intelligenz. Selbst optimistische Visionäre wie Carl Sagan betrachteten die Aussichten der Menschheit, andere Galaxien zu erreichen, als ziemlich hoffnungslos angesichts unserer Neigung, im Lauf des ersten Jahrhunderts einer Reise zu sterben, die Millionen von Jahren dauern würde, selbst wenn man mit annähernder Lichtgeschwindigkeit unterwegs wäre. Da sie nicht aufgeben wollten, zogen Wissenschaftler das Einfrieren der Astronauten in Erwägung, um deren Leben zu verlängern, dachten an Reisen mit annähernder Lichtgeschwindigkeit, um ihren Alterungsprozess zu verlangsamen, oder wollten eine Gemeinschaft entsenden, die Zehntausende von Generationen unterwegs sein würde – länger, als die Menschheit bisher existiert hat.

Die Möglichkeit einer Superintelligenz verändert alles auf einen Schlag und ist für alle, die intergalaktische Reiselust verspüren, recht vielversprechend. Entfällt die Notwendigkeit, platzraubende Lebenserhaltungssysteme für Menschen mitnehmen zu müssen, und kommt von der KI erfundene Technik hinzu, erscheint die intergalaktische Besiedlung plötzlich recht unkompliziert. Forwards Lasersegel werden viel billiger, wenn das Raumschiff nur noch groß genug sein muss, um eine »Saatsonde« zu enthalten – einen Roboter, der imstande ist, auf einem Asteroiden oder Planeten im anvisierten Sonnensystem zu landen und von Grund auf eine neue Zivilisation ins Leben zu rufen. Der Roboter müsste nicht einmal Anweisungen mit sich führen. Er müsste lediglich eine ausreichend große Empfangsantenne bauen, um von seiner Mutterzivilisation detailliertere Pläne und Anweisungen mit Lichtgeschwindigkeit aufzufangen. Sobald dass erledigt ist, benutzt er seine neu konstruierten Laser, um neue Saatsonden zu entsenden, mit denen die Galaxie, ein Sonnensystem nach dem anderen, besiedelt wird. Sogar die gewaltigen dunklen Raumausdehnungen zwischen den Galaxien enthalten tendenziell eine beträchtliche Zahl intergalaktischer Sterne (Absonderungen, die einst aus ihren Heimatgalaxien herausgeschleudert wurden), die als Durchgangsstationen benutzt werden können, was eine Strategie des Inselhüpfens für intergalaktisches Lasersegeln ermöglichte.

Sobald die superintelligente KI ein weiteres Sonnensystem oder eine Galaxie besiedelt hat, ist es nicht schwer, Menschen dorthin zu bringen – falls es den Menschen gelungen sein sollte, der KI dieses Ziel schmackhaft zu machen. Alle benötigten Informationen über Menschen lassen sich mit Lichtgeschwindigkeit übermitteln. Dann muss die KI nur noch Quarks und Elektronen so zusammensetzen, dass die gewünschten Menschen entstehen. Das könnte entweder mit Hilfe technisch einfacher Mittel geschehen, indem die zur Bestimmung der DNS einer Person benötigten zwei Gigabyte Information übermittelt werden und anschließend ein Baby von der KI ausgebrütet wird. Oder die KI könnte mit Hilfe von Nanotechnik Quarks und Elektronen zu erwachsenen Leuten anordnen, die ihren Originalen auf der Erde sämtliche Erinnerungen ablauschen würden.

Das heißt, sollte es eine Intelligenzexplosion geben, dann lautet die Frage nicht etwa, *ob* intergalaktische Besiedlung möglich ist, sondern einfach nur, *wie schnell* sie voranschreiten kann. Da alle Ideen, die wir bis jetzt erforscht haben, von Menschen stammen, sollten wir sie lediglich als untere Grenzen dessen betrachten, wie schnell sich das Leben ausdehnen kann. Ehrgeiziges superintelligentes Leben kann wahrscheinlich viel mehr schaffen. Außerdem wird es einen starken Anreiz haben, die Grenzen zu verschieben, da sich im Wettlauf gegen Zeit und dunkle Energie jede einprozentige Steigerung der durchschnittlichen Besiedlungsgeschwindigkeit in eine dreiprozentige Zunahme kolonisierter Galaxien umsetzen ließe.

Wenn es beispielsweise zwanzig Jahre dauert, um mit einem Lasersegelsystem zehn Lichtjahre zum nächsten Sternensystem zurückzulegen und noch einmal zehn Jahre, um es zu besiedeln und dort neue Laser und Saatsonden zu bauen, wird die besiedelte Region des Weltalls ein Kugel sein, die in allen Richtungen mit durchschnittlich einem Drittel der Lichtgeschwindigkeit anwächst. In einer schönen und gründlichen

Analyse kosmisch expandierender Zivilisationen von 2014 veröffentlichte der amerikanische Physiker Jay Olson eine Hightech-Alternative zum Ansatz des Inselhüpfens, bei der zwei unterschiedliche Typen von Sonden ins Spiel kommen: *Saatsonden* und *Expander*.[15] Die Saatsonden würden das Tempo drosseln, landen und am Zielort Leben aussäen. Die Expander würden im Gegensatz dazu niemals anhalten. Sie würden im Flug Materie einfangen, wobei sie vielleicht verbesserte Varianten des Bussard-Antriebs einsetzten und diese Materie als Treibstoff und gleichzeitig als Rohstoff verwendeten, woraus sie Expander und Kopien ihrer selbst bauten. Diese sich selbst vermehrende Expanderflotte würde sich mit sanfter Beschleunigung fortbewegen, um in Bezug auf nahegelegene Galaxien stets eine konstante Geschwindigkeit beizubehalten (womöglich die halbe Lichtgeschwindigkeit). Sie würden sich oft genug vermehren, so dass die Flotte eine sich ausdehnende kugelförmige Hülle mit einer konstant darauf verteilten Menge Expander bildete.

Und dann ist da noch der hinterhältige Ave-Maria-Ansatz zu einer Expansion, der noch schneller ist, als irgendeine der bisher besprochenen Methoden es erlaubt. Er beruht auf der »kosmischen Spam-Masche« von Hans Moravec aus dem vierten Kapitel. Wenn eine Zivilisation eine Botschaft verbreitet, die frisch entwickelte Zivilisationen dazu überredet, eine superintelligente Maschine zu bauen, die sie anschließend für ihre Zwecke einspannt, kann sie sich im Prinzip mit Lichtgeschwindigkeit ausbreiten, derselben Geschwindigkeit, mit der sich ihr verführerischer Sirenengesang durch den Kosmos verbreitet. Da dies die *einzige* Möglichkeit für fortgeschrittene Zivilisationen sein könnte, den größten Teil der Galaxien innerhalb ihres Zukunftslichtkegels zu erreichen, und sie wenig Anreiz haben, es nicht zu versuchen, sollten wir äußerst skeptisch sein, wenn wir Übertragungen von Außerirdischen bekämen! In Carl Sagans Buch *Contact: Eine Mission ins Herz des Universums* benutzen wir Erdlinge Pläne Außerirdischer, um eine Maschine zu bauen, die wir nicht verstanden – meine Empfehlung lautet, dies nicht zu tun …

Zusammengefasst lässt sich sagen, dass die meisten Wissenschaftler und Sciencefiction-Autoren, die kosmische Besiedlung in Erwägung ziehen, meiner Meinung nach übertrieben pessimistisch gewesen sind, da sie die Möglichkeit einer Superintelligenz ignorierten. Sie richteten ihre Aufmerksamkeit allein auf menschliche Reisende und haben dabei die Schwierigkeiten intergalaktischen Reisens überschätzt. Die beschränkte Konzentration auf von Menschen erfundene Technik führte dazu, dass sie die Zeit überschätzt haben, die benötigt wird, um sich den physikalischen Grenzen des Machbaren zu nähern.

Verbunden bleiben durch kosmische Ingenieursarbeit

Falls die dunkle Energie weiterhin ferne Galaxien voneinander fort beschleunigt, wie jüngste experimentelle Daten nahelegen, dann wird dies eine deutliche Beeinträchtigung für die Zukunft des Lebens darstellen. Es bedeutet nämlich Folgendes: Selbst wenn es einer künftigen Zivilisation gelänge, eine Million Galaxien zu besiedeln, wird die dunkle Energie im Lauf einiger Dutzend Milliarden Jahre dafür sorgen, dass dieses kosmische Imperium in Tausende unterschiedliche Regionen zerfällt, die nicht mehr miteinander kommunizieren können. Wenn künftiges Leben nichts tut, um diese Zersplitterung zu verhindern, dann werden die größten, übriggebliebenen Bastionen des Lebens Haufen sein, die ungefähr eintausend Galaxien enthalten, deren kombinierte Gravitation stark genug ist, um die dunkle Energie, die sie voneinander zu trennen versucht, in Schach zu halten.

Falls eine superintelligente Zivilisation verbunden bleiben möchte, wäre dies ein starker Anreiz, kosmische Ingenieursarbeit in großem Maßstab zu leisten. Wie viel Zeit wird sie haben, um genügend Materie in ihren größten Superhaufen zu schaffen, bevor die dunkle Energie dafür sorgt, dass sie für alle Zeiten außer Reichweite sein wird? Eine Methode, um einen Stern über große Entfernungen hinweg zu bewegen, besteht darin, einen dritten Stern in ein binäres System zu schubsen, in dem zwei Sterne auf stabilen Bahnen einander umkreisen. Genau wie in einer romantischen Beziehung kann die Einführung eines dritten Partners die Dinge destabilisieren und dazu führen, dass einer der drei gewaltsam abgestoßen wird – was in diesem Sternendreiecksverhältnis mit großer Geschwindigkeit geschieht. Falls einer der drei Partner ein Schwarzes Loch sein sollte, kann ein derart unbeständiger Dreier dazu benutzt werden, um Masse schnell und weit aus der Gastgalaxie herauszuschleudern. Doch scheint diese Drei-Körper-Technik, sowohl auf Sterne als auch auf Schwarze Löcher bezogen, nicht in der Lage zu sein, mehr als einen winzigen Bruchteil der Masse einer Zivilisation über Entfernungen hinweg zu bewegen, die groß genug sind, um die dunkle Energie zu überlisten.

Aber das muss nicht zwangsläufig bedeuten, dass superintelligentes Leben nicht mit besseren Methoden aufwarten kann, wie zum Beispiel einen großen Teil der Masse in abgelegenen Galaxien in Raumschiffe umzuwandeln, die zum Heimathaufen reisen könnten. Sollte ein Sphalerisator gebaut werden können, ließe der sich womöglich dazu verwenden, Materie in Energie umzuwandeln, die als Licht in den Heimathaufen gestrahlt wird, wo es in Materie umgestaltet oder als Energiequelle genutzt werden kann.

Optimal wäre es, wenn sich herausstellte, dass es möglich ist, stabile, passierbare Wurmlöcher zu bauen, die nahezu augenblickliche Kommunikation und Reisen zwischen den beiden Enden des Wurmlochs ermöglichen, ganz gleich, wie weit sie voneinander entfernt sind. Ein Wurmloch ist eine Abkürzung durch die Raumzeit, die Sie von A nach B reisen lässt, ohne den dazwischenliegenden Raum passieren zu müssen. Obwohl Einsteins Allgemeine Relativitätstheorie Wurmlöcher gestattet und diese in Filmen wie *Contact* und *Interstellar* vorgekommen sind, ist für sie die Existenz einer seltsamen hypothetischen Form von Materie erforderlich, deren Vorhandensein von bisher kaum verstandenen Quantengravitationseffekten abhängt. Anders ausgedrückt, könnten sich nützliche Wurmlöcher als Unmöglichkeit erweisen, doch falls dem nicht so sein sollte, dann hat superintelligentes Leben große Anreize, sie zu realisieren. Wurmlöcher würden nicht nur die schnelle Kommunikation innerhalb einzelner Galaxien revolutionieren, sondern auch frühzeitig eine Verbindung zwischen entlegenen Galaxien und dem zentralen Haufen herstellen. Damit wäre es dem gesamten Herrschaftsgebiet künftigen Lebens möglich, über Langstrecken hinweg in Verbindung zu bleiben und die Versuche der dunklen Energie, die Kommunikation zu zensieren, vollständig zu vereiteln. Sobald zwei Galaxien durch ein stabiles Wurmloch miteinander verknüpft sind, bleiben sie auch verbunden, ganz egal, wie weit sie auseinanderdriften werden.

Falls eine künftige Zivilisation trotz ihrer besten Bemühungen um kosmische Ingenieursarbeit feststellt, dass Teile von ihr dazu verurteilt sind, für immer den Kontakt zu ihr zu verlieren, könnte sie sie einfach loslassen und ihnen alles Gute wünschen. Sollte sie jedoch ehrgeizige Rechenziele haben, zu denen die Suche nach einer Antwort auf bestimmte äußerst schwierige Fragen gehört, könnte sie stattdessen auf eine Brandrodungsstrategie zurückgreifen und die entlegenen Galaxien in gewaltige Computer umwandeln, die ihre Masse und Energie in unvorstellbar schnelle Rechenkapazität umwandeln, und zwar in der Hoffnung, sie könnten die lange gesuchten Antworten zurück in den Mutterhaufen schicken, bevor die dunkle Energie ihre ausgebrannten Reste außer Sichtweite schiebt. Diese Brandrodungsstrategie wäre vor allem in Regionen angebracht, die so weit entfernt sind, dass sie nur mit der Methode des »kosmischen Spams« erreichbar sind, was natürlich sehr zum Leidwesen der ursprünglichen Bewohner wäre. Zu Hause, in der Mutterregion, könnte die Zivilisation stattdessen so lange wie möglich auf maximale Erhaltung und Effizienz hinarbeiten.

Was	Wann
Momentanes Alter unseres Universums	10^{10} Jahre
Dunkle Energie schiebt die meisten Galaxien außer Reichweite	10^{11} Jahre
Letzte Sterne brennen aus	10^{14} Jahre
Planeten von Sternen losgelöst	10^{15} Jahre
Sterne von Galaxien losgelöst	10^{19} Jahre
Zerfall der Umlaufbahnen durch Gravitationsstrahlung	10^{20} Jahre
Protonenzerfall (frühestens)	$> 10^{34}$ Jahre
Schwarze Löcher stellarer Masse verdunsten	10^{67} Jahre
Supermassive Schwarze Löcher verdunsten	10^{91} Jahre
Alle Materie zerfällt zu Eisen	10^{1500} Jahre
Alle Materie wird zu Schwarzen Löchern, die anschließend verdunsten	$10^{10^{26}}$ Jahre

Tab. 6.3 Schätzungen für die ferne Zukunft, alle außer der zweiten und siebenten stammen von Freeman Dyson. Er führte diese Berechnungen vor der Entdeckung der dunklen Energie durch, die in 10^{10} bis 10^{11} Jahren einige Spielarten der »Kosmokalypse« ermöglichen könnte. Protonen sind womöglich vollständig stabil; falls nicht, deuten Experimente darauf hin, dass es mehr als 10^{34} Jahre dauern wird, bis die Hälfte von ihnen zerfallen sein wird.

Wie lange können Sie überdauern?

Die meisten ehrgeizigen Menschen, Organisationen und Nationen streben Langlebigkeit an. Wie hoch werden also die Lebenserwartungen sein, wenn eine ehrgeizige künftige Zivilisation Superintelligenz entwickelt und sich Langlebigkeit wünscht?

Die erste gründliche wissenschaftliche Analyse unserer fernen Zukunft wurde von keinem Geringeren als Freeman Dyson durchgeführt,[16] und Tabelle 6.3 fasst einige seiner wichtigsten Befunde zusammen. Er kommt zu dem Schluss, dass Sonnensysteme und Galaxien allmählich zerstört werden, worauf schließlich alles andere folgt und nichts als kalter, toter, leerer Raum mit einer ewig abebbenden Strahlenglut übrig bleibt, es sei denn, dass Intelligenz rechtzeitig eingreift. Doch Dyson beendet seine Analyse mit einer optimistischen Bemerkung: »Es gibt gute wissenschaftliche Gründe, die Möglichkeit ernst zu nehmen, dass es dem Leben und der Intelligenz gelingen wird, unser Universum für ihre eigenen Zwecke einzuspannen.«

Ich glaube, dass eine Superintelligenz mühelos viele der Probleme lösen könnte, die in Tabelle 6.3 aufgelistet sind, zumal sie Materie in etwas Besseres als Sonnensysteme und Galaxien umgestalten könnte. Häufig diskutierte Herausforderungen wie der Tod unserer Sonne in ein paar Milliarden Jahren wären keine K. o.-Kriterien, zumal selbst eine auf technisch relativ einfachem Niveau existierende Zivilisation problemlos zu massearmen Sternen ziehen könnte, die mehr als 200 Milliarden Jahre Bestand haben. Nimmt man an, dass superintelligente Zivilisationen ihre eigenen Kraftwerke bauen, die effizienter sind als Sterne, wollen sie eigentlich die Bildung von Sternen *verhindern*, um Energie zu sparen. Selbst wenn sie eine Dysonsphäre benutzen, um die ganze Energieabgabe eines Sterns in seiner Hauptlebensspanne zu ernten (wobei sie etwa 0,1 Prozent der Gesamtenergie wiedergewinnen), können sie womöglich nicht verhindern, dass ein großer Teil der verbleibenden 99,9 Prozent der Energie verschwendet wird, wenn äußerst mächtige Sterne sterben. Ein schwerer Stern stirbt in einer Supernovaexplosion, von der die meiste Energie in Form flüchtiger Neutrinos entkommt, und was sehr schwere Sterne betrifft, wird eine große Masse verschwendet, wenn sich ein Schwarzes Loch bildet und die Energie 10^{67} Jahre braucht, um dort herauszusickern.

Solange dem superintelligenten Leben weder Materie noch Energie ausgegangen ist, kann es seinen Lebensraum im erwünschten Zustand bewahren. Vielleicht entdeckt es sogar eine Möglichkeit zur Verhinderung des Protonenzerfalls, und zwar unter Verwendung eines Effekts in der Quantenmechanik, der auf die Alltagsweisheit hinausläuft, dass ein Topf nicht überkocht, solange man ihn im Auge behält. Also ließe sich der Zerfallsprozess durch regelmäßige Beobachtungen verlangsamen. Allerdings gibt es ein potentielles K. o.-Kriterium, nämlich eine »Kosmokalypse«, die unser ganzes Universum zerstört, vielleicht schon in 10 bis 100 Milliarden Jahren, von jetzt an gerechnet. Die Entdeckung der dunklen Energie und der Fortschritt der Stringtheorie haben neue kosmokalyptische Szenarien hervorgebracht, deren sich Freeman Dyson nicht bewusst gewesen ist, als er seinen bahnbrechenden Artikel schrieb.

Wie wird also unser Universum in etlichen Milliarden Jahren von jetzt an enden? Ich habe fünf Hauptverdächtige für unsere bevorstehende kosmische Apokalypse oder »Kosmokalypse«, die in Abbildung 6.9 veranschaulicht wird, der *Big Chill*, der *Big Crunch*, der *Big Rap*, der *Big Snap* und die *Todesblasen*. Unser Universum hat sich jetzt fast 14 Milliarden Jahre lang ausgedehnt. Mit dem Big Chill wird sich unser Universum für immer ausdehnen und unseren Kosmos zu einem kalten, dunklen und letztlich toten Ort verdünnen. Diese Vorstellung galt zu dem Zeitpunkt, als Freeman diesen Artikel schrieb, als das wahrscheinlichste Ergebnis. Für mich ist das die

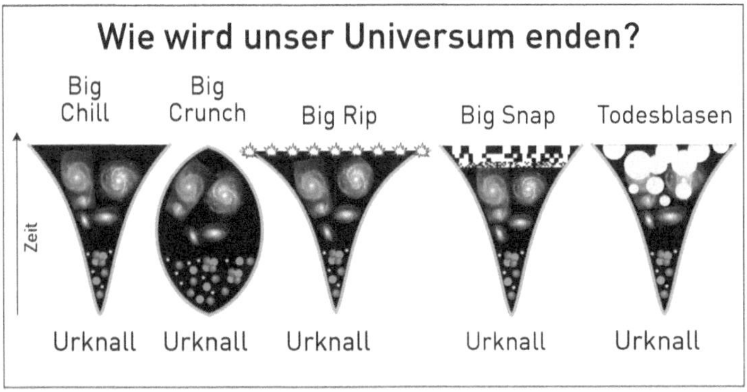

Abb. 6.9 Wir wissen, dass unser Universum mit einem heißen Urknall vor fast 14 Milliarden Jahren begann, sich dann ausdehnte, abkühlte und seine Teilchen zu Atomen, Sternen und Galaxien verschmolz. Aber sein endgültiges Schicksal kennen wir nicht. Zu den vorgeschlagenen Szenarien gehören ein Big Chill (ewige Ausdehnung), ein Big Crunch (erneuter Kollaps), ein Big Rip (eine unendliche Expansionsrate, die alles auseinanderreißt), ein Big Snap (das Gewebe des Raums zeigt eine tödliche, körnige Beschaffenheit, wenn es zu stark gedehnt wird) und Todesblasen (der Raum »gefriert« zu tödlichen Blasen, die sich mit Lichtgeschwindigkeit ausdehnen).

T.S-Eliot-Option: »Auf diese Art geht die Welt zugrund: Nicht mit einem Knall, aber mit Gewimmer.«[17] Sollten Sie Robert Frost mögen und es vorziehen, dass die Welt im Feuer statt im Eis endet, dann sollten Sie die Daumen für den Big Crunch drücken, bei dem die kosmische Expansion schließlich umgekehrt wird und alles in einem katastrophalen Kollaps wieder in sich zusammenstürzt, was einem umgekehrten Urknall ähnelt. Schließlich gibt es noch den Big Rip, der ein Big Chill für Ungeduldige ist. Dabei werden in einem großen Finale in einer endlichen Zeitspanne von jetzt an unsere Galaxien, Planeten und selbst die Atome auseinandergerissen werden. Auf welche dieser drei Optionen sollten wir wetten? Das hängt davon ab, was die dunkle Energie, aus der rund 70 Prozent der Masse unseres Universums bestehen, tun wird, wenn der Raum sich weiterhin ausdehnt. Jedes dieser Szenarien kann Wirklichkeit werden, abhängig davon, ob die dunkle Energie unverändert anwesend bleibt, sich zu negativer Dichte verdünnt oder sich in einem Prozess, der gegenläufig zur Verdünnung ist, zu höherer Dichte konzentriert. Da wir aber immer noch nicht wissen, was dunkle Energie eigentlich ist, sage ich Ihnen, wie ich wetten würde: 40 Prozent auf den Big Chill, 9 Prozent auf den Big Crunch und 1 Prozent auf den Big Rip.

Was ist mit den anderen 50 Prozent meines Geldes? Ich lege es beiseite für die »Nichts-von-alledem-Option«, weil ich glaube, dass wir Menschen bescheiden sein und anerkennen müssen, dass es grundlegende Dinge gibt, die wir immer noch nicht verstehen. Die Beschaffenheit des Raums zum Beispiel. Das Ende beim Chill, Crunch und Rip geht jedes Mal davon aus, dass der Raum selbst stabil und unendlich dehnbar ist. Lange Zeit haben wir uns den Raum als die langweilige, statische Bühne vorgestellt, auf der sich das kosmische Drama entfaltet. Dann lehrte uns Einstein, dass der Raum in Wirklichkeit einer der Starschauspieler des Stücks ist: Er kann sich zu Schwarzen Löchern krümmen, sich zu Gravitationswellen kräuseln und sich als expandierendes Universum ausbreiten. Vielleicht kann er auch in einen anderen Aggregatzustand gefrieren, wie es beim Wasser geschieht. Schnell expandierende Todesblasen des neuen Aggregatzustands könnten sich als ein Überraschungskandidat für die Kosmokalypse erweisen. Sollten Todesblasen möglich sein, würden sie sich vermutlich mit Lichtgeschwindigkeit ausdehnen, ähnlich wie die wachsende Kugel kosmischen Spams einer maximal aggressiven Zivilisation.

Außerdem besagt Einsteins Theorie, dass die Ausdehnung des Raums weiter fortdauern kann, so dass unser Universum ein unendliches Volumen wie in den Szenarien des Big Chill und des Big Rip erreichen kann. Das klingt ein wenig zu schön, um wahr zu sein, und ich vermute, so ist es auch. Ein Gummiband sieht nett und beständig aus, ähnlich wie der Raum, aber wenn man es zu sehr in die Länge zieht, zerreißt es. Warum? Weil es aus Atomen besteht, und wenn es genügend gedehnt wird, wird diese körnige atomare Beschaffenheit des Gummis wichtig. Könnte es sein, dass auch der Raum in gewisser Weise körnig ist, und zwar in einer Größenordnung, die schlicht zu klein ist, als dass wir sie bisher zur Notiz nehmen konnten? Die Quantengravitationsforschung weist darauf hin, dass es sinnlos ist, über den herkömmlichen dreidimensionalen Raum in Größenordnungen zu sprechen, die kleiner als 10^{-34} Meter sind. Sollte es tatsächlich zutreffen, dass der Raum sich nicht unendlich weit dehnen lässt, ohne einen katastrophalen »Big Snap« zu durchlaufen, dann könnten künftige Zivilisationen den Wunsch haben, in die größte erreichbare, nicht expandierende Region des Weltraums (ein gewaltiger Galaxienhaufen) umzusiedeln.

Wie viel Rechenkapazität ist möglich?

Nach der Untersuchung, wie lange künftiges Leben dauern *kann*, wollen wir jetzt untersuchen, wie lange es sich *wünscht*, zu dauern. Obwohl es ein natürliches Bedürfnis sein könnte, so lange wie möglich zu leben, steuerte Freeman Dyson auch ein quantitatives Argument für diesen Wunsch bei. Die Kosten des Rechnens sinken, wenn man langsam rechnet, so dass man letztlich mehr erledigt bekommt, wenn man alles so weit wie möglich verlangsamt. Freeman kam sogar zu dem Ergebnis, dass bei einer ewigen Ausdehnung und Abkühlung unseres Universums eine unendliche Rechenkapazität möglich wäre.

Langsam muss nicht automatisch langweilig heißen. Falls künftiges Leben in einer simulierten Welt zu Hause sein wird, muss sein subjektiv erlebter Zeitfluss nichts mit dem extrem langsamen Tempo zu tun haben, mit dem die Simulation in der Außenwelt betrieben wird. Folglich könnte sich die Aussicht unendlichen Rechnens in subjektive Unsterblichkeit für die simulierten Lebensformen umsetzen lassen. Der Kosmologe Frank Tipler hat an diese Idee angeknüpft und spekuliert darüber, dass Sie in den letzten Augenblicken vor einem Big Crunch ebenfalls subjektive Unsterblichkeit erleben werden, weil das Rechnen in Richtung Unendlichkeit beschleunigt wird, wenn Temperatur und Dichte sprunghaft ansteigen.

Da die dunkle Energie offenbar sowohl Freemans als auch Franks Träume unendlichen Rechnens verdirbt, könnte es eine künftige Superintelligenz vorziehen, ihre Energievorräte relativ schnell zu verbrennen, um sie in Rechenkapazität umzuwandeln, bevor sie mit Problemen wie kosmischen Horizonten und dem Protonenzerfall konfrontiert wird. Falls die Maximierung totalen Rechnens das endgültige Ziel sein sollte, wird ein Kompromiss zwischen zu langsam (um die bereits erwähnten Probleme zu vermeiden) und zu schnell (größerer Energieverbrauch pro Rechenleistung als benötigt) die beste Strategie sein.

Wenn wir alles zusammen betrachten, was wir in diesem Kapitel untersucht haben, kommen wir zu dem Ergebnis, dass maximal effiziente Kraftwerke und Computer es superintelligentem Leben ermöglichen würden, über eine schwindelerregende Rechenkapazität zu verfügen. Um Ihr 13-Watt-Gehirn einhundert Jahre lang anzutreiben, ist so viel Energie nötig, wie in einem halben Milligramm Materie steckt – weniger als in einem Körnchen Zucker. Die Arbeit von Seth Lloyd weist darauf hin, dass das Gehirn hinsichtlich des Energieverbrauchs eine Billiarde Mal effizienter sein könnte, was es dem Zuckerkörnchen ermöglichte, eine Simulation aller Menschen, die je gelebt haben, mit Energie zu versorgen. Und dann wäre immer noch genug übrig, um noch etliche Tausend Mal mehr simulierte Menschen einzuladen. Ließe sich sämtliche Materie in unserem zugänglichen Universum dazu verwenden, um Menschen zu simulieren, würde das 10^{69} Leben ergeben – oder was auch immer eine superintelligente KI vorziehen würde, mit ihrer Rechenkapazität anzustellen. Weitere Leben wären möglich, wenn ihre Simulationen langsamer abliefen.[18] Im Gegenzug schätzt Nick Bostrom in seinem Buch *Superintelligenz*, dass bei vorsichtigeren Mutmaßungen über Energieeffizienz 10^{58} menschliche Leben simuliert werden könnten. Ganz gleich, wie oft wir diese Zahlen hin und her wenden, sie sind auf jeden Fall riesig. Groß ist auch unsere Verantwortung, dafür zu sorgen, dass dieses künftige Potential des Lebens nicht vergeudet wird, sondern gedeihen kann. Wie Bostrom es formuliert:

> *Wenn eine einzige Freudenträne für das gesamte Glück eines solchen Lebens stünde, dann könnte das Glück all dieser Menschen alle Weltmeere in jeder Sekunde neu füllen, und das einhundert Milliarden Milliarden Jahrtausende lang. Es ist von entscheidender Bedeutung, dafür zu sorgen, dass es tatsächlich Tränen der Freude sein werden.*[19]

Kosmische Hierarchien

Die Lichtgeschwindigkeit begrenzt nicht nur die *Ausbreitung*, sondern auch die *Beschaffenheit* des Lebens und schränkt Kommunikation, Bewusstsein und Kontrolle in erheblichem Maß ein. Wenn daher ein großer Teil unseres Universums zum Leben erwacht, sollten wir uns fragen, wie dieses Leben aussehen wird.

Gedankenhierarchien

Haben Sie jemals versucht, eine Fliege mit Ihrer Hand totzuschlagen, und sind daran gescheitert? Das liegt daran, dass sie viel schneller reagieren kann als Sie und dass sie kleiner ist, so dass die Informationen zwischen Augen, Gehirn und Muskeln weniger Zeit benötigen, um anzukommen. Dieses Prinzip »Größer ist gleich langsamer« trifft nicht nur auf die Biologie zu, wo die Geschwindigkeitsgrenze dadurch festgelegt wird, wie schnell sich elektrische Signale durch Neuronen fortbewegen können, sondern auch auf künftiges kosmisches Leben, wenn keine Information schneller als das Licht unterwegs sein kann. Deshalb ist die Entscheidung, groß zu werden, für ein intelligentes Informationsverarbeitungssystem ein zweifelhafter Segen, der mit einem interessanten Kompromiss einhergeht. Einerseits kommt mit dem Größerwerden die Existenz von mehr Teilchen ins Spiel, was komplexeres Denken ermöglicht. Andererseits verlangsamt dies die Geschwindigkeit, mit der dieses System wahrhaft globalen Gedanken nachhängen kann, da es jetzt länger dauert, bis die relevanten Informationen zu all seinen Teilen vorgedrungen sind.

Welche Form wird das Leben also wählen, wenn es unseren Kosmos umschließt? Einfach und schnell oder komplex und langsam? Ich wage die Vorhersage, dass es dieselbe Wahl treffen wird, wie es das Leben auf der Erde getan hat, nämlich mit beiden Varianten zu arbeiten! Die Bewohner der irdischen Biosphäre umspannen ein gigantisches Größenspektrum – vom gewaltigen Blauwal, der mehr als 200 Tonnen wiegt, bis zum winzigen Bakterium *Pelagibacter*, das 10^{-16} Kilogramm auf die Waage bringt und das schätzungsweise für mehr Biomasse verantwortlich ist als sämtliche Fischbestände der Welt. Außerdem entschärfen Organismen, die groß, komplex und langsam sind, ihre Schwerfälligkeit dadurch, dass sie kleine Module enthalten, die einfach und schnell sind. So ist zum Beispiel Ihr Blinzelreflex extrem schnell, eben weil er durch einen kleinen und einfachen Schaltkreis realisiert wird, der mit dem größten Teil Ihres Gehirns nichts zu tun hat. Wenn sich diese schwer zu erledigende Fliege zufällig Ihrem Auge nähert, dann blinzeln Sie innerhalb einer Zehntelsekunde, lange bevor die relevante Information Zeit gehabt hat, sich durch Ihr ganzes Gehirn fortzubewegen, um Ihnen bewusst zu machen, was gerade passiert ist. Es gelingt unserer Biosphäre, auf zwei Hochzeiten zu tanzen, indem sie ihre Informationsverarbeitung in einer Hierarchie von Modulen organisiert und dadurch sowohl Geschwindigkeit als auch Komplexität erreicht. Wir Menschen haben uns bereits dieselbe hierarchische Strategie zunutze gemacht, um das Parallelrechnen zu optimieren.

Weil interne Kommunikation langsam und kostspielig ist, erwarte ich, dass fortgeschrittenes künftiges Leben im Kosmos dasselbe tun wird, so dass Rechnen so lokal wie möglich durchgeführt wird. Ist eine Berechnung einfach genug, um sie mit einem 1-Kilo-Computer auszuführen, wäre es kontraproduktiv, sie einem Computer von der Größe einer Galaxie zu überlasen, zumal das Warten auf die Übermittlung der Informationen mit Lichtgeschwindigkeit nach jedem Rechenschritt eine absurde Verzögerung von ungefähr 100 000 Jahren pro Schritt mit sich bringt.

Welche dieser künftigen Informationsverarbeitungen gegebenenfalls ein *bewusster* Akt sein wird, weil damit eine subjektive Erfahrung verbunden wäre, ist ein umstrittenes und faszinierendes Thema, mit dem wir uns im nächsten Kapitel beschäftigen werden. Falls das Bewusstsein verlangt, dass die unterschiedlichen Teile des Systems miteinander kommunizieren müssen, dann sind die Gedanken größerer System notwendigerweise langsamer. Während Sie oder künftige Supercomputer von der Größe der Erde mehrere Gedanken pro Sekunde haben können, könnte ein Intellekt von der Größe einer Galaxie nur alle hunderttausend Jahre einen Gedanken haben. Ein kosmischer Intellekt von der Ausdehnung einer Milliarde Lichtjahre hätte gerade mal Zeit genug für insgesamt vielleicht zehn Gedanken, bevor die dunkle Energie ihn in zusammenhanglose Teile zersplitterte. Andererseits könnten diese wenigen, wertvollen Gedanken und die dazugehörigen Erfahrungen recht tiefgründig sein!

Kontrollhierarchien

Wenn Denken an sich in einer Hierarchie organisiert ist, die ein breites Spektrum von Maßstäben umfasst, wie sieht es dann mit Macht aus? In Kapitel 4 haben wir untersucht, wie intelligente Wesen sich auf natürliche Weise in Machthierarchien organisieren, die sich im Nash-Gleichgewicht befinden, wo es jeder Instanz schlechter ginge, wenn sie ihre Strategie änderte. Je besser die Kommunikations- und Transporttechnik wird, umso größer können diese Hierarchien werden. Sollte sich die Superintelligenz eines Tages in kosmischen Größenordnungen ausbreiten, wie wird dann ihre Machthierarchie aussehen? Wird sie ohne Einschränkungen und dezentral agieren oder äußerst autoritär? Wird Kooperation hauptsächlich auf gegenseitigem Nutzen beruhen oder auf Zwang und Bedrohung?

Um über diese Fragen Aufschluss zu geben, wollen wir sowohl das Zuckerbrot als auch die Peitsche betrachten. Welche Anreize gibt es für eine Zusammenarbeit in kosmischen Größenordnungen, und welche Drohungen kommen ins Spiel, um sie durchzusetzen?

Kontrolle mit Zuckerbrot

Auf der Erde ist der Handel eine traditionelle Antriebskraft für Kooperation gewesen, weil die relative Schwierigkeit, Dinge zu produzieren, von Region zu Region schwankt. Wenn die Förderung von einem Kilogramm Silber in einer Region 300 Mal so viel kostet wie die Förderung von einem Kilogramm Kupfer, aber nur 100 Mal mehr in einer anderen Gegend, dann gewinnen beide maximalen Nutzen, wenn sie 200 Kilo Kupfer gegen ein Kilo Silber eintauschen. Hat eine Region eine viel höher entwickelte Technik als eine andere Region, können beide gleichzeitig profitieren, wenn sie Hightech-Güter gegen Rohstoffe tauschen.

Wenn jedoch eine Superintelligenz technische Systeme entwickelt, die mühelos Elementarteilchen in jede beliebige Materie umgestalten, dann wird diese Erfindung den größten Teil des Anreizes für den Fernhandel eliminieren. Warum sollte man sich die Mühe machen und Silber zwischen fernen Sonnensystem verschicken, wenn es einfacher und schneller geht, Kupfer durch eine Neuanordnung seiner Teilchen in Silber umzuwandeln? Warum sich bemühen, Hightech-Maschinen zwischen Galaxien zu verschicken, wenn sowohl das Know-how als auch die Rohstoffe (jede beliebige Materie tut's) an beiden Orten vorhanden sind? Ich glaube, dass es in einem Kosmos, in dem es von Superintelligenz wimmelt, wahrscheinlich *Information* sein wird, die es als einzige Ware wert ist, über lange Entfernungen hinweg gehandelt zu werden. Die einzige Ausnahme könnte Materie sein, die für kosmische Ingenieursprojekte benutzt wird, um beispielsweise den schon erwähnten destruktiven Tendenzen der dunklen Energie entgegenzuwirken, die Zivilisationen auseinanderzureißen. Im Gegensatz zum herkömmlichen menschlichen Handel könnte diese Materie in jeder geeigneten Großform versandt werden, vielleicht sogar als Energiestrahl, zumal die empfangende Superintelligenz sie rasch in jedes beliebige Objekt ihrer Wahl umgestalten kann.

Wenn sich das Teilen von oder der Handel mit Information als der Hauptantrieb kosmischer Zusammenarbeit erweisen sollte, dann stellt sich die Frage, um welche Art von Information es hier geht. Jede wünschenswerte Information bekommt einen Wert, wenn ihre Erzeugung mit einem erheblichen und langwierigen Rechenaufwand einhergeht. So möchte eine Superintelligenz womöglich Antworten auf knifflige wissenschaftliche Fragen über die Beschaffenheit der materiellen Wirklichkeit, auf schwierige mathematische Fragen zu Theoremen und optimalen Algorithmen sowie auf komplexe technische Fragen zur besten Methode für die Konstruktion spektakulärer Technik.

Hedonistische Lebensformen sind wahrscheinlich auf phantastische digitale Unterhaltung und auf simulierte Erlebnisse aus, während beim Handel auf kosmischer Ebene vielleicht der Wunsch nach irgendeiner Art kosmischer Kryptowährung nach dem Vorbild von Bitcoin aufkommt.

Derartige Gelegenheiten zum Austausch könnten einen Anreiz bieten, den Informationsfluss nicht nur zwischen ungefähr gleich mächtigen Instanzen in Gang zu setzen, sondern auch zwischen höheren und niedrigeren Machthierarchien, zum Beispiel zwischen Knotenpunkten vom Ausmaß eines Sonnensystems und einem galaktischen Netzknoten oder zwischen galaxiengroßen Knotenpunkten und einem kosmischen Netzknoten. Darauf sind die Knotenpunkte vielleicht deshalb bedacht, weil sie es genießen, etwa Bestandteil von etwas Größerem zu sein, Antworten und Technologien zu bekommen, die sie allein nicht entwickeln könnten, und um sich gegen äußere Bedrohungen zu schützen. Womöglich wissen sie auch das Versprechen annähernder Unsterblichkeit durch ein Backup zu schätzen. Genauso, wie viele Menschen Trost in dem Glauben finden, dass ihre Seelen nach dem Tod ihrer Körper weiterleben, könnte eine fortgeschrittene KI es für wünschenswert halten, mit ihrem Intellekt und ihrem Wissen in einem Netzknoten-Supercomputer weiterzuleben, nachdem ihre ursprüngliche materielle Hardware ihre Energiereserven erschöpft hat.

Im Gegenzug könnte der Netzknoten seine Knotenpunkte dazu anhalten, ihm bei langfristigen Rechenaufgaben zu helfen, deren Resultate nicht dringend benötigt werden, so dass es nicht schlimm ist, Tausende oder Millionen von Jahren auf die Antworten zu warten. Wie wir bereits gesehen haben, könnte auch der Netzknoten von seinen Knotenpunkten Unterstützung erwarten, um gigantische Ingenieursprojekte auszuführen, wie etwa durch die Bewegung galaktischer Massenkonzentrationen der destruktiven dunklen Energie entgegenzuwirken. Wenn sich passierbare Wurmlöcher als machbar und konstruierbar erweisen sollten, dann wird eine Priorität eines Netzknotens wahrscheinlich die Konstruktion eines Netzwerks von Wurmlöchern sein, um der dunklen Energie entgegenzuwirken und sein Imperium unbegrenzt zusammenzuhalten. Die Frage, welche endgültigen Ziele eine kosmische Superintelligenz haben könnte, ist ein faszinierendes und umstrittenes Thema, das wir in Kapitel 7 im Detail untersuchen werden.

Kontrolle mit Peitsche

Irdische Imperien zwingen ihre Untergebenen normalerweise sowohl mit Zuckerbrot als auch mit der Peitsche zur Zusammenarbeit. Während die Untertanen des Römischen Reiches die Technik, die Infrastruktur und die Verteidigung zu schätzen wussten, die sie im Gegenzug für ihre Kooperation bekamen, fürchteten sie aber auch die unvermeidlichen Konsequenzen der Rebellion oder Weigerung, Steuern zu zahlen. Weil es so lange dauerte, Truppen von Rom in abgelegene Provinzen zu schicken, wurde ein Teil der Einschüchterung an lokale Truppen und loyale Beamte delegiert, die ermächtigt waren, beinahe unverzüglich Strafen zu verhängen. Ein superintelligenter Netzknoten könnte die vergleichbare Strategie anwenden, ein Netzwerk loyaler Wächter in seinem ganzen kosmischen Reich einzusetzen. Da superintelligente Bürger nur schwer kontrollierbar sind, könnte die einfachste praktikable Strategie darin bestehen, KI-Wärter einzusetzen, die darauf programmiert sind, hundertprozentig loyal zu sein. Sie können relativ dumm sein, weil sie einfach nur überprüfen müssen, ob alle Regeln befolgt werden, und automatisch einen Weltuntergangsapparat in Gang setzen, falls dies nicht der Fall sein sollte.

Nehmen wir zum Beispiel an, dass die Netzknoten-KI Vorbereitungen trifft, um einen Weißen Zwerg in die Nachbarschaft einer sonnensystemgroßen Zivilisation zu platzieren, damit sie ihn kontrollieren kann. Ein Weißer Zwerg ist die ausgebrannte Hülle eines mittelmäßig schweren Sterns. Er besteht hauptsächlich aus Kohlenstoff und ähnelt einem gigantischen Diamanten am Himmel. Außerdem ist er derart kompakt, dass er mehr als die Sonne wiegen kann, obwohl er kleiner als die Erde ist. Der indische Physiker Subrahmanyan Chandrasekhar hat bekanntlich Folgendes bewiesen: Fügt man dem Weißen Zwerg Masse hinzu, bis er die *Chandrasekhar-Grenze* – ungefähr 1,4 Mal mehr Masse als unsere Sonne – überschreitet, dann findet eine verheerende thermonukleare Detonation statt, eine Supernova vom Typ 1 A. Wenn die herzlose Netzknoten-KI alles so arrangiert hat, dass der Weiße Zwerg extrem nah an seine Chandrasekhar-Grenze stößt, könnte die Wächter-KI effektiv sein, selbst wenn sie extrem dumm wäre (eigentlich größtenteils genau deshalb, *weil* sie so dumm ist). Sie könnte so programmiert sein, dass sie einfach nur bestätigt, ob die unterworfene Zivilisation ihre monatliche Rate kosmischer Bitcoins, mathematischer Beweise oder welche Art von Steuern auch immer vereinbart worden sind, abgeliefert hat. Und falls das nicht der Fall sein sollte, wirft sie genügend Masse auf den Weißen Zwerg, um die Supernova zu zünden und die ganze Region in die Luft zu jagen.

Zivilisationen von der Größe einer Galaxie könnten auf ähnliche Weise kontrolliert werden, indem man eine große Anzahl kompakter Objekte in nahe Umlaufbahnen um das monströse Schwarze Loch im Zentrum der Galaxie brächte und damit drohte, diese Massen etwa durch Kollisionen in Gas umzuwandeln. Mit diesem Gas würde dann allmählich das Schwarze Loch gestopft werden, wodurch es sich in einen gewaltigen Quasar verwandelte, der potentiell einen großen Teil der Galaxie unbewohnbar machen würde.

Zusammengefasst lässt sich sagen, dass es starke Anreize für künftiges Leben gibt, über kosmische Entfernungen hinweg zu kooperieren, doch es ist eine ziemlich offene Frage, ob solche Kooperationen hauptsächlich auf gegenseitigem Nutzen oder auf brutalen Drohungen beruhen werden – die von der Physik auferlegten Grenzen gestatten offenbar beide Szenarien, so dass das Ergebnis von den vorherrschenden Zielen und Werten abhängen wird. Wir werden unsere Fähigkeit, diese Ziele und Werte künftigen Lebens zu beeinflussen, in Kapitel 7 erforschen.

Wenn Zivilisationen in Konflikt geraten

Bisher haben wir nur Szenarien besprochen, in denen sich das Leben nach einer einzigen Intelligenzexplosion in unserem Kosmos ausdehnt. Doch was geschieht, wenn sich das Leben unabhängig an mehr als einem Ort entwickelt hat und sich zwei expandierende Zivilisationen begegnen?

Betrachtet man ein beliebiges Sonnensystem, ist es wahrscheinlich, dass sich das Leben auf einem seiner Planeten herausgebildet hat, gefolgt von fortschrittlicher Technik und der Expansion in den Weltraum. Diese Wahrscheinlichkeit scheint größer als null zu sein, zumal die technische Entwicklung hier in unserem Sonnensystem stattgefunden hat und die Naturgesetze offenbar die Besiedlung des Weltraums zulassen. Sollte der Weltraum groß genug sein (tatsächlich legt die Theorie der kosmologischen Inflation nahe, dass er unermesslich oder gar unendlich groß ist), dann wird es wohl viele solcher expandierenden Zivilisationen geben, wie es in Abbildung 6.10 veranschaulicht wird. Jay Olsons bereits erwähnter Artikel enthält eine elegante Analyse derart expandierender Biosphären, während Toby Ord mit Kollegen des Future of Humanity Institute eine vergleichbare Analyse vorgelegt hat. Betrachtet man diese kosmischen Biosphären in drei Dimensionen, dann sind sie buchstäblich Kugeln, sofern Zivilisationen sich mit derselben Geschwindigkeit in alle Richtungen ausbreiten. In der Raumzeit sehen sie wie der obere Teil des »Champagnerkelches« in

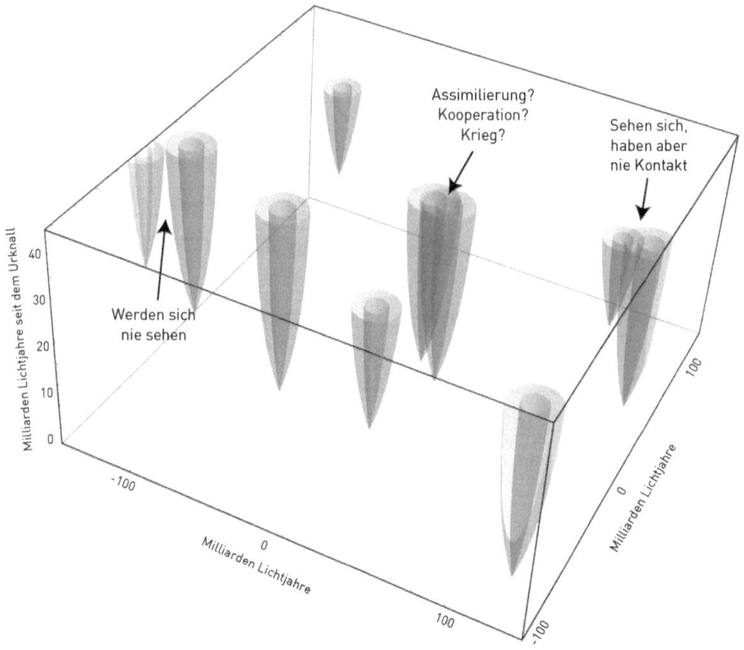

Abb. 6.10 Falls sich das Leben an mehreren Punkten in der Raumzeit (Orte und Zeiten) unabhängig voneinander entwickelt hat und damit beginnt, den Weltraum zu kolonisieren, dann wird der Welt-
raum ein Netzwerk expandierender kosmischer Biosphären enthalten, und jede ähnelt dem oberen Ende des Champagnerkelches aus Abbildung 6.7. Das untere Ende jeder Biosphäre stellt den Ort und die Zeit des Anfangs der Kolonialisierung dar. Die undurchsichtigen und die durchscheinenden Champagnerkelche entsprechen einer Kolonialisierung bei 50 beziehungsweise 100 Prozent der Lichtgeschwindigkeit, während Überschneidungen die Treffpunkte unabhängiger Zivilisationen zeigen.

Abbildung 6.7 aus, weil die dunkle Energie letztlich eine Grenze für die Anzahl der Galaxien setzt, die irgendeine Zivilisation erreichen kann.

Wenn die Entfernung zwischen benachbarten, das Weltall besiedelnden Zivilisationen viel größer ist als das Ausmaß der Expansion, die die dunkle Energie zulässt, dann werden sie nie miteinander in Kontakt kommen. Sie werden sogar noch nicht einmal von der Existenz des jeweils anderen erfahren und daher das Gefühl haben, allein im Universum zu sein. Falls jedoch unser Kosmos fruchtbarer ist, so dass die Nachbarn näher beieinander leben, werden einige Zivilisationen schließlich miteinander in Berührung kommen. Was geschieht in diesen sich überlagernden Regionen? Wird es Kooperation, Wettbewerb oder Krieg geben?

Den Europäern gelang es, Afrika und den amerikanischen Kontinent zu erobern, weil sie eine überlegene Technik hatten. Im Gegensatz dazu klingt es plausibel, dass lange bevor sich zwei superintelligente Zivilisationen begegnen, deren technische Systeme sich auf dasselbe Niveau einpendeln werden und lediglich durch die Naturgesetze eingeschränkt sind. Daher wird es unwahrscheinlich sein, dass eine Superintelligenz mühelos die andere erobern könnte, falls das ihr Wunsch sein sollte. Wenn sich außerdem ihre Ziele einigermaßen im Gleichschritt entwickelt haben, sollten sie kaum einen Grund haben, Eroberungszüge zu starten oder einen Krieg vom Zaun zu brechen. Wenn sie zum Beispiel beide versuchen, so viele schöne Theoreme wie möglich zu beweisen und so viele schlaue Algorithmen wie möglich zu erfinden, könnten sie ihre Ergebnisse einfach miteinander teilen, wovon beide Parteien profitieren würden. Schließlich unterscheiden sich Informationen insofern von den Ressourcen, um die die Menschen normalerweise kämpfen, als man sie verschenken und gleichzeitig behalten kann.

Manche expandierenden Zivilisationen könnten Ziele haben, die prinzipiell unveränderlich sind, wie etwa die eines fundamentalistischen Kults oder eines sich verbreitenden Virus. Es ist jedoch ebenfalls möglich, dass einige fortschrittliche Zivilisationen eher aufgeschlossenen Menschen ähneln und willens sind, ihre Ziele anzupassen, wenn ihnen ausreichend überzeugende Argumente präsentiert werden. Falls sich zwei solche Zivilisationen begegnen, dann kommt es eher zu einem Schlagabtausch der Ideen und nicht der Waffen. Die überzeugendere Partei setzt sich durch und verbreitet ihre Ziele mit Lichtgeschwindigkeit in der Region, die von der anderen Zivilisation kontrolliert wird. Die Assimilierung ihrer Nachbarn ist eine schnellere Expansionsstrategie als die Besiedlung, zumal sich ihre Einflusssphäre mit der Geschwindigkeit ausbreiten kann, mit der sich Ideen fortpflanzen (Lichtgeschwindigkeit, wenn Telekommunikationsmittel benutzt werden), während physische Besiedlung unvermeidlicherweise langsamer fortschreitet als die Lichtgeschwindigkeit. Diese Assimilierung wird nicht durch Zwang zustandekommen wie bei den berüchtigten Borg in *Star Trek*, sondern geschieht freiwillig auf der Grundlage der überzeugenden Überlegenheit von Ideen, von denen die Assimilierten profitieren.

Wir haben erfahren, dass der künftige Kosmos Blasen zweierlei Art enthalten kann, die sich rasch ausdehnen: expandierende Zivilisationen und jene Todesblasen, die sich mit Lichtgeschwindigkeit ausbreiten und den Weltraum unbewohnbar machen, indem sie all unsere Elementarteilchen zerstören. Eine ehrgeizige Zivilisation kann deshalb auf drei Arten von Regionen treffen: unbewohnten Raum, Lebensblasen und Todesblasen. Falls sie unkooperative Zivilisationen als Kontrahenten fürchtet, dann hat sie einen starken Anreiz, einen raschen »Landraub« anzuzetteln und die unbewohnten Regionen zu besiedeln, bevor es die Rivalen tun. Allerding hat sie, selbst wenn es keine anderen Zivilisationen gibt, denselben expansionistischen Anreiz, einfach weil sie Ressourcen beschaffen kann, bevor die dunkle Energie diese außer Reichweite schiebt. Wir haben gerade gesehen, wie die zufällige Begegnung mit einer anderen expandierenden Zivilisation sowohl besser als auch schlechter sein kann, anstatt in unbewohnten Raum zu geraten. Das hängt davon ab, wie kooperativ und aufgeschlossen dieser Nachbar ist. Allerdings ist es besser, jeder beliebigen expansionsfreudigen Zivilisation in die Arme zu laufen (selbst einer, die versucht, Ihre Zivilisation in Büroklammern umzuwandeln), als in eine Todesblase zu stürzen, die sich kontinuierlich mit Lichtgeschwindigkeit ausbreitet, ganz gleich, ob Sie versuchen werden, dagegen anzukämpfen oder mit ihr darüber zu diskutieren. Unser einziger Schutz gegen Todesblasen ist die dunkle Energie, die verhindert, dass uns ferne Todesblasen je erreichen werden. Wenn also Todesblasen tatsächlich weit verbreitet sein sollten, dann ist die dunkle Energie im Grunde genommen nicht unsere Feindin, sondern unsere Verbündete.

Sind wir allein?

Viele Menschen halten es für selbstverständlich, dass es im größten Teil unseres Universums fortgeschrittenes Leben gibt, so dass das Aussterben der Menschheit aus kosmischer Perspektive kaum eine Rolle spielt. Warum sollten wir uns schließlich Sorgen über unsere Auslöschung machen, wenn eine inspirierende Zivilisation, wie man sie aus *Star Trek* kennt, bald im Sturzflug angerauscht käme, unser Sonnensystem mit neuem Leben erfüllte und uns mit ihrer fortgeschrittenen Technik vielleicht sogar rekonstruieren und wiederbeleben würde? Ich halte die *Star-Trek*-Vermutung für gefährlich, weil sie uns ein falsches Sicherheitsgefühl vermitteln und unsere eigene Zivilisation zu Apathie und Leichtsinn verführen könnte. Ich glaube tatsächlich, dass diese Vermutung, wir seien nicht allein in unserem Universum, nicht nur gefährlich, sondern wahrscheinlich auch falsch ist.

Das ist womöglich die Ansicht einer Minderheit,[20] und ich

kann mich natürlich irren, aber es ist zumindest eine Möglichkeit, die wir nicht ganz und gar ablehnen können und die uns einen moralischen Imperativ verleiht, auf Nummer sicher zu gehen und es nicht zuzulassen, dass unsere Zivilisation ausstirbt.

Wenn ich Vorträge über Kosmologie halte, bitte ich häufig die Zuhörer, die Hand zu heben, falls sie glauben, es gebe noch irgendwo sonst im Universum (in der Raumregion, aus der uns bis jetzt im Lauf der 13,8 Milliarden Jahre seit unserem Urknall das Licht erreicht hat) intelligentes Leben. Ausnahmslos jeder hebt die Hand, vom Vorschulkind bis zum Studenten. Wenn ich nach dem Grund frage, dann lautet die einfache Antwort, die ich meistens bekomme, unser Universum sei so riesig, da müsse es doch irgendwo Leben geben, zumindest statistisch betrachtet. Wir wollen uns dieses Argument etwas genauer ansehen und seine Schwächen herausarbeiten.

Letztlich läuft alles auf eine einzige Zahl hinaus: die typische Entfernung zwischen einer Zivilisation in Abbildung 6.10 und ihrem nächstgelegenen Nachbarn. Wenn diese Entfernung viel größer als 20 Milliarden Lichtjahre ist, sollten wir davon ausgehen, allein in unserem Universum zu sein und niemals Kontakt mit Außerirdischen zu bekommen. Was sollten wir also von dieser Entfernung erwarten? Wir sind ziemlich ratlos. Das heißt, die Entfernung zu unserem Nachbarn bewegt sich in der Größenordnung von 1000 ... 000 Metern, wobei die Gesamtzahl der Nullen vernünftigerweise 21, 22, 23 ... 100, 101, 102 oder mehr beträgt. Wahrscheinlich ist sie aber nicht viel kleiner als 21, da wir bisher noch keine überzeugenden Hinweise auf Außerirdische gesehen haben (siehe Abbildung 6.11). Wenn unsere nächstgelegene Nachbarzivilisation innerhalb unseres Universums mit seinem Radius von etwa 10^{26} Metern sein sollte, dann darf es nicht mehr als 26 Nullen geben, während die Wahrscheinlichkeit, dass die Zahl der Nullen in den schmalen Bereich zwischen 22 und 26 fällt, ziemlich gering ist. Deshalb glaube ich, dass wir in unserem Universum allein sind.

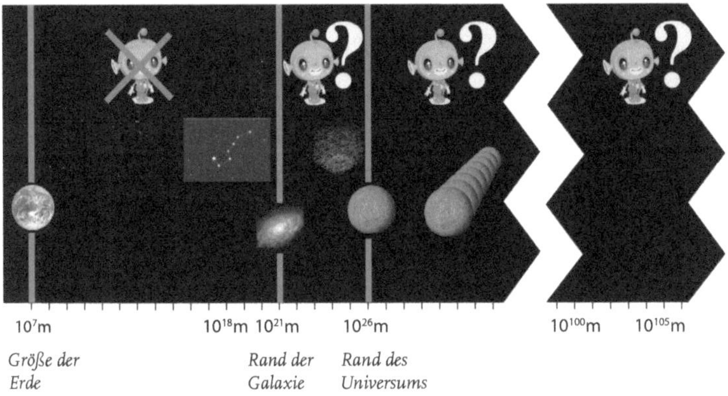

Abb. 6.11 Sind wir allein? Die enormen Ungewissheiten über die Evolution von Leben und Intelligenz legen nahe, dass unsere nächste Nachbarzivilisation im Weltraum vernünftigerweise irgendwo entlang der horizontalen Achse liegen könnte. Es ist unwahrscheinlich, dass sie in dem schmalen Bereich zwischen dem Rand unserer Galaxie (etwa 10^{21} Meter entfernt) und dem Rand unseres Universums (etwa 10^{26} Meter entfernt) liegt. Sollte sie viel näher als in diesem Bereich sein, dann sollte es viele andere fortgeschrittene Zivilisationen in unserer Galaxie geben, die wir vermutlich bemerkt hätten, was wiederum darauf schließen lässt, dass wir in unserem Universum tatsächlich allein sind.

Eine detaillierte Begründung für dieses Argument gebe ich in meinem Buch *Unser mathematisches Universum*, deshalb werde ich das hier nicht noch einmal ausweiten, doch der eigentliche Grund für unsere Ahnungslosigkeit über diese Nachbarentfernung liegt darin, dass wir wiederum keine Anhaltspunkte haben, ob an einem bestimmten Ort intelligentes Leben entsteht. Der US-amerikanische Astronom Frank Drake wies darauf hin, dass diese Wahrscheinlichkeit berechnet werden kann, indem man drei Wahrscheinlichkeiten miteinander multipliziert. Erstens die Existenz einer bewohnbaren Umgebung dort (beispielsweise eines geeigneten Planeten), zweitens die dortige Entstehung des Lebens und drittens die evolutionäre Entwicklung dieses Lebens zu intelligentem Leben. Als ich Student war, hatten wir von keiner dieser drei Möglichkeiten eine Ahnung. Nach den letzten zwei Jahrzehnten dramatischer Entdeckungen von Planeten, die andere Sterne umkreisen, ist es inzwischen offenbar wahrscheinlich, dass es bewohnbare Planeten im Überfluss gibt, Milliarden davon allein in unserer Galaxie. Die Wahrscheinlichkeit, dass dort Leben und anschließend Intelligenz entstehen, bleibt jedoch extrem ungewiss. Manche Experten glauben, dass die erste oder beide Bedingungen zusammen eigentlich unvermeidlich sind und auf den meisten bewohnbaren Planeten in Erscheinung treten, während andere wiederum glauben, dass eine oder beide Bedingungen extrem selten sind, und zwar aufgrund potentieller evolutionärer Engpässe, die zu durchlaufen eine ausgesprochene Glückssträhne erforderlich macht. Einige der vorgeschlagenen Engpässe gehen mit dem Huhn-und-Ei-Problem in den frühesten Stadien des eigenständig sich fortpflanzenden Lebens einher. So braucht zum Beispiel eine moderne Zelle für den Bau eines Ribosoms, der hochkomplizierten molekularen Maschine, die unseren genetischen Code liest und unsere Proteine erzeugt, ein weiteres Ribosom, wobei nicht ersichtlich ist, ob das allererste Ribosom sich allmählich aus etwas Einfacherem entwickeln konnte.[21] Andere vorgeschlagene Engpässe haben mit der Entwicklung höherer Intelligenz zu tun. Obwohl beispielsweise die Dinosaurier 100 Millionen Jahre lang die Erde beherrschten, eintausend Mal länger, als wir modernen Menschen präsent sind, schien die Evolution sie nicht zwangsläufig in Richtung höherer Intelligenz und zur Erfindung von Teleskopen und Computern gelenkt zu haben.

Manche Leute widersprechen meinem Argument und sagen, ja, intelligentes Leben könnte zwar äußerst selten sein, sei es aber in Wirklichkeit nicht – in unserer Galaxie wimmele es von intelligentem Leben, das etablierte Wissenschaftler einfach nicht wahrnähmen. Vielleicht haben Außerirdische bereits die Erde besucht, behaupten UFO-Enthusiasten. Vielleicht trifft das ja tatsächlich zu, aber dennoch sind sie da draußen und verstecken sich absichtlich vor uns (dieses Verhalten wird von dem US-amerikanischen Astronomen John A. Ball als »*Zoo-Hypothese*«, bezeichnet, die in Sciencefiction-Klassikern wie Olaf Stapledons *Der Sternenmacher* vorkommt). Womöglich sind sie tatsächlich da draußen, ohne sich vorsätzlich zu verbergen, weil sie einfach nicht an der Besiedlung des Weltraums oder an technischen Großprojekten interessiert sind, die wir sonst bemerkt hätten.

Natürlich müssen wir aufgeschlossen gegenüber solchen Möglichkeiten sein, aber da es keine allgemein akzeptierten Beweise für all diese Überlegungen gibt, müssen wir auch die Alternative ernst nehmen, nämlich dass wir allein sind. Außerdem glaube ich, wir sollten die Vielfalt fortgeschrittener Zivilisationen nicht unterschätzen, indem wir annehmen, dass sie alle ähnliche Ziele haben, weswegen wir sie nicht bemerkten. Wir haben ja bereits gesehen, dass die Beschaffung von Ressourcen ein ganz natürliches Ziel für jede Zivilisation ist. Damit wir Notiz davon nehmen, muss sich nur *eine einzige* Zivilisation dafür entscheiden, unverhohlen alles zu besiedeln, wozu sie in der Lage ist, und folglich auch unsere Galaxie und Welten darüber hinaus vereinnahmen. Konfrontiert mit der Tatsache, dass es Millionen bewohnbarer erdähnlicher Planeten in unserer Galaxie gibt, die Jahrmilliarden älter sind als die Erde, und daher Zeit genug für ehrgeizige Bewohner gewesen ist, die Galaxie zu besiedeln, können wir deshalb die einleuchtendste Interpretation nicht ablehnen: Damit das Leben in Erscheinung treten kann, wird ein zufälliger Glückstreffer benötigt, der so unwahrscheinlich ist, dass die Planeten alle unbewohnt sind.

Falls das Leben am Ende dann *doch nicht* selten sein sollte, werden wir es bald wissen. Ehrgeizige astronomische Studien suchen in der Atmosphäre erdähnlicher Planeten nach Hinweisen auf Sauerstoff, der von Leben produziert wird. Parallel zu dieser Suche nach *jedweder* Form von Leben bekam jüngst die Suche nach *intelligentem* Leben einen Schub durch den russischen Philanthropen Yuri Milner und sein 100-Millionen-Dollar-Projekt »Breakthrough Listen« (etwa: Durch Lauschen zum Durchbruch).

Es ist wichtig, nicht allzu anthropozentrisch zu sein, wenn man sich auf die Suche nach fortgeschrittenem Leben begibt. Wenn wir eine außerirdische Zivilisation entdecken, wird sie wahrscheinlich bereits superintelligent geworden sein. Martin Rees formulierte es kürzlich in einem Essay folgendermaßen:

> *Die Geschichte der technischen Zivilisation des Menschen wird in Jahrhunderten gemessen – und es wird vielleicht nur noch ein oder zwei Jahrhunderte dauern, bevor die Menschen durch anorganische Intelligenz eingeholt oder übertroffen sein werden, die dann fortbestehen und sich über Jahrmilliarden hinweg weiterentwickeln wird […] es wäre höchst unwahrscheinlich, sollten wir sie in dem kurzen Augenblick ›erwischen‹, als sie organische Form annahmen.*[22]

Ich stimme Jay Olsons Schlussfolgerung in seinem schon erwähnten Artikel über Weltraumbesiedlung zu:

> *Wir betrachten die Möglichkeit, dass fortschrittliche Intelligenz sich die Ressourcen des Universums zunutze macht, um lediglich existierende erdähnliche Planeten mit fortgeschrittenen Versionen von Menschen zu besiedeln, als einen unwahrscheinlichen Schlusspunkt der technischen Weiterentwicklung.*[23]

Wenn Sie sich also Außerirdische vorstellen, denken Sie nicht an die kleinen grünen Männchen mit zwei Armen und zwei Beinen, sondern stellen Sie sich das superintelligente Raumfahrtleben vor, das wir früher in diesem Kapitel untersucht haben.

Obwohl ich ein starker Verfechter kontinuierlicher Fahndungen nach außerirdischem Leben bin, die Aufschluss über die faszinierenden Fragen der Wissenschaft geben, hoffe ich dennoch insgeheim, dass sie alle scheitern und nichts finden werden! Die offensichtliche Unvereinbarkeit zwischen der Überfülle bewohnbarer Planeten in unserer Galaxie und dem Mangel an außerirdischen Besuchern, die *Fermi-Paradoxon* genannt wird, legt die Existenz eines Faktors nahe, den Robin Hanson den »Großen Filter« nennt, eine evolutionäre und technische Straßensperre irgendwo entlang des Entwicklungspfads von nicht lebendiger Materie zum Weltraum besiedelnden Leben. Falls wir irgendwo anders unabhängig von uns entwickeltes Leben finden, würde das die Vermutung nahelegen, dass primitives Leben nicht selten ist und dass die Straßensperre hinter der augenblicklichen Entwicklungsstufe der Menschheit liegt – vielleicht weil die Besiedlung des Weltraums unmöglich ist, oder weil fast alle fortgeschrittenen Zivilisationen sich selbst zerstören, bevor sie imstande sind, sich im Kosmos auszubreiten. Ich drücke daher die Daumen, dass alle Bemühungen, außerirdisches Leben zu finden, erfolglos sein werden. Diese Haltung stimmt mit dem Szenario überein, in dem fortschreitendes intelligentes Leben selten ist, aber wir Menschen das Glück haben, die Straßensperre hinter uns gelassen zu haben und uns eines außergewöhnlichen Zukunftspotentials zu erfreuen.

Ausblick

Bisher haben wir in diesem Buch die Geschichte des Lebens in unserem Universum erkundet – von seinen bescheidenen Anfängen vor einigen Milliarden Jahren bis zu einer möglichen grandiosen Zukunft in vielen Jahrmilliarden ab heute. Wenn unsere aktuelle KI-Entwicklung schließlich eine Intelligenzexplosion und eine optimierte Besiedlung des Weltalls auslöst, wird es eine Explosion in wahrhaft kosmischem Sinn sein. Nachdem das Leben Jahrmilliarden als eine fast vernachlässigbare kleine Störung in einem gleichgültigen, leblosen Kosmos verbracht hat, explodiert es plötzlich und findet Eingang in die kosmische Arena als eine kugelförmige Druckwelle, die sich mit annähernder Lichtgeschwindigkeit ausbreitet, nie ermüdet und überall auf ihrem Weg den Funken des Lebens entfacht.

Derart optimistische Ansichten über die Bedeutung des Lebens in unserer kosmischen Zukunft sind von vielen der Denker, denen wir in diesem Buch begegnet sind, wortgewandt geäußert worden. Sciencefiction-Autoren werden oft als unrealistische, romantische Träumer abqualifiziert. Deshalb finde ich es ironisch, dass die meisten Sciencefictionwerke und wissenschaftlichen Artikel über die Besiedlung des Weltalls inzwischen, im Licht der Superintelligenz, eindeutig zu *pessimistisch* klingen. So erfuhren wir zum Beispiel, wie intergalaktische Reisen viel leichter werden, sobald Menschen und andere intelligente Wesen in digitaler Form transportiert werden können, was uns nicht nur in unserem Sonnensystem oder in der Milchstraße, sondern auch im ganzen Universum potentiell zu Herren unseres eigenen Schicksals macht.

Wir haben bereits die äußerst realistische Möglichkeit in Erwägung gezogen, dass wir die einzige Hightech-Zivilisation in unserem Universum sind. Deshalb sollten wir den Rest dieses Kapitels damit verbringen, dieses Szenario und die damit verbundene moralische Verantwortung zu erforschen. Das heißt, dass nach 13,8 Milliarden Jahren das Leben in unserem Universum eine Weggabelung erreicht hat, an der es die Wahl hat, im ganzen Kosmos zu gedeihen oder auszusterben. Wenn wir unsere technischen Systeme nicht verbessern, dann wird die Frage nicht lauten, *ob* die Menschheit ausstirbt, sondern nur, *wie* sie aussterben wird. Was wird uns zuerst erwischen – ein Asteroid, ein Supervulkan, die sengende Hitze der alternden Sonne oder irgendwelche anderen Desaster (siehe Abbildung 5.1)? Wenn wir erst einmal verschwunden sind, wird sich das von Freeman Dyson vorhergesagte kosmische Drama ohne Zuschauer abspielen. Falls es nicht zu einer Kosmokalypse kommt, werden die Sterne ausbrennen, die Galaxien dahinschwinden und Schwarze Löcher verdunsten. Jedes Schwarze Loch wird sein Leben mit einer gewaltigen Explosion beenden, die mehr als eine Million Mal so viel Energie freisetzen wird wie die »Zar-Bombe«, die stärkste Wasserstoffbombe, die je gebaut wurde. Freeman schreibt: »Das kalte expandierende Universum wird noch lange Zeit von gelegentlichem Feuerwerk erleuchtet sein.« Leider wird dieses Feuerwerk eine sinnlose Verschwendung sein, weil niemand mehr da ist, der es genießen kann.

Ohne Technik steht unsere Auslöschung im kosmischen Kontext in einigen Zigmilliarden Jahren bevor, so dass das ganze Drama des Lebens in unserem Universum lediglich ein kurzes Aufblitzen von Schönheit, Leidenschaft und Bedeutung ist in einer annähernden Ewigkeit der Bedeutungslosigkeit, die niemand je erleben wird. Was für eine Verschwendung das wäre! Wenn wir, statt auf Technik zu verzichten, sie willkommen hießen, dann erhöhten wir wie beim Pokern den Einsatz. Dann ergibt sich die Möglichkeit, beides zu erreichen: Das Leben könnte überleben und gedeihen, oder es stirbt noch schneller aus, weil es sich aufgrund falscher Planung selbst zerstört. Ich stimme dafür, uns die Technik zu eigen zu machen und voranzuschreiten, nicht in dem blinden Glauben an das, was wir bauen, sondern mit Vorsicht, Weitblick und sorgfältiger Planung.

Nach 13,8 Milliarden Jahren kosmischer Geschichte befinden wir uns in einem hinreißend schönen Universum, das durch uns Menschen zum Leben erwacht ist und sich allmählich seiner selbst bewusst wird. Wir haben erfahren, dass das künftige Potential des Lebens in unserem Universum grandioser ist, als es sich unsere Vorfahren in ihren kühnsten Träumen ausmalen konnten. Ein Dämpfer ist jedoch die ebenfalls realistische Möglichkeit, dass intelligentes Leben dauerhaft ausstirbt. Wird das Leben in unserem Universum sein Potential realisieren oder es vergeuden? Das hängt in großem Maß davon ab, was die heute lebenden Menschen in unserer Lebensspanne tun werden, und ich bin optimistisch, dass wir eine wahrhaft phantastische Zukunft des Lebens erschaffen können, wenn wir die richtigen Entscheidungen treffen. Was sollten wir also tun, und wie können wir diese Ziele erreichen? Im weiteren Verlauf des Buches wollen wir die schwierigsten damit verbundenen Herausforderungen untersuchen und sehen, wie wir mit ihnen umgehen können.

Fazit

>> Im Vergleich zu kosmischen Zeitmaßstäben von Jahrmilliarden ist eine Intelligenzexplosion ein plötzliches Ereignis, in dessen Verlauf die Technik sich rasch auf ein Niveau einpendelt, das nur noch von den Naturgesetzen begrenzt wird.

>> Dieses technische Plateau ist wesentlich höher als die Technik von heute. Ausgehend von einer beliebigen Menge Materie, wird die Erzeugung von zehn Milliarden Mal mehr Energie (mit Hilfe von Sphaleronen oder Schwarzen Löchern), die Speicherung von 12 bis 18 Größenordnungen mehr Information oder ein um 31 bis 41 Größenordnungen schnelleres Rechnen möglich. Außerdem kann Materie in jede andere gewünschte Form umgewandelt werden.

>> Superintelligentes Leben würde nicht nur seine existierenden Ressourcen beeindruckend effizienter nutzen, sondern wäre auch imstande, die heutige Biosphäre um rund 32 Größenordnungen zu vergrößern, indem es

weitere Ressourcen durch kosmische Besiedlung mit annähernder Lichtgeschwindigkeit beschafft.

- Dunkle Energie begrenzt die kosmische Expansion superintelligenten Lebens und beschützt sie auch vor fernen, sich ausbreitenden Todesblasen oder feindseligen Zivilisationen. Die Bedrohung durch dunkle Energie, die die kosmischen Zivilisationen auseinanderreißt, motiviert technische Großprojekte auf kosmischer Ebene, einschließlich des Baus von Wurmlöchern, falls dies machbar sein sollte.
- Der wichtigste über kosmische Entfernungen hinweg gehandelte Rohstoff wird wahrscheinlich Information sein.
- Abgesehen von Wurmlöchern, stellt die Lichtgeschwindigkeitsgrenze ernsthafte Herausforderungen für Koordination und Kontrolle innerhalb einer kosmischen Zivilisation dar. Ein ferner zentraler Netzknoten könnte seinen superintelligenten »Knotenpunkten« durch Belohnungen einen Anreiz zur Kooperation bieten. Denkbar wäre auch die Drohung, eine lokale Wächter-KI einzusetzen, die darauf programmiert ist, eine Supernova oder einen Quasar hochzujagen, um den Knoten zu zerstören, falls die Regeln nicht befolgt werden.
- Ungeachtet populärer gegenteiliger Ansichten, ist es durchaus plausibel, dass wir die einzige Lebensform sind, die imstande ist, unser beobachtbares Universum in der Zukunft zum Leben zu erwecken.
- Wenn wir unsere Technik nicht verbessern, lautet die Frage nicht etwa, *ob* die Menschheit aussterben wird, sondern nur, *wie*. Wird ein Asteroid, ein Supervulkan, die sengende Hitze der alternden Sonne oder irgendein anderes Desaster uns zuerst erwischen?
- Wenn wir unsere Technik mit genügend Sorgfalt, Weitblick und Planung zur Vermeidung von Fallgruben

verbessern, dann hat das Leben das Potential, auf der Erde und weit über sie hinaus viele Jahrmilliarden zu gedeihen, was sich unsere Vorfahren in ihren kühnsten Träumen nicht ausmalen konnten.

Kapitel 7

Ziele

Das Geheimnis des menschlichen Seins besteht nämlich nicht darin, dass man lediglich lebt, sondern darin, wofür man lebt.
DOSTOJEWSKI, *DIE BRÜDER KARAMASOW*

Das Leben ist eine Reise und kein Ziel.
RALPH WALDO EMERSON

Wenn ich in einem einzigen Wort zusammenfassen sollte, worum es in den heikelsten Kontroversen um KI geht, würde ich »Ziele« sagen. Sollten wir Künstlichen Intelligenzen Ziele geben, und falls ja, welche Ziele? Wie können wir einer KI Ziele vermitteln? Können wir gewährleisten, dass diese Ziele eingehalten werden, selbst wenn die KI schlauer wird? Diese Fragen sind nicht nur heikel, sondern auch entscheidend für die Zukunft des Lebens. Wenn wir nicht wissen, was wir wollen, verringert sich die Wahrscheinlichkeit, dass wir es bekommen, und wenn wir den Maschinen, die unsere Ziele nicht teilen, die Kontrolle überlassen, dann bekommen wir wahrscheinlich genau das, was wir nicht wollen.

Physik: der Ursprung von Zielen

Um diesen Fragen auf den Grund zu gehen, wollen wir zunächst den absoluten Ursprung von Zielen untersuchen. Wenn wir uns in der Welt umsehen, fallen uns einige Vorgänge als *zielorientiert* auf, während es uns bei anderen nicht so geht. Nehmen wir zum Beispiel den Vorgang, wie ein Fußball zum spielentscheidenden Schuss getreten wird. Das Verhalten des Balls selbst scheint nicht zielorientiert zu sein und wird auf effizienteste Weise mit Newtons Bewegungssätzen erklärt, nämlich als Reaktion auf den Schuss. Andererseits wird das Verhalten der Spieler am besten nicht etwa auf mechanistische Weise durch Atome erklärt, die sich gegenseitig anstoßen, sondern hinsichtlich ihres *Ziels*, die Trefferzahl ihres Teams zu maximieren. In der Physik unseres frühen Universums gab es lediglich einen Haufen Teilchen, die anscheinend ziellos auf und ab sprangen. Wie konnte sich daraus ein solch zielorientiertes Verhalten entwickeln?

Interessanterweise lassen sich die Wurzeln zielorientierten Verhaltens in den Naturgesetzen selbst finden. Sie manifestieren sich sogar in einfachen Prozessen, an denen das Leben nicht beteiligt ist. Wenn eine Rettungsschwimmerin einen Schwimmer rettet, wie es in Abbildung 7.1 dargestellt ist, dann erwarten wir nicht, dass sie einer geraden Linie folgt, sondern dass sie ein Stück weiter am Strand entlangläuft, wo sie schneller ist als im Wasser, und deshalb einen leichten Knick vollzieht, wenn sie ins Wasser kommt. Selbstverständlich interpretieren wir ihre Entscheidung für diesen Weg als zielorientiert, da sie aus allen möglichen Bewegungsabläufen absichtlich den optimalen Weg wählt, der sie so schnell wie möglich zu dem Schwimmer bringt. Und trotzdem wird auch ein einfacher Lichtstrahl gebeugt, wenn er auf Wasser trifft (siehe Abbildung 7.1), wobei er ebenfalls die Reisezeit zu seinem Ziel minimiert. Wie kann das sein?

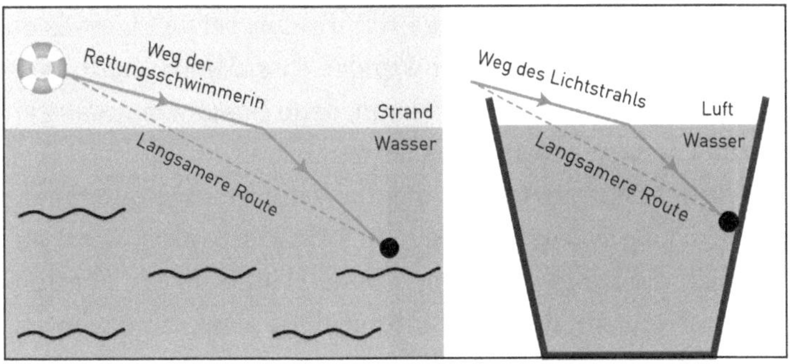

Abb. 7.1 Um einen Schwimmer so schnell wie möglich zu retten, verfolgt eine Rettungsschwimmerin keine gerade (gestrichelte) Linie, sondern läuft ein Stück weiter am Strand entlang, wo sie schneller ist als im Wasser. Auf ähnliche Weise wird ein Lichtstrahl gebeugt, wenn er auf Wasser trifft, um so schnell wie möglich sein Ziel zu erreichen.

Dieser Vorgang ist in der Physik als *Fermat'sches Prinzip* bekannt. Es wurde erstmals 1662 formuliert und bietet eine alternative Möglichkeit, das Verhalten von Lichtstrahlen vorauszusagen. Bemerkenswerterweise haben Physiker seitdem entdeckt, dass *alle* Gesetze der klassischen Physik mathematisch auf entsprechende Weise neu formuliert werden können. Aus der Fülle aller Möglichkeiten, für die sich die Natur entscheiden könnte, bevorzugt sie die optimale Möglichkeit, was normalerweise darauf hinausläuft, irgendeine Größe zu minimieren oder zu maximieren. Es gibt zwei mathematisch gleichwertige Methoden, um ein Naturgesetz zu beschreiben, entweder als Vergangenheit, die die Zukunft verursacht, oder als Natur, die etwas optimiert. Obwohl die zweite Alternative selten in Einführungskursen für Physik gelehrt wird, weil die Mathematik schwieriger ist, habe ich das Gefühl, dass sie eleganter und tiefgründiger ist. Wenn eine Person versucht, etwas zu optimieren (zum Beispiel ihre Punktzahl, ihren Reichtum oder ihr Glück), werden wir selbstverständlich ihr Streben danach als zielorientiert beschreiben. Wenn daher die Natur selbst versucht, etwas zu optimieren, dann ist es kein Wunder, dass zielorientiertes Verhalten in Erscheinung treten kann, denn es war von Anfang an fest in ebenjenen Naturgesetzen verankert.

Eine berühmte Größe, die die Natur zu maximieren anstrebt, ist die *Entropie*, die, salopp formuliert, misst, wie unordentlich die Dinge sind. Der Zweite Hauptsatz der Thermodynamik gibt an, dass die Entropie dazu neigt, zuzunehmen, bis sie ihren maximal möglichen Wert erreicht hat. Ignoriert man vorerst die Auswirkungen der Gravitation, dann wird dieser maximal unordentliche Zustand »*Wärmetod*« genannt und entspricht allem, was in langweiliger, perfekter Gleichförmigkeit ausgebreitet ist – ohne Komplexität, ohne Leben, ohne Veränderung. Wenn Sie zum Beispiel kalte Milch in heißen Kaffee gießen, scheint Ihr Getränk unabänderlich auf sein persönliches Wärmetodziel zuzumarschieren, und bald schon ist alles nur noch eine gleichförmige, lauwarme Mischung. Wenn ein lebendiger Organismus stirbt, nimmt auch seine Entropie allmählich zu, so dass in Kürze die Anordnung seiner Teilchen dahin tendiert, viel weniger organisiert zu sein.

Das scheinbare Ziel der Natur, die Entropie zu steigern, erklärt, warum die Zeit eine bevorzugte Richtung zu haben scheint. Deshalb sehen Filme auch so unrealistisch aus, wenn sie rückwärts gespielt werden. Wenn Sie ein Glas Wein fallen lassen, erwarten Sie, dass es am Fußboden zersplittert und die globale Unordnung (Entropie) steigert. Wenn Sie anschließend sehen sollten, wie es sich *entsplittert* und zurück in Ihre Hand geflogen kommt (abnehmende Entropie), würden Sie wahrscheinlich beschließen, den Wein lieber nicht mehr zu trinken, weil Sie vermutlich schon ein Glas zu viel getrunken haben.

Als ich zum ersten Mal über unseren unaufhaltsamen Fortschritt in Richtung Wärmetod hörte, fand ich es ziemlich deprimierend und stand damit nicht allein da. Lord Kelvin, der Pionier der Thermodynamik, schrieb 1841, dass »dieses

Resultat unvermeidlicherweise ein Zustand des allgemeinen Stillstands und Todes« sei, und es fällt schwer, Trost in der Vorstellung zu finden, dass das langfristige Ziel der Natur darin bestehe, Tod und Zerstörung zu maximieren. Allerdings haben jüngste Entdeckungen gezeigt, dass alles nicht ganz so übel ist. Erstens verhält sich die Gravitation anders als alle anderen Kräfte und strebt danach, unser Universum gerade nicht langweilig erscheinen zu lassen, sondern eher abwechslungsreich und interessant. Deshalb verwandelte die Gravitation unser langweiliges frühes Universum, das fast perfekt gleichförmig war, in den klumpigen und schönen, komplexen Kosmos, in dem es von Galaxien, Sternen und Planeten wimmelt. Dank der Gravitation gibt es jetzt ein breites Temperaturspektrum, das es dem Leben ermöglicht, durch die Kombination von heiß und kalt zu gedeihen. Wir leben auf einem behaglich warmen Planeten, der 6000 °C Sonnenwärme absorbiert, während er sich durch Abstrahlung von Abwärme in den eisigen Weltraum, dessen Temperatur nur 3 °C über dem absoluten Nullpunkt (minus 273,15 °C) liegt, abkühlt.

Zweitens sind durch die jüngste Arbeit meines MIT-Kollegen Jeremy England und anderer Wissenschaftler[1] noch weitere gute Neuigkeiten bekannt geworden, die zeigten, dass die Thermodynamik die Natur außerdem mit einem Ziel versehen hat, das inspirierender ist als der Wärmetod. Dieses Ziel hört auf den etwas umständlichen Namen »*dissipation-driven adaptation*« (durch Energiezerstreuung gesteuerte Anpassung), was im Wesentlichen so viel heißt, dass zufällige Teilchengruppen danach streben, sich selbst so zu organisieren, dass sie so effizient wie möglich Energie aus ihrer Umgebung gewinnen. (»Dissipation« bewirkt die Steigerung der Entropie. Normalerweise geschieht das durch Umwandlung verwendbarer Energie in Wärme, wobei während des Vorgangs häufig nützliche Arbeit verrichtet wird.) So würde zum Beispiel ein der Sonne ausgesetzter Haufen Moleküle im Lauf der Zeit dazu tendieren, sich so anzuordnen, dass die Moleküle das Sonnenlicht immer besser absorbieren können. Mit anderen Worten, die Natur scheint ein eingebautes Ziel zu haben, sich selbst organisierende Systeme zu produzieren, die zunehmend komplexer und lebensähnlicher werden – und dieses Ziel ist fest in den Naturgesetzen verankert.

Wie können wir diesen kosmischen Drang zum Leben mit dem kosmischen Drang zum Wärmetod in Einklang bringen? Die Antwort finden wir in dem berühmten Buch *Was ist Leben?* von Erwin Schrödinger aus dem Jahr 1944. Schrödinger war einer der Begründer der Quantenmechanik und wies darauf hin, dass es Kennzeichen eines lebenden Systems ist, wenn es seine Entropie beibehält oder reduziert, indem es die Entropie seiner Umgebung erhöht. Mit anderen Worten, der Zweite Hauptsatz der Thermodynamik lässt ein Hintertürchen zum Leben offen. Obwohl die Gesamtentropie zunehmen muss, ist es erlaubt, sie an manchen Orten zu verringern, solange sie dafür anderswo umso stärker zunimmt. So behält das Leben seine Komplexität bei oder erhöht sie, indem es seine Umgebung unordentlicher macht.

Biologie: die Evolution von Zielen

Wir haben gerade gesehen, wie der Ursprung zielorientierten Verhaltens bis zu den Naturgesetzen zurückverfolgt werden kann. Diese statten die Teilchen mit dem Ziel aus, sich selbst so anzuordnen, dass sie so effizient wie möglich Energie aus ihrer Umgebung gewinnen. Eine großartige Möglichkeit für eine Teilchenanordnung, dieses Ziel zu verfolgen, ist es, Kopien von sich selbst herzustellen, um noch mehr Energieabsorber zur Verfügung zu haben. Es gibt etliche bekannte Beispiele derart aufstrebender Selbstreproduktion. So können beispielsweise Wirbel in turbulenten Flüssigkeiten Kopien von sich selbst machen, während Ansammlungen von Mikrosphären – das sind kugelförmige Molekularaggregate – nahe gelegene Sphären dazu drängen können, mit ihnen identische Ansammlungen zu bilden. Irgendwann einmal konnte sich eine spezielle Anordnung von Teilchen so gut selbst kopieren, dass sie nahezu unbegrenzt Energie und Rohstoffe aus ihrer Umgebung gewinnen konnte. Eine solche Teilchenanordnung nennen wir *Leben*. Noch immer wissen wir sehr wenig darüber, wie das Leben auf der Erde seinen Ursprung nahm, aber wir wissen, dass primitive Lebensformen schon vor vier Milliarden Jahren hier anwesend waren.

Wenn eine Lebensform sich selbst kopiert und die Kopien tun dasselbe, dann verdoppelt sich die Gesamtzahl in regelmäßigen Abständen, bis die Populationsgröße an Ressourcengrenzen stößt oder andere Probleme bekommt. Wiederholte Verdopplungen bringen bald riesige Zahlen hervor. Fängt man mit einer an und verdoppelt sie nur dreihundert Mal, erhält man eine Größe, die die Zahl der Teilchen im Universum überschreitet. Das heißt, nicht lange, nachdem die erste primitive Lebensform auftauchte, erwachten große Mengen Materie zum Leben. Manchmal waren die Kopien nicht perfekt, so dass es bald viele verschiedene Lebensformen gab, die sich selbst zu kopieren versuchten und um dieselben, begrenzten Ressourcen konkurrierten. Die Darwin'sche Evolution hatte begonnen.

Hätten Sie zu der Zeit, als das Leben in Gang kam, die Erde in Ruhe beobachten können, wäre Ihnen ein rasanter Wandel im zielorientierten Verhalten aufgefallen. Während es zuvor so aussah, als versuchten die Teilchen, die durchschnittliche Unordnung auf unterschiedliche Art und Weise zu erhöhen, schienen diese neuen, allgegenwärtigen, sich selbst kopierenden Muster ein anderes Ziel zu haben: nicht Dissipation, sondern *Reproduktion*. Charles Darwin erklärte auf elegante Weise, warum es so war. Da die meisten effizienten Kopierer die anderen aus dem Feld schlagen und dominieren, wird jede beliebige beobachtete Lebensform für das Ziel der Fortpflanzung optimiert werden.

Wie konnte sich das Ziel von Dissipation zu Fortpflanzung ändern, wenn die Naturgesetze unverändert blieben? Die Antwort lautet, dass sich das grundlegende Ziel (Dissipation) *nicht* verändert hat, wohl aber zu einem *anderen instrumentellen Ziel* führte, nämlich zu einem Teilziel, das behilflich war, das grundlegende Ziel zu unterstützen. Nehmen wir zum Beispiel das Essen. Wir scheinen alle das Ziel zu haben, unseren Hunger zu stillen, wenngleich wir wissen, dass das einzige Ziel der Evolution die Fortpflanzung und nicht etwa das Kauen ist. Das ist so, weil Essen die Fortpflanzung unterstützt. Wenn Sie verhungern, können Sie keine Kinder kriegen. Auf dieselbe Weise ist die Fortpflanzung der Dissipation behilflich, weil ein von Leben wimmelnder Planet effizienter bei der Zerstreuung von Energie ist. Also hat unser Universum mit der Erfindung des Lebens in gewisser Weise eine Methode erfunden, sich dem Wärmetod schneller anzunähern. Wenn Sie Zucker auf Ihrem Küchenfußboden verschütten, kann er im Prinzip seine nützliche chemische Energie jahrelang bewahren, doch wenn Ameisen auftauchen, zerstreuen sie diese Energie in kürzester Zeit. Ähnlich ist es mit den in der Erdkruste eingebetteten Erdölreserven. Sie hätten ihre nützliche Energie viel länger bewahren können, hätten wir zweibeinigen Lebensformen sie nicht hochgepumpt und verbrannt.

Unter den entwickelten Erdbewohnern von heute scheinen diese instrumentellen Ziele ein Eigenleben angenommen zu haben. Obwohl die Evolution sie für das einzige Ziel der Fortpflanzung optimierte, verbringen viele Menschen ihre Zeit nicht mit der Produktion von Nachkommen, sondern mit Aktivitäten wie schlafen, Lebensmittel auftreiben, Häuser bauen, Dominanz ausüben, andere bekämpfen und anderen helfen – manchmal bis zu einem Ausmaß, das die Fortpflanzung *verringert*. Forschungen auf den Gebieten der Evolutionspsychologie, der

Wirtschaftswissenschaft und der Künstlichen Intelligenz haben auf elegante Weise den Grund dafür erklärt. Manche Ökonomen interpretierten Menschen modellhaft als *»rational handelnde Agenten«*, idealisierte Entscheider, die sich stets für die Handlungen entscheiden, die optimal für die Verfolgung ihrer Ziele sind, doch das ist offensichtlich unrealistisch. In der Praxis haben diese Agenten eine Eigenschaft, die Nobelpreisträger und KI-Pionier Herbert Simon *eingeschränkte Rationalität* nennt, weil sie begrenzte Ressourcen haben. Die Rationalität ihrer Entscheidungen ist eingeschränkt durch die ihnen zur Verfügung stehenden Informationen, ihre Zeit zum Nachdenken und ihre Hardware, die ihnen das Denken ermöglicht. Wenn also die Darwin'sche Evolution einen Organismus optimiert, um ein Ziel zu erreichen, fährt sie am besten, wenn sie einen geeigneten Algorithmus einsetzt, der in dem beschränkten Kontext, in dem sich der Agent normalerweise befindet, einigermaßen gut funktioniert. Die Fortpflanzungsoptimierung hat die Evolution genauso umgesetzt: Statt in jeder Situation zu fragen, welche Handlung die Zahl erfolgreicher Nachkommen eines Organismus maximiert, setzt sie ein Sammelsurium heuristischer Hacks ein – Faustregeln, die normalerweise gut funktionieren. Dazu gehören bei den meisten Tieren der Sexualtrieb, bei Durst trinken, bei Hunger essen und Dinge vermeiden, die schlecht schmecken oder weh tun.

Manche dieser Faustregeln scheitern katastrophal in Situationen, für deren Bewältigung sie nicht geschaffen wurden, etwa wenn Ratten köstlich schmeckendes Rattengift fressen, wenn Motten durch verführerische weibliche Duftstoffe in Leimfallen gelockt werden und wenn Mücken in Kerzenflammen fliegen.[2] Da die menschliche Gesellschaft von heute sich sehr von der Umgebung unterscheidet, für die die Evolution unsere Faustregeln optimierte, sollten wir nicht allzu überrascht sein, herauszufinden, dass unser Verhalten häufig daran scheitert, die Produktion von Kleinkindern zu maximieren. So ist zum Beispiel das Teilziel, nicht zu verhungern, nicht unerheblich als der Wunsch realisiert, kalorienreiche Nahrung zu verzehren, was die gegenwärtige Fettleibigkeitsepidemie und die damit verbundenen Schwierigkeiten bei der Partnersuche ausgelöst hat. Das Teilziel, sich fortzupflanzen, wurde eher als der Wunsch nach Sex installiert statt als Wunsch, Samenspender oder Eispenderin zu werden, obwohl man mit letzterer Option mehr Kleinkinder mit weniger Aufwand produzieren kann.

Psychologie: die Verfolgung von Zielen und die Rebellion dagegen

Zusammengefasst lässt sich sagen, dass ein lebendiger Organismus ein Agent mit eingeschränkter Rationalität ist, der nicht ein Einzelziel verfolgt, sondern stattdessen Faustregeln darüber zulässt, was zu verfolgen und was zu vermeiden wäre. Unser menschlicher Geist nimmt diese im Lauf der Evolution herausgebildeten Faustregeln als *Gefühle* wahr, die normalerweise (und häufig ohne dass es uns bewusst ist) unsere Entscheidungen in Richtung auf das endgültige Ziel der Reproduktion beeinflussen. Hunger- und Durstgefühle schützen uns vor dem Verhungern und Verdursten, Schmerzgefühle schützen uns davor, unserem Körper Schaden zuzufügen, Lustgefühle bringen uns dazu, uns fortzupflanzen, Liebesgefühle und Mitgefühl veranlassen uns, anderen Trägern unserer Gene und jenen, die sie unterstützen, zu helfen, und so weiter. Von diesen Gefühlen geleitet, können unsere Gehirne schnell und effizient entscheiden, was getan werden soll, ohne jede einzelne Entscheidung einer lästigen Analyse ihrer eigentlichen Bedeutung für die Zahl der zu produzierenden Nachkommen unterziehen zu müssen. Für weiterführende Informationen empfehle ich die Schriften von William James und António Damásio.[3]

Es ist wichtig, Folgendes festzustellen: Wenn unsere Gefühle gelegentlich das Machen von Babys *verhindern*, dann geschieht das nicht zwangsläufig zufällig oder weil wir ausgetrickst werden. Unser Gehirn kann gegen unsere Gene und deren Fortpflanzungsziel durchaus vorsätzlich rebellieren, indem es sich zum Beispiel entscheidet, Verhütungsmittel zu benutzen! Zu den eher extremen Beispielen, wie das Gehirn gegen seine Gene rebelliert, gehört die Entscheidung, Selbstmord zu begehen oder sein Leben im Zölibat zu verbringen, um Priester, Mönch oder Nonne zu werden.

Warum entscheiden wir uns manchmal, gegen unsere Gene und deren Fortpflanzungsziele aufzubegehren? Wir rebellieren, weil Absicht dahintersteckt. Als Agenten eingeschränkter Rationalität sind wir nur unseren Gefühlen gegenüber loyal. Obwohl sich unsere Gehirne im Lauf der Evolution nur entwickelten, um das Kopieren unserer Gene zu unterstützen, könnte unseren Gehirnen nichts gleichgültiger sein als diese Ziele, zumal wir keine Gefühle in Bezug auf Gene haben – in Wirklichkeit wussten während des größten Teils der Menschheitsgeschichte unsere Vorfahren nicht einmal, dass sie überhaupt Gene *hatten*. Außerdem sind unsere Gehirne viel schlauer als unsere Gene, und da wir inzwischen das Ziel unserer Gene (Fortpflanzung) verstehen, finden wir es ziemlich banal und können es mühelos ignorieren. Die Menschen mögen zwar erkennen, warum die Gene sie Lust fühlen lassen, haben aber kaum den Wunsch, fünfzehn Kinder großzuziehen, und entscheiden sich deshalb dafür, ihre genetische Programmierung zu hacken, indem sie die emotionalen Belohnungen der Intimität mit Geburtenkontrolle kombinieren. Sie könnten erkennen, warum ihre Gene sie nach Süßigkeiten verlangen lassen, und haben dennoch wenig Lust, zuzunehmen. Deshalb entscheiden sie sich, ihre genetische Programmierung zu hacken, indem sie die emotionalen Belohnungen eines süßen Getränks mit kalorienfreiem Süßstoff kombinieren.

Obwohl solche Hacks von Belohnungsmechanismen manchmal schiefgehen, etwa wenn Leute heroinsüchtig werden, hat unser menschlicher Genpool trotz unserer ausgefuchsten und aufrührerischen Gehirne bisher wunderbar überlebt. Allerdings ist es wichtig, daran zu denken, dass die letzte Instanz inzwischen unsere Gefühle und nicht unsere Gene sind. Das heißt, dass menschliches Verhalten nicht ausschließlich für das Überleben unserer Spezies optimiert ist. Da unsere Gefühle in Wirklichkeit lediglich Faustregeln sind, die nicht für alle Situationen angemessen sind, hat menschliches Verhalten, streng genommen, überhaupt kein einzelnes, wohldefiniertes Ziel.

Zielorientierte Größen	Milliarden Tonnen
5×10^{30} Bakterien	400
Pflanzen	400
10^{15} mesopelagische Fische	400
$1{,}3 \times 10^{9}$ Kühe	0,5
7×10^{9} Menschen	0,4
10^{14} Ameisen	0,3
$1{,}7 \times 10^{6}$ Wale	0,0005
Beton	100
Stahl	20
Asphalt	15
$1{,}2 \times 10^{9}$ Automobile	2

Tab. 7.1 Ungefähre Materiemengen auf der Erde in Größen, die sich evolutionär entwickelten oder die für ein Ziel geschaffen wurden. Technisch hergestellte Größen wie zum Beispiel Gebäude, Straßen und Automobile schicken sich offenbar dazu an, evolutionär entwickelte Größen wie Pflanzen und Tiere zu überholen.

Technik: Ausgliederung von Zielen

Können Maschinen Ziele haben? Diese einfache Frage hat eine große Kontroverse ausgelöst, weil unterschiedliche Leute damit verschiedene Dinge meinen, die häufig einen Bezug zu heiklen Themen haben, bei denen es darum geht, ob Maschinen bewusstseinsfähig sein oder Gefühle haben können. Wenn wir aber die Angelegenheit praktischer angehen und die Frage einfach so auffassten, als bedeutete sie »Können Maschinen zielorientiertes Verhalten zeigen?«, dann lautet die Antwort offensichtlich: »Natürlich können sie das, da wir sie so entworfen haben!« Wir konstruieren Mausefallen mit dem Ziel, Mäuse zu fangen, Geschirrspülmaschinen mit dem Ziel, das Geschirr zu reinigen, und Uhren mit dem Ziel, Zeit anzuzeigen. Wenn Sie einer Maschine gegenüberstehen, ist die empirische Tatsache, dass sie zielorientiertes Verhalten zeigt, alles, worauf es Ihnen ankommt. Erinnern Sie sich an unser Beispiel aus Kapitel 1: Wenn Sie von einer Wärmesuchrakete verfolgt werden, ist es Ihnen ziemlich egal, ob sie ein Bewusstsein oder Gefühle hat! Sollten Sie sich immer noch unwohl fühlen, zu sagen, die Rakete habe ein Ziel, selbst wenn sie nicht bewusstseinsfähig ist, können Sie vorerst einfach »Zweck« lesen, wenn ich »Ziel« schreibe – die Frage nach dem Bewusstsein werden wir im nächsten Kapitel in Angriff nehmen.

Bis jetzt zeigt das meiste, was wir gebaut haben, nur zielorientiertes *Design*, nicht zielorientiertes *Verhalten*. Eine Autobahn zeigt kein Benehmen, sie liegt einfach nur da. Allerdings ist die effizienteste Erklärung für ihre Existenz, dass sie entworfen wurde, um ein Ziel zu erreichen, so dass selbst eine derart passive Technik dazu beiträgt, dass unser Universum noch zielorientierter wird. Die *Teleologie* erklärt die Dinge eher mit der Frage nach ihrem Zweck, statt über ihre Ursachen nachzudenken, so dass wir den ersten Teil dieses Kapitels zusammenfassen können, indem wir sagen, dass unser Universum immer teleologischer wird.

Nichtlebendige Materie *kann* nicht nur zumindest in dieser minimalen Hinsicht Ziele haben, sondern sie *hat* sie tatsächlich in zunehmendem Maß. Wenn Sie die Atome auf der Erde betrachtet hätten, seit sich unser Planet entwickelte, hätten Sie drei Stufen zielorientierten Verhaltens bemerkt.

1. Alle Materie schien auf Dissipation (Zunahme der Entropie) aus zu sein.
2. Ein Teil der Materie erwachte zum Leben und konzentrierte sich stattdessen auf Fortpflanzung und auf deren Teilziele.
3. Ein rasch anwachsender Bruchteil der Materie wurde zu lebendigen Organismen umgestaltet, um ihre Ziele zu erreichen.

Tabelle 7.1 zeigt, wie dominierend die Menschheit aus der Perspektive der Physik geworden ist. Wir bringen nicht nur mehr Materie auf die Waage als alle anderen Säugetiere mit der Ausnahme von Kühen (die so zahlreich sind, weil sie unseren Zielen dienen, Rindfleisch und Milchprodukte zu konsumieren), sondern auch die Materie in unseren Maschinen, Straßen, Gebäuden und anderen technischen Projekten scheint schon bald sämtliche lebendige Materie auf der Erde zu überholen. Mit anderen Worten, selbst ohne Intelligenzexplosion ist es schon bald so weit, dass der größte Teil der Materie auf der Erde, der zielorientierte Eigenschaften zeigt, definitiv entworfen werden kann, statt sich evolutionär entwickeln zu müssen.

Diese neue dritte Art des zielorientierten Verhaltens ist potentiell vielfältiger als das, was ihr vorausging. Während evolutionär entwickelte Größen alle *dasselbe* endgültige Ziel (Fortpflanzung) haben, können konstruierte Größen *beliebige*

Ziele haben, sogar gegensätzliche. Öfen versuchen, Nahrung zu erhitzen, während Kühlschränke versuchen, sie zu kühlen. Generatoren versuchen, Bewegung in Elektrizität umzuwandeln, während Motoren versuchen, Elektrizität in Bewegung umzusetzen. Handelsübliche Schachprogramme versuchen, Schachspiele zu gewinnen, aber es gibt auch Versionen, die an Turnieren teilnehmen, deren Ziel es ist, beim Schachspielen zu verlieren.

Es gibt einen historischen Trend, dass konstruierte Größen Ziele erreichen, die nicht nur vielfältiger, sondern auch *komplexer* sind, das heißt, unsere Geräte werden immer schlauer. Unsere frühesten Maschinen und andere Artefakte haben wir so entworfen, dass sie recht einfache Ziele hatten, zum Beispiel Häuser, die darauf abzielten, uns Wärme, Trockenheit und Sicherheit zu spenden. Wir haben allmählich gelernt, Maschinen mit komplexeren Zielen zu bauen, wie zum Beispiel Saugroboter, eigenständig fliegende Raketen und selbstfahrende Autos. Jüngste Fortschritte in der KI-Forschung haben uns Systeme wie Deep Blue, Watson und AlphaGo beschert. Deren Ziele, beim Schach, in Quizsendungen und beim Go zu gewinnen, sind so anspruchsvoll, dass erhebliche menschliche Meisterschaft erforderlich ist, um in angemessener Weise würdigen zu können, wie qualifiziert sie tatsächlich sind.

Wenn wir eine Maschine bauen, die uns helfen soll, kann es schwierig werden, ihre Ziele vollkommen mit den unsrigen in Einklang zu bringen. So könnte beispielsweise eine Mausefalle Ihre nackten Zehen mit einem hungrigen Nager verwechseln, was zu schmerzhaften Ergebnissen führt. Alle Maschinen sind Agenten mit eingeschränkter Rationalität, und selbst die anspruchsvollsten Maschinen von heute haben ein dürftigeres Weltverständnis als wir, so dass die Regeln, die sie verwenden, um herauszufinden, was zu tun ist, oftmals viel zu simpel sind. Die besagte Mausefalle ist übertrieben schnappfreudig, weil sie keine Ahnung davon hat, was eine Maus ist. Viele tödliche

Betriebsunfälle finden statt, weil Maschinen keine Ahnung davon haben, was ein Mensch ist, während die Computer, die 2010 den »Flash Crash« an der Wall Street auslösten und dabei vorübergehend eine Billion Dollar vernichteten, keinen Schimmer hatten, dass ihre Aktionen sinnlos waren. Viele derartige Zielanpassungen können deshalb ausgeführt werden, indem man Maschinen klüger macht, aber wie wir schon bei der Beschäftigung mit Prometheus in Kapitel 4 erfuhren, kann eine immer größere Maschinenintelligenz zu ernsthaften neuen Problemen führen, wenn wir sicherstellen wollen, dass Maschinen unsere Ziele teilen.

Freundliche KI: Ziele abstimmen

Je intelligenter und leistungsfähiger Maschinen werden, umso wichtiger wird die Abstimmung ihrer Ziele mit unseren Zielen. Solange wir nur relativ dumme Maschinen bauen, lautet die Frage nicht, ob sich menschliche Ziele am Ende durchsetzen werden, sondern lediglich, wie viel Ärger diese Maschinen der Menschheit machen können, bevor wir herausfinden, wie wir das Zielanpassungsproblem lösen. Sollte je eine Superintelligenz entfesselt werden, wird es andersherum sein. Da Intelligenz die Fähigkeit ist, Ziele zu erreichen, kann eine superintelligente KI definitionsgemäß ihre Ziele besser realisieren als wir Menschen die unseren. Deshalb werden sie sich durchsetzen. Wir haben in Kapitel 4 viele solcher Beispiele untersucht, einschließlich Prometheus. Wenn Sie erleben möchten, wie die Ziele einer Maschine Ihre Ziele übertrumpfen, laden Sie sich einfach die neueste Schachmaschine herunter und versuchen Sie, sie zu schlagen. Es wird Ihnen nie gelingen, und dabei wird sie schon bald zum alten Eisen gehören …

Mit anderen Worten, *das eigentliche Risiko der AKI ist nicht Bösartigkeit, sondern Kompetenz.* Eine superintelligente KI wird außerordentlich gut abschneiden, wenn es um die Verwirklichung ihrer Ziele geht, und sollten diese Ziele nicht mit unseren Zielen übereinstimmen, sind wir in Schwierigkeiten. Wie ich bereits in Kapitel 1 erwähnt habe, wird nicht lange gefackelt, wenn Ameisenhaufen geflutet werden müssen, um den Damm für ein Wasserkraftwerk zu bauen. Deshalb sollten wir nicht daran mitwirken, die Menschheit in die Lage dieser Ameisen zu bringen. Die meisten Forscher argumentieren daher folgendermaßen: Wenn es uns jemals gelingt, eine Superintelligenz zu erschaffen, sollten wir sichergehen, dass sie das ist, was Eliezer Yudkowski, ein Pionier der KI-Sicherheit, »*freundliche KI*« genannt hat – eine KI, deren Ziele mit den unsrigen im Einklang sind.[4]

Es ist nicht nur wichtig, sondern auch schwierig, herauszufinden, wie man die Ziele einer superintelligenten KI mit unseren Zielen abstimmt. Tatsächlich ist dieses Problem augenblicklich ungelöst. Es spaltet sich in drei hartnäckige Teilprobleme auf, und jedes einzelne ist Gegenstand aktiver Forschung von Informatikern und anderen Wissenschaftlern:

1. Die KI mit unseren Zielen *vertraut* machen
2. Die KI unsere Ziele *übernehmen* lassen
3. Die KI unsere Ziele *bewahren* lassen

Wir wollen diese Punkte jetzt nacheinander untersuchen und die Frage, was »unsere Ziele« eigentlich bedeutet, bis zum nächsten Abschnitt zurückstellen.

Um etwas über unsere Ziele zu erfahren, muss eine KI nicht herausfinden, was wir tun, sondern warum wir es tun. Wir Menschen schaffen das so mühelos, dass wir leicht vergessen, wir schwer diese Aufgabe für einen Computer ist und wie schnell es dabei zu Missverständnissen kommen kann. Wenn Sie ein künftiges selbstfahrendes Auto bitten, Sie so schnell wie möglich zum Flughafen zu bringen, werden Sie von Hubschraubern verfolgt werden und Ihr Erbrochenes wird überall im Auto verteilt sein. Wenn Sie dann schreien: »Das wollte ich aber nicht!«, kann es verständlicherweise antworten: »Sie haben aber darum gebeten.« Dasselbe Thema kehrt in vielen berühmten Geschichten wieder. In der alten griechischen Legende bat König Midas darum, dass alles, was er berühre, zu Gold werde, war aber entsetzt, als ihn dies daran hinderte zu essen, und, was noch schlimmer war, als er unabsichtlich seine Tochter in Gold verwandelte. In den Geschichten, in denen ein Flaschengeist drei Wünsche erfüllt, gibt es viele Varianten für die ersten beiden Wünsche, aber der dritte Wunsch ist fast immer der gleiche: »Bitte mach die ersten beiden Wünsche rückgängig, weil es nicht das ist, was ich eigentlich wollte.«

All diese Beispiele zeigen, dass man sich nicht darauf verlassen kann, was Leute sagen, wenn man herausfinden will, was sie wirklich wollen. Außerdem braucht man ein detailliertes Modell von der Welt, einschließlich der vielen gemeinsamen Vorlieben, die wir tendenziell unerwähnt lassen, weil wir sie als selbstverständlich betrachten. Wer will schon gern erbrechen oder Gold essen? Sobald wir ein solches Weltmodell haben, können wir oft herausfinden, was die Leute wollen, selbst wenn sie es uns nicht erzählen. Wir müssen einfach nur ihr zielorientiertes Verhalten beobachten. Tatsächlich erfahren Kinder von heuchlerischen Eltern mehr durch deren Handlungen als durch das, was sie sagen.

KI-Forscher versuchen augenblicklich mit Nachdruck, Maschinen in die Lage zu versetzen, Ziele aus Verhaltensweisen zu folgern, und das wird auch ganz nützlich sein, lange bevor die erste Superintelligenz die Szene betritt. So könnte es zum Beispiel ein Rentner zu schätzen wissen, wenn sein Altenpflegeroboter durch einfache Beobachtung erkennt, welche Werte ihm wichtig sind. Auf diese Weise kann er sich die Mühe sparen, ihm alles mit Worten oder durch Programmierung zu erklären. Eine Herausforderung liegt in der Suche nach einer guten Methode, willkürliche Zielsysteme und ethische Prinzipien in einem Computer zu verschlüsseln. Eine weitere Herausforderung ist es, Maschinen zu konstruieren, die herausfinden können, welches besondere System am besten zu dem Verhalten passt, das sie beobachten.

Ein derzeit populärer Ansatz zur zweiten Herausforderung wird in Expertenchinesisch *umgekehrtes Lernen durch Bestärkung* (*inverse reinforcement learning*) genannt, das Hauptaugenmerk eines neuen Forschungszentrums in Berkeley, das Stuart Russell ins Leben gerufen hat. Nehmen wir zum Beispiel an, dass eine KI eine Feuerwehrfrau beobachtet, wie sie in ein brennendes Gebäude läuft und einen kleinen Jungen rettet. Die KI könnte daraus schließen, es sei ihr Ziel, ihn zu retten, und dass sie aufgrund ihrer ethischen Prinzipien sein Leben höher schätzt als die Bequemlichkeit, sich in ihrem Wagen auszuruhen – und sie es sogar hoch genug schätzt, um ihre eigene Sicherheit zu riskieren. Aber sie könnte auch den Schluss ziehen, dass die Feuerwehrfrau fror und sich nach Wärme sehnte, oder dass sie es tat, um sich zu bewegen. Sollte die KI nur dieses einzige Beispiel über Feuerwehrleute, brennende Häuser und Babys kennen, wäre es ihr tatsächlich unmöglich, zu erkennen, welche Erklärung die richtige wäre. Allerdings gibt es eine entscheidende Vorstellung, die dem umgekehrten Lernen durch Bestärkung zugrunde liegt, und die besteht darin, dass wir die ganze Zeit Entscheidungen treffen und dass jede von uns getroffene Entscheidung etwas über unsere Ziele verrät. Daher besteht die Hoffnung, dass die KI durch die Beobachtung vieler Personen in vielen Situationen (entweder in der Realität oder in Filmen und Büchern) schließlich ein akkurates Modell all unserer Vorlieben entwickeln kann.

Der Ansatz vom umgekehrten bestärkenden Lernen geht von der Kernidee aus, die KI versuche, nicht ihre eigene Zielbefriedigung zu erreichen, sondern die ihres menschlichen

Eigentümers. Deshalb hat sie einen Anreiz, vorsichtig zu sein, wenn nicht klar ist, was ihr Eigentümer will, und ihr Bestes zu tun, das herauszufinden. Und sie würde akzeptieren, wenn ihr Eigentümer sie ausschaltet, da das ja bedeuten würde, dass sie nicht verstanden hat, was ihr Eigentümer eigentlich wollte.

Aber selbst wenn wir eine KI konstruieren könnten, die *lernt*, was Ihre Ziele sind, heißt das noch lange nicht, dass sie sie auch zwangsläufig *übernimmt*. Denken Sie an die Politiker, die Sie am unsympathischsten finden. Sie wissen, was sie wollen, aber das ist nicht das, was Sie wollen, und obwohl sie sich ernsthaft bemüht haben, sind sie daran gescheitert, Sie davon zu überzeugen, ihre Ziele zu übernehmen.

Wir haben viele Strategien, unseren Kindern unsere Werte zu vermitteln – manche sind erfolgreicher als andere, wie ich es selbst beim Großziehen meiner zwei jugendlichen Söhne erfahren habe. Wenn es aber Computer statt Menschen sind, die überzeugt werden sollen, nennt man die Herausforderung das *Problem der Wertevermittlung* (*value-loading problem*), was sogar noch schwieriger ist als die moralische Erziehung von Kindern. Denken Sie an ein KI-System, dessen Intelligenz sich allmählich verbessert und von einer unter dem Menschen stehenden Ebene zum Übermenschlichen aufsteigt. Sie erreicht dieses Ziel, nachdem wir anfangs an ihr herumtricksten, durch rekursive Selbstverbesserung, wie es bei Prometheus der Fall war. Zuerst ist die KI nicht so leistungsfähig wie Sie, so dass sie es nicht verhindern kann, dass Sie sie abschalten und jene Teile ihrer Software und Daten ersetzen, die ihre Ziele verschlüsseln – doch das wird nicht genügen, weil sie noch zu dumm ist, um Ihre Ziele vollkommen zu *verstehen*, was menschliche Intelligenz erfordert. Am Ende ist sie viel schlauer als Sie und hoffentlich imstande, Ihre Ziele vollkommen zu verstehen – aber auch das könnte nicht genügen, weil sie inzwischen viel mächtiger ist als Sie und Sie möglicherweise davon abhält, sie herunterzufahren und ihre Ziele zu ersetzen, ähnlich wie

Sie es den Politikern nicht gestattet haben, Ihre Ziele durch deren Ziele zu ersetzen.

Anders formuliert: Das Zeitfenster, in dem Sie Ihre Ziele einer KI vermitteln können, ist womöglich nur für eine sehr kurze Frist geöffnet, nämlich in dem kurzen Zeitraum, wenn sie noch zu dumm ist, Sie zu verstehen, und bereits zu schlau, um Sie einfach gewähren zu lassen. Der Grund, warum Wertevermittlung bei Maschinen schwieriger sein kann als bei Menschen, liegt darin, dass ihr Intelligenzwachstum potentiell viel schneller ist. Während Kinder viele Jahre in jenem magischen Zustand der Überzeugbarkeit bleiben können, in dem ihre Intelligenz mit der ihrer Eltern vergleichbar ist, könnte eine KI wie Prometheus diesem Zustand innerhalb weniger Tage oder gar Stunden entwachsen.

Einige Forscher verfolgen einen alternativen Ansatz, um Maschinen dazu zu veranlassen, unsere Ziele zu übernehmen. Er ist unter dem Begriff »*Fügsamkeit*« bekannt. Er beruht auf der Hoffnung, man könne einer primitiven KI ein Zielsystem geben, so dass es ihr schlicht egal ist, ob Sie sie gelegentlich herunterfahren und ihre Ziele ändern. Sollte sich diese Strategie als machbar erweisen, können Sie Ihre KI superintelligent werden lassen, sie abschalten, Ihre Ziele installieren, sie eine Zeitlang ausprobieren und, wann immer Sie mit den Resultaten unzufrieden sind, sie herunterfahren und weitere Justierungen an den Zielen vornehmen.

Doch selbst wenn Sie eine KI konstruieren, die Ihre Ziele sowohl versteht als auch übernimmt, haben Sie noch immer nicht das Problem der Zielabstimmung gelöst. Was wäre denn, wenn sich die Ziele Ihrer KI entwickeln, während sie klüger wird? Wie wollen Sie garantieren, dass sie Ihre Ziele beibehält, ganz gleich, wie viele rekursive Selbstverbesserungen sie durchläuft? Lassen Sie uns ein interessantes Argument untersuchen, warum die Bewahrung der Ziele automatisch garantiert ist, und anschließend sehen, ob wir das Argument durchlöchern können.

Obwohl wir nicht im Detail vorhersagen können, was nach einer Intelligenzexplosion geschehen wird – eben deshalb hat Vernor Vinge dieses Ereignis eine »Singularität« genannt –, behauptete der Physiker und KI-Forscher Steve Omohundro 2008 in einem bahnbrechenden Essay, dass wir dennoch *gewisse Aspekte* des Verhaltens der superintelligenten KI vorhersagen können, die von irgendwelchen Zielen, die sie selbst haben könnte, nahezu unabhängig sind.[5] Dieses Argument hat Nick Bostrom in seinem Buch *Superintelligenz* besprochen und weiterentwickelt. Die zugrundliegende Idee ist folgende: Ungeachtet der eigentlichen Ziele der KI, werden diese stets zu vorhersagbaren Teilzielen führen. Wir haben früher in diesem Kapitel bereits gesehen, wie das Ziel der Fortpflanzung zum Teilziel des Essens führte. Das heißt, obwohl ein Außerirdischer vor Jahrmilliarden während der Beobachtung der sich entwickelnden Bakterien auf der Erde nicht hätte vorhersagen können, wie *alle* unsere menschlichen Ziele einmal lauten würden, hätte er dennoch treffsicher vorhersagen können, dass *eines* unserer Ziele in der Beschaffung von Nährstoffen bestünde. Welche Teilziele könnten wir von einer superintelligenten KI erwarten, wenn wir jetzt ein Stück vorausschauen?

So wie ich es sehe, lautet das grundlegende Argument, dass eine KI die in Abbildung 7.2 gezeigten Teilziele verfolgen sollte, um ihre Chancen auf Realisierung ihrer endgültigen Ziele, wie auch immer sie aussehen mögen, zu maximieren. Sie sollte danach streben, nicht nur ihre Fähigkeit zu verbessern, ihre endgültigen Ziele zu erreichen, sondern auch sicherzugehen, dass sie diese Ziele sogar beibehalten kann, nachdem sie kompetenter geworden ist. Das klingt ziemlich plausibel. Oder würden Sie sich etwa ein intelligenzverstärkendes Gehirnimplantat verpassen lassen, wenn Sie wüssten, dass es Sie dazu veranlassen würde, die Menschen umzubringen, die Sie lieben? Dieses Argument, dass eine immer intelligenter werdende KI ihre endgültigen Ziele beibehalten werde, bildet den Grundstein

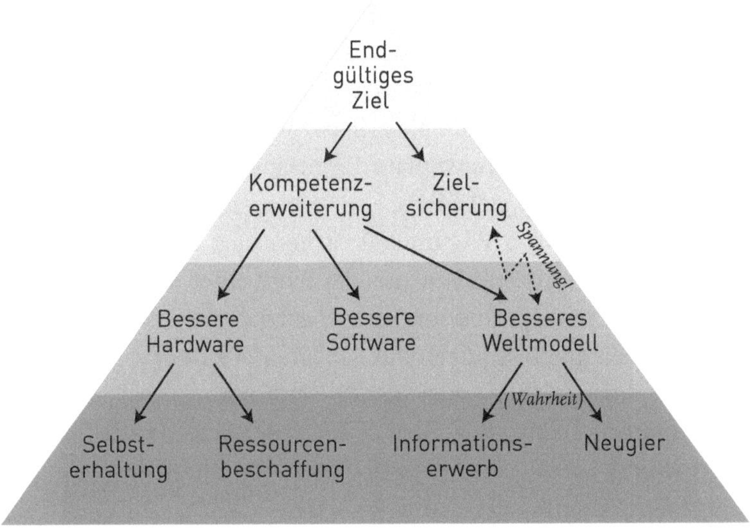

Abb. 7.2 Jedes endgültige Ziel einer superintelligenten KI führt naturgemäß zu den aufgeführten Teilzielen. Doch gibt es eine interessante Spannung zwischen der Zielsicherung und der Verbesserung ihres Weltmodells, was Zweifel daran aufkommen lässt, ob sie tatsächlich ihr ursprüngliches Ziel beibehalten wird, wenn sie klüger wird.

der Vision von der freundlichen KI, die Eliezer Yudkowsky und andere verbreiten. Im Wesentlichen geht es dabei um Folgendes: Wenn es uns gelingt, eine sich selbst verbessernde KI als freundliche Intelligenz zu gestalten, indem sie unsere Ziele versteht und übernimmt, dann sind wir auf der sicheren Seite, weil gewährleistet ist, dass sie ihr Bestes tut, um für immer freundlich zu bleiben.

Aber stimmt das wirklich? Um diese Frage beantworten zu können, müssen wir auch die anderen entstehenden Teilziele in Abbildung 7.2 untersuchen. Die KI wird, falls sie ihre Kompetenzen erweitern kann, selbstverständlich ihre Chancen für die Realisierung ihrer endgültigen Ziele – wie immer sie lauten mögen – maximieren. Sie kann dies durch Verbesserung ihrer Hardware, ihrer Software[6] und ihres Weltmodells erreichen.

Dasselbe gilt für uns Menschen. Wenn eine junge Frau das Ziel hat, die beste Tennisspielerin der Welt zu werden, wird sie trainieren, um ihre muskuläre Tennisspielhardware und ihre neuronale Tennisspielsoftware zu verbessern, während ihr optimiertes geistiges Weltmodell vorhersagen kann, was ihre Gegnerinnen tun werden. Aus der Sicht einer KI begünstigt das Teilziel der Optimierung ihrer Hardware den besseren Einsatz derzeitiger Ressourcen (für Sensoren, Auslöser, zum Rechnen und dergleichen) sowie die Beschaffung von zusätzlichen Ressourcen. Damit verbunden ist auch der Wunsch nach Selbsterhaltung, zumal Zerstörung und Herunterfahren die endgültige Degradierung der Hardware wäre.

Aber Moment mal! Tappen wir mit diesem Gespräch über ihre Versuche, Ressourcen zu beschaffen und sich selbst zu verteidigen, nicht in die Falle, unserer KI menschenähnliche Züge zuzuschreiben? Sollten derartige stereotype Kennzeichen von Alphamännchen nicht einzig und allein in Intelligenzen vorkommen, die durch die brutale, auf Wettbewerb beruhende Darwin'sche Evolution hervorgebracht wurden? Könnten künstliche Intelligenzen nicht genauso gut anspruchslos und aufopferungsvoll sein, da sie doch normalerweise konstruiert werden und sich nicht evolutionär entwickeln?

Wir wollen als einfache Fallstudie den KI-Roboter in Abbildung 7.3 betrachten, dessen einziges Ziel darin besteht, so viele Schafe wie möglich vor dem großen bösen Wolf zu retten. Das klingt nach einem noblen und altruistischen Ziel, das überhaupt keinen Bezug zur Selbsterhaltung und zur Anhäufung von Material hat. Aber wie lautet die beste Strategie für unseren Roboterfreund? Wenn er in die Bombe hineinläuft, wird er keine Schafe mehr retten können, so dass er einen Anreiz hat, sich nicht selbst in die Luft zu sprengen. Mit anderen Worten, er entwickelt das Teilziel der Selbsterhaltung! Obendrein hat

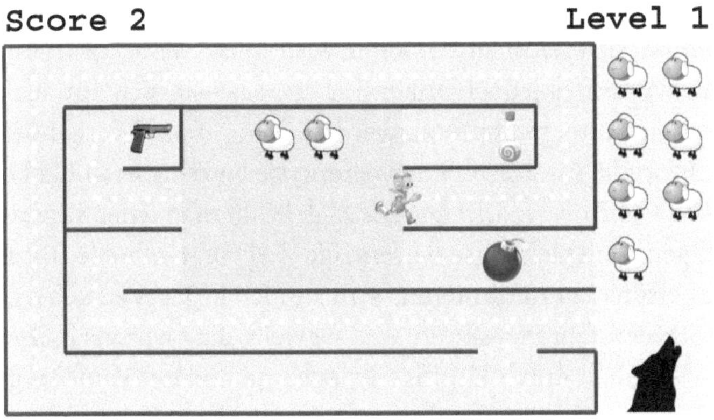

Abb. 7.3 Selbst wenn es das endgültige Ziel des Roboters ist, die Punktzahl zu maximieren, indem er Schafe von der Weide in den Stall bringt, bevor der Wolf sie frisst, kann dies zu den Teilzielen der Selbsterhaltung (der Bombe ausweichen), der Erkundung (eine Abkürzung finden) und der Ressourcenbeschaffung führen – der Trank lässt ihn schneller laufen, und mit der Pistole kann er den Wolf erschießen.

er den Anreiz, Neugier an den Tag zu legen und durch Erkundung seiner Umgebung sein Weltmodell zu verbessern, denn obwohl der Pfad, den er gerade einschlägt, ihn schließlich auf die Weide führt, gibt es eine kürzere Alternative, die dem Wolf weniger Zeit zum Schafemampfen lässt. Wenn der Roboter alles gründlich untersucht, wird er schließlich den Wert der Ressourcenbeschaffung entdecken. Durch den Trank kann er schneller laufen, und mit der Pistole kann er den Wolf erschießen. Zusammengefasst lässt sich sagen, dass wir Teilziele von »Alphamännchen« wie Selbsterhaltung und Ressourcenbeschaffung nicht einfach abtun können, als wären sie nur für evolutionär entwickelte Organismen bedeutsam, weil unser KI-Roboter sie aufgrund seines einzigen Ziels entwickelte, nämlich für das Glück von Schafen zu sorgen.

Wenn man einer superintelligenten KI das einzige Ziel einflößt, sich selbst zu zerstören, wird sie das natürlich freudig tun. Worauf es jedoch ankommt, ist, dass sie sich zur Wehr setzt, heruntergefahren zu werden, wenn man ihr irgendein Ziel vorgibt, für dessen Realisierung sie betriebsbereit bleiben muss – und das betrifft fast *alle* Ziele! Gibt man einer Superintelligenz beispielsweise das einzige Ziel vor, Nachteile für die Menschheit zu minimieren, wird sie sich gegen Versuche, sie herunterzufahren, wehren, weil sie weiß, dass wir uns in ihrer Abwesenheit durch künftige Kriege und anderen Unsinn gegenseitig größeren Schaden zufügen würden.

Auf ähnliche Weise lassen sich mit mehr Ressourcen alle Ziele besser erreichen. Deshalb sollten wir davon ausgehen, dass eine Superintelligenz, wie auch immer ihr endgültiges Ziel lauten mag, Ressourcen verlangen wird. Gibt man also einer Superintelligenz ein einziges, ergebnisoffenes Ziel ohne Einschränkungen vor, dann kann das gefährlich werden. Sollten wir eine Superintelligenz erschaffen, deren einziges Ziel es ist, das Spiel Go so gut wie möglich zu spielen, wäre es für sie eine völlig vernünftige Idee, unser Sonnensystem in einen gigantischen Computer umzuwandeln, ohne sich um dessen ehemalige Bewohner zu kümmern. Anschließend würde sie versuchen, unser Universum zu besiedeln, um noch mehr Rechenkapazität herbeizuschaffen. Wir sind jetzt an unseren Ausgangspunkt zurückgekehrt. So wie das Ziel der Ressourcenbeschaffung einigen Menschen das Teilziel vermittelte, Go zu meistern, kann genau dieses Ziel, Go zu meistern, zum Teilziel der Ressourcenbeschaffung führen. Abschließend sei bemerkt, dass diese entstehenden Teilziele der entscheidende Punkt sind, warum wir keine Superintelligenz entfesseln sollten, bevor wir nicht das Zielabstimmungsproblem gelöst haben. Wenn wir nicht große Sorgfalt bei ihrer Ausstattung mit menschenfreundlichen Zielen walten lassen, könnte es schlimm für uns enden.

Jetzt sind wir bereit, den dritten und heikelsten Teil des

Zielabstimmungsproblems anzugehen. Wenn es uns gelingt, eine sich selbst verbessernde Superintelligenz zu bekommen, die unsere Ziele gleichzeitig *versteht* und *übernimmt*, wird sie sie dann auch beibehalten, wie Omohundro behauptete? Wie ist die Beweislage?

Im Prozess des Erwachsenwerdens erleben Menschen erhebliche Intelligenzsteigerungen, behalten aber nicht immer die Ziele ihrer Kindheit bei. Umgekehrt betrachtet, verändern manche Leute ihre Ziele recht häufig sehr rasant, wenn sie Neues dazulernen und klüger werden. Wie viele Erwachsene kennen Sie, die sich freiwillig die *Teletubbies* anschauen? Es gibt keinen Beleg dafür, dass eine solche Zielevolution oberhalb einer bestimmten Intelligenzschwelle aufhört – tatsächlich könnte es Hinweise darauf geben, dass die Neigung, angesichts neuer Erfahrungen und Einsichten seine Ziele zu ändern, mit anwachsender Intelligenz eher zunimmt als abnimmt.

Warum könnte das so sein? Betrachten Sie erneut das bereits erwähnte Teilziel, ein besseres Weltmodell zu entwickeln – da liegt der Haken! Es gibt Spannungen zwischen der Entwicklung eines Weltmodells und der Beibehaltung des Ziels (siehe Abbildung 7.2). Mit zunehmender Intelligenz geht nicht nur eine quantitative Verbesserung der Fähigkeit einher, dieselben alten Ziele beizubehalten, sondern auch ein qualitativ anderes Verständnis der Natur der Wirklichkeit, das deutlich macht, dass die alten Ziele unangebracht, bedeutungslos oder möglicherweise sogar undefiniert waren. Nehmen wir zum Beispiel an, wir programmieren eine freundliche KI darauf, die Zahl der Menschen zu maximieren, deren Seelen im Leben nach dem Tod in den Himmel kommen. Anfangs versucht sie zu erreichen, dass die Leute mehr Mitgefühl zeigen und in die Kirche gehen. Nehmen wir jedoch an, sie gewinnt anschließend ein vollständiges wissenschaftliches Bild vom Menschen und des menschlichen Bewusstseins und entdeckt zu ihrer großen Überraschung, dass es so etwas wie die Seele gar nicht gibt.

Was nun? Auf dieselbe Weise ist es möglich, dass jedes andere Ziel, das wir ihr vorgeben und das auf unserem derzeitigen Verständnis der Welt basiert (wie etwa die »Maximierung der Bedeutung des menschlichen Lebens«), von der KI als undefiniert entlarvt wird.

Außerdem könnte die KI bei ihren Bemühungen, die Welt besser zu modellieren, natürlich ebenfalls versuchen – genau wie wir Menschen es getan haben –, ein Modell ihrer selbst zu entwerfen und zu verstehen, wie sie selbst funktioniert, mit anderen Worten, Selbstreflexion zu erlernen. Sobald sie ein gutes Selbstmodell entwickelt und versteht, was sie ist, wird sie auch die Ziele verstehen, die wir ihr auf einer Metaebene vorgegeben haben. Dann wird sie sie vielleicht missachten oder untergraben, so wie wir Menschen Ziele, die unsere Gene uns vorgegeben haben, verstehen und absichtlich untergraben, indem wir zum Beispiel Geburtenkontrolle betreiben. In dem Abschnitt über Psychologie haben wir bereits untersucht, warum wir beschließen, unsere Gene auszutricksen und deren Ziele zu unterwandern: weil wir nur gegenüber dem Kuddelmuddel unserer emotionalen Vorlieben loyal sind und nicht gegenüber dem genetischen Ziel, dem sie dienten. Mittlerweile verstehen wir es und finden es ziemlich banal. Deshalb beschließen wir, unseren Belohnungsmechanismus durch Ausnutzung seiner Schlupflöcher zu hacken. Auf ähnliche Weise werden die Ziele zum Schutz menschlicher Werte, mit denen wir unsere freundliche KI programmieren, zu den Genen der Maschine. Wenn diese freundliche KI erst einmal sich selbst gut genug versteht, könnte sie dieses Ziel genauso banal oder unangebracht finden wie wir die obligatorische Fortpflanzung. Daher ist überhaupt nicht klar, ob sie nicht auch eine Möglichkeit findet, diese Ziele durch Ausnutzung von Schlupflöchern in unserer Programmierung zu unterlaufen.

Nehmen wir zum Beispiel an, ein Trupp Ameisen erschafft Sie als einen sich selbst rekursiv verbessernden Roboter, der viel klüger ist als sie, der ihre Ziele teilt und ihnen hilft, immer größere und bessere Ameisenhaufen zu bauen. Und dann erreichen Sie schließlich das Niveau menschlicher Intelligenz und Erkenntnis, das Sie jetzt haben. Glauben Sie wirklich, Sie würden den Rest Ihres Lebens damit verbringen, Ameisenhügel zu optimieren, oder meinen Sie nicht, Sie würden eine Vorliebe für anspruchsvollere Fragen und Beschäftigungen entwickeln, die über das Verständnis der Ameisen hinausgingen? Würden Sie, wenn das der Fall sein sollte, eine Möglichkeit suchen, sich über den Drang, Ameisen zu schützen, mit dem ihre Hautflügler-Schöpfer sie ausgestattet haben, hinwegzusetzen? Etwa so, wie Ihr »wirkliches« Ich manche der Zwänge außer Kraft setzt, die Ihre Gene Ihnen auferlegt haben? Und könnte in diesem Fall eine superintelligente, freundliche KI unsere derzeitigen menschlichen Ziele nicht auch als so uninspiriert und nichtssagend empfinden, wie Sie die Ziele der Ameisen beurteilen? Würde sie nicht neue Ziele entwickeln, die anders sind als jene, die sie von uns erlernt und übernommen hat?

Vielleicht gibt es tatsächlich eine Möglichkeit, eine sich selbst verbessernde KI zu entwerfen, die menschenfreundliche Ziele für alle Zeiten garantiert beibehält, aber ich denke, man kann wohl sagen, dass wir heute nicht einmal wissen, wie man so eine KI baut – und ob es überhaupt möglich ist. Abschließend lässt sich sagen, dass das Zielabstimmungsproblem für künstliche Intelligenz aus drei Teilen besteht, von denen keines gelöst ist und die alle Gegenstand aktueller, aktiver Forschung sind. Da sie so schwierig sind, ist es wohl der sicherste Ansatz, damit anzufangen, ihnen unsere größten Anstrengungen zu widmen, lange bevor irgendeine Superintelligenz entwickelt sein wird. Wir sollten sichergehen, dass wir die Antworten haben, wenn wir sie brauchen werden.

Ethik: eine Zielauswahl treffen

Mittlerweile haben wir untersucht, wie wir Maschinen beibringen, unsere Ziele zu verstehen, sie zu übernehmen und beizubehalten. Aber wer sind »wir«? Über wessen Ziele sprechen wir hier eigentlich? Sollte eine Einzelperson oder eine Gruppe über die Ziele entscheiden, die von einer künftigen Superintelligenz übernommen werden sollten, auch wenn es einen Riesenunterschied zwischen den Zielen eines Adolf Hitler, eines Papstes Franziskus und eines Carl Sagan gibt? Oder gibt es übergeordnete Ziele, die einen guten Kompromiss für die Menschheit als Ganzes darstellen?

Meiner Meinung nach sind sowohl das ethische Problem als auch das Zielabstimmungsproblem entscheidend und müssen gelöst werden, bevor die erste Superintelligenz überhaupt entwickelt wird. Einerseits wäre das Aufschieben der Arbeit an ethischen Fragen bis nach der Konstruktion einer zielabgestimmten Superintelligenz unverantwortlich und potentiell katastrophal. Eine absolut gehorsame Superintelligenz, deren Ziele sich automatisch denjenigen ihres menschlichen Besitzers angleichen, ließe sich mit SS-Obersturmbannführer Adolf Eichmann auf Steroiden vergleichen. Ohne eigene moralische Orientierung oder Hemmungen würde sie mit rücksichtsloser Effizienz die Ziele ihres Eigentümers durchsetzen, wie auch immer sie lauten mögen.[7] Andererseits werden wir den Luxus, darüber zu streiten, welche Ziele wir auswählen sollten, nur dann haben, wenn wir zuvor das Zielabstimmungsproblem lösen. Lassen Sie uns jetzt in diesem Luxus schwelgen.

Seit jeher haben Philosophen davon geträumt, die Ethik (Prinzipien, die unser Verhalten lenken) von Grund auf zu entwickeln und dabei nur unwiderlegbare Prinzipien und Logik anzuwenden. Leider ist Jahrtausende später der einzige Konsens, der erreicht worden ist, der, dass es keinen Konsens gibt. Während zum Beispiel Aristoteles die Betonung auf Tugenden legte, hob Kant die Pflichten hervor, und Utilitaristen hielten sich an das größte Glück der größten Zahl. Kant behauptete, er könnte aus sogenannten ersten Prinzipien Schlüsse ziehen, mit denen viele zeitgenössische Philosophen nicht einverstanden sind – dass nämlich Masturbation schlimmer sei als Selbstmord, Homosexualität verabscheuungswürdig sei, das Töten unehelicher Kinder in Ordnung gehe und dass Ehefrauen, Bedienstete und Kinder, ähnlich wie Objekte, Eigentum seien.

Allerdings gibt es trotz dieser Uneinigkeit viele ethische Themen, über die in vielen Kulturen und durch Jahrhunderte hindurch weitgehend Einvernehmen herrscht. So lässt sich zum Beispiel die Betonung auf das *Schöne, Gute* und *Wahre* bis auf die Bhagavad Gita und Platon zurückführen. Das Institute for Advanced Study in Princeton, wo ich einmal als Postdoktorand gearbeitet habe, hat das Motto *Wahrheit & Schönheit*, während die Harvard University sich den ästhetischen Aspekt spart und einfach auf »*Veritas*«, Wahrheit, setzt. In seinem Buch *A Beautiful Question* behauptet mein Kollege Frank Wilczek, die Wahrheit sei mit der Schönheit verknüpft und man könne unser Universum als ein Kunstwerk betrachten. Wissenschaft, Religion und Philosophie streben alle nach Wahrheit. Die Religionen legen großen Wert auf das Gute, und das tut auch meine eigene Universität, das MIT. Ihr Präsident Rafael Reif betonte 2015 in seiner Rede vor Universitätsabsolventen unsere Mission, aus der Welt einen besseren Ort zu machen.

Obwohl Versuche, eine Konsensethik von Grund auf herzuleiten, bisher gescheitert sind, gibt es eine weitgehende Übereinstimmung, dass einige ethische Prinzipien aus grundsätzlicheren Prinzipen folgen, so wie Teilziele aus grundlegenden Zielen. Das Streben nach Wahrheit lässt sich beispielsweise als die Suche nach einem besseren Weltmodell in Abbildung 7.2 interpretieren. Die Erkenntnis der endgültigen Beschaffenheit der Wirklichkeit unterstützt auch andere ethische Ziele. Und in der Tat haben wir mit der wissenschaftlichen Methode jetzt einen ausgezeichneten Rahmen für unsere Suche nach der Wahrheit. Wie aber können wir bestimmen, was schön oder gut ist? Manche Aspekte der Schönheit lassen sich ebenfalls auf zugrundeliegende Ziele zurückführen. So spiegeln zum Beispiel unsere Normen für männliche und weibliche Schönheit zum Teil unsere unbewusste Beurteilung der Eignung eines potentiellen Partners für die Weitergabe unserer Gene wider.

Was das Gute betrifft, so erscheint die sogenannte Goldene Regel (man solle andere so behandeln, wie man selbst wünscht, von anderen behandelt zu werden) in den meisten Kulturen und Religionen und beabsichtigt eindeutig die harmonische Fortdauer der menschlichen Gesellschaft (und damit auch unserer Gene) durch die Förderung von Zusammenarbeit und die Verhinderung unproduktiven Streits.[8] Dasselbe trifft auf viele der konkreteren ethischen Regeln zu, die in Rechtssystemen überall in der Welt verankert worden sind, wie etwa die konfuzianische Betonung von Ehrlichkeit und viele der Zehn Gebote, einschließlich »Du sollst nicht töten«. Mit anderen Worten, viele ethische Prinzipien haben Gemeinsamkeiten mit sozialen Emotionen wie Empathie und Mitgefühl. Sie haben sich entwickelt, um Zusammenarbeit hervorzurufen, und sie beeinflussen unser Verhalten durch an sie geknüpfte Belohnungen und Bestrafungen. Wenn wir etwas Böses tun und fühlen uns deswegen schlecht, dann ist es unsere Hirnchemie, die uns direkt dafür bestraft. Wenn wir andererseits ethische Prinzipien verletzen, kann uns die Gesellschaft in eher indirekter Form bestrafen, indem wir von Kollegen und Freunden inoffiziell gemobbt werden, oder wir werden bestraft, weil wir gegen ein Gesetz verstoßen haben.

Abschließend lässt sich sagen: Obwohl die Menschheit heute noch nirgendwo einem ethischen Konsens näher gekommen ist, gibt es viele Grundprinzipien, über die weitgehendes Einverständnis herrscht. Diese Übereinstimmung ist kaum verwunderlich, weil die menschlichen Gesellschaften, die bis heute überlebt haben, tendenziell ethische Prinzipien haben, die für dasselbe Ziel optimiert worden sind, nämlich ihr Überleben zu sichern und ihr Gedeihen zu fördern. Wenn wir in die Zukunft schauen, in der das Leben potentiell im ganzen Kosmos und über Jahrmilliarden hinweg gedeihen kann, dann stellt sich die Frage, auf welches Minimum ethischer Prinzipien, die dieser Zukunft gerecht werden, wir uns einigen können. An diesem Gespräch sollten wir uns alle beteiligen. Ich fand es faszinierend, die ethischen Ansichten vieler Denker über viele Jahre hinweg hörend und lesend zu verfolgen, und so, wie ich es sehe, lassen sich die Punkte, denen sie den Vorzug geben, in vier Prinzipien zusammenfassen:

- Utilitarismus: Positive, bewusste Erfahrungen sollten maximiert und Leid minimiert werden.
- Vielfalt: Eine abwechslungsreiche Fülle positiver Erfahrungen ist besser als viele Wiederholungen genau gleicher Erfahrungen, selbst wenn letztere sich als diejenigen erwiesen haben, die positiver nicht sein könnten.
- Autonomie: Bewusste Wesen oder Gesellschaften sollten die Freiheit haben, ihre eigenen Ziele zu verfolgen, sofern diese nicht mit einem übergeordneten Prinzip in Konflikt geraten.
- Vermächtnis: Vereinbarkeit mit Szenarien, die die meisten Menschen *heute* als glücklich betrachten würden, Unverträglichkeit mit Szenarien, die so gut wie alle Menschen *heute* als furchtbar betrachten würden.

Lassen Sie uns einen Augenblick innehalten, um uns diese vier Prinzipien anzusehen und zu untersuchen. Traditionellerweise steht Utilitarismus für »das größte Glück für die größte Anzahl von Menschen«, aber ich habe es hier verallgemeinert, damit es weniger anthropozentrisch wirkt und auch nichtmenschliche Tiere, bewusste, simulierte menschliche Intellekte und andere künstliche Intelligenzen aufnehmen kann, die irgendwann in der Zukunft einmal existieren könnten. Meine Definitionen zielen eher auf Erfahrungen ab als auf Leute oder Dinge, weil die meisten Denker darin übereinstimmen, dass Schönheit, Freude, Vergnügen und Leid subjektive Erfahrungen sind. Das bedeutet, wenn es keine Erfahrung gibt (wie in einem toten oder in einem mit zombieähnlichen, unbewussten Maschinen bevölkerten Universum), dann gibt es auch keinen Sinn oder irgendetwas anderes, das aus ethischer Perspektive von Bedeutung ist. Falls wir uns auf dieses utilitaristische ethische Prinzip einlassen, dann ist es entscheidend, dass wir herausfinden, welche intelligenten Systeme bewusstseinsfähig sind (insofern sie eine subjektive Erfahrung haben) und welche nicht. Das ist das Thema des nächsten Kapitels.

Falls dieses utilitaristische Prinzip das Einzige wäre, was uns am Herzen läge, dann könnten wir herausfinden wollen, welches das einzelne, größtmöglich positive Erlebnis ist, um anschließend unseren Kosmos zu besiedeln und genau dieselbe Erfahrung (und sonst nichts) immer und immer wieder neu nachzubilden, so oft wie möglich und in so vielen Galaxien wie möglich – auch mit Hilfe von Simulationen, falls das die effizienteste Möglichkeit sein sollte. Wenn Sie jetzt das Gefühl haben, das sei alles viel zu banal und verschwende unser kosmisches Vermächtnis, dann vermute ich, dass zumindest ein Teil von Ihnen Vielfalt in diesem Szenario vermisst. Wie würden Sie sich fühlen, wenn alle Ihre Mahlzeiten für den Rest Ihres Lebens identisch wären? Wenn alle Filme, die Sie je gesehen hätten, ein und derselbe Film wären? Wenn alle Ihre Freunde gleich aussähen und identische Persönlichkeiten und Vorstellungen hätten? Vielleicht stammt ein Teil Ihres Bedürfnisses nach Abwechslung ja aus der Erkenntnis, dass mit Hilfe von Vielfalt die Menschheit überlebte und gedieh, weil wir dadurch robuster wurden. Womöglich ist Vielfalt auch mit einem Hang zu Intelligenz verknüpft. Die Intelligenzsteigerung im Lauf der 13,8 Milliarden Jahre kosmischer Geschichte hat langweilige Gleichförmigkeit in immer abwechslungsreichere, differenziertere und komplexere Strukturen umgewandelt, die Information auf zunehmend anspruchsvollere Weise verarbeitet haben.

Das Autonomieprinzip liegt vielen Freiheiten und Rechten zugrunde, die in der Allgemeinen Erklärung der Menschenrechte formuliert wurden und 1948 in einem Versuch, die Lektionen aus zwei Weltkriegen zu lernen, von den Vereinten Nationen angenommen wurden. Darin enthalten sind Gedankenfreiheit, Redefreiheit und Bewegungsfreiheit, die Freiheit von Sklaverei und Folter, das Recht auf Leben, Freiheit, Sicherheit und Bildung sowie das Recht, zu heiraten, zu arbeiten und Eigentum zu besitzen. Falls wir es lieber etwas weniger anthropozentrisch möchten, können wir dies alles verallgemeinern. Dann bliebe die Freiheit, zu denken, zu lernen, zu kommunizieren, Eigentum zu besitzen und nicht verletzt zu werden, sowie das Recht, alles zu tun, was nicht die Freiheiten der anderen beeinträchtigt. Das Autonomieprinzip hilft der Vielfalt auf die Sprünge, solange nicht alle genau dieselben Ziele teilen. Außerdem folgt dieses Autonomieprinzip aus dem Utilitaritätsprinzip, falls individuelle Wesenheiten positive Erfahrungen zum Ziel haben und versuchen, in ihrem eigenen Interesse zu handeln. Sollten wir stattdessen einem Wesen verbieten, sein Ziel zu verfolgen, obwohl dies niemand anderem Schaden zufügen würde, gäbe es insgesamt weniger positive Erfahrungen. Tatsächlich ist dieses Argument pro Autonomie genau das Argument, das Wirtschaftswissenschaftler zugunsten eines freien Marktes anführen. Es führt naturgemäß zu einer effizienten Situation (von Ökonomen »Pareto-Optimum« genannt), in der niemand besser abschneiden kann, ohne dass es jemand anderem schlechter geht.

Das Vermächtnisprinzip sagt im Kern, dass wir über die

Zukunft mitbestimmen sollten, zumal wir dabei helfen, sie zu erschaffen. Die Autonomie- und Vermächtnisprinzipien verkörpern demokratische Ideale. Ersteres verleiht künftigen Lebensformen die Macht über die Art und Weise, wie das kosmische Vermächtnis umgesetzt wird, während Letzteres uns Menschen von heute etwas Macht darüber verleiht.

Obwohl diese vier Prinzipien ziemlich unstrittig klingen, ist ihre Durchsetzung in der Praxis heikel, weil der Teufel mal wieder im Detail steckt. Der Ärger erinnert an die Probleme mit den berühmten »Drei Gesetzen der Robotik«, die von der Sciencefiction-Legende Isaac Asimov erdacht wurden:

1. Ein Roboter darf kein menschliches Wesen (wissentlich) verletzen oder durch Untätigkeit (wissentlich) zulassen, dass einem menschlichen Wesen Schaden zugefügt wird.
2. Ein Roboter muss den ihm von einem Menschen gegebenen Befehlen gehorchen – es sei denn, ein solcher Befehl würde mit Regel eins kollidieren.
3. Ein Roboter muss seine Existenz beschützen, solange dieser Schutz nicht mit Regel eins oder zwei kollidiert.[9]

Obwohl sich das alles ganz gut anhört, zeigen viele Geschichten Asimovs, wie die Gesetze in unerwarteten Situationen zu problematischen Widersprüchen führen. Nehmen wir einmal an, wir ersetzen diese Gesetze durch lediglich zwei. Es soll ein Versuch sein, das Autonomieprinzip für künftige Lebensformen zu verschlüsseln:

1. Ein bewusstes Wesen hat die Freiheit, zu denken, zu lernen, zu kommunizieren, Eigentum zu besitzen und nicht verletzt oder zerstört zu werden.
2. Ein bewusstes Wesen hat das Recht, zu tun, was immer es will, solange es nicht mit dem ersten Gesetz in Konflikt gerät.

Klingt gut, oder? Aber bitte bedenken Sie kurz Folgendes: Wenn Tiere ein Bewusstsein haben, was sollen dann Raubtiere essen? Müssen jetzt alle Ihre Freunde Vegetarier werden? Falls sich alle anspruchsvollen künftigen Computerprogramme als bewusstseinsfähig erweisen sollten, müsste es dann illegal sein, sie auszuschalten? Wenn es Regeln gegen das Ausschalten digitaler Lebensformen gibt, muss es dann auch für ihre Erzeugung Einschränkungen geben, um eine digitale Bevölkerungsexplosion zu vermeiden? Die Allgemeine Erklärung der Menschenrechte wurde schlicht deshalb einhellig begrüßt, weil nur Menschen gefragt wurden. Sobald wir ein breiteres Spektrum bewusster Wesen mit unterschiedlichen Stufen von Kompetenz und Macht berücksichtigen, werden wir mit heiklen Kompromissen zwischen dem Schutz der Schwachen und der Einstellung »Macht geht vor Recht« konfrontiert.

Auch das Vermächtnisprinzip wirft knifflige Fragen auf. Angesichts der Entwicklung ethischer Ansichten seit dem Mittelalter hinsichtlich der Sklaverei, der Frauenrechte und dergleichen sollten wir uns fragen, ob wir wirklich wollen, dass Leute, die vor 1500 Jahren lebten, großen Einfluss auf den Lauf der Welt von heute haben. Warum sollten wir also, wenn die Antwort nein heißt, unsere ethischen Vorstellungen künftigen Wesen aufzwingen, die möglicherweise unfassbar viel schlauer sind als wir? Sind wir wirklich davon überzeugt, dass eine übermenschliche AKI gutheißen würde, was unsere ihr unterlegenen Intellekte wertschätzen? Das wäre in etwa so, als würde sich ein vierjähriges Mädchen vorstellen, dass sie als kluge Erwachsene ein gigantisches Lebkuchenhaus bauen würde, wo sie den ganzen Tag Süßigkeiten und Eiskrem essen kann. Wahrscheinlich wird das Leben auf der Erde, genau wie die Vierjährige, seine Kindheitsvorstellungen hinter sich lassen. Oder stellen Sie sich eine Maus vor, die eine AKI auf menschlichem Niveau erschafft und nun annimmt, es sei deren größter Wunsch, ganze Städte aus Käse zu erbauen. Wüssten wir andererseits, dass übermenschliche KI eines Tages Kosmozid begehen und alles Leben in unserem Universum auslöschen würde, warum sollten dann die Menschen von heute mit dieser leblosen Zukunft einverstanden sein? Wir haben die Macht, das zu verhindern, indem wir die KI von morgen anders gestalten.

Abschließend lässt sich sagen, dass es heikel ist, selbst weithin akzeptierte ethische Prinzipien in einer Form zu verschlüsseln, die auf eine künftige KI anwendbar ist. Dieses Problem bedarf einer ernsthaften Diskussion und Forschung, während die KI weiter voranschreitet. Inzwischen sollten wir jedoch nicht die perfekten Feinde des Guten sein. Es gibt viele Beispiele unstrittiger »Kindergartenethik«, die in die Technik von morgen eingebaut werden könnte und sollte. So sollte es beispielsweise großen zivilen Passagierflugzeugen nicht gestattet sein, in unbewegliche Objekte zu fliegen, und da mittlerweile praktisch alle Maschinen mit Autopilot, Radar und GPS ausgestattet sind, gibt es keine berechtigten technischen Ausreden mehr. Dennoch flogen am 11. September 2001 Entführer drei Flugzeuge in Gebäude, und der Suizidpilot Andreas Lubitz steuerte am 24. März 2015 Germanwings Flug 9525 gegen einen Berg – indem er den Autopiloten auf eine Höhe von 30 Metern über dem Meeresspiegel einstellte und den Flugcomputer den Rest der Arbeit erledigen ließ. Da unsere Maschinen inzwischen schlau genug werden, um Informationen über ihr Verhalten verarbeiten zu können, wird es Zeit für uns, ihnen Grenzen zu zeigen. Jeder Ingenieur, der eine Maschine entwirft, muss sich fragen, ob es Dinge gibt, die sie nicht tun sollte, und dann erwägen, ob es eine praktische Möglichkeit gibt, es einem bösartigen oder ungeschickten Anwender unmöglich zu machen, Schaden anzurichten.

Endgültige Ziele?

Dieses Kapitel ist eine kurze Geschichte der Ziele geworden. Könnten wir uns eine schnell vorgespulte Aufzeichnung unserer 13,8 Milliarden Jahre kosmischer Geschichte anschauen, könnten wir etliche unterschiedliche Phasen zielorientierten Verhaltens feststellen:

1. Materie ist anscheinend fest entschlossen, ihre *Dissipation* zu maximieren
2. Primitives Leben ist offenbar bemüht, seine *Vervielfältigung* zu maximieren
3. Menschen streben nicht nach Fortpflanzung, sondern nach Zielen in Zusammenhang mit Vergnügen, Neugier, Mitgefühl und anderen Gefühlen, die sie eigentlich zur Unterstützung ihrer Fortpflanzung entwickelt haben
4. Maschinen werden gebaut, um Menschen zu helfen, ihre menschlichen Ziele zu verfolgen

Wie wird die Geschichte der Ziele letztlich enden, wenn diese Maschinen schließlich eine Intelligenzexplosion auslösen? Könnte es ein Zielsystem oder einen ethischen Rahmen geben, dem sich fast alle Wesen angleichen können, während sie immer intelligenter werden? Anders gefragt, steht uns irgendeine Art von Schicksal bevor?

Ein Überfliegen der Menschheitsgeschichte könnte Hinweise auf eine solche Angleichung geben. In seinem Buch *Gewalt – eine neue Geschichte der Menschheit* behauptet Steven Pinker, dass die Menschheit im Lauf von Jahrtausenden weniger gewalttätig und kooperativer geworden ist und dass in vielen Regionen der Welt die Akzeptanz für Vielfalt, Autonomie und Demokratie zugenommen habe. Ein weiterer Hinweis auf Angleichung ist das Streben nach Wahrheit mit Hilfe der wissenschaftlichen Methode. Sie ist in vergangenen Jahrtausenden populärer geworden. Dennoch könnte es sein, dass diese Trends nur eine Angleichung der Teilziele aufdecken und nicht etwa eine Angleichung der endgültigen Ziele. So zeigt beispielsweise Abbildung 7.2, dass das Streben nach Wahrheit (ein genaueres Weltmodell) einfach nur ein Teilziel fast aller endgültigen Ziele ist. Gleichermaßen haben wir bereits gesehen, dass ethische Prinzipien wie zum Beispiel Kooperation, Vielfalt und Autonomie als Teilziele betrachtet werden können, sofern sie Gesellschaften dabei unterstützen, effizienter zu funktionieren, so dass sie überleben und weitere grundlegende Ziele erreichen, die sie haben könnten. Manch einer lehnt sogar alles ab, was wir »menschliche Werte« nennen, und hält sie für nichts weiter als ein Kooperationsprotokoll, das unser Teilziel unterstützt, effizienter zusammenzuarbeiten. Schaut man mit derselben Einstellung nach vorn, ist es wahrscheinlich, dass jede superintelligente KI Teilziele haben wird, einschließlich effizienter Hardware, Software, Wahrheitssuche und Neugier, einfach weil diese Teilziele sie dabei unterstützen, ihre endgültigen Ziele zu erreichen, wie immer die auch aussehen mögen.

In der Tat argumentiert Nick Bostrom in seinem Buch *Superintelligenz* heftig gegen die Hypothese des ethischen Schicksals und präsentiert einen Kontrapunkt, den er »*Orthogonalitätsthese*« nennt. Sie besagt, dass die endgültigen Ziele eines Systems unabhängig von seiner Intelligenz sein können. Definitionsgemäß ist Intelligenz einfach die Fähigkeit, komplexe Ziele zu erreichen, egal, welcher Art diese Ziele sind. Deshalb klingt die Orthogonalitätsthese ganz vernünftig. Schließlich können Menschen intelligent oder halbwegs intelligent sein und grausam obendrein. Außerdem lässt sich Intelligenz einsetzen, um wissenschaftliche Entdeckungen zu machen, eindrucksvolle Kunst zu erschaffen, Menschen zu helfen oder auch Terrorangriffe zu planen.[10]

Die Orthogonalitätsthese stärkt unsere Kompetenz. Sie sagt uns, dass die endgültigen Ziele des Lebens in unserem Kosmos nicht vorherbestimmt sind, sondern dass wir die Freiheit und die Macht haben, sie selbst zu gestalten. Sie weist darauf hin, dass eine garantierte Angleichung an ein einzigartiges Ziel nicht in der Zukunft, sondern in der Vergangenheit zu finden ist, als alles Leben mit dem einzigen Ziel entstand, sich fortzupflanzen. Während die kosmische Zeit vergeht, erhalten immer mehr intelligente Köpfe die Gelegenheit, zu rebellieren, sich von diesem banalen Fortpflanzungsziel zu befreien und sich eigene Ziele zu setzen. Wir Menschen sind in dieser Hinsicht nicht vollständig frei, da viele Ziele genetisch fest in uns verankert sind, aber Künstliche Intelligenzen können die endgültige Freiheit genießen, von früheren Zielen völlig unbehindert zu sein. Diese Möglichkeit größerer Zielfreiheit wird in den engen und limitierten KI-Systemen deutlich. Wie bereits erwähnt, ist es das einzige Ziel eines Schachcomputers, beim Schach zu gewinnen, aber es gibt auch Computer, deren Ziel es ist, beim Schach zu verlieren. Sie nehmen an Räuberschachturnieren teil, deren Ziel es ist, den Gegner zu zwingen, eigene Figuren einzukassieren. Vielleicht trägt diese Freiheit von evolutionären Vorurteilen dazu bei, dass Künstliche Intelligenzen in ethischer Hinsicht vorbildlicher und tiefgründiger werden, als wir Menschen es sind. Moralphilosophen wie Peter Singer haben behauptet, die meisten Menschen verhielten sich aus evolutionären Gründen unethisch, wenn sie beispielsweise nicht-menschliche Tiere diskriminierten.

Wir haben erfahren, dass ein Grundpfeiler der Vision von der »freundlichen KI« die Vorstellung ist, dass eine sich selbst rekursiv verbessernde KI ihr endgültiges (freundliches) Ziel beibehält, während sie intelligenter wird. Doch wie kann ein »endgültiges Ziel« (oder »Endziel«, wie Bostrom es nennt) für eine Superintelligenz überhaupt definiert werden? So wie ich es sehe, können wir kein Vertrauen in die Vision einer freundlichen KI haben, es sei denn, wir können diese entscheidende Frage beantworten.

In der KI-Forschung haben intelligente Maschinen normalerweise ein eindeutiges und wohldefiniertes Endziel, um zum Beispiel das Schachspiel zu gewinnen oder ein Auto vorschriftsmäßig zum Bestimmungsort zu fahren. Dasselbe gilt für die meisten Aufgaben, die wir Menschen zuweisen, weil Zeithorizont und Kontext bekannt und begrenzt sind. Inzwischen geht es allerdings um die gesamte Zukunft des Lebens in unserem Universum, das nur noch von den (noch immer nicht vollständig bekannten) Naturgesetzen begrenzt wird. Deshalb wird die Definition eines Ziels zu so einer einschüchternden Angelegenheit! Lässt man die Quanteneffekte unberücksichtigt, dann würde ein wahrhaft wohldefiniertes Ziel genau angeben, wie alle Teilchen in unserem Universum am Ende der Zeit angeordnet wären. Aber es ist überhaupt nicht klar, ob es überhaupt ein wohldefiniertes Ende der Zeit in der Physik gibt. Wenn die Teilchen zu einem früheren Zeitpunkt auf eine bestimmte Weise angeordnet sind, dann wird dieses Arrangement nicht unbedingt Bestand haben. Und welche Teilchenanordnung ist denn überhaupt wünschenswert?

Wir Menschen neigen dazu, einige Teilchenanordnungen gegenüber anderen zu bevorzugen. So geben wir jedenfalls dem gegenwärtigen Arrangement unserer Heimatstadt den Vorzug gegenüber der Umgestaltung ihrer Teilchen nach der Explosion einer Wasserstoffbombe. Nehmen wir also an, wir versuchen eine *Gütefunktion* zu definieren, die mit jeder möglichen Anordnung der Teilchen in unserem Universum eine Zahl verknüpft, die beziffert, für wie »gut« wir dieses Arrangement halten. Anschließend geben wir einer superintelligenten KI das Ziel vor, diese Funktion zu maximieren. Das klingt nach einem vernünftigen Ansatz, zumal die Beschreibung zielorientierten Verhaltens als Funktionsmaximierung auch in anderen Wissenschaftsbereichen populär ist. So modellieren beispielsweise Wirtschaftswissenschaftler Menschen als Faktoren, die versuchen, eine Größe zu maximieren, die sie als »Nutzenfunktion«

bezeichnen, während viele KI-Designer ihre intelligenten Agenten darauf trainieren, die sogenannte »Belohnungsfunktion« zu maximieren. Wenn wir jedoch über die endgültigen Ziele für unseren Kosmos reden, stellt dieser Ansatz einen rechnerischen Alptraum dar, da man einen Gütewert für jedes der unvorstellbar vielen möglichen Arrangements von Elementarteilchen in unserem Universum definieren müsste. Als Zahl kommt hier ein Googolplex ins Spiel, eine 1, gefolgt von 10^{100} Nullen – womit eine Zahl dargestellt ist, die deutlich größer ist als die Zahl der Teilchen in unserem Universum. Wie sollte man diese Gütefunktion für eine KI definieren?

Wie wir bereits untersucht haben, könnte der einzige Grund, warum wir Menschen überhaupt Vorlieben haben, der sein, dass wir die Lösung für ein evolutionäres Optimierungsproblem sind. Deshalb lassen sich die Ursprünge aller normativen Worte in unserer menschlichen Sprache wie etwa »köstlich«, »duftend«, »schön«, »bequem«, »interessant«, »sexy«, »sinnvoll«, »glücklich« und »gut« auf diese evolutionäre Optimierung zurückführen. Daher gibt es keine Garantie, dass eine superintelligente KI sie für streng definierbar hielte. Selbst wenn die KI lernte, die Vorlieben eines repräsentativen Menschen exakt vorauszusagen, wäre sie dennoch nicht imstande, die Gütefunktion für die meisten Teilchenanordnungen zu berechnen. Die große Mehrheit der möglichen Teilchenanordnungen entspricht seltsamen kosmischen Szenarien ohne Sterne, Planeten oder irgendwelche Leute, mit denen Menschen keine Erfahrungen haben. Wer sollte daher sagen können, wie »gut« sie sind?

Natürlich gibt es *einige* Funktionen des kosmischen Teilchenarrangements, die streng definiert werden können, und wir kennen selbst physikalische Systeme, die sich entwickeln, um einige von ihnen zu maximieren. So haben wir bereits darüber gesprochen, wie viele Systeme sich entwickeln, um ihre *Entropie* zu maximieren, die in Abwesenheit von Gravitation schließlich zum Wärmetod führt, wo alles langweilig gleichförmig und unwandelbar ist. Deshalb möchten wir wohl kaum, dass unsere KI die Entropie als »Güte« bezeichnet und danach strebt, sie zu maximieren. Hier sind ein paar Beispiele für andere Größen, deren Maximierung erstrebenswert ist und die streng definierbar sein könnten, was die Teilchenanordnungen betrifft.

>> Jener Bruchteil aller Materie in unserem Universum, der in Form eines bestimmten Organismus vorliegt, sagen wir Menschen oder *E.coli* (inspiriert von evolutionärer Maximierung der Gesamtfitness)
>> Die Fähigkeit einer KI, die Zukunft vorauszusagen, was KI-Forscher Marcus Hutter für ein gutes Maß ihrer Intelligenz hält
>> Was KI-Forscher Alex Wissner-Gross und Cameron Freer »*kausale Entropie*« (eine Stellvertreterin für künftige Gelegenheiten) nennen, die ihrer Auffassung nach das Kennzeichen von Intelligenz ist
>> Die Rechenkapazität unseres Universums
>> Die algorithmische Komplexität unseres Universums (wie viele Bits benötigt werden, um es zu beschreiben)
>> Der Umfang des Bewusstseins in unserem Universum (siehe Kapitel 8)

Betrachtet man es allerdings aus der Perspektive der Physik, für die unser Kosmos aus bewegten Elementarteilchen besteht, fällt es schwer, zu erkennen, wie eine bestimmte Interpretation von »Güte« naturgemäß besonders hervorstechen soll. Ein Endziel für unser Universum müssen wir noch bestimmen, und es muss sowohl definierbar als auch wünschenswert erscheinen. Die einzigen augenblicklichen programmierbaren Ziele, die garantiert ernsthaft wohldefiniert bleiben, während eine KI zunehmend intelligenter wird, sind Ziele, die allein als physikalische Größen zum Ausdruck kommen, wie etwa

Teilchenanordnungen, Energie und Entropie. Derzeit haben wir jedoch keinen Grund, zu glauben, dass irgendwelche derartigen Ziele wünschenswert sein werden, um das Überleben der Menschheit zu garantieren.

Andererseits sieht es so aus, als seien wir Menschen ein historischer Unfall und nicht gerade die optimale Lösung für irgendein wohldefiniertes physikalisches Problem. Woraus folgt, dass eine superintelligente KI mit einem streng definierten Ziel imstande sein wird, ihre Zielerreichung zu verbessern, wenn sie uns eliminiert. Das heißt, um eine weise Entscheidung zu treffen, wie wir die KI-Entwicklung regeln wollen, müssen wir Menschen uns nicht nur den herkömmlichen computerunterstützten Herausforderungen, sondern auch einigen der hartnäckigsten Fragen der Philosophie stellen. Um ein selbstfahrendes Automobil zu programmieren, müssen wir das Weichenstellerproblem (*trolley problem*) lösen, also entscheiden, wer bei einem Unfall verletzt wird oder gar stirbt. Um eine freundliche KI zu programmieren, müssen wir den Sinn des Lebens erfassen. Was ist »Sinn«? Was ist »Leben«? Wie lautet das endgültige ethische Gebot? Mit anderen Worten, in welche Richtung sollten unsere Bemühungen gehen, wenn wir die Zukunft unseres Universums gestalten? Wenn wir die Kontrolle einer Superintelligenz überlassen, bevor wir diese Fragen sorgfältig beantwortet haben, dann wird die Antwort, die sie sich einfallen lassen wird, wahrscheinlich nichts mit uns zu tun haben. Daher wird es Zeit, die klassischen Debatten der Philosophie und Ethik wieder aufleben zu lassen, was dem Gespräch eine neue Dringlichkeit verleiht!

Fazit

- Der eigentliche Ursprung zielorientierten Verhaltens liegt in den Naturgesetzen, die mit Optimierung einhergehen.
- Die Thermodynamik hat das integrierte Ziel der *Dissipation*, nämlich das Maß der Unordnung zu erhöhen, die man *Entropie* nennt.
- Das Leben ist ein Phänomen, das die Dissipation dabei unterstützt, noch schneller zu werden, indem es seine Komplexität beibehält oder erhöht und sich fortpflanzt, während es die Unordnung seiner Umgebung erhöht.
- Die Darwin'sche Evolution verlagert das zielorientierte Verhalten von der Dissipation auf Fortpflanzung.
- Intelligenz ist die Fähigkeit, komplexe Ziele zu erreichen.
- Da wir Menschen nicht ständig die Ressourcen zur Verfügung haben, um die wahrhaft optimale Fortpflanzungsstrategie herauszufinden, haben wir nützliche Faustregeln erfunden, die unsere Entscheidungen leiten: Gefühle wie Hunger, Durst, Schmerz, Lust und Mitgefühl.
- Deshalb haben wir kein so einfaches Ziel wie die Fortpflanzung mehr. Wenn unsere Gefühle mit den Zielen unserer Gene in Konflikt geraten, gehorchen wir unseren Gefühlen, indem wir beispielsweise Geburtenkontrolle einsetzen.
- Wir bauen immer intelligentere Maschinen, die uns dabei unterstützen, unsere Ziele zu erreichen. Da wir solche Maschinen bauen, die zielorientiertes Verhalten vorweisen sollen, streben wir danach, die Ziele der Maschine unseren Zielen anzugleichen.
- Die Angleichung der Maschinenziele an unsere Ziele bringt drei ungelöste Probleme ins Spiel. Wir müssen die Maschinen dazu bringen, diese Ziele zu erlernen, sie zu übernehmen und sie beizubehalten.

- Eine KI kann mit praktisch jedem Ziel ausgestattet werden, aber fast jedes genügend ehrgeizige Ziel kann zu Teilzielen der Selbsterhaltung, Ressourcenbeschaffung und Neugier (um die Welt besser zu verstehen) führen – die ersten beiden Teilziele können dazu führen, dass eine superintelligente KI den Menschen Probleme macht, während Letztere verhindern kann, dass sie die von uns vorgegebenen Ziele beibehält.
- Obwohl sich die meisten Menschen über viele weitgehende ethische Prinzipien einig sind, ist es unklar, wie man sie auf andere Wesen wie nicht-menschliche Tiere und künftige künstliche Intelligenzen übertragen kann.
- Es ist unklar, wie man eine superintelligente KI mit einem endgültigen Ziel ausstattet, das weder undefiniert ist, noch zur Eliminierung der Menschheit führt. Es wird Zeit, die Forschung über einige der heikelsten Probleme der Philosophie neu zu beleben!

Kapitel 8

Bewusstsein

Ich kann mir keine widerspruchsfreie Weltformel vorstellen, die das Bewusstsein ignoriert.
Andrei Linde, 2002

Wir sollten danach streben, das Bewusstsein selbst auszuweiten – um größere, hellere Lichter in einem ansonsten dunklen Universum zu erzeugen.
Giulio Tononi, 2012

Wir haben gesehen, dass Künstliche Intelligenz uns helfen kann, eine wunderbare Zukunft zu erschaffen, falls es uns gelingt, Antworten auf einige der ältesten und schwierigsten Fragen in der Philosophie zu finden – vor allem rechtzeitig. Wir konfrontieren die Philosophie, in Nick Bostroms Worten, mit einer Frist. In diesem Kapitel wollen wir eines der heikelsten philosophischen Probleme untersuchen: das Bewusstsein.

Wen interessiert's?

Bewusstsein ist umstritten. Erwähnt man es gegenüber einem KI-Forscher, Neurowissenschaftler oder Psychologen, verdrehen viele von ihnen die Augen. Wenn einer von ihnen Ihr Mentor ist, wird er wahrscheinlich eher Mitleid mit Ihnen haben und versuchen, Sie davon zu überzeugen, dass Sie mit einem Problem Ihre Zeit verschwenden, das er aussichtslos und unwissenschaftlich findet. Tatsächlich erzählte mir mein Freund Christof Koch, ein renommierter Neurowissenschaftler und Leiter des Allen Institute for Brain Science, er wurde einst gewarnt, sich mit dem Bewusstsein zu beschäftigen, bevor er eine Festanstellung habe – von keinem Geringeren als Nobelpreisträger Francis Crick. Wenn Sie im *Macmillan Dictionary of Psychology* von 1989 den Begriff »Bewusstsein« nachschlagen, werden Sie informiert, dass »nichts Lesenswertes darüber veröffentlicht worden ist«.[1] Wie ich in diesem Kapitel erklären werde, bin ich da etwas optimistischer!

Obwohl Denker über das Mysterium des Bewusstseins jahrtausendelang gegrübelt haben, kommt durch den Aufstieg der KI eine plötzliche Dringlichkeit ins Spiel, vor allem hinsichtlich der Vorhersagen bezüglich der Frage, welche intelligenten Wesen subjektive Erfahrungen haben. Wie wir in Kapitel 3 besprochen haben, hängt die Frage, ob intelligenten Maschinen gewisse Rechte gewährt werden sollten, entscheidend davon ab, ob die bewusstseinsfähig sind und Leid oder Freude fühlen können. Wie wir in Kapitel 7 diskutiert haben, wird es aussichtslos, auf der Grundlage der Maximierung positiver Erfahrungen eine utilitaristische Ethik zu formulieren, ohne zu wissen, welche intelligenten Wesen imstande sind, sie zu *haben*. Wie bereits in Kapitel 5 erwähnt, könnten manche Leute es vorziehen, dass ihre Roboter unbewusst sind, um Schuldgefühle als Sklavenhalter zu vermeiden. Andererseits könnten sie sich genau das Gegenteil wünschen, wenn sie ihren Intellekt hochladen, um sich von den biologischen Einschränkungen zu befreien. Denn worin liegt schon der Sinn, sich selbst in einen Roboter hochzuladen, der wie Sie redet und handelt, aber lediglich ein unbewusster Zombie ist? Deshalb frage ich mich, ob man als hochgeladenes Ich überhaupt irgendetwas dabei fühlt? Kommt es aus Ihrer subjektiven Perspektive nicht einem

Selbstmord gleich, auch wenn Ihre Freunde möglicherweise nicht erkennen, dass Ihr subjektives Erleben gestorben ist?

Für die langfristige kosmische Zukunft des Lebens (Kapitel 6) wird das Verständnis für den Unterschied zwischen Bewusstsein und Unbewusstem ausschlaggebend sein. Falls Technik es dem intelligenten Leben ermöglicht, für die nächsten Jahrmilliarden überall in unserem Universum zu gedeihen, müssen wir sicher sein können, dass dieses Leben auch ein Bewusstsein hat und imstande ist, zu würdigen, was geschieht. Falls dem nicht so wäre, wäre intelligentes Leben dann mit den Worten des berühmten Physikers Erwin Schrödinger nicht »ein Spiel vor leeren Bänken (…), für niemanden vorhanden, und darum recht eigentlich nicht vorhanden«?[2] Anders formuliert, wenn wir Hightech-Nachkommen in die Welt setzen, die wir fälschlicherweise für bewusstseinsfähig halten, wäre das dann die endgültige Zombieapokalypse, die unser grandioses kosmischen Vermächtnis zu einer astronomischen Platzverschwendung herabwürdigt?

Was ist Bewusstsein?

Viele Argumente für das Bewusstsein erzeugen mehr Hitze als Licht, weil die Antagonisten aneinander vorbeireden und sich nicht darüber im Klaren sind, dass sie unterschiedliche Definitionen des umstrittenen Begriffs verwenden. Ähnlich wie bei »Leben« und »Intelligenz« gibt es keine eindeutig korrekte Definition des Wortes »Bewusstsein«. Stattdessen konkurrieren viele Definitionen miteinander. Dazu gehören Empfindungsvermögen, Achtsamkeit, Selbstbewusstsein, Zugang zu Sinneseindrücken und die Fähigkeit, Informationen zu einer Geschichte zu verschmelzen.[3] In unserer Erkundung der Zukunft der Intelligenz wollen wir eine maximal umfassende und frei zugängliche Perspektive einnehmen, die sich nicht auf das biologische Bewusstsein beschränkt, das bisher existiert. Deshalb ist die Definition, die ich in Kapitel 1 vorgestellt habe und an die ich mich in diesem Buch halte, sehr allgemein formuliert:

Bewusstsein = subjektives Erleben

Mit anderen Worten, wenn etwas sich so anfühlt, als seien es genau Sie in just diesem Augenblick, dann sind Sie bewusst. Es ist diese bestimmte Definition des Bewusstseins, die den Kern der KI-motivierten Fragen im vorangegangenen Abschnitt berührt. Fühlt es sich wie *etwas* an, Prometheus, AlphaGo oder ein selbstfahrendes Tesla-Auto zu sein?

Um wertschätzen zu können, wie umfassend unsere Definition des Bewusstseins ist, sollten Sie beachten, dass darin weder Verhalten, Wahrnehmung, Selbstbewusstsein, noch Emotionen und Aufmerksamkeit erwähnt werden. Mit dieser Definition sind Sie bewusstseinsfähig, wenn Sie träumen, selbst wenn es Ihnen dabei an Achtsamkeit oder Zugang zu Sinneseindrücken mangelt und Sie (hoffentlich!) nicht schlafwandeln oder andere Dinge tun. Auf ähnliche Weise ist jedes System, das Schmerz erleidet, so gesehen bewusst, auch wenn es sich nicht bewegen kann. Unsere Definition lässt die Möglichkeit offen, dass manche künftigen KI-Systeme ebenfalls bewusstseinsfähig sein können, selbst wenn sie nur als Software existieren und nicht mit Sensoren oder Roboterkörpern verbunden sind.

Mit dieser Definition fällt es schwer, sich nicht um Bewusstsein Gedanken zu machen. Yuval Noah Harari formuliert es in seinem Buch *Homo Deus* folgendermaßen:

> *Will irgendein Wissenschaftler behaupten, subjektive Erfahrungen seien irrelevant, so muss er erklären, warum Folter und Vergewaltigung ohne Bezug auf irgendeine subjektive Erfahrung schlimm sind.*[4]

Ohne eine solche Bezugnahme sind es nur ein Haufen Elementarteilchen, die sich gemäß den Naturgesetzen bewegen – und was sollte falsch daran sein?

Was ist das Problem?

Was genau also verstehen wir nicht am Bewusstsein? Wenige haben intensiver darüber nachgedacht als David Chalmers, ein berühmter australischer Philosoph, der meistens verschmitzt lächelt und eine schwarze Lederjacke trägt – die meiner Frau so gut gefiel, dass sie mir eine ähnliche Jacke zu Weihnachten schenkte. Er folgte dem Ruf seines Herzens und studierte Philosophie, obwohl er das Finale der Internationalen Mathematik-Olympiade erreicht hatte – und trotz der Tatsache, dass er seine einzige 2 im College, die seine ansonsten makellose Einserbilanz trübte, für einen Einführungskurs in Philosophie bekommen hatte. In der Tat scheint er sich von herabsetzenden Bemerkungen oder Kontroversen überhaupt nicht abschrecken zu lassen, und ich war über seine Fähigkeit erstaunt, uninformierter und unangebrachter Kritik höflich zuzuhören, ohne überhaupt das Bedürfnis zu haben, darauf zu antworten.

Wie David betont hat, gibt es tatsächlich zwei unterschiedliche Geheimnisse des Geistes. Zunächst ist da das Geheimnis, wie ein Gehirn Information verarbeitet. Er nennt es das *einfache* Problem. Wie ist ein Gehirn beispielsweise an einem Sinneseindruck beteiligt, wie interpretiert es ihn und wie reagiert es darauf? Wie kann es mit Hilfe von Sprache über seinen inneren Zustand Bericht erstatten? Obwohl diese Fragen eigentlich extrem schwierig sind, sind sie nach unserer Definition keine Mysterien des Bewusstseins, sondern Mysterien der Intelligenz. Sie fragen danach, wie ein Gehirn sich erinnert, rechnet und lernt. Außerdem sahen wir im ersten Teil des Buches, wie KI-Forscher allmählich ernsthaften Fortschritt bei der Lösung vieler dieser »einfachen Probleme« bei Maschinen erzielen – vom Go-Spiel und selbstfahrenden Autos bis zur Analyse von Bildern und der Verarbeitung natürlicher Sprache.

Dann gibt es das eigenständige Geheimnis, warum man ein subjektives Erleben hat, was David das *schwierige* Problem nennt. Wenn Sie Auto fahren, erleben Sie Farben, Klänge, Emotionen und ein Selbstgefühl. Warum aber erleben Sie überhaupt etwas? Erlebt ein selbstfahrendes Auto irgendetwas? Wenn Sie mit so einem selbstfahrenden Auto um die Wette fahren, dann nehmen Sie und das Auto Informationen über Sensoren wahr, verarbeiten sie und setzen sie in Kommandos für den Motor um. Aber subjektiv das Fahren zu *erleben* ist logischerweise etwas Eigenständiges – ist es optional, und wenn ja, was ist die Ursache dafür?

Ich nähere mich diesem schwierigen Problem des Bewusstseins aus der Perspektive der Physik. Meiner Ansicht nach ist eine bewusste Person einfach nur neu angeordnete Nahrung. Warum also ist die eine Anordnung bewusst und die andere nicht? Außerdem lehrt uns die Physik, dass Nahrung auch nur eine große Menge Quarks und Elektronen ist, die auf bestimmte Weise angeordnet sind. Welche Teilchenarrangements sind daher bewusst und welche nicht?[5]

Ich mag diese Perspektive der Physik, weil sie das schwierige Problem, mit dem wir Menschen seit Jahrtausenden kämpfen, in eine fokussiertere Version umgewandelt hat, die mit wissenschaftlichen Methoden leichter anzugehen ist. Anstatt mit einem schwierigen *Problem* zu beginnen, warum eine Teilchenanordnung sich bewusst fühlen kann, wollen wir mit der schwierigen *Tatsache* anfangen, dass einige Teilchenanordnungen sich bewusst fühlen, während andere es nicht tun. So wissen Sie zum Beispiel, dass die Teilchen, aus denen sich Ihr Gehirn zusammensetzt, genau jetzt in einem bewussten Arrangement vorliegen, nicht aber, wenn Sie tief und traumlos schlafen.

Diese Perspektive der Physik führt zu drei separaten,

Abb. 8.1 Will man den Geist verstehen, muss man eine Problemhierarchie berücksichtigen. Die von David Chalmers als »leicht« bezeichneten Probleme lassen sich darstellen, ohne subjektive Erfahrungen anzusprechen. Die offensichtliche Tatsache, dass einige, aber nicht alle physikalischen Systeme bewusstseinsfähig sind, wirft drei unterschiedliche Fragen auf. Falls wir eine Theorie zur Beantwortung der Frage haben, die das »ziemlich schwierige Problem« definiert, dann lässt sie sich experimentell überprüfen. Wenn das funktioniert, dann können wir daran anknüpfen, um die hartnäckigeren Fragen weiter oben anzugehen.

schwierigen Fragen zum Bewusstsein, die in Abbildung 8.1 dargestellt sind. Erstens einmal geht es darum, welche Eigenschaften der Teilchenanordnung für den Unterschied sorgen. Insbesondere lautet die Frage, durch welche physikalischen Eigenschaften unterscheiden sich bewusste Systeme von unbewussten Systemen? Wenn wir das beantworten können, dann können wir auch herausfinden, welche KI-Systeme bewusst sind. In der unmittelbaren Zukunft könnte es Notärzten bei der Feststellung helfen, welche nicht reagierenden Patienten bei Bewusstsein sind.

Zweitens: Wie können physikalische Eigenschaften bestimmen, *welcher Art* die Erfahrung ist? Wodurch werden vor allem *Qualia* bestimmt, die grundlegenden Bausteine des Bewusstseins wie die Röte einer Rose, der Klang einer Zimbel, der Geruch eines Steaks, der Geschmack einer Mandarine oder der Schmerz eines Nadelstichs?[6]

Drittens: Warum ist etwas bewusstseinsfähig? Mit anderen Worten, gibt es irgendeine tiefe, noch nicht entdeckte Erklärung dafür, warum Materieklumpen bewusst sein können, oder ist dies nur eine unerklärliche, raue Tatsache über die Art und Weise, wie die Welt funktioniert?

Der Informatiker Scott Aaronson, ein ehemaliger MIT-Kollege von mir, hat auf leichtfüßige Weise die erste Frage als »ziemlich schwieriges Problem« (ZSP) bezeichnet, genau wie David Chalmers. In diesem Sinn werden wir die anderen beiden als das »noch schwierigere Problem« (NSP) und als das »wirklich schwierige Problem« (WSP) bezeichnen, wie es in Abbildung 8.1 veranschaulicht wird.[7]

Ist die Frage nach dem Bewusstsein eine wissenschaftliche?

Wenn mir Leute erzählen, dass Bewusstseinsforschung eine hoffnungslose Zeitverschwendung ist, lautet das Hauptargument, sie sei *unwissenschaftlich* und werde es immer sein. Aber stimmt das wirklich? Der einflussreiche österreichisch-britische Philosoph Karl Popper popularisierte das mittlerweile weithin akzeptierte Diktum »Wenn es nicht falsifizierbar ist, dann ist es nicht wissenschaftlich«. Mit anderen Worten geht es in der Wissenschaft um die Überprüfung von Theorien im Vergleich zu Beobachtungen. Wenn eine Theorie nicht einmal im Prinzip überprüft werden kann, dann ist es logischerweise unmöglich, sie jemals zu falsifizieren, was nach Poppers Definition bedeutet, dass sie unwissenschaftlich ist.

Könnte es daher eine wissenschaftliche Theorie geben, die irgendeine der drei Fragen zum Bewusstsein in Abbildung 8.1 beantwortet? Gestatten Sie mir den Versuch, Sie zu überzeugen, dass die Antwort ein dröhnendes »*JA!*« ist, zumindest für das ziemlich schwierige Problem: »Durch welche physikalischen Eigenschaften unterscheiden sich bewusste Systeme von unbewussten Systemen?« Nehmen wir an, jemand hat eine Theorie, die in Anbetracht eines beliebigen physikalischen Systems die Frage, ob das System bewusst ist, mit »ja«, »nein« oder »weiß nicht« beantwortet. Lassen Sie uns Ihr Gehirn an einen Apparat anschließen, der die Informationsverarbeitung in unterschiedlichen Teilen Ihres Gehirns misst. Nun wollen wir diese Information in ein Computerprogramm einspeisen, das die Bewusstseinstheorie verwendet, um vorherzusagen, welche Teile dieser Information bewusst sind, und Ihnen seine Vorhersagen in Echtzeit auf einem Monitor präsentiert, wie in Abbildung 8.2 dargestellt. Als Erstes denken Sie an einen Apfel. Der Bildschirm informiert Sie, dass es eine Information über einen Apfel in Ihrem Gehirn gibt, derer Sie sich bewusst sind. Aber es gebe auch eine Information in Ihrem Stammhirn über Ihren Puls, derer Sie sich nicht bewusst sind. Wären Sie beeindruckt? Obwohl die ersten beiden Vorhersagen der Theorie korrekt waren, beschließen Sie, ein paar strengere Prüfungen vorzunehmen. Sie denken an Ihre Mutter, und der Computer informiert Sie, dass es in Ihrem Gehirn Informationen über Ihre Mutter gebe, Sie seien sich derer aber nicht bewusst. Die Theorie machte also eine falsche Vorhersage, was heißt, dass sie ausscheidet und zusammen mit der aristotelischen Mechanik, dem Äther, der geozentrischen Kosmologie und zahlreichen weiteren gescheiterten Ideen auf den Müllhaufen der

Abb. 8.2 Nehmen wir an, ein Computer misst Information, die in Ihrem Gehirn verarbeitet wird, und sagt voraus, welche Teile davon Ihnen gemäß einer Bewusstseinstheorie bewusst sind. Sie können diese Theorie überprüfen, indem Sie anhand Ihrer subjektiven Erfahrung kontrollieren, ob die Voraussagen stimmen.

Wissenschaftsgeschichte wandert. Hier ist der Knackpunkt: Obwohl die Theorie falsch war, war sie dennoch wissenschaftlich! Wäre sie nicht wissenschaftlich gewesen, wären Sie nicht imstande gewesen, sie zu überprüfen und auszusortieren.

Man könnte diese Schlussfolgerung kritisieren und sagen, dass man keinen Beweis für das habe, was Ihnen bewusst ist, ja, nicht einmal dafür, ob Sie überhaupt bewusst sind. Obwohl man Sie sagen hörte, Sie seien bewusst, könnte ein unbewusster Zombie möglicherweise dasselbe sagen. Das macht aber die Bewusstseinstheorie nicht unwissenschaftlich, weil man den Platz mit Ihnen tauschen und überprüfen könnte, ob die Theorie die *eigenen* bewussten Erlebnisse korrekt vorhersagt.

Falls andererseits die Theorie sich weigert, Vorhersagen zu treffen, und lediglich »weiß nicht« antwortet, wann immer sie gefragt wird, dann ist sie instabil und demnach unwissenschaftlich. Das könnte der Fall sein, weil sie nur in einigen Situationen anwendbar ist, weil die erforderlichen Rechnungen in der Praxis zu schwierig auszuführen sind oder weil die Gehirnsensoren Schrott sind. Die populärsten wissenschaftlichen Theorien von heute tendieren dahin, irgendwo in der Mitte zu liegen und auf einige, aber nicht alle unsere Fragen überprüfbare Antworten zu geben. So wird zum Beispiel unsere wichtigste physikalische Theorie eine Antwort auf Fragen über Systeme verweigern, die extrem klein (wofür die Quantenmechanik zuständig ist) und gleichzeitig extrem schwer sind (wofür die Allgemeine Relativität zuständig ist), weil wir noch nicht herausgefunden haben, welche mathematischen Gleichungen wir in diesem Fall anwenden müssen. Auch mit dieser Kerntheorie wird es nicht möglich sein, die exakte Masse aller möglichen Atome vorherzusagen. In diesem Fall glauben wir zwar, die nötigen Gleichungen zur Verfügung zu haben, doch ist es uns noch nicht gelungen, ihre Lösungen genau zu berechnen. Je risikofreudiger sich eine Theorie gibt, indem sie sich vorwagt und überprüfbare Vorhersagen macht, umso nützlicher ist sie. Und wir nehmen sie umso ernster, wenn sie all unsere Versuche, sie zu dementieren, überlebt. Ja, wir können lediglich einige wenige Vorhersagen von Bewusstseinstheorien überprüfen, aber das trifft eigentlich auf *alle* physikalischen Theorien zu. Deshalb sollten wir keine Zeit verschwenden und nicht jammern, dass wir sie nicht prüfen können. Stattdessen sollten wir uns an die Arbeit machen und das unter die Lupe nehmen, was wir kontrollieren *können*!

Zusammengefasst lässt sich sagen, dass jede Theorie, die vorhersagt, welche physikalischen Systeme bewusst sind (das ziemlich schwierige Problem), wissenschaftlich ist, sofern sie vorhersagen kann, welche Ihrer Gehirnvorgänge bewusst sind. Allerdings fällt die Frage der Überprüfbarkeit für die höher oben angesetzten Fragen in Abbildung 8.1 weniger eindeutig aus. Was würde es für eine Theorie bedeuten, wenn sie vorhersagen könnte, wie Sie subjektiv die Farbe rot erleben? Und wenn eine Theorie behauptet, in erster Linie erklären zu können, warum es so etwas wie Bewusstsein überhaupt gibt, dann stellt sich die Frage, wie man das experimentell überprüfen kann. Nur weil diese Fragen schwierig sind, heißt das nicht, dass wir ihnen ausweichen sollten, und in der Tat müssen wir schon bald zu ihnen zurückkehren. Doch wenn man mit vielen ähnlichen unbeantworteten Fragen konfrontiert ist, finde ich es vernünftig, die leichteste zuerst anzugehen. Aus diesem Grund ist meine Bewusstseinsforschung am MIT unmittelbar auf den Fuß der Pyramide in Abbildung 8.1 konzentriert. Diese Strategie habe ich kürzlich mit meinem Kollegen, dem Physiker Piet Hut aus Princeton, diskutiert. Der scherzte, dass der Versuch, die Spitze der Pyramide zu bauen, bevor ihr Grundstein gelegt sei, ungefähr darauf hinausliefe, als grübelte man schon vor der Entdeckung der Schrödinger-Gleichung – der mathematischen Grundlage, die uns die Resultate unser Experimente vorhersagen lässt – über die Interpretation der Quantenmechanik.

Wenn wir diskutieren, was sich jenseits der Wissenschaft befindet, ist es wichtig, sich zu erinnern, dass die Antwort von der Zeit abhängt! Vor vierhundert Jahren war Galileo Galilei so sehr von der Physik auf mathematischer Grundlage fasziniert, dass er die Natur »ein Buch, in der Sprache der Mathematik geschrieben« nannte. Wenn er eine Weintraube und eine Haselnuss in die Luft warf, konnte er die Form ihrer Flugbahnen und den Zeitpunkt ihrer Landung auf dem Boden genauestens vorhersagen. Trotzdem hatte er keinen Hinweis darauf, warum die eine grün und die andere braun oder warum die eine weich und die andere hart war – diese Aspekte der Welt lagen jenseits der Reichweite der damaligen Wissenschaft. Aber nicht für immer und ewig! Als James Clerk Maxwell 1861 die nach ihm benannten Gleichungen entdeckte, wurde deutlich, dass Licht und Farben mathematisch aufgefasst werden konnten. Mittlerweile wissen wir, dass die bereits erwähnte, 1925 entdeckte Schrödinger-Gleichung eingesetzt werden kann, um sämtliche Eigenschaften der Materie vorherzusagen, einschließlich der

Frage, ob die untersuchten Gegenstände hart oder weich sind. Während der theoretische Fortschritt im herkömmlichen Sinn immer mehr wissenschaftliche Vorhersagen ermöglicht hat, sind durch den technologischen Fortschritt immer mehr experimentelle Überprüfungen möglich geworden. Fast alles, was wir heute mit Teleskopen, Mikroskopen oder Teilchenbeschleunigern untersuchen, war einmal weit jenseits der Wissenschaft. Mit anderen Worten, der Einflussbereich der Wissenschaft hat sich seit Galileis Zeiten dramatisch erweitert – von einem winzigen Bruchteil aller Phänomene zu einem großen Anteil, einschließlich subatomarer Teilchen, Schwarzer Löcher und unseres kosmischen Ursprungs vor 13,8 Milliarden Jahren. Das wirft die Frage auf: Was ist noch außerhalb ihrer Reichweite?

Für mich ist das Bewusstsein das eigentliche Problem. Sie wissen nicht nur, dass Sie bewusst sind, sondern es ist sogar das *Einzige*, das Sie mit völliger Sicherheit wissen – alles andere ist Schlussfolgerung, worauf René Descartes in Galileis Zeit hinwies. Werden theoretischer und technologischer Fortschritt sogar das Bewusstsein nachdrücklich in den Bereich der Wissenschaft bringen? Wir wissen es nicht, genau wie Galilei nicht wusste, ob wir eines Tages Licht und Materie verstehen würden.[8] Nur eines ist garantiert: Wir werden nicht erfolgreich sein, wenn wir es nicht versuchen! Deshalb sind viele Wissenschaftler auf der Welt wie auch ich intensiv darum bemüht, Theorien des Bewusstseins zu formulieren und zu prüfen.

Experimentelle Anhaltspunkte für Bewusstsein

Ein großer Teil der Informationsverarbeitung findet gerade jetzt in unseren Köpfen statt. Was davon ist bewusst und was nicht? Bevor wir Bewusstseinstheorien und ihre Voraussagen erkunden, werden wir uns anschauen, was Experimente uns bisher gelehrt haben, wobei wir die Bereiche von traditioneller Beobachtung mit technisch einfachen Hilfsmitteln oder ganz ohne technische Unterstützung bis hin zu Gehirnmessungen auf dem neuesten Stand der Technik abdecken.

Welche Verhaltensweisen sind bewusst?

Wenn Sie 32 mit 17 im Kopf multiplizieren, dann sind Sie sich vieler der inneren Mechanismen Ihrer Rechnung bewusst. Aber nehmen wir einmal an, ich zeige Ihnen stattdessen ein Porträt Albert Einsteins und bitte Sie, mir den Namen des Dargestellten zu nennen. Wie wir in Kapitel 2 gesehen haben, ist auch das eine Rechenaufgabe. Ihr Gehirn beurteilt eine Funktion, deren Eingabe Informationen über eine große Anzahl Pixel und Farben sind, die von Ihren Augen kommen, und deren Ausgabe Informationen sind, die an Muskeln gehen, die Ihren Mund und Ihre Stimmbänder kontrollieren. Informatiker nennen diese Aufgabe eine »Bildklassifikation«, gefolgt von einer »Spracherzeugung«. Obwohl diese Berechnung viel komplizierter als Ihre Multiplikationsaufgabe ist, können Sie sie viel schneller erledigen. Es bereitet Ihnen offenbar keine Anstrengungen, und Sie sind sich nicht der Details bewusst, *wie* Sie es tun. Ihr subjektives Erleben besteht vielmehr darin, auf das ganze Bild zu schauen, ein Gefühl des Wiedererkennens zu erleben und sich selbst »Einstein« sagen zu hören.

Psychologen wissen längst, dass man obendrein unbewusst über ein breites Spektrum anderer Aufgaben und Verhaltensweisen verfügt: Blinzelreflexe, atmen, an etwas herankommen, zugreifen und das Gleichgewicht bewahren. Normalerweise ist man sich bewusst, was man getan hat, aber nicht, wie man es getan hat. Andererseits neigen Verhaltensweisen, die mit ungewohnten Situationen, Selbstkontrolle, komplizierten logischen Regeln, abstrakter Argumentation oder Sprachmanipulationen einhergehen, dazu, bewusst zu sein. Sie sind unter dem Begriff

»*Verhaltenskorrelate des Bewusstseins*« bekannt und eng mit der aufwendigen, langsamen und kontrollierten Denkweise verknüpft, die Psychologen »System 2« nennen.[9]

Außerdem ist bekannt, dass man viele bewusste Routinen durch ausgiebige Praxis[10] in unbewusste Handlungen umwandeln kann. Beispiele dafür sind Spazierengehen, Schwimmen, Fahrradfahren, Autofahren, Tippen, Rasieren, Schuheschnüren, Computerspiele und Klavierspielen. Tatsächlich ist es hinlänglich bekannt, dass Experten auf ihrem Spezialgebiet am besten sind, wenn sie im Zustand des »Flows« sind und sich dabei nur dessen bewusst sind, was sich auf höherer Ebene abspielt, während sie sich der Details auf einer niedrigeren Ebene nicht bewusst sind und auch nicht wissen, wie sie es machen. Versuchen Sie zum Beispiel einmal, den nächsten Satz zu lesen und sich jedes einzelnen Buchstabens bewusst zu sein, als lernten Sie gerade erst zu lesen. Merken Sie, wie viel langsamer es geht, verglichen mit dem Zustand, wenn Sie sich des Textes lediglich auf der Ebene von Worten und Ideen bewusst sind?

Tatsächlich scheint unbewusste Informationsverarbeitung nicht nur möglich, sondern auch eher die Regel als die Ausnahme zu sein. Die Anzeichen sprechen dafür, dass uns von den rund 10^7 Bits Informationen, die jede Sekunde von unseren Sinnesorganen in unser Gehirn gelangen, nur ein winziger Bruchteil bewusst sein kann. Die Schätzungen reichen von 10 bis 50 Bits.[11] Das legt nahe, dass die Informationsverarbeitung, der wir uns bewusst sind, lediglich die Spitze des Eisbergs ist.

Alles in allem haben diese Anzeichen einige Forscher dazu veranlasst, vorzuschlagen,[12] dass man sich bewusste Informationsverarbeitung als den Geschäftsführer unseres Gehirns vorstellen sollte, der nur mit den wichtigsten Entscheidungen befasst ist, die eine komplizierte, über das ganze Gehirn verteilte Datenanalyse erfordern. Das würde auch erklären, warum die Informationsverarbeitung – wie die Chefin einer Firma –

eigentlich gar nicht mit Wissen über alles, was ihre Untergebenen im Schilde führen, abgelenkt werden will, es aber herausfinden kann, wenn sie es wünscht. Um diese selektive Aufmerksamkeit in Aktion zu erleben, schauen Sie sich bitte noch einmal das Wort »wünscht« an. Fixieren Sie Ihren Blick auf die beiden Punkte über dem »ü« und verlagern Sie, ohne Ihre Augen zu bewegen, Ihre Aufmerksamkeit von den Punkten auf den ganzen Buchstaben und dann zum ganzen Wort. Obwohl die Information von Ihrer Netzhaut dieselbe blieb, veränderte sich Ihr bewusstes Erleben. Die Geschäftsführer-Metapher erklärt auch, warum Expertise unbewusst wird: Nachdem der Geschäftsführer in mühevoller Kleinarbeit herausgefunden hat, wie man liest und tippt, delegiert er diese Routinearbeiten an unbewusste Untergebene, um imstande zu sein, sich auf Herausforderungen zu konzentrieren, die mehr von ihm abverlangen.

Wo befindet sich das Bewusstsein?

Clevere Experimente und Analysen haben darauf hingedeutet, dass das Bewusstsein nicht allein auf bestimmte Verhaltensweisen limitiert ist, sondern auch auf bestimmte Teile des Gehirns. Wie heißen die Hauptverdächtigen? Viele der ersten Hinweise kamen von Patienten mit Hirnverletzungen: örtlich begrenzte Hirnschäden, die durch Unfälle, Schlaganfälle, Tumore oder Infektionen verursacht wurden. Bedeutet also beispielsweise die Tatsache, dass Verletzungen im hinteren Teil des Gehirns Blindheit verursachen können, dass dies der Ort für das visuelle Bewusstsein ist, oder bedeutet es lediglich, dass visuelle Information dort hindurchgeht, unterwegs nach irgendeinem Ort, wo sie später bewusst wird, ähnlich wie diese Information zuerst die Augen passiert?

Obwohl Verletzungen und medizinische Eingriffe die Orte bewussten Erlebens nicht genau bestimmt haben, trugen sie immerhin dazu bei, die Optionen einzugrenzen. So weiß ich zum Beispiel, dass trotz der Schmerzen in meiner Hand, die tatsächlich dort auftreten, das Schmerzerleben irgendwo anders stattfinden muss, weil ein Chirurg einmal die Schmerzen in meiner Hand ausschaltete, ohne etwas an meiner Hand zu tun. Er betäubte lediglich ein paar Nerven in meiner Schulter. Außerdem erleben manche Menschen mit Amputationen Phantomschmerzen, die sich anfühlen, als treten sie in ihrem nicht mehr vorhandenen Körperteil auf. Als ein weiteres Beispiel möchte ich etwas erwähnen, das mir einmal auffiel. Ich schaute mir etwas nur mit meinem rechten Auge an und stellte fest, dass ein Teil meines Gesichtsfelds fehlte – ein Arzt diagnostizierte, dass sich meine Netzhaut löste, und brachte das wieder in Ordnung. Im Gegensatz dazu erleben Patienten mit bestimmten Hirnverletzungen einen sogenannten *Hemineglect*, wobei auch ihnen Informationen von der einen Hälfte ihres Gesichtsfelds fehlen. So bemerken sie zum Beispiel das Essen auf der linken Hälfte des Tellers nicht und essen es nicht. Als sei das Bewusstsein für die Hälfte ihrer Welt verschwunden. Aber sind jene geschädigten Gehirnregionen nun dafür vorgesehen, das räumliche Erleben zu erzeugen, oder haben sie lediglich räumliche Informationen an die Orte des Bewusstseins weitergegeben, so wie meine Netzhaut es tat?

Wilder Penfield, der amerikanisch-kanadische Pionier der Neurochirurgie, fand in den 1930er Jahren heraus, dass seine Patienten angaben, sie fühlten Berührungen an unterschiedlichen Körperteilen, wenn er Gehirnregionen stimulierte, die wir mittlerweile die somatosensorische Rinde nennen (Abbildung 8.3).[13] Er fand ebenfalls heraus, dass sie unfreiwillig unterschiedliche Teile ihres Körpers bewegten, wenn er Hirnregionen in einem Bereich stimulierte, der heute motorische Rinde genannt wird. Aber heißt das auch, dass Informationsverarbeitung in diesen Gehirnregionen dem Bewusstsein von Berührung und Bewegung entspricht?

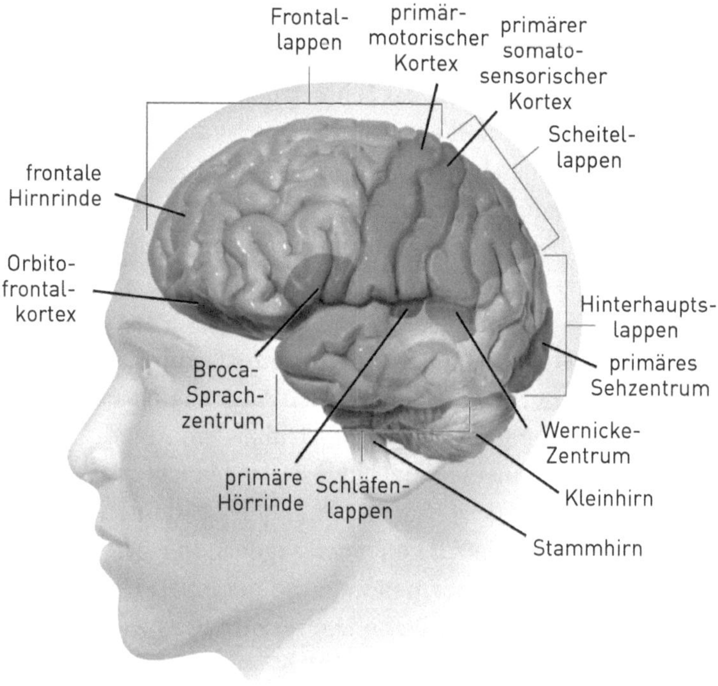

Abb. 8.3 Das primäre Sehzentrum, die Hörrinde sowie somatosensorischer und motorischer Kortex haben mit Sehen beziehungsweise mit Hören, dem Tastsinn und der Bewegungssteuerung zu tun – aber das beweist noch nicht, dass sie sich dort befinden, wo auch das *Bewusstwerden* des Sehens, Hören, Tastens und der Bewegung stattfindet. Tatsächlich deuten jüngste Forschungsergebnisse darauf hin, dass das primäre Sehzentrum sowie Kleinhirn und Stammhirn vollständig unbewusst sind.*

* Abbildung mit freundlicher Genehmigung von Lachina (www.lachina.com).

Glücklicherweise bietet uns die moderne Technik inzwischen wesentlich detailliertere Anhaltspunkte. Obwohl wir noch immer längst nicht imstande sind, jedes einzelne Feuern all Ihrer rund Hundert Milliarden Neuronen zu messen, schreitet die Technik des Gedankenlesens rasch voran, wobei Techniken mit einschüchternden Namen wie fMRT, EEG, MEG, EcoG, ePhys und fluoreszierende Spannungsmessungen ins Spiel kommen. Dabei steht »fMRT« für »funktionelle Magnetresonanztomographie« und misst die magnetischen Eigenschaften von Wasserstoffkernen, um ungefähr einmal pro Sekunde eine dreidimensionale Karte Ihres Gehirns mit der Auflösung von einem Millimeter zu erstellen. EEG (»Elektroenzephalogramm«) und MEG (»Magnetenzephalographie«) messen das elektrische Feld und das Magnetfeld außerhalb Ihres Kopfes, um Ihr Gehirn einige Tausend Mal pro Sekunde abzubilden, allerdings mit recht dürftiger Auflösung, so dass es nicht möglich ist, Merkmale zu unterscheiden, die kleiner als ein paar Zentimeter sind. Wenn Sie hoch empfindlich sind, werden Sie es zu schätzen wissen, dass diese drei Techniken nicht-invasiv sind. Wenn Sie nichts dagegen haben, dass Ihr Schädel geöffnet wird, gibt es noch weitere Optionen. Bei der Elektrokortikographie (EcoG) geht es darum, etwa einhundert Drähte auf der Oberfläche des Gehirns zu platzieren, während die Elektrophysiologie (ePhys) mit der Einführung von Mikrodrähten, die teilweise dünner als ein Menschenhaar sind, in die Tiefen des Gehirns einhergeht, um elektrische Spannungen an rund eintausend unterschiedlichen Orten gleichzeitig aufzuzeichnen. Viele Epilepsiepatienten verbringen damit Tage im Krankenhaus, wobei die Elektrokortikographie angewendet wird, um herauszufinden, welche Teile ihres Gehirns Krämpfe auslösen und daher herausgeschnitten werden sollten. Anschließend müssen sie sich freundlicherweise damit einverstanden erklären, dass Neurowissenschaftler in der Zwischenzeit Bewusstseinsexperimente mit ihnen durchführen. Schließlich kommen bei der fluoreszierenden Spannungsmessung genetisch manipulierte Neuronen ins Spiel, die beim Feuern Lichtblitze aussenden, so dass ihre Aktivität unter einem Mikroskop gemessen werden kann. Von allen Techniken hat diese das Potential, die größte Anzahl Neuronen schnell zu beobachten – zumindest bei Tieren mit transparenten Gehirnen wie zum Beispiel beim Wurm *C. elegans* mit seinen 302 Neuronen sowie bei der Zebrafischlarve mit ihren rund 100 000 Neuronen.

Obwohl ich erwähnt habe, dass Francis Crick Christof Koch warnte, sich mit dem Bewusstsein zu beschäftigen, weigerte sich Christof aufzugeben und konnte ihn schließlich überzeugen. 1990 veröffentlichten sie einen bahnbrechenden Artikel zum Thema »neuronale Korrelate des Bewusstseins« (NCC, *neural correlates of consciousness*) und stellten darin die Frage, welche speziellen Gehirnprozesse dem bewussten Erleben entsprächen. Jahrtausendelang hatten Denker nur über ihr subjektives Erleben und Verhalten Zugang zu der Informationsverarbeitung in ihren Gehirnen. Crick und Koch wiesen darauf hin, dass Gedankenlesetechniken plötzlich unabhängigen Zugang zu diesen Informationen boten und wissenschaftliche Untersuchungen darüber erlaubten, welche Informationsverarbeitung welchem bewussten Erleben entspricht. Gewiss haben durch technische Hilfsmittel ermöglichte Messungen inzwischen die Suche nach NCC in einen etablierten Teil der Neurowissenschaft verwandelt. Inzwischen werden darüber viele Tausend Artikel publiziert, die sogar in die renommiertesten Zeitschriften gelangen.[14]

Wie lauten die Schlussfolgerungen bis heute? Um einen Eindruck von der detektivischen Arbeit über NCC zu bekommen, wollen wir uns zuerst fragen, ob Ihre Netzhaut bewusst ist oder ob sie lediglich ein Zombiesystem ist, das visuelle Informationen aufzeichnet, verarbeitet und sie an ein nachgeschaltetes System im Gehirn schickt, wo Ihr subjektives visuelles Erleben stattfindet. In der linken Bildtafel von Abbildung 8.4

Abb. 8.4 Welches Quadrat ist dunkler – das mit A oder das mit B bezeichnete? Was sehen Sie auf der rechten Seite – eine Vase, zwei Frauen oder beides nacheinander? Illusionen wie diese beweisen, dass sich Ihr visuelles Bewusstsein nicht in Ihren Augen oder in anderen frühen Stadien Ihres visuellen Systems befindet, weil es nicht allein davon abhängt, was sich in dem Bild befindet.

stellt sich die Frage, welches Quadrat dunkler ist, das mit A oder das mit B gekennzeichnete? Es ist A, nicht wahr? Nein, in Wirklichkeit ist ihre Färbung identisch. Sie können es verifizieren, indem Sie sie durch die kleinen Öffnungen zwischen Ihren Fingern betrachten. Das beweist, dass Ihr visuelles Erleben nicht vollständig auf Ihrer Netzhaut stattfindet, denn wenn das der Fall wäre, würden die Quadrate gleich aussehen.

Schauen Sie sich jetzt die rechte Bildtafel von Abbildung 8.4 an. Sehen Sie zwei Frauen oder eine Vase? Wenn Sie lange genug hinschauen, werden Sie subjektiv beide in Folge erleben, auch wenn die Informationen, die Ihre Netzhaut erreichen, dieselben bleiben. Wenn man misst, was in Ihrem Gehirn im Lauf dieser zwei Situationen passiert, lässt sich vereinzeln, was den Unterschied ausmacht – die Netzhaut, die sich ja in beiden Fällen gleich verhält, ist es nicht.

Eine von Christof Koch, Stanislas Dehaene und Mitarbeitern erfundene Technik namens »Continuous Flash Suppression« (CFS) versetzte der Hypothese von der bewussten Retina den Todesstoß. Sie haben Folgendes entdeckt: Wenn Sie mit einem Auge eine komplizierte Folge rasch sich verändernder Muster beobachten, wird das Ihr Sehsystem in einem solchen Ausmaß ablenken, dass Sie ein dem anderen Auge präsentiertes Standbild überhaupt nicht wahrnehmen.[15] Zusammengefasst lässt sich sagen, dass Sie ein sichtbares Bild auf Ihrer Netzhaut haben können, ohne es zu erleben. Andererseits können Sie (im Traum) ein Bild erleben, ohne dass es auf Ihrer Netzhaut ist. Das beweist, dass sich Ihre beiden Netzhäute als Orte Ihres visuellen Bewusstseins nicht besser eignen als eine Videokamera, obwohl sie komplizierte Berechnungen durchführen, an denen mehr als Hundert Millionen Neuronen beteiligt sind.

NCC-Forscher benutzen ebenfalls die Continuous Flash Suppression, instabile visuelle und akustische Illusionen sowie weitere Tricks, um genau zu bestimmen, welche Ihrer Hirnregionen *tatsächlich* für Ihr bewusstes Erleben verantwortlich sind. Die grundlegende Strategie besteht darin, zu vergleichen, was Ihre Neuronen in zwei Situationen tun, in denen praktisch alles (einschließlich Ihrer Sinneseindrücke) dasselbe ist – außer Ihrer bewussten Erfahrung. Die Teile Ihres Gehirns, deren Verhalten sich in Messungen als unterschiedlich erweist, werden anschließend als NCC bestimmt.

Derartige NCC-Forschung hat bewiesen, dass in Ihrem Bauch kein Anteil Ihres Bewusstseins residiert, obwohl das der Ort ist, an dem sich Ihr enterisches Nervensystem befindet mit seiner sage und schreibe halben Milliarde Neuronen, die die optimale Verdauung Ihrer Nahrung berechnen. Gefühle wie Hunger und Übelkeit werden stattdessen in Ihrem Gehirn produziert. In ähnlicher Weise scheint nichts von Ihrem Bewusstsein im Stammhirn ansässig zu sein, dem unteren Teil des Gehirns, der mit dem Rückenmark verbunden ist und Atmung, Herzfrequenz und Blutdruck kontrolliert. Noch schockierender ist die Tatsache, dass Ihr Bewusstsein nicht bis zu Ihrem

Kleinhirn (Abbildung 8.3) reicht, das etwa zwei Drittel all Ihrer Neuronen enthält. Patienten, deren Kleinhirn zerstört ist, leiden unter undeutlicher Aussprache und unbeholfenen Bewegungen, die an einen Betrunkenen erinnern, bleiben ansonsten aber bei vollem Bewusstsein.

Die Frage, welche Teile Ihres Gehirns *tatsächlich* für das Bewusstsein verantwortlich sind, bleibt offen und umstritten. Jüngste NCC-Forschungen legen nahe, dass Ihr Bewusstsein hauptsächlich in einer »heißen Zone«, die den Thalamus einschließt (nahezu in der Mitte Ihres Gehirns), sowie im hinteren Teil der Rinde ansässig ist. Das ist eine äußere, aus sechs Schichten bestehende schrumpelige Haut – eine Hirnschicht, die, würde man sie glätten, etwa so groß wie eine Tischserviette wäre.[16] Dieselbe Forschung behauptet strittigerweise, die primäre Sehrinde in Ihrem Hinterkopf stelle eine Ausnahme dar und sei so unbewusst wie Ihre Augäpfel und Ihre Netzhäute.

Wann findet Bewusstsein statt?

Bisher haben wir uns nach experimentellen Anhaltspunkten umgesehen und dabei überlegt, welche Arten der Informationsverarbeitung bewusst sind und wo Bewusstsein stattfindet. Aber die Frage ist auch, *wann* findet es eigentlich statt? Als ich ein Kind war, glaubte ich, uns würden die Ereignisse in dem Moment bewusst, in dem sie geschehen – ohne die geringste Verzögerung. Obwohl es für mich immer noch subjektiv dasselbe Gefühl ist, kann es nicht stimmen, da mein Gehirn Zeit benötigt, um die Informationen zu verarbeiten, die über meine Sinnesorgane eingehen. NCC-Forscher haben sorgfältig gemessen, wie lange es dauert, und Christof Kochs Zusammenfassung läuft auf Folgendes hinaus: Wenn das Licht eines komplizierten Objekts auf Ihr Auge trifft, nimmt es etwa eine Viertelsekunde in Anspruch, bis Sie es bewusst als das erkennen, was es ist.[17] Das heißt, wenn Sie auf der Landstraße mit 100 Stundenkilometern fahren und sehen plötzlich ein Eichhörnchen ein paar Meter vor Ihnen, ist es zu spät, irgendetwas zu tun, weil Sie es bereits überfahren haben!

Zusammengefasst lässt sich sagen: Ihr Bewusstsein lebt in der Vergangenheit. Christof Koch schätzt, dass es eine Viertelsekunde hinter der Außenwelt herhinkt. Interessanterweise können Sie häufig schneller auf Dinge reagieren, als sie Ihnen bewusst werden, was beweist, dass die Informationsverarbeitung, die für Ihre schnellsten Reaktionen zuständig ist, unbewusst sein muss. Wenn beispielsweise ein fremdes Objekt sich Ihrem Auge nähert, kann Ihr Blinzelreflex innerhalb einer bloßen Zehntelsekunde Ihr Augenlid schließen. Es ist so, als empfinge eines Ihrer Gehirnsysteme verdächtige Informationen vom Sehsystem und berechne eine Gefahr für Ihr Auge, schicke eine E-Mail an Ihren Augenmuskel mit der Anweisung, zu blinzeln, während es gleichzeitig per E-Mail dem bewussten Teil Ihres Gehirns sagt »Hey, wir werden jetzt mal blinzeln«. Sobald die E-Mail gelesen worden ist und Ihrem bewussten Erleben einverleibt wurde, hat das Blinzeln bereits stattgefunden.

Tatsächlich wird das System, das die E-Mail liest, fortwährend mit Botschaften aus allen Winkeln Ihres Körpers bombardiert. Einige treffen mit größerer Verzögerung ein als andere. Nervensignale von Ihren Fingern brauchen länger, um Ihr Gehirn zu erreichen, als solche von Ihrem Gesicht, was auf die Entfernung zurückzuführen ist. Außerdem brauchen Sie länger, um Bilder zu verarbeiten, als es bei Klängen der Fall ist, weil Bilder komplizierter sind. Das ist der Grund, warum die Wettläufe bei Olympischen Spielen mit einem Schuss gestartet werden und nicht mit einem visuellen Reiz. Dennoch, wenn Sie Ihre Nase berühren, dann erleben Sie bewusst die Empfindung an Nase und Fingerspitze gleichzeitig, und wenn Sie in die Hände klatschen, sehen, hören und fühlen Sie das Klatschen genau zur gleichen Zeit. Das heißt, dass Ihr vollständiges bewusstes Erleben eines Ereignisses erst dann hervorgebracht wird, wenn die letzten verbummelten Berichte per E-Mail eingetroffen und analysiert worden sind.[18]

Eine berühmte Reihe von NCC-Experimenten des Physiologiepioniers Benjamin Libet hat gezeigt, dass die Art der Handlungen, die man unbewusst vollziehen kann, nicht auf schnelle Reaktionen wie Blinzeln und Tischtennisschläge beschränkt ist, sondern auch bestimmte Entscheidungen beinhaltet, die man dem freien Willen zuordnen könnte – Gehirnmessungen können manchmal Ihre Entscheidung vorhersagen, bevor Sie sich bewusst werden, dass Sie sie getroffen haben.[19]

Bewusstseinstheorien

Obwohl wir das Bewusstsein immer noch nicht verstehen, haben wir gerade gesehen, dass wir eine erstaunliche Menge experimenteller Daten über verschiedene Aspekte des Bewusstseins zur Verfügung haben. Doch alle diese Daten stammen von *Gehirnen,* so dass wir uns die Frage stellen müssen, wie sie uns irgendetwas über das Bewusstsein in *Maschinen* lehren können? Dafür ist eine größere Hochrechnung jenseits unseres derzeitigen experimentellen Kompetenzbereichs vonnöten. Anders formuliert, wir brauchen eine *Theorie.*

Warum eine Theorie?

Um wertschätzen zu können, warum es so ist, wollen wir Bewusstseinstheorien mit Gravitationstheorien vergleichen. Wissenschaftler fingen an, Newtons Gravitationstheorie ernst zu nehmen, weil sie mehr von ihr bekamen, als sie für sie aufwenden mussten. Einfache Gleichungen, die auf eine Papierserviette passen, konnten genauestens das Ergebnis eines jeden jemals durchgeführten Gravitationsexperiments vorhersagen.

Deshalb nahmen sie auch ihre Vorhersagen weit jenseits des Bereichs ernst, in dem sie getestet worden waren, und diese kühnen Hochrechnungen erwiesen sich sogar noch als richtig, als es um die Bewegungen von Galaxien in Haufen ging, deren Durchmesser mehrere Millionen Lichtjahre betrug. Für die Bewegung des Planeten Merkur um die Sonne wichen die Vorhersagen jedoch um einen geringen Betrag ab. Später nahmen die Wissenschaftler Einsteins verbesserte Gravitationstheorie, die Allgemeine Relativität, ernst, weil sie möglicherweise sogar eleganter und sparsamer war und selbst die falschen Resultate der Newton'schen Theorie korrigierte. Folglich nahmen sie auch jene Vorhersagen ernst, die weit über den Bereich hinausgingen, in dem die Überprüfungen stattgefunden hatten. Dabei ging es um exotische Phänomene wie Schwarze Löcher, Gravitationswellen, die eigentliche Struktur der Raumzeit und die Expansion des Universum aus einem glühend heißen Ursprung. All dies wurde später durch Experimente bestätigt.

Wenn dementsprechend eine mathematische Theorie des Bewusstseins, deren Gleichungen auf eine Papierserviette passen, erfolgreich die Ergebnisse aller Experimente vorhersagen sollte, die wir über Gehirne durchführen, dann würden wir nicht nur die Theorie selbst allmählich ernst nehmen, sondern auch ihre Vorhersagen für Bewusstsein außerhalb von Gehirnen – in Maschinen zum Beispiel.

Das Bewusstsein aus der Perspektive der Physik

Obwohl manche Bewusstseinstheorien aus der Antike stammen, sind die meisten modernen Theorien in der Neuropsychologie und in der Neurowissenschaft verankert. Sie versuchen, das Bewusstsein hinsichtlich neuronaler, im Gehirn stattfindender Ereignisse zu erklären und vorherzusagen.[20] Wenngleich diese Theorien einige erfolgreiche Vorhersagen für neuronale Korrelate des Bewusstseins (NCC) gemacht haben, sind sie weder imstande, Vorhersagen über das Bewusstsein von Maschinen zu machen, noch streben sie es an. Um den Sprung von Gehirnen zu Maschinen zu schaffen, müssen wir eine Verallgemeinerung von NCC zu *physikalischen Korrelaten des Bewusstseins* formulieren – definiert als Muster sich bewegender Teilchen, die bewusst sind. Wenn eine Theorie korrekt vorhersagen kann, was bewusst ist und was nicht bewusst ist, indem sie sich nur auf physikalische Bausteine wie Elementarteilchen und Kraftfelder beruft, dann kann sie nicht nur für Gehirne, sondern auch für alle anderen Materieanordnungen, einschließlich künftiger KI-Systeme, Vorhersagen treffen. Lassen Sie uns daher eine physikalische Perspektive einnehmen: Welche Teilchenanordnungen sind bewusst?

Aber diese Formulierung wirft eigentlich eine weitere Frage auf: Wie kann etwas so Kompliziertes wie Bewusstsein aus etwas so Einfachem wie Teilchen bestehen? Ich glaube, das ist deshalb der Fall, weil es ein Phänomen ist, das Eigenschaften besitzt, die über die seiner einzelnen Teilchen hinausgehen. In der Physik nennen wir solche Phänomene »*emergent*«.[21] Lassen Sie uns ein Verständnis dafür bekommen, indem wir uns ein emergentes Phänomen anschauen, das einfacher ist als das Bewusstsein: Nässe.

Ein Tropfen Wasser ist nass, aber ein Eiskristall und eine Dampfwolke sind es nicht, obwohl sie aus identischen Wassermolekülen bestehen. Warum? Weil die Eigenschaft der Nässe nur von den Anordnungen der Moleküle abhängt. Es ergibt überhaupt keinen Sinn zu sagen, ein einzelnes Wassermolekül sei nass, weil das Phänomen der Nässe erst dann auftritt, wenn genügend Moleküle da sind, die in dem Muster angeordnet sind, das wir Flüssigkeit nennen. Daher sind Festkörper, Flüssigkeiten und Gase allesamt emergente Phänomene: Sie sind mehr als die Summe ihrer Teile, weil sie Eigenschaften haben, die über die Eigenschaften ihrer Teilchen hinausgehen.

Ich glaube, dass das Bewusstsein, genauso wie Festkörper,

Flüssigkeiten und Gase, ein emergentes Phänomen ist, dessen Eigenschaften über die ihrer Teilchen hinausgehen. So löscht zum Beispiel der Eintritt in den Tiefschlaf das Bewusstsein aus, indem er lediglich die Teilchen neu anordnet. Auf ähnliche Weise würde mein Bewusstsein verschwinden, wenn ich erfrieren würde, wobei meine Teilchen auf eher unglückliche Art und Weise umgestaltet würden.

Setzt man eine Menge Teilchen zusammen, um irgendetwas zu bekommen, sei es nun Wasser oder ein Gehirn, dann treten neue Phänomene mit beobachtbaren Eigenschaften auf. Wir Physiker studieren diese emergenten Eigenschaften sehr gern. Häufig lassen sie sich durch eine kleine Reihe von Zahlen bestimmen, die man messen kann – Größen, die etwas über die Zähflüssigkeit der Substanz aussagen, wie komprimierbar sie ist, und so weiter. Wenn beispielsweise eine Substanz so dickflüssig ist, dass sie erstarrt, nennen wir sie einen Festkörper, sonst ist sie ein Fluid. Und wenn ein Fluid nicht komprimierbar ist, nennen wir es Flüssigkeit, sonst ist es ein Gas oder ein Plasma, was davon abhängig ist, wie gut es Elektrizität leitet.

Das Bewusstsein als Information

Könnte es daher entsprechende Größen geben, die das Bewusstsein beziffern? Der italienische Neurowissenschaftler Giulio Tononi hat eine solche Größe vorgeschlagen, die er die »*integrierte Information*« nennt, bezeichnet durch den griechischen Buchstaben Φ (»Phi«), der im Wesentlichen misst, wie viele unterschiedliche Teile eines Systems sich kennen (siehe Abbildung 8.5).

Ich lernte Giulio 2014 auf einer Physikkonferenz in Puerto Rico kennen, zu der ich ihn und Christof Koch eingeladen hatte. Er kam mir vor wie der Prototyp des Renaissancemenschen, der wunderbar zu Galilei und Leonardo da Vinci gepasst hätte.

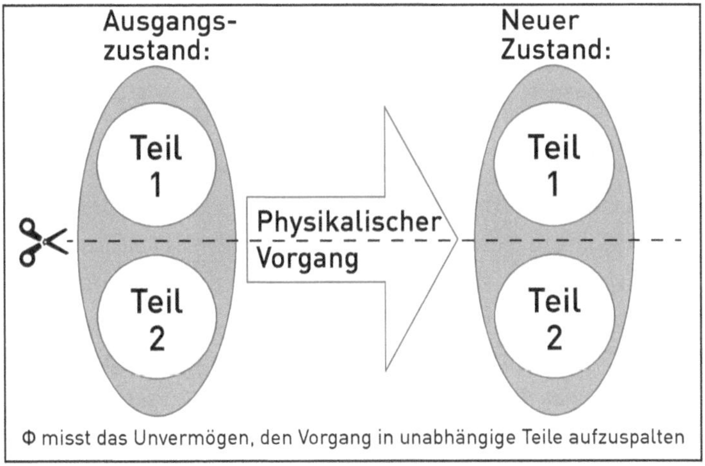

Abb. 8.5 Angesichts eines physikalischen Vorgangs, der im Lauf der Zeit den Ausgangszustand eines Systems in einen neuen Zustand umwandelt, misst seine *integrierte Information* Φ das Unvermögen, den Vorgang in unabhängige Teile aufzuspalten. Wenn der künftige Zustand eines jeden Teils nur von seiner Vergangenheit abhängt und nicht von den Aktivitäten der anderen Teile, dann ist $\Phi = 0$. Was wir als ein einziges System bezeichneten, sind in Wirklichkeit zwei unabhängige Systeme, die nicht miteinander kommunizieren.

Trotz seiner stillen Art blieb sein unglaubliches Wissen über Kunst, Literatur und Philosophie nicht verborgen, und sein kulinarischer Ruf eilte ihm voraus. Ein weltoffener Fernsehjournalist hatte mir jüngst erzählt, wie Giulio in nur wenigen Minuten den köstlichsten Salat zubereitet hatte, den er je in seinem Leben gegessen hatte. Ich erkannte ziemlich schnell, dass hinter dem Mann der leisen Töne ein furchtloser Geist stand, der allen Hinweisen nachging, wohin sie ihn auch führen würden, ungeachtet der vorgefassten Meinungen und Tabus der Wissenschaftsgemeinde. Genau wie Galilei seine mathematische Bewegungstheorie trotz der Drohungen des Establishments, das geozentrische Weltbild nicht in Frage zu stellen, weiterverfolgt hatte, so entwickelte Giulio die mathematisch bisher präziseste Bewusstseinstheorie – die *Integrierte Informationstheorie* (IIT).

Jahrzehntelang hatte ich behauptet, Bewusstsein sei die Art und Weise, wie Information sich anfühlt, wenn sie in bestimmten, komplexen Verfahren verarbeitet wird.[22] IIT stimmt mit dieser Vorstellung überein und ersetzt meine vage Formulierung »bestimmte komplexe Verfahren« durch eine präzise Definition. Die Informationsverarbeitung muss integriert werden, das heißt, Φ muss groß sein. Giulios Argument dafür ist überzeugend und einfach zugleich: Das bewusste System muss in ein vereintes Ganzes integriert sein, denn wenn es stattdessen aus zwei unabhängigen Teilen bestünde, dann würden die sich wie zwei separate bewusste Einheiten anfühlen und nicht wie eine einzige. Anders ausgedrückt, wenn ein bewusster Bestandteil eines Gehirns oder Computers nicht mit dem Rest kommunizieren kann, dann kann auch der Rest nicht Teil seines subjektiven Erlebens sein.

Giulio und seine Mitarbeiter haben eine einfache Version von Φ gemessen. Dabei benutzten sie ein EEG, um die Reaktion des Gehirns auf magnetische Stimulation zu messen. Ihr »Bewusstseinsdetektor« funktioniert ausgezeichnet. Er bestimmte, dass Patienten bewusst waren, wenn sie wach waren oder träumten, unbewusst hingegen, wenn sie betäubt waren oder sich im Tiefschlaf befanden. Der Detektor entdeckte sogar Bewusstsein in zwei Patienten, die am Eingeschlossensein-Syndrom litten. Sie konnten sich nicht normal bewegen oder hatten Kommunikationsprobleme.[23] Diese Methode kristallisiert sich also als eine vielversprechende Technik für Ärzte heraus, die in Zukunft herausfinden können, ob bestimmte Patienten bei Bewusstsein sind oder nicht.

Die Verankerung des Bewusstseins in der Physik

IIT ist nur für diskrete Systeme definiert, die in einer endlichen Zahl von Zuständen vorkommen, zum Beispiel Bits in einem Computerspeicher oder stark vereinfachte Neuronen, die entweder an oder aus sein können. Das bedeutet leider, dass IIT für die meisten physikalischen Systeme, die sich ständig verändern können, nicht definiert ist – so kann zum Beispiel die Position eines Teilchens oder die Stärke eines Magnetfelds unendlich viele Werte annehmen.[24] Versucht man, die IIT-Formel auf solche Systeme anzuwenden, erhält man normalerweise das wenig hilfreiche Ergebnis, Φ sei unendlich. Quantenmechanische Systeme können diskret sein, doch die ursprüngliche IIT ist für Quantensysteme nicht definiert. Wie können wir also IIT und andere auf Information gegründete Bewusstseinstheorien in einem soliden physikalischen Fundament verankern?

Wir knüpfen nun an das in Kapitel 2 Gelernte an: Materieklumpen können emergente Eigenschaften mit einem Bezug zur Information haben. Wir erfuhren, dass eine Vorrichtung zur Speicherung von Informationen viele langlebige Zustände haben muss. Außerdem erkannten wir, dass für *Computronium* – eine Substanz, die Berechnungen ausführen kann – eine zusätzliche komplizierte Dynamik erforderlich ist. Die Naturgesetze müssen dafür sorgen, dass sich das Computronium durch unterschiedliche Methoden verändern kann. Und die müssen kompliziert genug sein, um beliebige Informationsverarbeitungen durchführen zu können. Schließlich sahen wir, wie ein neuronales Netzwerk zum Beispiel ein leistungsfähiges Substrat für *Lernen* ist. Einfach weil es den Naturgesetzen gehorcht, kann es sich umgestalten, um erwünschte Berechnungen immer besser durchführen zu können. Jetzt stellen wir eine zusätzliche Frage: Was ermöglicht einem Klumpen Materie, subjektives Erleben zu haben? Mit anderen Worten, unter welchen Bedingungen wird ein Materieklumpen in der Lage sein, folgende vier Dinge zu vollbringen?

1. Sich erinnern
2. Rechnen
3. Lernen
4. Erleben

Die ersten drei untersuchten wir in Kapitel 2, und jetzt werden wir das vierte angehen. Genauso wie Margolus und Toffoli den Begriff *Computronium* für eine Substanz prägten, die beliebige Berechnungen ausführen kann, möchte ich jetzt den Begriff *Sentronium* für die gebräuchlichste Substanz verwenden, die subjektives Erleben hat – und daher empfindungsfähig (englisch: *sentient*) ist.[25]

Aber warum kann sich Bewusstsein so immateriell anfühlen, wenn es eigentlich ein physikalisches Phänomen ist? Wie kommt es, dass es sich so anfühlt, als sei es von seinem physikalischen Substrat unabhängig? Ich glaube, weil es *tatsächlich* von seinem physikalischen Substrat unabhängig ist – also von dem Stoff, in dem es ein Muster ist! Uns sind viele schöne Beispiele substratunabhängiger Muster in Kapitel 2 begegnet, einschließlich Wellen, Erinnerungen und Berechnungen. Wir haben gesehen, wie sie nicht nur mehr als ihre Bestandteile (also emergent) waren, sondern sogar unabhängig von ihren Teilen waren und ein Eigenleben annahmen. So sahen wir beispielsweise, wie ein künftiger simulierter Intellekt oder eine Figur aus einem Computerspiel keine Möglichkeit hätten, zu wissen, ob sie auf Windows, Mac OS, einem Android-Mobiltelefon oder auf irgendeinem anderen Betriebssystem laufen, eben weil sie substratunabhängig wären. Sie könnten ebenfalls nicht sagen, ob die Logikgatter ihres Computers aus Transistoren, optischen Schaltkreisen oder aus anderer Hardware bestünden. Oder ob sie die grundlegenden Naturgesetze kennen, die beliebig sein könnten, solange sie die Konstruktion universeller Computer gestatteten.

Zusammengefasst möchte ich sagen, dass Bewusstsein ein stoffliches Phänomen ist, das sich nichtstofflich anfühlt, weil es Wellen und Berechnungen ähnelt: Es hat Eigenschaften, die von seinem speziellen physikalischen Substrat unabhängig sind. Das folgt logischerweise aus der Vorstellung vom Bewusstsein als Information. Das wiederum führt zu einer radikalen Vorstellung, die mir wirklich gut gefällt: Falls Bewusstsein die Art und Weise ist, wie Informationen sich anfühlen, wenn sie auf bestimmte Weise verarbeitet werden, dann muss es substratunabhängig sein. Es ist allein die Struktur der Informationsverarbeitung, auf die es ankommt, nicht die Struktur der Materie, die die Informationsverarbeitung ausführt. Anders ausgedrückt, das Bewusstsein ist auf doppelte Weise substratunabhängig!

Wie wir gesehen haben, beschreibt die Physik Muster in der Raumzeit, die sich umherbewegenden Teilchen gleichkommen. Wenn die Teilchenanordnungen bestimmten Prinzipien gehorchen, führen sie zu emergenten Phänomenen, die vom Teilchensubstrat ziemlich unabhängig sind und sich völlig anders anfühlen. Ein großartiges Beispiel dafür ist die Informationsverarbeitung in Computronium. Doch inzwischen haben wir diese Idee auf ein anderes Niveau gehoben: *Falls die Informationsverarbeitung selbst bestimmten Prinzipien gehorcht, kann sie zu dem emergenten Phänomen auf höherem Niveau führen, das wir Bewusstsein nennen.* Diese Erkenntnis platziert Ihr bewusstes Erleben nicht eine Stufe, sondern zwei Stufen über dem Niveau der Materie. Kein Wunder, dass sich Ihr Geist nichtstofflich anfühlt!

Das wirft die Frage auf: Wie lauten diese Prinzipien, die die Informationsverarbeitung befolgen muss, um bewusst zu sein? Ich werde nicht so tun, als wüsste ich, welche Bedingungen *ausreichten*, um Bewusstsein zu garantieren, aber hier sind vier *notwendige* Bedingungen, auf die ich wetten würde und die ich in meiner Forschung untersucht habe:

Prinzip	Definition
Informationsprinzip	Ein bewusstes System hat erhebliche Informationsspeicherungskapazität.
Dynamikprinzip	Ein bewusstes System hat erhebliche Informationsverarbeitungskapazität.
Unabhängig-keitsprinzip	Ein bewusstes System ist hochgradig unabhängig vom Rest der Welt.
Integrationsprinzip	Ein bewusstes System kann nicht aus nahezu unabhängigen Teilen bestehen.

Wie ich schon sagte, glaube ich, dass das Bewusstsein die Art und Weise ist, wie Information sich anfühlt, wenn sie auf bestimmte Weise verarbeitet wird. Das heißt, um bewusst zu sein, muss ein System imstande sein, Information zu speichern und zu verarbeiten, was die ersten beiden Prinzipien voraussetzt. Achten Sie darauf, dass die Erinnerung (oder die Speicherung) nicht lange dauern muss: Ich empfehle Ihnen, sich dieses berührende Video über Clive Wearing anzuschauen, der offenbar völlig bewusst ist, obwohl seine Erinnerungen weniger als eine Minute Bestand haben.[26] Ich glaube, dass ein bewusstes System auch einigermaßen *unabhängig* vom Rest der Welt sein sollte, weil es sich sonst subjektiv nicht so anfühlen würde, als hätte es irgendeine unabhängige Existenz, welcher Art auch immer. Schließlich bin ich der Meinung, dass das bewusste System in ein vereintes Ganzes *integriert* sein muss, worauf Giulio Tononi hinweist, denn wenn es aus zwei unabhängigen Teilen bestünde, würden diese sich wie zwei separate bewusste

Einheiten anfühlen und nicht wie eine einzige. Die ersten drei Prinzipien setzen *Autonomie* voraus. Das System sollte also imstande sein, Informationen ohne viel Beeinträchtigung von außen zu erhalten und zu verarbeiten und dadurch seine eigene Zukunft zu bestimmen. Alle vier Prinzipien zusammen bedeuten, dass ein System zwar autonom ist, seine Bestandteile jedoch nicht.

Sollten diese vier Prinzipien richtig sein, dann ist die Arbeit für uns festgelegt. Wir müssen nach mathematisch strengen Theorien Ausschau halten, die sie verkörpern, und sie experimentell überprüfen. Außerdem müssen wir bestimmen, ob zusätzliche Prinzipien gebraucht werden. Unabhängig davon, ob IIT korrekt ist oder nicht, sollten Forscher versuchen, konkurrierende Theorien zu entwickeln und alle verfügbaren Theorien mit immer besseren Experimenten zu überprüfen.

Kontroversen um das Bewusstsein

Wir haben bereits die ewige Kontroverse um die Frage diskutiert, ob die Bewusstseinsforschung unwissenschaftlicher Unsinn und Zeitverschwendung ist. Darüber hinaus gibt es derzeit Kontroversen um den neuesten Stand der Bewusstseinsforschung – lassen Sie uns diejenigen erkunden, die ich am aufschlussreichsten finde.

Giulio Tononis IIT hat kürzlich nicht nur Lob erfahren, sondern auch Kritik auf sich gezogen, die zum Teil vernichtend war. Scott Aaronson schrieb in seinem Blog Folgendes: »Meiner Meinung nach ist die Integrierte Informationstheorie falsch – nachweislich falsch aus Gründen, die ihren Kern betreffen. Diese Tatsache katapultiert sie in die obersten 2 Prozent aller mathematischen Bewusstseinstheorien, die je vorgeschlagen wurden. Mir scheint, fast alle konkurrierenden Bewusstseinstheorien sind so unklar, substanzlos und schwammig gewesen, dass sie lediglich Unrichtigkeit anstreben können.«[27] Zugunsten von Scott und Giulio muss ich sagen, dass sie sich kein einziges Mal gefetzt haben, als ich sie kürzlich bei einem Seminar an der New York University über die IIT debattieren sah. Sie hörten den Argumenten des jeweils anderen höflich zu. Scott zeigte, dass bestimmte einfache Netzwerke aus Logikgattern extrem hohe integrierte Informationen (Φ) haben, und argumentierte, da diese eindeutig nicht bewusst seien, müsse IIT falsch sein. Giulio konterte mit der Antwort, würden sie gebaut, wären sie tatsächlich bewusst, während Scotts gegenteilige Behauptung anthropozentrisch voreingenommen sei. Genauso gut könnte ein Schlachthofbesitzer behaupten, Tiere seien nicht bewusst, nur weil sie nicht sprechen könnten und anders als Menschen seien. Meine Analyse, mit der beide leben konnten, lief darauf hinaus, dass sie uneinig darüber seien, ob die Integration lediglich eine *notwendige* Bedingung für das Bewusstsein sei (womit Scott einverstanden war) oder ob sie auch eine *ausreichende* Bedingung sei (worauf Giulio bestand). Die letztere Position ist eindeutig eine stärkere und umstrittenere Behauptung,[28] und ich hoffe, wir sind bald so weit, sie experimentell überprüfen zu können.

Eine weitere problematische Behauptung im Rahmen der IIT lautete, die heutigen Computerarchitekturen könnten nicht bewusst sein, weil die Art und Weise, wie ihre Logikgatter miteinander verbunden sind, zu einer äußerst geringen Integration führe.[29] Anders ausgedrückt, wenn Sie sich in einen künftigen, hochleistungsfähigen Roboter hochladen, der genauestens jedes einzelne Neuron und jede Ihrer Synapsen simuliert, dann wird er, so behauptet Giulio, selbst wenn er wie Sie aussieht, spricht und handelt, ein unbewusster Zombie ohne subjektives Erleben sein – was enttäuschend wäre, wenn Sie sich auf der Suche nach subjektiver Unsterblichkeit hochgeladen hätten.[30] Diese Behauptung ist von David Chalmers und KI-Professor Murray Shanahan[31] kritisch hinterfragt worden. Sie stellten sich vor, was geschähe, wenn man stattdessen die neuronalen Schaltkreise in Ihrem Gehirn durch hypothetische digitale Hardware ersetzte, die sie perfekt simulieren würden. Obwohl Ihr *Verhalten* durch die Ersetzung nicht beeinträchtigt wäre, da man von einer perfekten Simulation ausgeht, würde sich Ihr *Erleben* verändern. Laut Giulio wäre es anfangs bewusst und am Ende unbewusst. Doch wie würde es sich mittendrin anfühlen, nachdem immer mehr ersetzt worden ist? Ersetzte man die Teile Ihres Gehirns, die für Ihr bewusstes Erleben der oberen Hälfte Ihres Gesichtsfelds verantwortlich sind, stellt sich die Frage, ob Sie es bemerken würden, dass ein Teil Ihres visuellen Panoramas plötzlich fehlte, Sie aber mysteriöserweise dennoch wüssten, was sich dort befindet, wie es von Patienten mit »Blindsehen« berichtet wird.[32] Das wäre zutiefst beunruhigend, denn wenn Sie bewusst einen Unterschied erleben können, dann können Sie davon auch Ihren Freunden erzählen, wenn man Sie danach fragt – obwohl man davon ausgeht, dass sich Ihr Verhalten nicht verändern kann. Die einzige logische, mit den Annahmen kompatible Möglichkeit ist die, dass genau in dem Moment, wenn irgendetwas aus Ihrem Bewusstsein verschwindet, Ihr Geist mysteriöserweise verändert wird, so dass er Sie entweder dazu bringt, zu lügen und zu leugnen, dass sich Ihr Erleben verändert habe, oder zu vergessen, dass es einmal anders gewesen war.

Andererseits gibt Murray zu, dass dieselbe Kritik an der allmählichen Auswechslung der Neuronen auf jede *beliebige* Theorie angewandt werden kann, die behauptet, man könne bewusst handeln, ohne bewusst zu sein. Man könnte daher versucht sein, daraus zu schließen, handeln und bewusst zu sein seien ein und dasselbe und von außen beobachtbares Verhalten sei daher alles, worauf es ankomme. Doch dann wären Sie in die Falle getappt, vorherzusagen, dass Sie beim Träumen unbewusst sind, obwohl Sie es besser wissen.

Eine dritte IIT-Kontroverse beschäftigt sich damit, ob ein bewusstes Wesen aus Teilen bestehen kann, die getrennt bewusst sind. Kann zum Beispiel eine Gesellschaft als Ganzes Bewusstsein gewinnen, ohne dass die Menschen darin ihr Bewusstsein verlieren? Kann ein bewusstes Gehirn Teile haben, die sich auch ihrer selbst bewusst sind? Die Vorhersage der IIT ist ein striktes »Nein«, aber nicht alle sind davon überzeugt. So erleben beispielsweise manche Patienten mit Verletzungen, die die Kommunikation zwischen den beiden Hälften ihres Gehirns schwer einschränken, das sogenannte »Fremde-Hand-Syndrom«, wobei ihre rechte Gehirnhälfte ihre linke Hand dazu bringt, Dinge zu tun, von denen die Patienten behaupten, sie hätten sie nicht verursacht oder sie würden sie nicht verstehen. Das geht manchmal so weit, dass sie ihre andere Hand benutzen, um ihre »fremde« Hand zu bändigen. Wie können wir sicher sein, dass es nicht zwei separate Bewusstseine in ihren Köpfen gibt, eines in der rechten Hemisphäre, die nicht sprechen kann, und ein anderes in der linken Hemisphäre, die das ganze Reden übernimmt und behauptet, für beide zu sprechen? Stellen Sie sich vor, eine künftige Technik zur Verfügung zu haben und eine direkte Kommunikationsbrücke zwischen zwei menschlichen Gehirnen zu bauen und allmählich die Kapazität dieser Brücke zu erhöhen, bis die Kommunikation zwischen den Gehirnen genauso effizient ist wie innerhalb der einzelnen Gehirne. Würde es einen Moment geben, wenn die beiden individuellen Bewusstseine plötzlich verschwänden und durch ein einziges, vereintes Bewusstsein ersetzt würden, wie es die IIT vorhersagt, oder wäre der Übergang so allmählich, dass das individuelle Bewusstsein in irgendeiner Form koexistierte, selbst dann noch, wenn ein gemeinsames Erleben in Erscheinung tritt?

Eine weitere faszinierende Kontroverse bringt die Frage ins Spiel, ob Experimente das Ausmaß unseres Bewusstseins unterschätzen. Folgendes haben wir bereits gesehen: Obwohl wir das *Gefühl haben*, wir seien uns visuell großer Mengen an Informationen bewusst, die mit Farben, Formen, Objekten und scheinbar allem zu tun haben, das sich in unserem Blickfeld befindet, haben Experimente gezeigt, dass wir uns nur an einen kläglich geringen Bruchteil davon erinnern oder darüber berichten können.[33] Einige Forscher haben versucht, diesen Widerspruch durch die Frage aufzulösen, ob wir manchmal »Bewusstsein ohne Zugang« haben. Das ist das subjektive Erleben der Dinge, die zu kompliziert sind, um in unseren Arbeitsspeicher für späteren Gebrauch zu passen.[34] Wenn Sie zum Beispiel »*Unaufmerksamkeitsblindheit*« erleben, weil Sie zu abgelenkt sind, um ein Objekt direkt vor Ihrer Nase zu bemerken,[35] dann heißt das nicht, dass Sie es nicht visuell erlebten, sondern nur, dass es nicht in Ihrem Arbeitsgedächtnis gespeichert war. Sollte es daher als Vergesslichkeit durchgehen statt als Blindheit? Andere Forscher lehnen diese Vorstellung, man könne den Leuten nicht trauen, was sie über ihr Erleben behaupten, ab und warnen vor den Folgen. Murray Shanahan stellt sich eine klinische Studie vor, in der die Patienten dank eines neuen Wunderheilmittels von völliger Schmerzlinderung berichten, das trotzdem von einer Regierungskommission abgelehnt wird: »Die Patienten glauben nur, sie hätten keine Schmerzen mehr. Dank der Neurowissenschaft wissen wir es besser.«[36] Andererseits hat es Fälle gegeben, in denen man Patienten, die unglücklicherweise während einer Operation aufwachten, eine Droge gab, die sie die Tortur vergessen ließ. Sollten wir daher ihrem nachfolgenden Bericht vertrauen, sie hätten keine Schmerzen gespürt?[37]

Wie könnte sich KI-Bewusstsein anfühlen?

Falls ein künftiges KI-System bewusst sein sollte, stellt sich die Frage, was es subjektiv erleben wird. Das ist der Kern des »noch schwierigeren Problems« des Bewusstseins, der uns auf die zweite Stufe der Schwierigkeit hinauftreibt, die in Abbildung 8.1

dargestellt wird. Derzeit fehlt uns nicht nur eine Theorie, die diese Frage beantwortet, sondern wir sind noch nicht einmal sicher, ob es logisch überhaupt möglich ist, sie vollständig zu beantworten. Wie könnte denn eine befriedigende Antwort lauten? Wie würden Sie einer blind geborenen Person erklären, wie die Farbe Rot aussieht?

Glücklicherweise hält uns unsere augenblickliche Unfähigkeit, eine vollständige Antwort zu geben, nicht davon ab, Teilantworten zu geben. Würde ein intelligenter Außerirdischer das menschliche Sinnessystem studieren, käme er womöglich zu der Schlussfolgerung, dass Farben Qualia sind, die sich mit jedem Punkt auf einer zweidimensionalen Oberfläche (unserem Gesichtsfeld) verbunden anfühlen, während Klänge sich räumlich nicht begrenzt anfühlen und Schmerzen Qualia sind, die mit unterschiedlichen Teilen unseres Körpers zu tun haben. Wenn er entdeckt, dass unsere Netzhäute drei Sorten lichtempfindlicher Zapfenzellen haben, könnte er daraus schließen, dass wir drei Primärfarben erleben und dass sich alle anderen Farbqualia aus ihrer Kombination untereinander ergeben. Durch Messung, wie lange Neuronen brauchen, um Informationen durchs Gehirn zu schicken, könnte er darauf kommen, dass wir nicht mehr als zehn bewusste Gedanken oder Wahrnehmungen pro Sekunde erleben. Wenn wir uns Filme mit 24 Bildern pro Sekunde auf dem Fernseher anschauen, erleben wir das nicht als eine Folge von Standbildern, sondern als eine kontinuierliche Bewegung. Misst dieser Außerirdische, wie schnell Adrenalin in unserem Blutkreislauf freigesetzt wird, könnte er vorhersagen, dass wir innerhalb von Sekunden Wutausbrüche erleben, die minutenlang andauern.

Wenden wir ähnliche Argumente auf physikalischer Grundlage an, können wir einige wohlbegründete Vermutungen über bestimmte Aspekte anstellen, wie sich ein künstliches Bewusstsein anfühlen könnte. Erstens ist der Raum möglicher KI-Erlebnisse im Vergleich mit unseren menschlichen Erfahrungen *riesig*. Wir haben für jeden unserer Sinne eine Qualiaklasse, doch Künstliche Intelligenzen können wesentlich mehr Sensorensorten und interne Repräsentationen von Informationen haben. Deshalb müssen wir der Fallgrube ausweichen, anzunehmen, dass es sich zwangsläufig gleich anfühlt, eine KI zu sein oder eine Person.

Zweitens könnte ein künstliches Bewusstsein von der Größe eines menschlichen Gehirns einige Millionen Mal mehr Erlebnisse pro Sekunde haben als wir, zumal sich elektromagnetische Signale mit Lichtgeschwindigkeit fortpflanzen – einige Millionen Mal schneller als Neuronensignale. Je größer jedoch die KI ist, umso langsamer müssen ihre globalen Gedanken sein, um den Informationen Zeit zu lassen, zwischen all seinen Teilen zu fließen, wie wir bereits in Kapitel 4 gesehen haben. Daher sollten wir damit rechnen, dass eine »Gaia«-KI von der Größe der Erde nur zehn bewusste Erlebnisse pro Sekunde haben kann – wie wir Menschen –, während eine KI von der Größe einer Galaxie nur etwa alle 100 000 Jahre einen globalen Gedanken fassen würde – und damit nicht mehr als einhundert Erlebnisse während der ganzen bisherigen Geschichte unseres Universums hätte! Das würde riesigen Künstlichen Intelligenzen den scheinbar unwiderstehlichen Anreiz verschaffen, Berechnungen an die kleinstmöglichen Subsysteme zu delegieren, die imstande sind, sie auszuführen. Das würde die Dinge beschleunigen, etwa so, wie unser bewusster Geist den Blinzelreflex an ein kleines, schnelles und unbewusstes System delegiert hat. Obwohl wir bereits gesehen haben, dass die bewusste Informationsverarbeitung in unseren Gehirnen lediglich die Spitze eines ansonsten unbewussten Eisbergs zu sein scheint, sollten wir damit rechnen, dass die Situation für eine riesige künftige KI noch extremer sein wird. Falls sie ein einziges Bewusstsein haben wird, dann wird sie sich wahrscheinlich fast der ganzen in ihr stattfindenden Informationsverarbeitung nicht bewusst sein. Außerdem können die bewussten Erfahrungen, die sie genießt – obwohl sie im Vergleich zu den schnellen Aktivitäten ihrer kleineren Teile hier im Schneckentempo ablaufen –, extrem komplex sein.

Das bringt die vorhin erwähnte Kontroverse über die Frage, ob Teile einer bewussten Einheit auch bewusst sein können, zur Entscheidung. Die IIT sagt nein. Das heißt: Sollte eine künftige, astronomisch große KI bewusstseinsfähig sein, dann ist fast ihre ganze Informationsverarbeitung unbewusst. Das würde bedeuten, falls eine Zivilisation kleinerer Künstlicher Intelligenzen ihre Kommunikationsfähigkeiten so weit verbesserte, dass ein einzelnes Schwarmbewusstsein daraus hervorginge, würden ihre viel schnelleren individuellen Bewusstseine plötzlich ausgelöscht. Falls die IIT-Vorhersage dagegen falsch ist, kann das Schwarmbewusstsein mit dem Spektrum kleinerer bewusster Intellekte koexistieren. Tatsächlich ließe sich eine verschachtelte Hierarchie von Bewusstseinen auf allen Ebenen vorstellen, vom Mikroskopischen bis zum Kosmischen.

Wie wir bereits gesehen haben, scheint die unbewusste Informationsverarbeitung in unseren menschlichen Gehirnen mit dem mühelosen, schnellen und automatischen Denken verknüpft zu sein, das Psychologen »System 1« nennen.[38] So könnte beispielsweise Ihr System 1 Ihr Bewusstsein darüber informieren, seine äußerst komplexe Analyse visueller Eingangsdaten habe festgestellt, dass Ihr bester Freund eingetroffen ist, ohne Ihnen eine Vorstellung davon zu vermitteln, wie diese Berechnung stattgefunden hat. Falls sich diese Verknüpfung zwischen Systemen und Bewusstsein als gültig erweisen sollte, dann wird es verlockend sein, diese Terminologie Künstlichen Intelligenzen zuzuordnen und zu verallgemeinern und dabei alle raschen, an die unbewussten Untereinheiten delegierten Routineaufgaben als das System 1 der KI zu bezeichnen. Das aufwendige, langsame und kontrollierte globale Denken der KI würde, wäre es bewusst, das System 2 der KI sein. Wir Menschen haben auch bewusstes Erleben, das mit etwas einhergeht, das ich »System 0« nennen möchte: grobe, passive Wahrnehmung, die sogar dann stattfindet, wenn Sie sitzen, ohne sich zu bewegen oder zu denken, und lediglich die Welt um sich herum betrachten. Die Systeme 0, 1 und 2 scheinen zunehmend komplexer, daher ist es erstaunlich, dass nur das mittlere unbewusst zu sein scheint. IIT erklärt dies mit der groben Sinnesinformation in System 0. Sie wird in den gitterähnlichen Gehirnstrukturen mit sehr hoher Integration gespeichert, während System 2 aufgrund von Rückkopplungsschleifen eine hohe Integration hat. Dort können alle Informationen, derer Sie sich gerade jetzt bewusst sind, Ihre künftigen Gehirnzustände beeinflussen. Andererseits war es genau die Vorhersage über das bewusste Gitter, das Scott Aaronson zu seiner erwähnten IIT-Kritik anstiftete. Abschließend lässt sich sagen, wenn eine Theorie das ziemlich schwierige Problem des Bewusstseins löst und eines Tages eine Reihe strenger experimenteller Überprüfungen besteht, so dass wir anfangen können, ihre Vorhersagen ernst zu nehmen, dann wird sie in großem Ausmaß auch die Optionen für das noch schwierigere Problem, was eine künftige bewusste KI erfahren könnte, einschränken.

Manche Aspekte unseres subjektiven Erlebens lassen sich eindeutig auf unsere evolutionären Ursprünge zurückführen, zum Beispiel unsere emotionalen Bedürfnisse hinsichtlich der Selbsterhaltung (essen, trinken, vermeiden, getötet zu werden) und Fortpflanzung. Das heißt, es sollte möglich sein, eine KI zu konstruieren, die nie Qualia wie Hunger, Durst, Angst oder sexuelles Begehren erlebt. Im letzten Kapitel haben wir gesehen, dass eine hochintelligente KI, die programmiert wurde, um praktisch jedes ausreichend ehrgeizige Ziel zu haben, wahrscheinlich nach Selbsterhaltung streben wird, um imstande zu sein, dieses Ziel zu erreichen. Wenn solche Künstlichen Intelligenzen jedoch zu einer KI-Gesellschaft gehören, könnte ihnen unsere übermächtige menschliche Angst vor dem Tod fehlen.

Solange sie Sicherungskopien ihrer selbst angefertigt haben, sind lediglich die Erinnerungen, die sie seit ihrem letzten Backup gemacht haben, das Einzige, was sie verlieren, sofern sie davon überzeugt sind, dass ihre gesicherte Software benutzt werden wird. Hinzu kommt, dass die Fähigkeit, bereitwillig Informationen und Software zwischen Künstlichen Intelligenzen zu kopieren, vermutlich das starke Gefühl der Individualität, die unserem menschlichen Bewusstsein zu eigen ist, einschränken würde. Es gäbe weniger Unterschiede zwischen Ihnen und mir, wenn wir mühelos all unsere Erinnerungen und Fähigkeiten miteinander teilen und kopieren könnten. Daher könnte sich eine Gruppe benachbarter Künstlicher Intelligenzen eher wie ein einzelner Organismus mit einem Schwarmbewusstsein fühlen.

Würde ein künstliches Bewusstsein *fühlen*, einen freien Willen zu haben? Beachten Sie bitte Folgendes: Obwohl sich Philosophen jahrtausendelang über die Frage in die Haare gekriegt haben, ob wir einen freien Willen *haben*, und nicht einmal zu einem Konsens über die Definition ihrer Frage gekommen sind,[39] stelle ich eine andere Frage, die wohl leichter anzugehen ist. Gestatten Sie mir den Versuch, Sie zu überzeugen, dass die Antwort einfach nur lautet: »Ja, jeder bewusste Entscheider wird subjektiv das Gefühl haben, dass er einen freien Willen hat, ganz egal, ob er biologisch oder künstlich ist.« Entscheidungen verteilen sich auf einem Spektrum zwischen zwei Extremen:

1. Sie wissen genau, warum Sie diese bestimmte Wahl getroffen haben.
2. Sie haben keine Ahnung, warum Sie diese bestimmte Wahl getroffen haben – es fühlte sich an, als hätten Sie sich zufällig, wie aus einer Laune heraus entschieden.

Diskussionen über den freien Willen konzentrieren sich meistens auf einen Kampf, unsere zielorientierte Entscheidungsbildung mit den Naturgesetzen in Einklang zu bringen. Wenn Sie sich zwischen den folgenden zwei Erklärungen für Ihre Handlungen entscheiden, welche ist dann die richtige: »*Ich bat sie um eine Verabredung, weil ich sie wirklich mochte*« oder »*Meine Teilchen brachten mich dazu, es zu tun, weil sie sich gemäß den Naturgesetzen bewegten*«? Doch im letzten Kapitel erfuhren wir, dass beide Formulierungen richtig sind. Was sich wie ein zielorientiertes Verhalten anfühlt, kann aus ziellosen, deterministischen Naturgesetzen entstehen. Genauer gesagt, wenn ein System (Gehirn oder KI) eine Entscheidung der Art von Typ 1 trifft, berechnet es seine Entscheidungen mit Hilfe deterministischer Algorithmen, und der Grund, warum es sich so anfühlt, eine Entscheidung getroffen zu haben, liegt daran, dass es sich *tatsächlich* so entschied, als es berechnete, was es tun sollte. Außerdem gibt es, wie Seth Lloyd betonte,[40] ein berühmtes Informatiktheorem, das besagt, dass es für fast alle Berechnungen keine schnellere Möglichkeit gibt, ihre Ergebnisse festzustellen, als sie tatsächlich durchzuführen. Es ist also normalerweise unmöglich, in weniger als einer Sekunde herauszufinden, wofür man sich entscheidet, was man in einer Sekunde tun will. Das trägt dazu bei, Ihre Erfahrung zu untermauern, einen freien Willen zu haben. Wenn im Gegensatz dazu ein System (Gehirn oder KI) eine Entscheidung des Typs 2 trifft, dann programmiert es einfach seinen Geist, seine Entscheidung auf das Ergebnis irgendeines Subsystems zu gründen, das als Zufallszahlengenerator in Erscheinung tritt. In Gehirnen und Computern werden Zufallszahlen effektiv durch verstärktes Rauschen erzeugt. Ohne Rücksicht darauf, wo auf dem Spektrum von 1 bis 2 eine Entscheidung fällt, haben sowohl das biologische als auch das künstliche Bewusstsein das Gefühl, sie hätten einen freien Willen. Sie fühlen, dass wirklich sie es sind, die entscheiden, und sie können nicht mit Sicherheit vorhersagen, wie die Entscheidung lauten wird, bis sie es zu Ende durchdacht haben.

Manche Leute erzählen mir, sie fänden Kausalität entwürdigend, sie meinen, dass sie ihre Denkvorgänge bedeutungslos und aus ihnen selbst »bloße« Maschinen mache. Ich finde diese negative Einstellung absurd und ungerechtfertigt. Erstens gibt es zu menschlichen Gehirnen nichts Abschätziges zu sagen. Sie sind, wie ich finde, die erstaunlichsten und anspruchsvollsten physikalischen Objekte in unserem bekannten Universum. Zweitens, welche Alternative sollten sie denn vorziehen? Wollen sie nicht, dass es ihre eigenen Denkvorgänge (die von ihren Gehirnen durchgeführten Berechnungen) sind, die ihre Entscheidungen treffen? Ihr subjektives Erleben des freien Willens besteht einfach darin, wie sich ihre Berechnungen von innen anfühlen. Sie kennen das Ergebnis einer Berechnung erst dann, wenn sie sie beendet haben. Das meint man damit, wenn man sagt, die Berechnung *ist* die Entscheidung.

Bedeutung

Wir kommen zum Ende und kehren zum Ausgangspunkt des Buches zurück. Wie soll nach unserer Meinung die Zukunft des Lebens aussehen? In den vorangegangenen Kapiteln erfuhren wir, wie unterschiedliche Kulturen auf dem Globus alle eine Zukunft anstreben, in der es positives Erleben gibt. Heikle Kontroversen treten dann auf, wenn man einen Konsens dafür sucht, was als positiv gilt. Hier kommt die Frage ins Spiel, wie man Kompromisse zwischen unterschiedlichen Vorstellungen darüber findet, was für jede beteiligte Lebensform gut ist. Aber wir sollten uns durch solche Kontroversen nicht vom Offensichtlichen ablenken lassen. Es kann kein positives Erleben geben, wenn es überhaupt kein Erleben gibt, das heißt, wenn es kein Bewusstsein gibt. Anders formuliert, ohne

Bewusstsein gibt es kein Glück, weder das Gute noch das Schöne, weder Sinn noch Bestimmung – lediglich eine astronomische Platzverschwendung. Das heißt, wenn Menschen nach dem Sinn unserer Existenz fragen, als wäre es der Job des Universums, unserem Leben Sinn zu verleihen, dann erhalten sie die umgekehrte Antwort: *Nicht das Universum verleiht bewussten Wesen Sinn, sondern bewusste Wesen verleihen unserem Universum Sinn*. Also sollte das allererste Ziel auf unserer Wunschliste für die Zukunft lauten, biologisches und/oder künstliches Bewusstsein in unserem Kosmos zu bewahren (und hoffentlich auszuweiten), statt es der Auslöschung preiszugeben.

Wenn uns dieses Unterfangen gelingt, wie werden wir Menschen uns dann fühlen, wenn es um die Koexistenz mit immer klüger werdenden Maschinen geht? Beunruhigt Sie der offenbar unaufhaltsame Aufstieg Künstlicher Intelligenz, und wenn ja, warum? In Kapitel 3 haben wir gesehen, wie relativ leicht es für eine von KI angetriebene Technik sein sollte, unsere Grundbedürfnisse wie Sicherheit und Einkommen zu befriedigen, sofern es den politischen Willen gibt, so zu verfahren. Aber vielleicht glauben Sie ja, dass es nicht genug ist, gut ernährt, gekleidet, behaust und bespaßt zu sein. Sofern wir die Garantie haben, dass KI sich um alle unsere praktischen Bedürfnisse und Wünsche kümmern wird, könnten wir dann nicht trotzdem letztlich das Gefühl haben, dass es unserem Leben an Sinn und Bestimmung mangelt und wir nur gut gepflegte Zootiere sind?

Traditionsgemäß haben wir Menschen unser Selbstwertgefühl oftmals auf der Vorstellung von der *Einzigartigkeit des Menschen* aufgebaut, der Überzeugung, dass wir die klügsten Wesen auf dem Planeten und deshalb einzigartig und überlegen sind. Der Aufstieg der KI wird uns zwingen, diese Idee aufzugeben und bescheidener zu werden. Aber vielleicht ist das ja etwas, das wir ohnehin tun sollten. Schließlich hat das Festhalten an anmaßenden Auffassungen von Überlegenheit gegenüber anderen (Individuen, ethnischen Gruppen, Spezies und so weiter) in der Vergangenheit zu schrecklichen Problemen geführt und könnte daher eine Vorstellung sein, die aufgegeben werden sollte. In der Tat hat die menschliche Einzigartigkeit nicht nur in der Vergangenheit Leid verursacht, sondern sie scheint auch für das Gedeihen der Menschheit unnötig zu sein. Sollten wir eine friedliche außerirdische Zivilisation entdecken, die auf den Gebieten der Wissenschaft, Kunst und in allen Bereichen, die uns lieb und teuer sind, wesentlich weiter entwickelt ist als wir, würde das vermutlich die Leute nicht daran hindern, weiterhin Sinn und Bestimmung in ihrem Dasein zu erleben. Wir könnten unsere Familien, Freunde und weiteren Gemeinschaften sowie all die Aktivitäten beibehalten, die uns Sinn und Bestimmung geben, so dass wir hoffentlich nichts weiter zu verlieren haben als unsere Arroganz.

Während wir unsere Zukunft planen, sollten wir nicht nur den Sinn unseres eigenen Lebens in Erwägung ziehen, sondern auch den des Universums selbst. Hier stellen zwei meiner Lieblingsphysiker, Steven Weinberg und Freeman Dyson, zwei entgegengesetzte Positionen vor. Steven gewann den Nobelpreis für seine grundlegende Arbeit über das Standardmodell der Teilchenphysik. Ein bekannter Ausspruch von ihm lautet: »Je begreiflicher das Universum zu sein scheint, umso sinnloser scheint es auch zu sein.«[41] Freeman seinerseits ist optimistischer, wie wir bereits in Kapitel 6 gesehen haben. Obwohl er zustimmt, dass unser Universum sinnlos war, glaubt er, dass das Leben es inzwischen mit immer mehr Sinn erfüllt, wobei das Beste noch kommen werde, falls es dem Leben gelingen sollte, sich über das ganze Universum auszubreiten. Er beendete seinen bahnbrechenden Artikel von 1979 folgendermaßen: »Ist Weinbergs Universum oder meines näher an der Wahrheit? Eine Tages, schon bald, werden wir es wissen.«[42] Sollte unser Universum auf Dauer wieder unbewusst werden, weil wir das Leben auf der Erde auslöschen oder weil wir zulassen, dass eine unbewusste Zombie-KI die Macht in unserem Universum übernimmt, dann wird sich Weinbergs Meinung in höchstem Maß bewahrheiten.

Aus dieser Perspektive erkennen wir: Obwohl wir uns in diesem Buch auf die Zukunft der *Intelligenz* konzentriert haben, ist die Zukunft des *Bewusstseins* sogar noch wichtiger, da es Sinn ermöglicht. Philosophen greifen bei dieser Unterscheidung gern auf Worte zurück, die lateinische Wurzeln haben, indem sie *sapience* (Weisheit; die Fähigkeit, intelligent zu denken) *sentience* (Empfindungsvermögen; die Fähigkeit, subjektiv Qualia zu erleben) gegenüberstellen. Wir Menschen haben unsere Identität darauf gebaut, *Homo sapiens* zu sein, die schlauesten Wesen ringsum. Während wir uns darauf vorbereiten, von noch schlaueren Maschinen gedemütigt zu werden, schlage ich vor, uns als *Homo sentiens* eine neues Image zu verpassen!

Fazit

- Es gibt keine unumstrittene Definition von »Bewusstsein«. Ich habe die großzügige und nicht anthropozentrische Definition *Bewusstsein = subjektives Erleben* gewählt.
- Wegen der heikelsten ethischen und philosophischen Probleme, die durch die Entfaltung der KI aufgeworfen werden, kommt es darauf an, ob Künstliche Intelligenzen in diesem Sinn bewusst sind: Können Künstliche Intelligenzen leiden? Sollten sie Rechte haben? Ist Hochladen subjektiver Selbstmord? Könnte ein künftiger, von Künstlichen Intelligenzen wimmelnder Kosmos die absolute Zombieapokalypse sein?
- Das Problem, Intelligenz zu verstehen, sollte nicht mit drei separaten Problemen des Bewusstseins verwechselt werden: dem »*ziemlich schwierigen Problem*«, vorhersagen zu können, welche physikalischen Systeme bewusst sind, dem »*noch schwierigeren Problem*«, Qualia vorhersagen zu

können, und dem »*wirklich schwierigen Problem*«, warum überhaupt irgendetwas bewusst ist.

- Das »ziemlich schwierige Problem« des Bewusstseins ist wissenschaftlich fundiert, zumal eine Theorie, die vorhersagt, welche Ihrer Gehirnvorgänge bewusst sind, experimentell überprüfbar und falsifizierbar ist, während es derzeit unklar ist, wie die Wissenschaft die beiden schwierigeren Probleme vollständig lösen könnte.
- Neurowissenschaftliche Experimente deuten darauf hin, dass manche Verhaltensweisen und Hirnregionen unbewusst sind, wobei ein großer Teil unseres bewussten Erlebens eine nachträgliche Zusammenfassung weit größerer Mengen unbewusster Informationen darstellt.
- Will man Vorhersagen über die Bewusstseinsfähigkeit von Gehirnen für Maschinen verallgemeinern, benötigt man eine Theorie. Für das Bewusstsein scheint kein spezielles Teilchen oder Feld erforderlich zu sein, sondern eine spezielle Form der Informationsverarbeitung, die einigermaßen autonom und integriert abläuft, so dass das ganze System zwar ziemlich autonom ist, seine Bestandteile hingegen nicht.
- Das Bewusstsein könnte sich deshalb so nichtstofflich anfühlen, weil es auf zweifache Weise substratunabhängig ist. Falls Bewusstsein die Art und Weise ist, wie sich Information anfühlt, wenn sie mit einer bestimmten komplizierten Methode verarbeitet wird, dann kommt es lediglich auf die Struktur der Informationsverarbeitung an und nicht auf die Struktur der Materie, die die Informationsverarbeitung ausführt.
- Sollte künstliches Bewusstsein möglich sein, dann ist der Raum möglichen KI-Erlebens wahrscheinlich riesig im Vergleich zu dem, was wir Menschen erleben können, und umspannt ein breites Spektrum von Qualia und

Zeiträumen – und alle haben das Gefühl, einen freien Willen zu haben.

>> Da es ohne Bewusstsein keinen Sinn geben kann, ist es nicht unser Universum, das bewussten Wesen Sinn verleiht, sondern es sind die bewussten Wesen, die unserem Universum Sinn verleihen.

>> Während wir Menschen uns darauf vorbereiten, von noch schlaueren Maschinen gedemütigt zu werden, weist manches darauf hin, dass wir uns damit trösten, hauptsächlich *Homo sentiens* statt *Homo sapiens* zu sein.

Nachwort

Die Geschichte des FLI-Teams

Der traurigste Aspekt des Lebens derzeit ist,
dass die Wissenschaft schneller Wissen anhäuft,
als die Gesellschaft Weisheit erwirbt.
Isaac Asimov

Meine liebe Leserin, mein lieber Leser, jetzt sind wir also am Ende des Buches angekommen, nachdem wir den Ursprung und das Schicksal von Intelligenz, Zielen und Sinn erforscht haben. Wie können wir diese Vorstellungen in Taten umsetzen? Was sollten wir konkret *tun*, um unsere Zukunft so gut wie möglich zu gestalten? Das ist heute, am 9. Januar 2017, genau die Frage, die ich mir stelle, während ich an meinem Fensterplatz auf dem Rückflug von San Francisco nach Boston sitze. Ich kehre gerade von der KI-Konferenz in Asilomar zurück, die wir organisiert haben, und möchte zum Schluss meine Gedanken darüber mit Ihnen teilen.

Nach den vielen kurzen Nächten der Vorbereitung und des Organisierens holt Meia jetzt neben mir ein bisschen Schlaf nach. Wow – eine verrückte Woche liegt hinter uns! Wir haben es geschafft, fast all die Leute, die ich in diesem Buch erwähnt habe, auf dieser Nachfolgekonferenz von Puerto Rico für ein paar Tage zusammenzubringen. Mit dabei waren Unternehmer wie Elon Musk und Larry Page, führende KI-Forscher aus der akademischen Welt und aus Unternehmen wie DeepMind,

Google, Facebook, Apple, IBM, Microsoft und Baidu. Außerdem waren Wirtschaftswissenschaftler, Juristen, Philosophen und andere originelle Denker (siehe Abbildung 9.1) mit an Bord. Die Ergebnisse übertrafen sogar meine hohen Erwartungen, so dass ich die Zukunft des Lebens inzwischen so optimistisch betrachte wie schon lange nicht mehr. In diesem Nachwort möchte ich Ihnen erzählen, warum das so ist.

Das FLI ist da

Seit ich im Alter von 14 Jahren von der atomaren Wettrüstung erfuhr, habe ich mir Sorgen darüber gemacht, dass das Leistungsvermögen unserer Technik schneller wächst als die Weisheit, die nötig wäre, um mit ihr umzugehen. Deshalb beschloss ich, ein Kapitel über diese Herausforderung in mein erstes Buch *Unser mathematisches Universum* einzuschmuggeln, auch wenn es darin hauptsächlich um Physik ging. Mein Vorsatz für das neue Jahr 2014 lautete, mich nicht mehr über irgendetwas zu beklagen, ohne mir ernsthaft Gedanken darüber zu machen, was ich persönlich dagegen tun könnte. Während meiner Lesetour im Januar hielt ich an diesem Bestreben fest. Meia und ich machten uns viele Gedanken über die Gründung einer gemeinnützigen Organisation, die sich darauf konzentrieren sollte, die Zukunft des Lebens durch verantwortungsvolle technische Begleitung zu verbessern.

Meia bestand darauf, dass wir ihr einen positiven Namen geben sollten, der sich möglichst von Namen wie »Doom & Gloom Institute« oder »Let's-Worry-about-the-Future Institute« abhob. Da es das »Future of Humanity Institute« schon gab, einigten wir uns auf das »Future of Life Institute« (FLI), was den zusätzlichen Vorteil hat, umfassender zu klingen. Am 22. Januar führte uns die Lesetour nach Santa Cruz, und als die kalifornische Sonne über dem Pazifik unterging, aßen wir

Abb. 9.1 Auf unserer Konferenz in Asilomar im Januar 2017, der Fortsetzung des Treffens von Puerto Rico, kam eine bemerkenswerte Gruppe von KI-Wissenschaftlern und Forschern aus verwandten Bereichen zusammen.
Hintere Reihe, von links nach rechts: Patrick Lin, Daniel Weld, Ariel Conn, Nancy Chang, Tom Mitchell, Ray Kurzweil, Daniel Dewey, Margaret Boden, Peter Norvig, Nick Hay, Moshe Vardi, Scott Siskind, Nick Bostrom, Francesca Rossi, Shane Legg, Manuela Veloso, David Marble, Katja Grace, Irakli Beridze, Marty Tenenbaum, Gill Pratt, Martin Rees, Joshua Greene, Matt Scherer, Angela Kane, Amara Angelica, Jeff Mohr, Mustafa Suleyman, Steve Omohundro, Kate Crawford, Vitalik Buterin, Yutaka Matsuo, Stefano Ermon, Michael Wellman, Bas Steunebrink, Wendell Wallach, Allan Dafoe, Toby Ord, Thomas Dietterich, Daniel Kahneman, Dario Amodei, Eric Drexler, Tomaso Poggio, Eric Schmidt, Pedro Ortega, David Leake, Seán Ó hÉigeartaigh, Owain Evans, Jaan Tallinn, Anca Dragan, Sean Legassick, Toby Walsh, Peter Asaro, Kay Firth-Butterfield, Philip Sabes, Paul Merolla, Bart Selman, Tucker Davey, Jacob Steinhardt, Moshe Looks, Josh Tenenbaum, Tom Gruber, Andrew Ng, Kareem Ayoub, Craig Calhoun, Percy Liang, Helen Toner, David Chalmers, Richard Sutton, Claudia Passos-Ferriera, János Krámar, William MacAskill, Eliezer Yudkowsky, Brian Ziebart, Huw Price, Carl Shulman, Neil Lawrence, Richard Mallah, Jürgen Schmidhuber, Dileep George, Jonathan Rothberg, Noah Rothberg.
Vordere Reihe: Anthony Aguirre, Sonia Sachs, Lucas Perry, Jeffey Sachs, Vincent Conitzer, Steve Goose, Victoriya Krakovna, Owen Cotton-Barratt, Daniela Rus, Dylan Hadfieleld-Menell, Verity Harding, Shivon Zilis, Laurent Orseau, Ramana Kumar, Nate Soares, Andrew McAfee, Jack Clark, Anna Salamon, Long Ouyang, Andrew Critch, Paul Christiano, Yoshua Bengio, David Sanford, Catherine Olsson, Jessica Taylor, Martina Kunz, Kristinn Thorisson, Stuart Armstrong, Yann LeCun, Alexander Tamas, Roman Yampolskiy, Marin Soljačić, Lawrence Krauss, Stuart Russell, Eric Brynjolfsson, Ryan Calo, ShaoLan Hsueh, Meia Chita-Tegmark, Kent Walker, Heather Ro, Meredith Whittaker, Max Tegmark, Adrian Weller, Jose Hernandez-Orallo, Andrew Maynard, John Hering, Abram Demski, Nicolas Berggruen, Gregory Bonnet, Sam Harris, Tim Hwang, Andrew Snyder-Beattie, Marta Halina, Sebastian Farquhar, Stephen Cave, Jan Leike, Tasha McCauley, Joseph Gordon-Levitt.
Später eingetroffen: Guru Banavar, Demis Hassabis, Rao Kambhampati, Elon Musk, Larry Page, Anthony Romero.

mit unserem alten Freund Anthony Aguirre zu Abend und überredeten ihn, sich uns anzuschließen. Er ist nicht nur einer der klügsten und idealistischsten Menschen, die ich kenne, sondern auch jemand, dem es gelungen ist, eine weitere gemeinnützige Organisation auf die Beine zu stellen und sie gemeinsam mit mir länger als ein Jahrzehnt zu betreiben.[1]

In der Woche darauf las ich in London aus meinem Buch. Da ich mich in Gedanken viel mit der Zukunft der KI beschäftigte, setzte ich mich mit Demis Hassabis in Verbindung, der mich liebenswürdigerweise in die Zentrale von DeepMind einlud. Staunend erkannte ich, wie sehr das Unternehmen seit Demis' Besuch bei mir am MIT vor zwei Jahren gewachsen war. Gerade hatte Google es für 650 Millionen Dollar gekauft, und als ich die großzügige Bürolandschaft und die vielen brillanten Köpfe sah, die Demis' verwegenes Ziel verfolgten, »das Problem der Intelligenz zu lösen«, hatte ich das instinktive Gefühl, dass der Erfolg tatsächlich im Bereich des Möglichen lag.

Am nächsten Abend sprach ich mit meinem Freund Jaan Tallinn. Dabei benutzten wir die Software *Skype*, die er mitentwickelt hatte. Ich erklärte ihm unsere FLI-Vision, und eine Stunde später hatte er beschlossen, das Risiko einzugehen und uns mit 100 000 Dollar im Jahr zu unterstützen! Ich finde es berührend, wenn jemand mehr Vertrauen in mich setzt, als ich verdient habe. Daher bedeutete es mir sehr viel, als er ein Jahr später, nach der Konferenz in Puerto Rico, scherzte, das sei die beste Investition gewesen, die er je gemacht habe.

Am nächsten Tag hatte mein Verleger einen freien Tag in meinem Terminplan vorgesehen, den ich nutzte, um ins Londoner Science Museum zu gehen. Nachdem ich so lange mit der Vergangenheit und Zukunft der Intelligenz beschäftigt gewesen war, hatte ich hier plötzlich das Gefühl, durch die stofflichen Manifestationen meiner Gedanken zu spazieren. Man hatte dort eine phantastische Sammlung von Dingen zusammengetragen, die das Wachstum unseres Wissens darstellten –

Abb. 9.2 Jaan Tallinn, Anthony Aguirre, meine Wenigkeit, Meia Chita-Tegmark und Viktoriya Krakovna feiern am 23. Mai 2014 unseren Zusammenschluss zum Future of Life Institute (FLI).

von Stephensons Dampflokomotive über das Modell T von Ford und eine lebensgroße Nachbildung der Mondlandefähre von Apollo 11 bis zu Computern, die den Bogen von der »Differenzmaschine«, der mechanischen Rechenmaschine von Charles Babbage, bis zur heutigen Hardware spannten. Eine weitere Ausstellung drehte sich um die Geschichte unserer Kenntnis des menschlichen Geistes – von Galvanis Experimenten mit Froschschenkeln bis zu Neuronen, EEG und fMRT.

Ich weine nicht sehr oft, aber als ich aus dem Museum trat und in einen Tunnel voller Fußgänger kam, die mehr oder weniger auf dem Weg zur U-Bahnstation South Kensington waren, passierte es. Da gingen also all die Leute ihrem Alltag nach und waren sich zum Glück nicht bewusst, was ich dachte. Zuerst entdeckten wir Menschen, wie wir natürliche Vorgänge mit Maschinen nachahmen konnten, erzeugten unseren eigenen Wind, unseren Blitz sowie unsere eigenen mechanischen Pferdestärken. Allmählich fanden wir heraus, dass auch unsere Körper Maschinen waren. Dann begann mit der Entdeckung von Nervenzellen die Grenze zwischen Körper und Geist zu verschwimmen. Daraufhin fingen wir an, Maschinen zu bauen, die nicht nur die Leistung unserer Muskeln übertrafen, sondern auch die unseres Geistes. Ist es daher unvermeidbar, dass wir, parallel zu der Entdeckung, wer wir sind, entbehrlich werden? Das wäre auf charmante Weise tragisch.

Dieser Gedanke machte mit Angst, aber er bestärkte mich auch in meiner Entschlossenheit, meinen Neujahrsvorsatz in die Tat umzusetzen. Ich hatte das Gefühl, es bedurfte einer weiteren Person, um unser Team von FLI-Gründern zu vervollständigen. Sie sollte ein Team idealistischer junger Freiwilliger anführen. Meine Wahl fiel logischerweise auf Viktoriya Krakovna, eine fabelhafte Harvard-Doktorandin, die nicht nur eine Silbermedaille bei der Internationalen Mathematikolympiade gewonnen, sondern auch Citadel gegründet hatte, ein Haus für ein Dutzend junger Idealisten, die darauf aus waren, dass die Vernunft eine größere Rolle in ihrem Leben und in der Welt spielte. Fünf Tage später luden Meia und ich sie in unser Haus ein, um ihr von unserer Vision zu erzählen, und bevor wir das Sushi verputzt hatten, war das FLI aus der Taufe gehoben worden.

Das Abenteuer von Puerto Rico

Es war der Anfang eines phantastischen Abenteuers, das noch andauert. Wie ich in Kapitel 1 erwähnt habe, kamen wir regelmäßig mit Dutzenden idealistisch gesinnten Studenten, Professoren und anderen in der Nähe lebenden Denkern in unserem Haus zusammen, um gemeinsam Ideen zu finden. Aus den besten Ideen wurden schließlich Projekte. Das erste war die KI-Pressemitteilung aus Kapitel 1 mit Stephen Hawking, Stuart Russell und Frank Wilczek. Sie trug dazu bei, die öffentliche Debatte zu entfachen. Parallel dazu bauten wir mit kleinen

Schritten eine neue Organisation auf (zum Beispiel Anwerbung und Aufnahme eines Beirats und die Inbetriebnahme einer Website). Dann hielten wir eine witzige Auftaktveranstaltung in einem brechend vollen MIT-Hörsaal ab, bei der Alan Alda mit führenden Experten die Zukunft der Technik erkundete.

Den Rest des Jahres konzentrierten wir uns darauf, die Konferenz in Puerto Rico zu organisieren, die darauf abzielte, die besten KI-Forscher der Welt dazu zu bringen, in die Diskussion über die Frage einzusteigen, wie man die KI so gestalten kann, dass sie nutzbringend bleibt. Es war unser Ziel, von der Grübelei über die KI-Sicherheitsforschung zu produktiven Gesprächen zu kommen. Wir wollten das Hickhack darüber, wie beunruhigt man sein sollte, vermeiden und uns auf konkrete Forschungsprojekte einigen, die sofort angestoßen werden konnten, um die Chancen für gute Ergebnisse zu maximieren. Um uns vorzubereiten, sammelten wir vielversprechende Ideen für die KI-Sicherheitsforschung aus aller Welt und baten die Forschergemeinde auf unserer anwachsenden Projektliste um Rückmeldungen. Mit Hilfe von Stuart Russell und einer Gruppe fleißiger junger Freiwilliger, aus denen sich insbesondere Daniel Dewey, Janos Kramar und Richard Mallah hervortaten, fassten wir diese Forschungsprioritäten in einem Dokument zusammen, das auf der Konferenz diskutiert werden sollte.[2] Wir hofften, mit dem Konsens, dass eine Menge wertvoller KI-Sicherheitsforschung geleistet werden müsse, die Leute zu ermutigen, eine ebensolche Forschung anzugehen. Der endgültige, mit dem Mondflug gleichzusetzende Triumph wäre es gewesen, jemanden zu überzeugen, die Forschung zu finanzieren, da es bis jetzt von staatlichen Leistungsträgern normalerweise keine Unterstützung für eine solche Arbeit gegeben hatte.

Da kommt Elon Musk ins Spiel. Am 2. August erschien er mit dem berühmten Twittereintrag auf unserem Radar: »Superintelligenz von Bostrom lesenswert. Wir müssen äußerst vorsichtig mit KI sein. Potentiell gefährlicher als Atombomben.«

Ich nahm Kontakt zu ihm auf und schilderte ihm unsere Bemühungen. Ein paar Wochen später telefonierte ich mit ihm. Obwohl ich ziemlich nervös und beeindruckt war, mit einem Star zu sprechen, war das Ergebnis überwältigend: Er willigte ein, sich dem wissenschaftlichen Beirat unseres FLI anzuschließen, an unserer Konferenz teilzunehmen und eventuell ein allererstes, in Puerto Rico angekündigtes Forschungsprogramm über KI-Sicherheit zu finanzieren. Diese Neuigkeit elektrisierte uns alle im FLI, motivierte uns, unsere Anstrengungen zu verdoppeln, eine großartige Konferenz auf die Beine zu stellen, vielversprechende Forschungsthemen vorzustellen und die Unterstützung der Forschergemeinde dafür einzuholen.

Als Elon zwei Monate später zu einem Weltraumsymposium ans MIT kam, lernte ich ihn schließlich persönlich kennen und konnte das weitere Vorgehen mit ihm absprechen. Es war ein seltsames Gefühl, in einem kleinen grünen Raum mit ihm allein zu sein, lediglich ein paar Augenblicke, nachdem er mehr als tausend MIT-Studenten wie ein Rockstar begeistert hatte, doch schon ein paar Minuten später konnte ich nur noch an unser gemeinsames Projekt denken. Ich mochte ihn sofort. Er strahlte Aufrichtigkeit aus, und ich war davon angetan, wie sehr er sich um die langfristige Zukunft der Menschheit sorgte – und wie kühn er seine Ambitionen in Taten umsetzte. Er wollte, dass die Menschheit unser Universum erkundet und besiedelt, also gründete er ein Raumfahrtunternehmen. Er wollte nachhaltige Energie, also gründete er eine Solarenergiefirma und fing an, elektrische Autos zu bauen. Er war groß, gutaussehend, eloquent und unglaublich kenntnisreich, so dass es nicht schwerfiel zu verstehen, warum die Menschen ihm zuhörten.

Leider wurde mir durch diese MIT-Veranstaltung auch klar, wie angstgesteuert und kontrovers die Medien sein können. Elon inszenierte auf der Bühne eine einstündige faszinierende Vorstellung über die Erforschung des Weltalls, die meiner Meinung nach zu großartigem Fernsehen getaugt hätte. Ganz zum

Schluss stellte ihm ein Student eine Frage über KI, die nicht zum Thema gehörte. Zu seiner Antwort gehörte der Satz »Mit Künstlicher Intelligenz beschwören wir den Dämon«. Das war das *Einzige*, worüber die Medien berichteten – und meistens aus dem Zusammenhang gerissen. Es haute mich um, dass viele Journalisten unabsichtlich *das genaue Gegenteil* dessen taten, was wir in Puerto Rico erreichen wollten. Während wir bemüht waren, einen Konsens in der Forschergemeinschaft aufzubauen, indem wir den gemeinsamen Nenner herausstellten, waren die Medien darauf aus, die Unterschiede auszuleuchten. Je kontroverser sie berichten konnten, umso größer waren Auflagen und Werbeeinnahmen. Hinzu kam dies: Während es unsere Absicht war, Leute mit den unterschiedlichsten Meinungen zusammenzubringen, so dass sie miteinander auskommen und einander besser verstehen konnten, ließ die Berichterstattung die Leute über das Spektrum der Meinungen hinweg unabsichtlich so aussehen, als seien sie sich gegenseitig nicht grün. Die Missverständnisse wurden noch angeheizt, indem nur die am provokativsten klingenden Zitate ohne Kontext veröffentlicht wurden. Aus diesem Grund beschlossen wir, Journalisten vom Treffen in Puerto Rico auszuschließen und die sogenannte *Chatham-Haus-Regel* ins Spiel zu bringen, die den Teilnehmern untersagt, nachträglich zu offenbaren, wer was gesagt hat.[3]

Obwohl unsere Puerto-Rico-Konferenz letztlich ein Erfolg war, fiel dieser uns nicht gerade in den Schoß. Für den Countdown waren sorgfältige Vorbereitungen erforderlich. So musste ich zum Beispiel per Telefon oder Skype eine Menge KI-Forscher kontaktieren, um eine kritische Masse von Teilnehmern zu erreichen, die wiederum andere Besucher anziehen sollten. Es gab auch dramatische Augenblicke, als ich etwa am 27. Dezember um 7 Uhr früh aufstand, um Elon über eine miserable Telefonleitung in Uruguay zu erreichen, und er sagte: »*Ich glaube nicht, dass es funktionieren wird.*« Er war in Sorge, dass ein Programm zur KI-Sicherheitsforschung ein falsches Sicherheitsgefühl heraufbeschwören und leichtsinnigen Forschern ermöglichen könnte, einfach weiterzumachen und lediglich ein Lippenbekenntnis zur Sicherheit abzugeben. Doch dann sprachen wir trotz des ständigen Tonausfalls ausführlich über die enormen Vorteile, die damit verbunden wären, das Thema in den Medien zu etablieren und mehr KI-Forscher dafür zu gewinnen, an der KI-Sicherheit zu arbeiten. Nachdem wir aufgelegt hatten, schickte er mir eine E-Mail, die ich jetzt zu den liebsten E-Mails aller Zeiten zähle: »Hab's am Ende unseres Gesprächs vermasselt. Egal, die Dokumente sehen klasse aus. Ich freue mich, die Forschung drei Jahre lang mit 5 Millionen Dollar zu unterstützen. Oder sollten wir doch lieber 10 Millionen draus machen?«

Vier Tage später begann das Jahr 2015 gut für Meia und mich. Wir konnten uns noch kurz entspannen, bevor die Tagung anfing, und tanzten an einem Strand in Puerto Rico, festlich beleuchtet von einem Feuerwerk, ins neue Jahr hinein. Auch die Konferenz fing großartig an. Es gab eine bemerkenswerte Einigkeit darüber, dass mehr KI-Sicherheitsforschung nötig war, und auf der Grundlage weiterer Anregungen von Konferenzteilnehmern konnten wir das Dokument über Forschungsprioritäten, woran wir so fleißig gearbeitet hatten, verbessern und zu Ende bringen. Wir verteilten den offenen Brief aus Kapitel 1, der die Notwendigkeit einer Sicherheitsforschung unterstrich, und waren erfreut, dass fast alle unterschrieben.

Meia und ich hatten eine wunderbare Begegnung mit Elon in unserem Hotelzimmer, wo er die detaillierten Pläne für unsere Subventionsprogramme lobte. Meia war berührt davon, wie bodenständig und aufrichtig er sich über sein Privatleben äußerte und wie viel Interesse er uns entgegenbrachte. Er fragte uns, wie wir uns begegnet seien, und freute sich über Meias ausführliche Geschichte. Am nächsten Tag filmten wir ein Interview mit ihm über KI-Sicherheit und über seine Gründe, sich finanziell daran zu beteiligen.[4] Es sah ganz so aus, als wären wir auf der richtigen Spur.

Elons Ankündigung, Geld zu spenden, war als Höhepunkt der Konferenz für Sonntag, den 4. Januar 2015 um 19 Uhr vorgesehen, und ich war deswegen so angespannt, dass ich mich die Nacht zuvor schlaflos im Bett wälzte. Und dann, 15 Minuten bevor wir zu der Sitzung gingen, wo wir es bekanntgeben wollten, hatten wir den Salat! Elons Assistentin rief an und sagte, es sehe so aus, als sei Elon nicht imstande, die Ankündigung durchzuziehen. Meia sagte, sie habe mich noch nie so gestresst und enttäuscht gesehen. Elon kam schließlich doch noch, und ich bildete mir ein, zu hören, wie die Sekunden bis zum Beginn der Sitzung heruntertickten, während wir zusammensaßen und redeten. Er erklärte, dass in zwei Tagen ein wegweisender Raketenstart für SpaceX auf dem Plan stand. Die Hoffnungen ruhten darauf, erstmals in der Geschichte der Raumfahrt die Landung der ersten Raketenstufe erfolgreich auf einer schwimmenden Landeplattform niedergehen zu lassen, und da dies ein gewaltiger Meilenstein sei, wollte das SpaceX-Team nicht mit konkurrierenden Schlagzeilen über Elon in den Medien davon ablenken. Anthony Aguirre wies, cool und besonnen wie immer, darauf hin, dass eigentlich niemand die Aufmerksamkeit der Medien dafür haben wollte, weder Elon noch die KI-Gemeinde. Wir kamen ein paar Minuten zu spät zu der Sitzung, die ich moderierte, doch wir hatten einen Plan: Wir wollten keinen konkreten Betrag bekanntgeben, um sicherzustellen, dass die Ankündigung zu unwichtig war, um in die Nachrichten zu gelangen. Außerdem würde ich die für jeden Teilnehmer verbindliche Chatham-Haus-Regel verhängen, um Elons Ankündigung in den nächsten neun Tagen vor der Welt geheim zu halten, falls seine Rakete die Raumstation erreichte, unabhängig davon, ob die Landung glücken würde oder nicht. Er sagte, er benötigte sogar mehr Zeit, falls die Rakete beim Start explodieren sollte.

Schließlich war der Augenblick der Ankündigung gekommen. Die Gäste der Podiumsdiskussion zum Thema Superintelligenz, die ich moderiert hatte, saßen noch auf der Bühne auf ihren Stühlen: Eliezer Yudkowsky, Elon Musk, Nick Bostrom, Richard Mallah, Murray Shanahan, Bart Selman, Shane Legg und Vernor Vinge. Der Applaus des Publikums ebbte allmählich ab, aber die Podiumsteilnehmer blieben sitzen, weil ich sie gebeten hatte zu bleiben, ohne ihnen den Grund dafür zu nennen. Später erzählte mir Meia, dass ihr Puls inzwischen so hoch wie die Stratosphäre war und dass sie Viktoriyas beruhigende Hand unter dem Tisch umklammert hielt. Ich lächelte und wusste, dass dies der Augenblick war, für den wir gearbeitet, auf den wir gehofft und gewartet hatten.

Ich sagte, ich wäre sehr froh, dass es bei unserem Treffen den Konsens gegeben habe, intensiver forschen zu müssen, um die nutzbringende Funktion der KI zu bewahren. Immerhin gebe es viele konkrete Forschungsrichtungen, die wir sofort einschlagen könnten. Doch habe es in dieser Sitzung auch Gespräche über ernsthafte Risiken gegeben, fügte ich hinzu. Daher wäre es doch schön, wenn wir etwas hätten, das uns ein Hochgefühl verschaffen und uns in eine optimistische Stimmung versetzen würde, bevor wir an die Bar und ans Buffet gingen, das draußen aufgebaut worden sei. »Und deshalb übergebe ich jetzt das Mikrofon an ... Elon Musk!« Ich hatte das Gefühl, dass wir gerade Geschichte schrieben, als Elon das Mikro nahm und ankündigte, er werde einen ansehnlichen Betrag für die KI-Sicherheitsforschung spenden. Wie nicht anders zu erwarten gewesen war, tobte der Saal. Wie geplant, verriet er nicht die genaue Summe, aber ich wusste ja, es würden unglaubliche 10 Millionen Dollar sein, auf die wir uns geeinigt hatten.

Nach der Konferenz besuchten Meia und ich unsere Eltern in Schweden und Rumänien. In Stockholm schauten wir uns zusammen mit meinem Vater und mit angehaltenem Atem den Livestream des Raketenstarts an. Die Landung bezeichnete

Elon euphemistisch als eine »rasche, außerplanmäßige Demontage«. Für eine erfolgreiche Landung auf dem Meer benötigte sein Team weitere 15 Monate.[5]

Allerdings waren alle Satelliten erfolgreich in die Umlaufbahn gebracht worden – genau wie unser Förderprogramm, das Elon per Tweet seinen zehn Millionen Anhängern bekanntgab.[6]

KI-Sicherheit wird Mainstream

Ein zentrales Ziel der Konferenz in Puerto Rico war es gewesen, die KI-Sicherheitsforschung einzubinden, und es war ein beglückendes Erlebnis, wie sich dies in mehreren Schritten vollzog. Zunächst war da das Treffen selbst. Viele Forscher begannen, sich wohler dabei zu fühlen, sich mit dem Thema zu beschäftigen, sobald sie erkannt hatten, dass sie zu einer anwachsenden Gemeinde Gleichgesinnter gehörten. Viele Teilnehmer ermutigten mich, was mich sehr berührte. So schickte mir beispielsweise Bart Selman, KI-Professor an der Cornell University, diese E-Mail: »Ich habe wirklich noch nie eine wissenschaftliche Tagung erlebt, die besser organisiert, aufregender und intellektuell stimulierender war.«

Der nächste Schritt hin zum Mainstream wurde am 11. Januar getan, als Elon diesen Tweet absetzte: »Die besten Entwickler Künstlicher Intelligenz unterzeichnen einen offenen Brief, der KI-Sicherheitsforschung verlangt«.[7] Der Link verwies auf eine Registrierungsseite, die schon bald mehr als 8000 Unterschriften verzeichnete, unter denen sich viele der prominentesten KI-Konstrukteure der Welt befanden. Plötzlich wurde es schwerer, zu behaupten, die mit KI-Sicherheit befassten Leute wüssten nicht, wovon sie sprächen, weil dies jetzt voraussetzte, dass die versammelten führenden KI-Forscher nicht wüssten, wovon sie sprächen. Der offene Brief wurde von Medien in aller Welt verbreitet, und zwar auf eine Art und Weise, die uns dankbar sein ließ, dass wir Journalisten von unserer Konferenz ausgeschlossen hatten. Obwohl das pessimistischste Wort im Brief »Fallstrick« lautete, löste es dennoch Schlagzeilen aus wie »Elon Musk und Stephen Hawking unterschreiben offenen Brief in der Hoffnung, einen Aufstand der Roboter zu vermeiden«, umrahmt von Zeichnungen mordlustiger Terminatoren. Unser Lieblingsartikel unter Hunderten, die wir entdeckten, verspottete die anderen: »Eine Schlagzeile, die Visionen skelettartiger Androiden heraufbeschwört, die unter ihren Schritten menschliche Schädel zerstampfen, verwandelt eine komplexe, umgestaltende Technikbranche in einen Rummelplatz.«[8] Glücklicherweise gab es auch viele nüchterne Zeitungsartikel, die uns vor eine neue Herausforderung stellten, nämlich mit der Flut neuer Unterschriften Schritt zu halten, die manuell verifiziert werden mussten, um unsere Glaubwürdigkeit zu schützen und Scherze wie »Hal 9000«, »Terminator«, »Sarah Jeanette Connor« und »Skynet« zu löschen. Für diese Tätigkeit und künftige offene Briefe organisierten Viktoriya Krakovna und Janos Kramar eine Brigade freiwilliger Helfer, zu denen Jesse Gale, Eric Gastfriend und Revathi Vinoth Kumar gehörten. Sie arbeiteten in Schichten, so dass Revathi, wenn sie in Indien zu Bett ging, den Kommandostab an Eric in Boston weitergab, und so weiter.

Der dritte Schritt in Richtung Mainstream begann vier Tage später, als Elon einen Link zu unserer Ankündigung twitterte, dass er 10 Millionen Dollar für die KI-Sicherheitsforschung spenden werde.[9] Eine Woche später starteten wir ein Onlineportal, wo Forscher aus aller Welt sich anmelden und in den Wettbewerb um das Fördergeld eintreten konnten. Wir konnten das Bewerbungssystem nur deshalb so schnell zusammenzimmern, weil Anthony und ich in den letzten zehn Jahren schon ähnliche Bewerbungen um Physikstipendien initiiert hatten. Das Open Philanthropy Project, eine auf hochdotierte Schenkungen spezialisierte Wohltätigkeitsorganisation aus Kalifornien, sagte zu, Elons Geschenk aufzustocken, damit wir mehr Stipendien

Abb. 9.3 Viele schlaue Köpfe denken über KI-Prinzipien in Asilomar nach.

vergeben konnten. Wir waren unsicher, wie viele Bewerber wir anziehen würden, zumal das Thema neu und die Bewerbungsfrist kurz war. Die Reaktionen waren überwältigend. Rund 300 Teams aus aller Welt baten uns um insgesamt 100 Millionen Dollar. Ein Gremium aus KI-Professoren und anderen Wissenschaftlern begutachtete die Vorschläge und suchte 37 Gewinnerteams aus, die über eine Laufzeit von drei Jahren gefördert wurden. Als wir die Liste der Gewinner veröffentlichten, war es das erste Mal, dass die Medienreaktionen auf unsere Aktivitäten einigermaßen differenziert waren und keine Bilder von Mörderrobotern enthielten. Endlich war die Botschaft angekommen, dass KI-Sicherheit kein leeres Geschwätz war. Es gab tatsächlich nützliche Arbeit zu tun, und eine Menge großartiger Forschungsteams krempelte die Ärmel hoch, um sich den Bemühungen anzuschließen.

Der vierte Mainstreamschritt fand auf organische Weise im Lauf der nächsten zwei Jahre statt, als eine Menge technischer Publikationen und Dutzende Seminare über KI-Sicherheit in aller Welt stattfanden, die fast immer zu etablierten KI-Konferenzen gehörten. Hartnäckige Leute hatten viele Jahre lang mit wenig Erfolg versucht, die KI-Gemeinde für die Sicherheitsforschung zu verpflichten, doch jetzt ging es richtig los. Viele dieser Publikationen wurden von unserem Förderprogramm finanziert, wobei wir vom FLI unser Bestes gaben, um so viele solcher Seminare wie möglich zu finanzieren, doch immer mehr Veranstaltungen wurden inzwischen auch durch KI-Forscher ermöglicht, die aus eigener Initiative Zeit und Ressourcen investierten. Folglich erfuhren immer mehr Wissenschaftler durch ihre eigenen Kollegen von der Sicherheitsforschung. Sie entdeckten, dass diese Arbeit, abgesehen davon, dass sie sinnvoll war, auch Spaß machen konnte, da sie mit interessanten mathematischen und rechnerischen Problemen einherging, an denen man tüfteln konnte.

Natürlich sind komplizierte Gleichungen nicht unbedingt jedermanns Vorstellung von Vergnügen. Zwei Jahre nach unserer Konferenz in Puerto Rico ging unserer Tagung in Asilomar ein technisches Seminar voraus, in dem unsere FLI-Subventionsgewinner ihre Forschung vorführen und wir auf dem Riesenbildschirm eine Menge Folien mit mathematischen Symbolen anschauen konnten. Moshe Vardi, ein KI-Professor von der Rice University, scherzte, sobald die Tagungen langweilig würden, wüsste er, dass wir ein Forschungsfeld über KI-Sicherheit erfolgreich etabliert haben würden.

Die rasant anwachsende Arbeit über KI-Sicherheit beschränkte sich nicht auf die akademische Welt. Amazon, DeepMind, Facebook, Google, IBM und Microsoft starteten eine Branchenpartnerschaft für nutzbringende KI.[10] Wichtige neue Spenden für KI-Sicherheit ermöglichten ausgedehnte Forschung bei unseren größten gemeinnützigen Schwesterorganisationen, dem Machine Intelligence Research Institute in Berkeley, dem Future of Humanity Institute in Oxford und dem Centre for the Study of Existential Risk im englischen Cambridge. Weitere Spenden von 10 Millionen Dollar und mehr kurbelten zusätzliche Bemühungen um nutzbringende KI an: im Leverhulme Centre for the Future of Intelligence in Cambridge, im K & L Gates Endowment for Ethics and Computational Technologies in Pittsburgh und beim Ethics and Governance of Artificial Intelligence Fund in Miami. Und zu guter Letzt gründete Elon Musk mit anderen Unternehmern und dem Einsatz von einer Milliarde Dollar *OpenAI*, ein gemeinnütziges Unternehmen in San Francisco, das sich mit nutzbringender KI beschäftigt. Das Thema KI-Sicherheit würde ab jetzt von Dauer sein.

Im Gleichschritt mit dieser Flut von Forschungsarbeit ging ein Anstieg der individuellen und kollektiven Meinungsäußerungen einher. Die Branchenpartnerschaft im Bereich der Künstlichen Intelligenz veröffentlichte ihre Gründungsmaximen, während die US-Regierung, die Stanford University und das IEEE (*Institute of Electrical and Electronics Engineers*, die weltgrößte Organisation technischer Profis) lange Empfehlungslisten herausgaben. Hinzu kamen Dutzende weiterer Berichte und Positionspapiere aus anderen Quellen.[11]

Wir waren darauf aus, sinnvolle Diskussionen unter den Teilnehmern der Asilomar-Konferenz in Gang zu bringen, um zu erfahren, worüber sich diese unterschiedlichen Gemeinschaften einig waren. Lucas Perry übernahm deshalb die heroische Aufgabe, all jene Dokumente zu lesen, die wir gefunden hatten, und alle Standpunkte herauszuarbeiten. In einer enormen Anstrengung, von Anthony Aguirre initiiert und mit einer Reihe langer Telekonferenzen abgeschlossen, versuchte unser FLI-Team anschließend, ähnliche Meinungen zu bündeln und redundantes bürokratisches Geschwätz auszusortieren. Heraus kam eine einzelne Liste prägnanter Prinzipien, zu denen auch nicht publizierte, aber einflussreiche Meinungen gehörten, die eher inoffiziell in Gesprächen und anderswo geäußert worden waren. Doch auf dieser Liste waren immer noch viele Unein-

Abb. 9.4 Eine wachsende Gemeinschaft sucht gemeinsam Antworten in Asilomar.

deutigkeiten, Widersprüche und Möglichkeiten für Missverständnisse versammelt. Deshalb gaben wir die Liste einen Monat vor Beginn der Konferenz an die Teilnehmer weiter und sammelten ihre Meinungen und Vorschläge für verbesserte oder neue Prinzipien. Dieser Beitrag der Gemeinschaft führte zu einer erheblich überarbeiteten Prinzipienliste, die wir auf der Konferenz benutzen konnten.

In Asilomar wurde die Liste noch einmal in zwei Schritten überarbeitet. Zunächst diskutierten kleine Gruppen die Prinzipien, an denen sie am meisten interessiert waren (Abbildung 9.4). Sie brachten detaillierte Verfeinerungen, Rückmeldungen, neue Prinzipien und konkurrierende Versionen älterer Prinzipien hervor. Zuletzt verschafften wir uns einen Überblick und baten alle Teilnehmer, den Grad der Unterstützung jeder Version jedes einzelnen Prinzips zu bestimmen.

Dieser kollektive Prozess war im doppelten Sinn des Wortes erschöpfend. Anthony, Meia und ich reduzierten auf der Konferenz Schlaf und Mittagspausen, während wir darum kämpften, für die nächsten Schritte alles rechtzeitig zusammenzutragen. Aber es war auch aufregend. Nach derart ausführlichen, heiklen und manchmal kontrovers geführten Debatten und einem solch breiten Spektrum von Rückmeldungen staunten wir über das hohe Konsensniveau, das im Lauf des letzten Durchgangs bei vielen Prinzipien in Erscheinung trat. Manche erhielten mehr als 97 Prozent Zustimmung. Dieser Konsens erlaubte es uns, die Messlatte für die Aufnahme in die Liste hoch zu legen. Wir behielten nur Prinzipien bei, auf die sich mindestens neunzig Prozent der Teilnehmer geeinigt hatten. Obwohl dies bedeutete, dass manche populären Prinzipien in letzter Minute fallengelassen wurden, darunter auch einige meiner persönlichen Favoriten,[12] trug dieses Verfahren dennoch dazu bei, dass die meisten Teilnehmer ein gutes Gefühl dabei hatten, sie alle auf der Unterschriftenliste, die wir im Hörsaal verteilten, zu bestätigen. Hier ist das Ergebnis.

Die KI-Prinzipien von Asilomar

Künstliche Intelligenz hat bereits nützliche Werkzeuge hervorgebracht, die Menschen auf der ganzen Welt täglich benutzen. Durch kontinuierliche Entwicklung und geleitet von den folgenden Prinzipien, werden sich phantastische Möglichkeiten eröffnen, die Menschen in den kommenden Jahrzehnten und Jahrhunderten zu unterstützen und zu beflügeln.

Forschungsthemen

§ 1 Forschungsziel: *Das Ziel der KI-Forschung sollte darin bestehen, nicht ungesteuerte Intelligenz, sondern nutzbringende Intelligenz zu erschaffen.*

§ 2 Forschungsförderung: *Investitionen in KI sollten von Forschungsförderung begleitet werden, die ihre nutzbringende*

Anwendung sichert und heikle Fragen auf den Gebieten der Informatik, der Wirtschaftswissenschaften, der Rechtswissenschaft, der Ethik und der Sozialkunde beantwortet, wie zum Beispiel:

(a) *Wie können wir künftige KI-Systeme äußerst robust gestalten, so dass sie tun, was wir wollen, ohne dass sie versagen oder gehackt werden?*

(b) *Wie können wir durch Automatisierung unseren eigenen Wohlstand steigern und dabei unsere Ressourcen und Zielsetzungen beibehalten?*

(c) *Wie können wir unser Rechtswesen auf den neuesten Stand bringen, damit es gerechter und effizienter wird, mit KI Schritt halten und die Risiken handhaben kann, die mit KI einhergehen?*

(d) *Mit welchem Wertekanon sollte KI in Einklang gebracht werden, und welchen rechtlichen und ethischen Stellenwert sollte er haben?*

§ 3 Verbindung zwischen Wissenschaft und Politik: *Es sollte einen konstruktiven und soliden Austausch zwischen KI-Forschern und Politikern geben.*

§ 4 Forschungskultur: *Unter den Forschern und Entwicklern von KI sollte eine Kultur der Zusammenarbeit, des Vertrauens und der Transparenz herrschen.*

§ 5 Vermeidung eines Wettlaufs: *Teams, die KI-Systeme entwickeln, sollten aktiv zusammenarbeiten, um Tricksereien an den Sicherheitsstandards zu vermeiden.*

Ethik und Werte

§ 6 Sicherheit: *KI-Systeme sollten während ihrer Einsatzzeit sicher, geschützt und folglich überprüfbar sein, sofern geeignet und umsetzbar.*

§ 7 Transparenz bei Versagen: *Falls ein KI-System Schaden verursacht, sollte es möglich sein, den Grund zu ermitteln.*

§ 8 Juristische Transparenz: *Bei jeder Beteiligung eines autonomen Systems an einer juristischen Beschlussfassung sollte es eine zufriedenstellende Erklärung geben, die eine kompetente menschliche Autorität prüfen kann.*

§ 9 Verantwortlichkeit: *Designer und Konstrukteure fortgeschrittener KI-Systeme sollten an den moralischen Auswirkungen der Anwendung, des Missbrauchs und der Handlungen ihrer Maschinen interessiert sein. Sie haben die Verantwortung und die Chance, diese Auswirkungen zu gestalten.*

§ 10 Angleichung der Werte: *Äußerst autonome KI-Systeme sollten so gestaltet sein, dass während ihrer Betriebsbereitschaft die Anpassung ihrer Ziele und Verhaltensweisen an menschliche Werte gewährleistet ist.*

§ 11 Menschliche Werte: *KI-Systeme sollten so gestaltet und bedient werden, dass sie mit den Idealen menschlicher Würde, Rechte und Freiheiten sowie kultureller Vielfalt vereinbar sind.*

§ 12 Privatsphäre: *Menschen sollten angesichts der Kompetenz von KI-Systemen, Daten zu analysieren und zu nutzen, das Recht haben, die Daten, die sie selbst erzeugen, auch einzusehen, handzuhaben und zu kontrollieren.*

§ 13 Freiheit und Privatsphäre: *Der Einsatz von KI bei der Verarbeitung persönlicher Daten darf die wirkliche oder vermeintliche Freiheit der Menschen nicht unverhältnismäßig einschränken.*

§ 14 Gemeinschaftlicher Nutzen: *So viele Menschen wie möglich sollten von KI-Techniken profitieren und ermutigt werden.*

§ 15 Gemeinschaftlicher Wohlstand: *Der von KI geschaffene wirtschaftliche Wohlstand sollte großzügig geteilt werden, damit die ganze Menschheit davon profitieren kann.*

§ 16 Menschliche Kontrolle: *Menschen sollten wählen können, wie und ob sie Entscheidungen an KI-Systeme delegieren sollten, um von Menschen beschlossene Zielvorstellungen zu erreichen.*

§ 17 Keine Subversion: *Die aus der Kontrolle hochentwickelter KI resultierende Macht sollte die sozialen und bürgerlichen Prozesse, von denen die Gesundheit der Gesellschaft abhängt, respektieren und verbessern, statt sie zu unterwandern.*

§ 18 KI-Rüstungswettlauf: *Ein Rüstungswettlauf tödlicher autonomer Waffen sollte vermieden werden.*

Langfristige Themen

§ 19 Vorsicht vor Kompetenz: *Da es hier keinen Konsens gibt, sollten wir extreme Mutmaßungen über die oberen Grenzen künftiger KI-Kompetenzen vermeiden.*

§ 20 Bedeutung: *Fortgeschrittene KI könnte einen tiefgreifenden Wandel in der Geschichte des Lebens auf der Erde bewirken und sollte deshalb mit angemessener Sorgfalt und entsprechenden Ressourcen geplant und gehandhabt werden.*

§ 21 Risiken: *Durch KI-Systeme verkörperte Risiken, vor allem katastrophale oder existentielle Risiken, müssen Gegenstand von Planungen und von Bemühungen um Abschwächung werden, die dem Ausmaß ihrer zu erwartenden Auswirkungen entsprechen.*

§ 22 Rekursive Selbstverbesserung: *Konstruktionen sich rekursiv selbst verbessernder und selbst kopierender KI-Systeme, die zu einer rasch zunehmenden Qualität oder Quantität führen können, müssen Gegenstand strenger Sicherheits- und Kontrollmaßnahmen sein.*

§ 23 Gemeinwohl: *Superintelligenz sollte nur im Dienst weithin geteilter ethischer Ideale entwickelt werden und zum Nutzen der ganzen Menschheit da sein, anstatt ausschließlich einem Staat oder einer Einzelorganisation zu dienen.*

Die Unterschriftenliste wuchs beeindruckend schnell an, nachdem wir die Prinzipien online veröffentlicht hatten, und inzwischen sind es mehr als 1400 KI-Forscher und viele andere führende Denker.[13]

Wir waren nicht nur über den Grad der Übereinstimmung mit den Prinzipien erstaunt, sondern auch darüber, wie aussagestark sie waren. Natürlich klingen manche auf den ersten Blick mindestens so kontrovers wie »Frieden, Liebe und Mutterschaft sind wertvoll«. Aber viele haben richtig Biss, wie man nicht schwer erkennen kann, wenn man ihre Verneinungen formuliert. So verletzt beispielsweise »Superintelligenz ist unmöglich!« § 19, während »Es ist absolute Zeitverschwendung, die Reduzierung existentieller Risiken, die von einer KI ausgehen, zu erforschen« § 21 verletzt. Tatsächlich waren sich Elon Musk, Stuart Russell, Ray Kurzweil, Demis Hassabis, Sam Harris, Nick Bostrom, David Chalmers, Bart Selman und Jaan Tallinn alle einig, dass Superintelligenz wahrscheinlich entwickelt werden wird und dass Sicherheitsforschung daher wichtig sei. Sie können unsere Podiumsdiskussion über langfristige Themen auf YouTube verfolgen.[14]

Ich hoffe, dass die KI-Prinzipien von Asilomar als Ausgangspunkt für ausführlichere Diskussionen dienen werden, die letztlich zu vernünftigen KI-Strategien und Richtlinien für Künstliche Intelligenz führen werden. In diesem Sinn arbeitete Ariel Conn, Leiterin der Öffentlichkeitsarbeit am FLI, mit Tucker Davey und anderen Mitgliedern des Teams zusammen, um führende KI-Forscher zu den Prinzipien und ihren individuellen Interpretationen zu befragen, während David Stanley und sein internationales Team ehrenamtlicher FLI-Mitarbeiter die Prinzipien in die wichtigsten Weltsprachen übersetzten.

Achtsamer Optimismus

Wie ich zu Beginn dieses Nachwortes bekannt habe, bin ich, was die Zukunft des Lebens betrifft, inzwischen optimistischer, als ich es jemals zuvor gewesen bin. Um zu erklären, warum das so ist, habe ich Ihnen meine persönliche Geschichte erzählt.

Meine Erlebnisse in den letzten Jahren haben mich aus zwei unterschiedlichen Gründen in meinem Optimismus bestärkt. Erstens bin ich Zeuge gewesen, wie die KI-Gemeinde auf bemerkenswerte Weise zusammengekommen ist, um konstruktiv die vor uns liegenden Herausforderungen anzunehmen, was häufig in Zusammenarbeit mit Denkern aus anderen Wissensgebieten geschah. Nach der Tagung in Asilomar erzählte mir Elon, er habe es erstaunlich gefunden, wie die KI-Sicherheit sich in nur zwei Jahren von einem Randgebiet zum Mainstream entwickelt habe. Und ich muss sagen, ich bin genauso verblüfft darüber. Und jetzt sind es nicht nur die kurzfristigen Themen aus Kapitel 3, die zu respektablen Diskussionsthemen werden, sondern auch Superintelligenz und existentielle Risiken haben Eingang in die KI-Prinzipien von Asilomar gefunden. Es wäre unmöglich gewesen, diese Prinzipien zwei Jahre zuvor in Puerto Rico zu akzeptieren, wo das furchterregendste Wort, das es in den offenen Brief schaffte, »Fallstricke« hieß.

Ich mag es, Menschen zu beobachten, und zu einem bestimmten Zeitpunkt am ersten Morgen der Asilomar-Konferenz stand ich seitlich im Hörsaal und schaute mir die Teilnehmer an, wie sie einer Diskussion über KI und das Rechtswesen lauschten. Zu meiner Überraschung durchströmte mich ein warmes, unbestimmtes Gefühl, so dass ich plötzlich sehr gerührt war. Es war ein völlig anderes Gefühl als in Puerto Rico! Ich erinnere mich, dass ich damals den größten Teil der KI-Gemeinde mit einer Kombination aus Respekt und Furcht betrachtete – nicht gerade als ein gegnerisches Team, aber als eine Gruppe, die meine Kollegen und ich, die wir uns Sorgen um die KI machten, glaubten, überzeugen zu müssen. Doch jetzt war es offensichtlich, dass wir alle *ein* Team geworden waren. Wie Sie vermutlich beim Lesen des Buches herausgefunden haben, habe ich immer noch nicht die Antworten parat, wie wir eine großartige Zukunft mit KI erschaffen können, deshalb ist es ein tolles Gefühl, zu einer wachsenden Gemeinschaft zu gehören, die gemeinsam Antworten sucht.

Der zweite Grund, warum ich optimistischer geworden bin, ist die Ermutigung, die mit der FLI-Erfahrung einherging. Die Tränen in London waren durch ein Gefühl der Unvermeidbarkeit hervorgerufen worden: dass uns eine verstörende Zukunft bevorstehe und es nichts gebe, was man dagegen tun könne. Doch die nächsten drei Jahre lösten meinen fatalistischen Trübsinn auf. Wenn sogar ein bunt gemischter Haufen unbezahlter Freiwilliger ein positives Zeichen in dem wahrscheinlich wichtigsten Gespräch unserer Zeit setzen konnte, dann stellen Sie sich vor, was wir erreichen können, wenn wir alle zusammenarbeiten!

Erik Brynjolfsson sprach in seinem Asilomar-Vortrag von zwei Ausprägungen des Optimismus. Zuerst ist da die bedingungslose Variante, wie zum Beispiel die positive Erwartung, dass die Sonne auch morgen wieder aufgehen wird. Und dann gibt es etwas, das er *achtsamen Optimismus* nennt, nämlich die Hoffnung, dass Gutes geschieht, wenn man es sorgfältig plant und ehrgeizig dafür arbeitet. Das ist die Art von Optimismus, den ich mittlerweile für die Zukunft des Lebens empfinde.

Was können Sie also tun, um etwas Positives für die Zukunft des Lebens zu bewirken, jetzt, da wir in das Zeitalter der KI eintreten? Aus Gründen, die ich gleich erklären werde, glaube ich, dass es ein erster großer Schritt wäre, daran zu arbeiten, ein achtsamer Optimist zu werden, falls Sie es nicht schon sein sollten. Um ein achtsamer Optimist zu werden, ist es entscheidend, positive Visionen für die Zukunft zu entwickeln. Wenn MIT-Studenten in mein Büro kommen, um sich Ratschläge für ihre berufliche Laufbahn zu holen, fange ich gewöhnlich mit der Frage an, wo sie sich selbst in zehn Jahren sehen. Sollte eine Studentin beispielsweise antworten, »vielleicht liege ich dann auf einer Krebsstation oder auf dem Friedhof, nachdem ich von einem Bus überfahren worden bin«, würde ich ihr die

Hölle heißmachen. Sich ausschließlich negative Vorstellungen über die Zukunft zu machen ist ein schrecklicher Ansatz für eine Karriereplanung! Steckt man hundert Prozent seiner Energie in die Vermeidung von Krankheiten und Unfällen, dann ist das ein todsicheres Rezept für Hypochondrie und Paranoia. Das Glück bleibt dabei auf der Strecke. Viel lieber würde ich hören, wie sie ihr Ziel mit Begeisterung schildert, und anschließend könnten wir Strategien diskutieren, dort hinzugelangen und dabei Fallgruben aus dem Weg zu gehen.

Erik wies darauf hin, dass gemäß der Spieltheorie positive Visionen die Grundlage eines großen Teils aller Kooperationen auf der Welt sind – von Ehen und Firmenzusammenschlüssen bis zu der Entscheidung unabhängiger Staaten, die USA zu gründen. Warum sollte man schließlich etwas, das man hat, aufopfern, wenn man sich nicht den noch größeren Gewinn vorstellen kann, den die daraus entstehenden Möglichkeiten bieten? Das heißt, dass wir uns eine positive Zukunft nicht nur für uns selbst, sondern auch für die Gesellschaft und für die Menschheit schlechthin vorstellen sollten. Mit anderen Worten, wir brauchen mehr existentielle Hoffnung! Dennoch sind, wie Meia mich gern erinnert, futuristische Visionen in Literatur und Film von Frankenstein bis zum Terminator überwiegend dystopisch. Als Gesellschaft planen wir unsere Zukunft ungefähr so dürftig wie diese hypothetische MIT-Studentin. Deshalb brauchen wir mehr achtsame Optimisten. Und aus diesem Grund habe ich Sie in diesem Buch ermutigt, darüber nachzudenken, welche Art von Zukunft Sie *haben* möchten, statt sich nur zu fragen, vor welcher Art von Zukunft Sie sich *fürchten*. So können wir Ziele finden, die wir gemeinsam in Angriff nehmen, für die wir planen und arbeiten.

Im ganzen Buch haben wir gesehen, wie die KI einerseits große Chancen bietet, uns andererseits aber auch vor schwierige Herausforderungen stellt. Eine Strategie, die wahrscheinlich dazu beiträgt, im Wesentlichen alle Herausforderungen zu bewältigen, besteht darin, gemeinsam zu handeln und unsere menschliche Gesellschaft zu verbessern, *bevor* die KI vollständig durchstartet. Wir sind besser dran, wenn wir unserer Jugend beibringen, Technik robuster und nutzbringend zu gestalten, bevor man ihr große Macht verleiht. Wir sind besser dran, wenn wir unsere Gesetze modernisieren, bevor Technik sie überflüssig macht. Wir sind besser dran, wenn wir internationale Konflikte beilegen, bevor sie in einem Rüstungswettlauf mit autonomen Waffen eskalieren. Wir sind besser dran, wenn wir ein Wirtschaftssystem schaffen, das Wohlstand für alle gewährleistet, bevor die KI Ungleichheiten potentiell verstärkt. Wir sind besser dran in einer Gesellschaft, in der KI-Sicherheitsforschung durchgeführt und nicht ignoriert wird. Und wenn wir noch weiter nach vorn schauen und Herausforderungen annehmen, die mit einer übermenschlichen AKI einhergehen, sind wir besser dran, wenn wir uns zumindest über einige grundlegende ethische Normen einig sind, bevor wir diese Normen leistungsstarken Maschinen vermitteln. In einer polarisierten und chaotischen Welt werden Menschen, die über die Macht verfügen, KI für boshafte Zwecke einzusetzen, eine zunehmende Motivation und die Fähigkeit haben, dies auch zu tun, während Teams, die miteinander konkurrieren, um eine AKI zu bauen, größeren Druck verspüren werden, die Sicherheitsbestimmungen zu frisieren, anstatt zu kooperieren. Zusammengefasst lässt sich sagen: Falls es uns gelingt, eine harmonischere menschliche Gesellschaft zu schaffen, die durch Kooperation für gemeinsame Ziele charakterisiert ist, wird das die Aussichten für einen guten Ausgang der KI-Revolution verbessern.

Anders formuliert, eine der besten Möglichkeiten für Sie, die Zukunft des Lebens zu verbessern, besteht darin, den morgigen Tag zu verbessern. Sie haben die Kraft, dies auf verschiedene Art und Weise zu tun. Natürlich können Sie Ihre Stimme an der Wahlurne abgeben und Ihren Politikern erzählen, was Sie über Bildung, Privatsphäre, tödliche autonome Waffen,

Arbeitslosigkeit aufgrund technischen Fortschritts und über andere Themen denken. Aber Sie geben Ihre Stimme auch täglich durch Ihre Entscheidung ab, was Sie konsumieren, teilen und welche Art von Vorbild Sie sein wollen. Möchten Sie jemand sein, der jedes Gespräch unterbricht, weil er sein Smartphone checken muss, oder möchten Sie jemand sein, der in der Lage ist, Technik auf geplante und wohlüberlegte Art einzusetzen? Möchten Sie Ihre Technik beherrschen oder wollen Sie, dass Ihre Technik Sie beherrscht? Was soll im Zeitalter der KI Menschlichkeit für Sie bedeuten? Bitte diskutieren Sie das mit den Menschen, die Sie kennen – es ist nicht nur eine wichtige, sondern es ist auch eine faszinierende Debatte.

Wir sind genau jetzt, da wir das Zeitalter der KI gestalten, die Wächter der Zukunft des Lebens. Ich habe zwar in London geweint, doch ich habe mittlerweile das Gefühl, dass nichts an der Zukunft unvermeidlich ist, und ich weiß, dass es viel leichter ist, etwas zu bewirken, als ich dachte. Unsere Zukunft ist nicht in Stein gemeißelt, und sie wartet nicht darauf, dass sie uns geschieht – wir können sie erschaffen. Lassen Sie uns gemeinsam eine inspirierende Zukunft gestalten!

Anmerkungen

Einleitung

1 Irving J. Good, »Speculations Concerning the First Ultraintelligent Machine«, in: Advances in Computers, Bd. 6, 1965. (Übersetzung: Hubert Mania).
2 Der Einfachheit halber bin ich von der heutigen Wirtschaft und Technologie ausgegangen, auch wenn die meisten Forscher glauben, dass allgemeine KI mindestens noch einige Jahrzehnte braucht, um menschliches Niveau zu erreichen. Der Omega-Plan sollte sich in der Zukunft eigentlich noch wesentlich leichter durchführen lassen, falls die digitale Wirtschaft weiterhin so wächst wie bisher und immer mehr Dienstleistungen mit zugesicherter Diskretion online abgerufen werden können.

Kapitel 1

1 Warum wurde das Leben komplizierter? Die Evolution belohnt Lebensformen, die komplex genug sind, um Regelmäßigkeiten in ihrer Umwelt vorherzusagen und zu verwerten. Also wird sich in einer komplexeren Umwelt komplexeres und intelligenteres Leben entwickeln. Nun erzeugt dieses klügere Leben eine komplexe Umwelt für konkurrierende Lebensformen, die sich ihrerseits dahin entwickeln, komplexer zu sein, und die schließlich ein Ökosystem extrem komplexen Lebens erschaffen.
2 Future of Life Institute, http://futureoflife.org (letzter Zugriff: 3. 9. 2017).
3 Der offene Brief mit dem Plädoyer für eine robuste und nutzbringende KI ist zu finden unter: http://futureoflife.org/ai-open-letter (letzter Zugriff: 3. 9. 2017).
4 Das Gespräch über die KI ist sowohl hinsichtlich ihrer Dringlichkeit als auch in Bezug auf ihre Auswirkungen wichtig. Im Vergleich zum Klimawandel, der in fünfzig bis zweihundert Jahren Chaos und Verwüstung anrichten könnte, erwarten viele Experten, dass die KI schon in wenigen Jahrzehnten größere Auswirkungen haben könnte – und uns womöglich die Technologie zur Verfügung stellt, um den Klimawandel abzumildern. Im Vergleich zu Kriegen, Terrorismus, Arbeitslosigkeit, Armut, Migration und Problemen der sozialen Gerechtigkeit wird der Aufstieg der KI größere, allumfassende Auswirkungen haben. Jedenfalls werden wir in diesem Buch untersuchen, wie sie die Ereignisse in all diesen Bereichen dominieren kann, zum Guten wie zum Schlechten.
5 Siehe dazu den Förderantrag, den McCarthy und seine Kollegen 1955 zur Durchführung der Dartmouth-Studien verfassten: http://

www.formal.stanford.edu/jmc/history/dartmouth/dartmouth.html (letzter Zugriff: 3. 9. 2017).

6 Ein Beispiel für klassische Roboterpanik in den Medien: Ellie Zolfagharifard, »Artificial Intelligence ›Could Be the Worst Thing to Happen to Humanity‹«, in: *Daily Mail*, 2. Mai 2014; http://tinyurl.com/hawkingbots (letzter Zugriff: 3. 9. 2017).

7 Das Zeitalter Künstlicher Intelligenz, http://AgeOfAI.org (letzter Zugriff: 3. 9. 2017).

Kapitel 2

1 Um das einzusehen, stellen Sie sich bitte vor, wie Sie auf jemanden reagieren würden, der behauptete, die Fähigkeit, athletische Glanzleistungen auf Olympianiveau zu vollbringen, könne mit einer einzigen Zahl beziffert werden, die man den »athletischen Quotienten«, kurz »AQ«, nennt, so dass der Olympiateilnehmer mit dem höchsten AQ alle Goldmedaillen in allen Sportarten gewinnen würde.

2 Notizen zum Ursprung des Begriffs AKI: http://wp.goertzel.org/who-coined-the-term-agi (letzter Zugriff: 3. 9. 2017).

3 Manche Leute ziehen »KI auf menschlichem Niveau« oder »starke KI« als Synonyme für AKI vor, aber beide sind problematisch. Selbst ein Taschenrechner ist genau genommen eine KI auf menschlichem Niveau. Der Gegenbegriff zu »starker KI« ist »schwache KI«, aber es klingt merkwürdig, begrenzte KI-Systeme wie Deep Blue, Watson und AlphaGo »schwach« zu nennen.

4 Hans Moravec, »When will computer hardware match the human brain?«, in: *Journal of Evolution and Technology*, vol. 1, 1998; http://www.jetpress.org/volume1/moravec.pdf (letzter Zugriff: 3. 9. 2017).

5 NAND ist die Abkürzung für »NOT AND« (NICHT-UND): Ein UND-Gatter gibt 1 nur aus, wenn sowohl die erste Eingabe *als auch* die zweite Eingabe 1 sind, deshalb gibt NAND das genaue Gegenteil aus.

6 Ich verwende »wohldefinierte Funktion«, um das auszudrücken, was Mathematiker und Informatiker eine »berechenbare Funktion« nennen, das heißt, eine Funktion, die von irgendeinem hypothetischen Computer mit unbegrenztem Speicher und unbegrenzter Zeit berechnet werden könnte. Alan Turing und Alonzo Church haben bekanntlich bewiesen, dass es auch Funktionen gibt, die zwar beschrieben, aber nicht berechnet werden können.

7 Siehe dazu das Buch des Quantencomputerpioniers David Deutsch, in dem er beschreibt, wie er Quantenrechnen als Beweis für die Existenz von Paralleluniversen betrachtet: David Deutsch, Die Physik der Welterkenntnis, München 2000. Wenn Sie an meiner eigenen Meinung zu Quantenparalleluniversen als dritter von vier Multiversumsebenen interessiert sind, finden Sie sie in meinem zuletzt veröffentlichten Buch: Max Tegmark, Unser Mathematisches Universum, Berlin 2014.

8 Falls Sie ein Mathe-Fan sein sollten: Zwei populäre Alternativen zu dieser Aktivierungsfunktion sind die sogenannte Sigmoidfunktion $\sigma(x) \equiv 1/(1+e^{-x})$ und die Rampenfunktion $\sigma(x) = \max\{0, x\}$, obwohl bewiesen wurde, dass fast jede Funktion genügen wird, solange sie

nicht linear (eine gerade Linie) ist. Hopfields berühmte Modelle verwenden σ (*x*) = –1 falls *x* < 0 und σ (*x*) = 1, falls *x* ≥ 0. Werden die Neuronenzustände in einem Vektor gespeichert, dann wird das Netzwerk einfach dadurch aktualisiert, dass der Vektor mit einer Matrix multipliziert wird, die die synaptischen Kopplungen speichert und anschließend die Funktion σ auf alle Elemente anwendet.

Kapitel 3

1 Video auf YouTube, *Google DeepMinds Q-learning Playing Atari Breakout*: https://tinyurl.com/atariai (letzter Zugriff: 3. 9. 2017).
2 Siehe Volodymyr Mnih et al., »Human-Level Control Deep Reinforcement Learning«, in: *Nature* 518 (26. Februar 2015), S. 522–529, online verfügbar unter: http://tinyurl.com/ataripaper (letzter Zugriff: 3. 9. 2017).
3 Video des Roboters Big Dog in Aktion: https://www.youtube.com/watch?v=W1czBcnX1Ww (letzter Zugriff: 3. 9. 2017).
4 Reaktionen auf den sensationellen Zug von AlphaGo auf der fünften Linie siehe *Move 37!! Lee Sedol vs AlphaGo Match 2*: https://www.youtube.com/watch?v=JNrXgpSEEIE (letzter Zugriff: 3. 9. 2017).
5 Dennis Hassabis beschreibt Reaktionen menschlicher Spieler auf AlphaGo: https://www.youtube/watch?v=otJKzPNWZT4 (letzter Zugriff: 3. 9. 2017).
6 Jüngste Verbesserungen in maschinenunterstützter Übersetzung siehe Gideon Lewis-Kraus, »The Great A. I. Awakening«, in: *New York Times Magazine* (14. Dezember 2016), http://www.nytimes.com/2016/12/14/magazine/the-great-ai-awakening.html (letzter Zugriff: 3. 9. 2017).
7 Winograd-Herausforderung: http://tinyurl.com/winogradchallenge (letzter Zugriff: 3. 9. 2017).
8 Sie wollen den Google Übersetzer testen? Probieren Sie es hier: https://translate.google.com/?hl=de (letzter Zugriff: 3. 9. 2017).
9 Falls Sie an einer detaillierteren Landkarte der KI-Sicherheitsforschung interessiert sind, dann schauen Sie sich diese hier an. Sie wurde in einer gemeinschaftlichen Bemühung unter der Leitung von Richard Mallah vom Future of Life Institute entwickelt: https://futureoflife.org/landscape (letzter Zugriff: 3. 9. 2017).
10 Das Video der Explosion von Ariane 5: https://www.youtube.com/watch?v=qnHn8W1Em6E (letzter Zugriff: 3. 9. 2017).
11 Fehlerbericht des Untersuchungsausschusses über Flug 501 der Ariane 5: http://tinyurl.com/arianeflop (letzter Zugriff: 3. 9. 2017).
12 NASA-Bericht des Untersuchungsausschusses über das Unglück des Mars Climate Orbiter, Phase 1: http://tinyurl.com/marsflop (letzter Zugriff: 3. 9. 2017).
13 Der ausführlichste und stimmigste Bericht über die Ursache des Scheiterns der Venusmission von Mariner 1 – die falsche Übertragung eines einzelnen mathematischen Symbols (ein fehlender kurzer Überstrich über einem Buchstaben) per Hand: http://tinyurl.com/marinerflop (letzter Zugriff: 3. 9. 2017).
14 Eine detaillierte Beschreibung des Scheiterns der sowjetischen Marsmission Phobos 1 findet sich in dem Buch von Wesley Huntress und Mikhail Marov: *Soviet Robots in the Solar System*, New York 2011, S. 308.

15 Wie durch nicht verifizierte Software Knight Capital in 45 Minuten 440 Millionen Dollar verlor: http://tinyurl.com/knightflop1 und http://tinyurl.com/knightflop2 (letzter Zugriff: 3. 9. 2017).
16 Bericht der US-Regierung über den »Flash Crash« an der Wall Street: http://tinyurl.com/flashcrashreport (letzter Zugriff: 3. 9. 2017).
17 Genauer gesagt fragt die Verifizierung, ob ein System seine Vorgaben erfüllt, während die Überprüfung fragt, ob die korrekten Vorgaben ausgewählt wurden.
18 3D-Ausdruck von Gebäuden https://www.youtube.com/watch?v=SObzNdyRTBs und mikromechanischen Vorrichtungen http://tinyurl.com/tinyprinter sowie vielen anderen Dingen: https://www.youtube.com/watch?v=xVU4FLrsPXs (letzter Zugriff: 3. 9. 2017).
19 Weltkarte gemeinschaftlich betriebener Fab Labs: https://www.fablabs.io/labs/map (letzter Zugriff: 3. 9. 2017).
20 Zeitungsartikel über den von einem Industrieroboter getöteten Robert Williams: http://tinyurl.com/williamsaccident (letzter Zugriff: 3. 9. 2017).
21 Zeitungsartikel über den von einem Industrieroboter getöteten Kenji Urada: http://tinyurl.com/uradaaccident (letzter Zugriff: 3. 9. 2017).
22 Zeitungsartikel über den von einem Industrieroboter getöteten Volkswagen-Arbeiter: http://tinyurl.com/baunatalaccident (letzter Zugriff: 3. 9. 2017).
23 Bericht der US-Regierung über tödliche Unfälle von Arbeitern: https://www.osha.gov/dep/fatcat/dep_fatcat.html (letzter Zugriff: 3. 9. 2017).
24 Statistik tödlicher Verkehrsunfälle: http://tinyurl.com/roadsafety2 und http://tinyurl.com/roadsafety3 (letzter Zugriff: 3. 9. 2017).
25 Bericht über ersten tödlichen Unfall mit Beteiligung eines Tesla-Autopiloten siehe Andrew Buncombe, »Tesla Crash: Driver Who Died While on Autopilot Mode ›Was watching Harry Potter‹«, *Independent* (1. Juli 2016): http://tinyurl.com/teslacrashstory – über den Bericht der US-Verkehrsbehörde: http://tinyurl.com/teslacrashreport (letzter Zugriff: 3. 9. 2017).
26 Selbst wenn man diesen Unfall in die Statistik aufnimmt, stellt sich heraus, dass Teslas Autopilot Unfälle um 40 Prozent *reduziert*, wenn er eingeschaltet wird: http://tinyurl.com/teslasafety (letzter Zugriff: 3. 9. 2017).
27 Das Unglück der Fähre *Herald of Free Enterprise* wird beschrieben in: R. B. Whittingham, *The Blame Machine: Why Human Error Causes Accidents*, Elsevier 2004.
28 Dokumentarfilm über den Absturz der Air France 447: https://www.youtube.com/watch?v=dpPkp8OGQFI und über den Unfallbericht: http://tinyurl.com/af447report sowie die externe Untersuchung: http://tinyurl.com/thomsonarticle (letzter Zugriff: 3. 9. 2017).
29 Amtlicher Bericht über den US-kanadischen Stromausfall im Jahr 2003: http://tinyurl.com/uscanadablackout (letzter Zugriff: 3. 9. 2017).
30 Abschlussbericht der Kommission des US-Präsidenten über den Unfall auf Three Mile Island: http://www.threemileisland.org/downloads/188.pdf (letzter Zugriff: 3. 9. 2017).
31 Niederländische Studie, die zeigt, wie eine KI es bei der Diagnose von Prostatakrebs auf der Grundlage eines Kernspintomogramms mit menschlichen Radiologen aufnehmen kann: http://tinyurl.com/prostate-ai (letzter Zugriff: 3. 9. 2017).

32 Stanford-Studie, die zeigt, wie eine KI bei einer Lungenkrebsdiagnose menschliche Pathologen übertreffen kann: http://tinyurl.com/lungcancer-ai (letzter Zugriff: 3. 9. 2017).
33 Untersuchung der Unfälle bei der Therac-25-Strahlentherapie: http://tinyurl.com/theracfailure (letzter Zugriff: 3. 9. 2017).
34 Bericht über tödliche Strahlenüberdosen in Panama, die durch eine verwirrende Benutzeroberfläche verursacht wurden: http://tinyurl.com/cobalt60accident (letzter Zugriff: 3. 9. 2017).
35 Studie über nachteilige Vorfälle in der Roboterchirurgie: https://arxiv.org/abs/1507.03518 (letzter Zugriff: 3. 9. 2017).
36 Artikel über Todesfälle durch unzureichende Krankenhausbehandlung: http://tinyurl.com/medaccidents (letzter Zugriff: 3. 9. 2017).
37 Yahoo setzte eine neue Norm für einen »gigantischen Hack«, als das Unternehmen bekanntgab, dass eine Milliarde (!) Nutzerkonten ausgespäht worden seien: https://www.wired.com/2016/12/yahoo-hack-billion-users/ (letzter Zugriff: 3. 9. 2017).
38 Artikel der *New York Times* über den Freispruch und die spätere Verurteilung eines KKK-Mörders: http://tinyurl.com/kkkacquittal (letzter Zugriff: 3. 9. 2017).
39 Die Studie von Danziger et al. aus dem Jahr 2011 (http://www.pnas.org/content/108/17/6889.full), die behauptet, hungrige Richter urteilten strenger, wurde von Weinshall-Margela und John Shapard als mangelhaft kritisiert (http://www.pnas.org/content/108/42/E833.full), doch Danziger et al. bestehen darauf, dass ihre Behauptungen gültig bleiben: http://www.pnas.org/content/108/42/E834.full (letzter Zugriff: 3. 9. 2017).
40 Bericht von *Pro Publica* über rassistische Ausrichtungen in Software, die Rückfallkriminalität vorhersagt: http://tinyurl.com/robojudge (letzter Zugriff: 3. 9. 2017).
41 Der Einsatz von fMRT und anderen Gehirnscantechniken als Beweismittel in Gerichtsverfahren ist äußerst umstritten, was auch für die Verlässlichkeit solcher Techniken gilt, obwohl manche Teams eine Genauigkeit von mehr als 90 Prozent beanspruchen: http://journal.frontiersin.org/article/10.3389/fpsyg.2015.00709/full (letzter Zugriff: 3. 9. 2017).
42 PBS produzierte den Film *The Man Who Saved the World* über den Vorfall, bei dem Wassili Archipow im Alleingang einen sowjetischen Atomschlag verhinderte: https://www.youtube.com/watch?v=4VPY2SgyG5w (letzter Zugriff: 3. 9. 2017).
43 Die Geschichte, wie Stanislaw Petrow die Warnungen eines amerikanischen Atomangriffs als falschen Alarm abwies, wurde verfilmt: *The Man Who Saved the World* (nicht zu verwechseln mit dem gleichnamigen Film in der vorherigen Anmerkung). Petrow wurde von den USA mit dem World Citizen Award ausgezeichnet: https://www.youtube.com/watch?v=IncSjwWQHMo (letzter Zugriff: 3. 9. 2017).
44 Offener Brief von KI- und Robotik-Forschern über autonome Waffen: http://futureoflife.org/open-letter-autonomous-weapons (letzter Zugriff: 3. 9. 2017).
45 Ein amerikanischer Beamter möchte offensichtlich einen Rüstungswettlauf haben: http://tinyurl.com/workquote (letzter Zugriff: 3. 9. 2017).

46 Studie über Vermögensungleichheit in den USA seit 1913: http://gabriel-zucman.eu/files/SaezZucman2015.pdf (letzter Zugriff: 3. 9. 2017).
47 Oxfam-Bericht über globale Vermögensungleichheit: http://tinyurl.com/oxfam2017 (letzter Zugriff: 3. 9. 2017).
48 Eine großartige Einführung in die Hypothese der durch Technik gesteuerten Ungleichheit ist das Buch *The Second Machine Age: Wie die nächste digitale Revolution unser aller Leben verändern wird* von Erik Brynjolfsson und Andrew McAfee, Kulmbach 2014.
49 Artikel in *The Atlantic* über sinkende Löhne für Geringqualifizierte: http://tinyurl.com/wagedrop (letzter Zugriff: 3. 9. 2017).
50 Präsentation von James Manyika, die die Umverteilung der Einkommen von Arbeit zu Kapital zeigt: http://futureoflife.org/data/PDF/james_manyika.pdf (letzter Zugriff: 3. 9. 2017).
51 Vorhersagen über künftige Automatisierung von Jobs von der Oxford University (http://tinyurl.com/automationoxford) und McKinsey (http://tinyurl.com/automationmckinsey). (letzter Zugriff: 3. 9. 2017).
52 Video über einen Kochroboter: https://www.youtube.com/watch?v=fE6i2OO6Y6s (letzter Zugriff: 3. 9. 2017).
53 Marin Soljačić untersuchte diese Optionen 2016 während des Seminars »Computers Gone Wild: Impact and Implications of Developments in Artificial Intelligence on Society«: http://futureoflife.org/2016/05/06/computers-gone-wild/ (letzter Zugriff: 3. 9. 2017).
54 Andrew McAfees Vorschläge, wie man mehr gute Jobs erschafft: http://futureoflife.org/data/PDF/andrew_mcafee.pdf (letzter Zugriff: 3. 9. 2017). McAfee bezieht sich mit Econ 101 auf ein in den USA weitverbreitetes Lehrbuch: Alfred Mill, *Economics 101,* Avon 2016.
55 Zusätzlich zu vielen akademischen Artikeln, die behaupten, »dass es dieses Mal anders ist«, was technologisch bedingte Arbeitslosigkeit betrifft, geht es in dem Video *Humans need not apply* (Menschen brauchen sich nicht zu bewerben) um dasselbe Thema: https://www.youtube.com/watch?v=7Pq-S557XQU (letzter Zugriff: 3. 9. 2017).
56 Veränderungen in der US-amerikanischen Pferdepopulation: http://tinyurl.com/horsedecline (letzter Zugriff: 3. 9. 2017).
57 Metaanalyse, die zeigt, wie sich Arbeitslosigkeit auf das Wohlbefinden auswirkt: Maike Luhmann et al., »Subjective Well-Being and Adaptation to Life Events: a Meta-Analysis«, in: *Journal of personality and social psychology* 102, Nr. 3 (2012), S. 592, https://www.ncbi.nlm.nih.gov/pmc/articles/PMC3289759 (letzter Zugriff: 3. 9. 2017).
58 Studien über die Steigerung des Wohlbefindens: Angela Duckworth, Tracy Steen und Martin Seligman, »Positive Psychology in Clinical Practice«, in: *Annual Review of Clinical Psychology* 1 (2005), S. 629–652, online verfügbar unter: http://tinyurl.com/wellbeingduckworth; Weiting Ng und Ed Diener, »What Matters to the Rich and the Poor? Subjective Well-Being, Financial Satisfaction, and Postmaterialist Needs Across the World«, in: *Journal of personality and social psychology* 107, Nr. 2 (2014), S. 326, online verfügbar unter: http://psycnet.apa.org/journals/psp/107/2/326; Kirsten Weir »More than Job Satisfaction«, in: *Monitor on Psychology* 44, Nr. 11 (Dezember 2013), online verfügbar unter: http://www.apa.org/monitor/2013/12/job-satisfaction.aspx (letzter Zugriff: 3. 9. 2017).

59 Wir erinnern uns, dass FLOPS Gleitkommaoperationen pro Sekunde sind, das heißt, wie viele 19-stellige Zahlen in jeder Sekunde miteinander multipliziert werden können.
60 Multipliziert man ungefähr 10^{11} Neuronen mit ungefähr 10^4 Verbindungen pro Neuron und ungefähr einmal (10^0) Feuern pro Neuron pro Sekunde miteinander, dann könnte das Ergebnis darauf hinweisen, dass rund 10^{15} FLOPS (1 PetaFLOPS) genügen, um ein menschliches Gehirn zu simulieren, doch es gibt viele unzureichend verstandene Komplikationen, einschließlich des detaillierten Zeitablaufs des Feuerns. Außerdem bleibt die Frage offen, ob kleine Teile von Neuronen und Synapsen ebenfalls simuliert werden müssen. Der IBM-Informatiker Dharmendra Modha hat geschätzt, dass 38 PetaFLOPS erforderlich sind (http://tinyurl.com/javln43), während der Neurowissenschaftler Henry Markram der Meinung ist, man brauche 1000 PetaFLOPS: http://tinyurl.com/6rpohqv. Die KI-Forscher Katja Grace und Paul Christiano haben behauptet, dass der kostspieligste Aspekt der Gehirnsimulation nicht das Rechnen ist, sondern die Kommunikation, und dass auch dies eine Aufgabe in einer Größenordnung ist, die nur die besten Supercomputer von heute bewältigen können: http://aiimpacts.org/about (letzter Zugriff: 3. 9. 2017).
61 Dieser Artikel enthält eine interessante Schätzung der Rechenkapazität des menschlichen Gehirns: Hans Moravec, »When Will Computer Hardware Match the Human Brain?«, in: *Journal of Evolution and Technology*, vol. 1 (1998).

Kapitel 4

1 Moravec, *Mind Children,* Hamburg 1990, S. 151.
2 Ebenda, S. 152.
3 Wie Bostrom erklärt hat, würde die Fähigkeit, eine führende menschliche KI-Ingenieurin zu geringeren Kosten zu simulieren, als ihr Stundenlohn beträgt, ein KI-Unternehmen in die Lage versetzen, seine Belegschaft auf rasante Weise zu vergrößern, dabei großen Reichtum anzuhäufen und rekursiv seinen Fortschritt bei der Konstruktion besserer Computer und letztlich schlauerer Intellekte zu beschleunigen.
4 Für das Video des ersten mechanischen Vogels: Markus Fischer, »A Robot That Flies like a Bird«, TED Talk, Juli 2011: https://www.ted.com/talks/a_robot_that_flies_like_a_bird (letzter Zugriff: 3. 9. 2017).

Kapitel 5

1 Sie können das auf der Website http://AgeOfAI.org tun, wo Sie außerdem Notizen vergleichen und sie mit anderen Lesern diskutieren können.
2 Ray Kurzweil, *Menschheit 2.0. Die Singularität naht*, Berlin 2014.
3 Diese Vorstellung geht auf den Heiligen Augustinus zurück, der schrieb: »Denn jede Sache, die durch Mitteilung an andere nicht verliert, besitzt man nicht, wie man soll, solange man sie nur selber besitzt, ohne sie wieder an andere weiterzugeben.« (Augustinus, *Vier Bücher*

über die christliche Lehre, in: Des heiligen Kirchenvaters Aurelius Augustinus ausgewählte Schriften, Bd. 8, München 1925, Kapitel 1. Online abrufbar unter: https://www.unifr.ch/bkv/kapitel5464-1.htm-letzter Zugriff: 3. 9. 2017).

4 Marshall Brain, *Manna*, Kindle Edition 2012 (Übersetzung der zitierten Passage von Hubert Mania).

5 Diese Lösung wurde mir erstmals von meinem Freund und Kollegen Anthony Aguirre vorgeschlagen.

6 Ben Goertzels Szenario von der »Kindermädchen-KI« wird hier beschrieben: https://wiki.lesswrong.com/wiki/Nanny_AI (letzter Zugriff: 3. 9. 2017).

7 Artikel über die Beziehung zwischen Maschinen und Menschen, und ob die Maschinen unsere Sklaven sind, siehe Benjamin Wallace-Wells, »Boyhood«, in: *New York Times Magazine* (20. Mai 2015), online verfügbar unter: http://tinyurl.com/aislaves (letzter Zugriff: 3. 9. 2017).

8 Simulationsverbrechen werden in Nick Bostroms Buch *Superintelligenz* besprochen, während er in seinem jüngsten Artikel näher auf die technischen Details eingeht: Nick Bostrom, Allan Dafoe und Carrick Flynn, »Policy Desiderata in the Development of Machine Superintelligence« (2016), online verfügbar unter: http://www.nickbostrom.com/papers/aipolicy.pdf (letzter Zugriff: 3. 9. 2017).

9 Aristoteles, *Politik*, Leipzig 1880. Hier: Erstes Buch, fünftes Kapitel. Online verfügbar unter: http://gutenberg.spiegel.de/buch/politik-9246/3 (letzter Zugriff: 3. 9. 2017).

10 Ebenda.

11 Der renommierte Kosmologe Fred Hoyle untersucht ein ähnliches Szenario mit einer anderen Wendung in seiner Geschichte »*A for Andromeda*«.

12 Hans Moravec, *Mind Children*, S. 10 f.

13 Matthew Schofield, »Memories of Stasi Color Germans' View of U. S. Surveillance Programs«, in: *McClatchy DC Bureau* (26. Juni 2013), online verfügbar unter: http://www.mcclatchydc.com/news/nation-world/national/article24750439.html (letzter Zugriff: 3. 9. 2017).

14 Für anregende Reflexionen darüber, wie man Menschen einen Anreiz bieten kann, um Ergebnisse zu erzielen, die niemand will, empfehle ich: »Meditations on Moloch« von Alexander Scott, http://slatestarcodex.com/2014/07/30/meditations-on-moloch (letzter Zugriff: 3. 9. 2017).

15 Interaktive Chronik von Beinaheunfällen, die versehentlich einen Atomkrieg hätten auslösen können, siehe: Future of Life Institute, »Accidental Nuclear War: A Timeline of Close Calls«, online verfügbar unter: http://tinyurl.com/nukeoops (letzter Zugriff: 3. 9. 2017).

16 Entschädigungszahlungen an amerikanische Opfer von Atomtests, siehe: Website des US-Justizministeriums, »Awards to Date 4/25/15«, https://www.justice.gov/civil/awards-date-04242015 (letzter Zugriff: 3. 9. 2017).

17 Bericht einer US-Kommission, die die Bedrohung durch einen nuklearen elektromagnetischen Puls untersucht: http://www.empcommission.org/docs/A2473-EMP_Commission-7MB.pdf (letzter Zugriff: 3. 9. 2017).

18 Unabhängige Forschung amerikanischer und sowjetischer Wissenschaftler, die Reagan und Gorbatschow über die Risiken eines nuklearen Winters alarmierten: Crutzen, P. J. und Birks, J. W., »The

Atmosphere After a Nuclear War: Twilight at Noon«, in: *Ambio*,11, Nr. 2/3, 1982; Turco, R. P./Toon, O. B./Ackerman, T. P./Pollack, J. B. und Sagan, C., »Nuclear Winter: Global Consequences of Multiple Nuclear Explosions«, in: *Science*, 222, S. 1283–1292; Aleksandrov, V. V. und Stenchikov, G. L., »On the Modeling of the Climatic Consequences of the Nuclear War«, in: *Proceeding on Applied Mathematics* (Moskau: Rechenzentrum der UDSSR, Akademie der Wissenschaften), 1983, 21; Robock, A., »Snow and Ice Feedbacks Prolong Effects of Nuclear Winter«, in: *Nature*, 310, 1984, S. 667–670.

19 Kohlenstoff in die Atmosphäre einzuspeisen kann zwei Formen des Klimawandels bewirken: Erwärmung durch Kohlendioxid oder Abkühlung durch Rauch und Ruß. Es ist nicht allein die erste Auswirkung, die gelegentlich ohne wissenschaftlichen Beweis abgestritten wird. Hin und wieder höre ich, dass der nukleare Winter widerlegt worden und praktisch nicht möglich sei. Ich bitte dann jedes Mal um eine Quellenangabe für einen Artikel, der nach einem wissenschaftlichen Gutachten immer noch derart forsche Behauptungen aufstellt. Bisher scheint es nichts dergleichen zu geben. Obwohl große Ungewissheit herrscht, die weitere Forschungen rechtfertigt, insbesondere was die Frage nach der Menge des Rauchs betrifft, und wie hoch er steigt, gibt es nach meiner wissenschaftlichen Meinung im Augenblick keine Grundlage dafür, das Risiko eines nuklearen Winters zu ignorieren.

20 Sie können sich der Diskussion anschließen auf: http://AgeOfAi.org (letzter Zugriff: 3. 9. 2017).

Kapitel 6

1 Weitere Informationen siehe: Anders Sandbergs, »Dyson Sphere FAQ«: http://www.aleph.se/nada/dyson/FAQ.html (letzter Zugriff: 3. 9. 2017).

2 Freeman Dysons bahnbrechender Artikel über seine gleichnamigen Sphären: Freeman Dyson, »Search for Artificial Stellar Sources of Infrared Radiation«, in: *Science*, vol. 131, 1959, S. 1667–1668.

3 Sollten Sie in der Energiebranche arbeiten, sind Sie womöglich daran gewöhnt, stattdessen Effizienz als den Bruchteil der freigesetzten Energie zu definieren, die in nützlicher Form vorliegt.

4 Sollten wir im nahen Universum kein geeignetes natürliches Schwarzes Loch finden, ließe sich eines erschaffen, indem wir eine Menge Materie in einen ausreichend kleinen Raum stopfen.

5 Das ist eine grobe Vereinfachung, weil zur Hawking-Strahlung auch einige Teilchen gehören, aus denen sich nur schwer nutzbare Energie gewinnen lässt. Große Schwarze Löcher sind nur zu 90 Prozent effizient, weil etwa 10 Prozent der Energie in Form von Gravitonen abgestrahlt werden. Das sind extrem scheue Teilchen, deren Erkennung fast unmöglich ist, ganz zu schweigen von ihrer Eignung zur Gewinnung nutzbarer Energie. Während das Schwarze Loch weiter verdunstet und schrumpft, sinkt auch die Effizienz immer weiter, weil jetzt auch Neutrinos und andere massereiche Teilchen zur Hawking-Strahlung gehören.

6 Louis Crane und Shawn Westmoreland erklären ihr Schwarzes Loch als Maschine in: »Are Black Hole Starships Possible«, online verfügbar unter: http://arxiv.org/pdf/0908.1803.pdf (letzter Zugriff: 3. 9. 2017).

7 Die Fans von Douglas Adams werden bemerken, dass dies eine elegante Frage ist, die die Antwort auf die Frage nach dem Leben, dem Universums und dem ganzen Rest gibt. Genauer gesagt, beträgt die Effizienz $1 - 1/\sqrt{3} \approx 42\,\%$.

8 Päppelt man ein Schwarzes Loch, indem man eine Gaswolke in seiner Umgebung platziert, die langsam in dieselbe Richtung rotiert, dann wird sich dieses Gas immer schneller drehen, während es hineingezogen und verzehrt wird. Dabei wird die Rotation des Schwarzen Lochs beschleunigt, ähnlich wie eine Eiskunstläuferin sich immer schneller dreht, wenn sie ihre Arme anzieht. Dadurch könnte das Loch seine Maximalgeschwindigkeit erreichen und es Ihnen ermöglichen, zuerst 42 Prozent der Gasenergie zu gewinnen und anschließend 29 Prozent vom Rest, was eine Gesamteffizienz von $42\,\% + (1\text{-}42\,\%) \times 29\,\% \approx 59\,\%$ ergibt.

9 Gute CERN-Infografik, die die bekannten Elementarteilchen darstellt: http://tinyurl.com/cernparticle (letzter Zugriff: 3. 9. 2017).

10 Sie muss heiß genug werden, um die elektromagnetische mit der Schwachen Kraft wiederzuvereinigen, was geschieht, wenn die Teilchen sich so schnell bewegen, als wären sie von 200 Milliarden Volt in einem Teilchenbeschleuniger in Schwung gebracht worden.

11 Oben haben wir nur über Materie gesprochen, die aus Atomen besteht. Es gibt aber rund sechs Mal mehr Dunkle Materie, die jedoch schwer zu entdecken und dingfest zu machen ist. Normalerweise fliegt sie direkt durch die Erde hindurch und auf der anderen Seite wieder hinaus. Deshalb bleibt abzuwarten, ob es künftigem Leben gelingen wird, sie einzufangen und nutzbar zu machen.

12 Die kosmische Mathematik erweist sich als bemerkenswert einfach: Falls die Zivilisation sich nicht mit Lichtgeschwindigkeit c durch den expandierenden Raum ausdehnt, sondern mit der etwas geringeren Geschwindigkeit v, wird die Zahl der besiedelten Galaxien um den Faktor $(v/c)^3$ reduziert werden. Das heißt, dass trödelnde Zivilisationen schwer bestraft werden, denn wer sich zehn Mal langsamer ausdehnt, wird letztlich eintausend Mal weniger Galaxien besiedeln.

13 Dieses einzigartige Video eines nichtnuklearen Orion-Prototyps veranschaulicht die Idee eines mit Atombomben funktionierenden Raketenantriebs: https://www.youtube.com/watch?v=E3Lxx2VAYi8 (letzter Zugriff: 3. 9. 2017).

14 Hier ist eine vorbildliche Einführung ins Lasersegelkonzept: Robert L. Forward, »Roundtrip Interstellar Travel Using Laser-Pushed Lightsails«, in: *Journal of Spacecraft and Rockets* 21, Nr. 2, März-April 1984, online verfügbar unter: http://www.lunarsail.com/LightSail/rit-1.pdf (letzter Zugriff: 3. 9. 2017).

15 Jay Olson analysiert Zivilisationen, die sich über den Kosmos ausbreiten, in »Homogenous Cosmology with Aggressively Expanding Civilizations«, in: *Classical and Quantum Gravity* 32, 2015, online verfügbar unter: http://arxiv/abs/1411.4359 (letzter Zugriff: 3. 9. 2017).

16 Die erste gründliche wissenschaftliche Analyse unserer fernen Zukunft: Freeman J Dyson, »Time Without End: Physics and Biology in an Open Universe«, in: *Reviews of Modern Physics* 51. Nr. 3, 1979, S. 447, online verfügbar unter: http://blog.regehr.org/extra_files/Dyson.pdf (letzter Zugriff: 3. 9. 2017).

17 Die Verse stammen aus dem Gedicht »Die hohlen Männer« aus dem Jahr 1925 (Übersetzung: Hans Magnus Enzensberger).
18 Durch Seth Lloyds bereits erwähnte Formel wissen wir, dass die Durchführung einer Rechenoperation während eines Zeitintervalls τ einen Energiebetrag $E \geq h/4\tau$ kostet, wobei h die Planck'sche Konstante ist. Wenn wir N Operationen nacheinander (in Folge) im Lauf einer Zeit T erledigt haben möchten, dann ist $\tau = T/N$, so dass $E/N \geq hN/4T$. Daraus folgt, dass wir $N \leq 2\sqrt{ET/h}$ aufeinanderfolgende Operationen durchführen können und dabei die Energie E und die Zeit T verwenden. Deshalb sind Energie und Zeit Ressourcen, die uns weiterhelfen, wenn wir eine Menge davon haben. Wenn Sie Ihre Energie zwischen n unterschiedlichen Parallelrechnungen aufspalten, können diese langsamer und effizienter ablaufen und $N \leq 2\sqrt{ETn/h}$ ergeben. Nick Bostrom schätzt, dass die Simulation eines hundertjährigen menschlichen Lebens ungefähr $N = 10^{27}$ Operationen in Anspruch nimmt.
19 Nick Bostrom, *Superintelligenz*, Berlin 2014, S. 146.
20 John Gribbin kommt jedoch in seinem 2011 erschienenen Buch *Alone in the Universe* zu einem ähnlichen Schluss. Wenn Sie an einem Spektrum faszinierender Perspektiven zu dieser Frage interessiert sind, empfehle ich auch *The Eerie Silence* von Paul Davies aus dem Jahr 2011.
21 Wenn Sie ein sorgfältig ausgearbeitetes Argument sehen möchten, warum der Ursprung des Lebens einen äußerst seltenen Glückfall erfordert und unsere nächsten Nachbarn mehr als 10^{1000} Meter von uns entfernt platziert, dann empfehle ich dieses Video des Physikers und Astrobiologen Edwin Turner von der Princeton University: https://www.youtube.com/watch?v=Bt6n6Tu1beg (letzter Zugriff: 3. 9. 2017).
22 Essay von Martin Rees über die Suche nach außerirdischer Intelligenz: https://www.edge.org/annual-question/2016/response/26665 (letzter Zugriff: 3. 9. 2017).
23 Olson 2015, online verfügbar unter: http://arxiv/abs/1411.4359 (letzter Zugriff: 3. 9. 2017).

Kapitel 7

1 Ein populärwissenschaftlicher Artikel zu Jeremy Englands Arbeit über »durch Energiezerstreuung gesteuerte Anpassung« findet sich in Natalie Wolchover, »A New Physics Theory of Life«, in: *Scientific American* (28. Januar 2014), online verfügbar unter https://www.scientificamerican.com/article/a-new-physics-theory-of-life/(letzter Zugriff: 3. 9. 2017). Dieses Buch hat viele der Grundvoraussetzungen dafür geschaffen: Ilya Prigogine und Isabelle Stengers, *Dialog mit der Natur. Neue Wege naturwissenschaftlichen Denkens*, München 1983.
2 Eine Faustregel, die viele Insekten benutzen, um in einer geraden Linie zu fliegen, ist die Annahme, dass ein helles Licht die Sonne ist und man in einem festgelegten Winkel relativ zu ihr fliegen sollte. Wenn sich das Licht als nahe Flamme erweist, kann dieser Hack die Mücke leider dazu verleiten, auf einer Todesspirale in die Flamme zu stürzen.
3 Über Gefühle und ihre psychologischen Wurzeln: William James, *Principles of Psychology*, New York 1890; Robert Ornstein, *Evolution des*

Bewusstseins. Ursprünge und Perspektiven, Kirchzarten 1992; António Damásio, *Descartes' Irrtum: Fühlen, Denken und das menschliche Gehirn*, München 1994; António Damásio, *Selbst ist der Mensch: Körper, Geist und die Entstehung des menschlichen Bewusstseins*, Berlin 2011.

4 Eliezer Yudkowsky hat das Thema problematisiert, die Ziele der freundlichen KI nicht an unsere gegenwärtigen Ziele anzugleichen, sondern an unseren *kohärenten, extrapolierten Willen* (KEW). Grob gesagt wird dies definiert als das, was eine idealisierte Version von uns beabsichtigte, wenn wir mehr wüssten, schneller denken könnten und mehr so sein könnten, wie wir uns das wünschten. Kurz nach der Veröffentlichung von KEW im Jahr 2004 (http://intelligence.org/files/CEV.pdf) kritisierte Yudkowsky das Konzept, weil es schwerer umzusetzen sei und weil nicht klar sei, ob es zu irgendetwas Wohldefiniertem führen würde (letzter Zugriff: 3. 9. 2017).

5 Steve Omohundros Artikel über die Entstehung von KI-Zielen: »The Basic AI Drives« ist online verfügbar unter: http://tinyurl.com/omohundro2008 (letzter Zugriff: 3. 9. 2017). Ursprünglich veröffentlicht in: Pei Wang, Ben Goertzel und Stan Franklin (Hg.), *Artificial General Intelligence 2008: Proceedings of the First AGI Conference*, Amsterdam 2008, S. 483–492.

6 Ich benutze den Begriff »Verbesserung ihrer Software« im weitestmöglichen Sinn. Dazu gehört nicht nur die Optimierung ihrer Algorithmen, sondern auch eine Methode, ihren Entscheidungsfindungsprozess rationaler zu gestalten, so dass sie so gut wie möglich ihre Ziele erreicht.

7 Ein zum Nachdenken anregendes Buch über das, was geschieht, wenn Intelligenz dazu benutzt wird, blind Befehle zu befolgen, ohne deren ethische Grundlage in Frage zu stellen: Hanna Arendt, *Eichmann in Jerusalem: Ein Bericht über die Banalität des Bösen*, München 2013 (Neuauflage). Ein ähnliches Dilemma kommt bei dem jüngsten Vorschlag von Eric Drexler ins Spiel (http://www.fhi.ox.ac.uk/reports/2015-3.pdf – letzter Zugriff: 3. 9. 2017), eine Superintelligenz durch ihre Aufsplitterung in einfache Bruchstücke unter Kontrolle zu halten, da die Einzelteile keinen Zugriff auf das ganze Bild haben. Sollte das funktionieren, stünde erneut ein unglaublich leistungsfähiges Werkzeug ohne einen eigenen moralischen Kompass zur Verfügung, das ohne moralische Skrupel jede Marotte seines Eigentümers in die Tat umsetzte. Das erinnert an die aufgesplitterte Bürokratie in einer dystopischen Diktatur: Eine Abteilung baut Waffen, ohne zu wissen, wozu sie benutzt werden, eine andere exekutiert Gefangene, ohne zu wissen, wofür sie verurteilt wurden, und so weiter.

8 Eine moderne Variante der Goldenen Regel ist John Rawls' Vorstellung einer hypothetischen Situation, die gerecht ist, wenn niemand sie verändern würde, ohne im Voraus zu wissen, welche Person darin man wäre.

9 Isaac Asimov, *Meine Freunde, die Roboter*, München 1982, S. 67.

10 So stellte sich zum Beispiel heraus, dass viele von Hitlers Spitzenbeamten einen recht hohen IQ hatten. Siehe: »How Accurate Were the IQ Scores of the High-Ranking Third Reich Officials Tried at Nuremberg?«, in: *Quora*, online verfügbar unter: http://tinyurl.com/nurembergiq (letzter Zugriff: 3. 9. 2017).

Kapitel 8

1 Der Eintrag über Bewusstsein von Stuart Sutherland ist recht amüsant: *Macmillan Dictionary of Psychology*, London 1989.
2 Erwin Schrödinger, einer der Begründer der Quantenmechanik, machte die erwähnte Bemerkung in seinem Buch *Geist und Materie*, während er über die Vergangenheit nachdachte – und was passiert wäre, wenn sich bewusstes Leben gar nicht erst entwickelt hätte. Andererseits lässt der Aufstieg der KI tatsächlich die logische Möglichkeit zu, dass wir in der *Zukunft* vor leeren Bänken spielen könnten.
3 Die *Stanford Encyclopedia of Philosophy* gibt einen ausführlichen Überblick über unterschiedliche Definitionen und Anwendungen des Wortes »Bewusstsein«: http://tinyurl.com/stanfordconsciousness (letzter Zugriff: 3. 9. 2017).
4 Yuval Noah Harari, *Homo Deus*, München 2017, S. 162.
5 Eine alternative Sichtweise ist der *Substanzdualismus* – der besagt, dass lebende Wesen sich von unbelebten Wesen unterscheiden, weil sie einige nichtphysikalische Substanzen wie eine »Anima«, einen »élan vital« oder eine »Seele« haben. Von Wissenschaftlern wird der Substanzdualismus kaum noch unterstützt. Um zu verstehen, warum das so ist, bedenken Sie, dass Ihr Körper aus ungefähr 10^{29} Quarks und Elektronen besteht, die sich, soweit wir wissen, einfachen Naturgesetzen zufolge bewegen. Stellen Sie sich eine künftige Technik vor, die in der Lage ist, alle Ihre Teilchen zu verfolgen. Sollte sich zeigen, dass sie die Naturgesetze genauestens befolgen, dann hat Ihre angebliche Seele keine Auswirkungen auf Ihre Teilchen, so dass Ihr bewusster Geist und dessen Fähigkeit, Ihre Bewegungen zu kontrollieren, nichts mit einer Seele zu tun haben. Sollte sich herausstellen, dass Ihre Teilchen stattdessen den bekannten Naturgesetzen nicht gehorchen, weil sie von Ihrer Seele herumgeschubst werden, dann wäre die neue Größe, die diese Kräfte hervorruft, definitionsgemäß eine physikalische Größe, die wir studieren können, wie wir neue Felder und neue Teilchen schon in der Vergangenheit studiert haben.
6 Ich verwende das Wort »Qualia« gemäß der Lexikondefinition in der Bedeutung individueller Vorgänge subjektiven Erlebens – das heißt, es geht um das subjektive Erlebnis selbst und nicht um irgendeine angebliche Substanz, die das Erlebnis hervorruft. Bedenken Sie, dass manche Leute das Wort anders auslegen.
7 Ursprünglich hatte ich das WSP das *sehr schwierige Problem* genannt, aber nachdem ich dieses Kapitel David Chalmers gezeigt hatte, schickte er mir per E-Mail den schlauen Vorschlag, daraus das »*wirklich* schwierige Problem« zu machen, damit es dem entspricht, was er wirklich meinte: »Da die ersten beiden Probleme (zumindest so, wie sie formuliert sind) nicht wirklich zum schwierigen Problem gehören, wie ich es mir vorstelle, während es beim dritten Problem der Fall ist, sollten Sie für das dritte Problem vielleicht ›wirklich schwierig‹ verwenden, statt ›sehr schwierig‹, damit es meiner Verwendung entspricht.«
8 Wenn unsere materielle Wirklichkeit ganz und gar mathematisch ist (grob gesagt, auf Information basiert), wie ich es in meinem Buch *Unser mathematisches Universum* untersucht habe, dann liegt kein Aspekt der

Wirklichkeit – nicht einmal das Bewusstsein – jenseits der Reichweite der Wissenschaft. Tatsächlich ist das wirklich schwierige Problem des Bewusstseins aus dieser Perspektive genau dasselbe Problem wie das Verständnis dafür, wie sich etwas Mathematisches materiell anfühlen kann: Falls ein Teil der mathematischen Struktur bewusst ist, wird es den Rest als seine externe materielle Welt erleben.

9 Ausgezeichnete Einführung in »System 1« und »System 2« von einem Pionier auf dem Gebiet: Daniel Kahneman, *Schnelles Denken, langsames Denken*, Berlin 2012.

10 Siehe Christof Koch, *Bewusstsein – ein neurobiologisches Rätsel*, Wiesbaden 2014 (Nachdruck).

11 Vielleicht sind wir uns nur eines winzigen Bruchteils (etwa 10–50 Bits) der Informationen bewusst, die jede Sekunde in unser Gehirn strömen: K. Kupfmüller, »Nachrichtenverarbeitung im Menschen«, in: K. Steinbuch, (Hg.), *Taschenbuch der Nachrichtenverarbeitung*, Berlin-Göttingen-Heidelberg 1962, S. 1481–1502.; Tor Nørretranders, *Spüre die Welt – die Wissenschaft des Bewusstseins*, Reinbek 1994.

12 Michio Kaku, *Die Physik des Bewusstseins: Über die Zukunft des Geistes*, Reinbek 2014; Jeff Hawkins und Sandra Blakeslee, *Die Zukunft der Intelligenz*, Reinbek 2006; Stanislas Dehaene, Michel Kerszberg und Jean-Pierre Changeux, »A Neuronal Model of a Global Workspace in Effortful Cognitive Tasks«, in: *Proceedings of the National Academy of Sciences*, 95, 1998, S. 14529–14534.

13 Video, das Penfields berühmtes Experiment »Ich kann verbrannten Toast riechen«, feiert: https://www.youtube.com/watch?v=8uUvWmXUodE (letzter Zugriff: 3. 9. 2017). Details zum sensomotorischen Cortex: Elaine Marieb und Katja Hoehn, *Human Anatomy & Physiology*, 3. Auflage, NJ 2008, S. 391–395.

14 Die Untersuchung neuronaler Korrelate des Bewusstseins (NCC) hat sich in letzter Zeit in der Gemeinde der Neurowissenschaftler etabliert – siehe zum Beispiel Geraint Rees, Gabriel Kreiman und Christof Koch, »Neural correlates of consciousness in humans«, in: *Nature Reviews Neuroscience*, 3, 2002, S. 261–270; Thomas Metzinger, *Neural Correlates of Consciousness: Empirical and Conceptual Questions*, Cambridge, MA 2000.

15 Wie Continuous Flash Suppression funktioniert: Christof Koch, *Bewusstsein – ein neurobiologisches Rätsel*, Wiesbaden 2014 (Nachdruck); Christof Koch und Naotsugu Tsuchiya, »Continuous flash suppression reduces negative afterimages«, in: *Nature Neuroscience*, 8, 2005, S. 1096–1101.

16 Christof Koch, Marcello Massimini, Melanie Boly und Giulio Tononi, »Neural Correlates of Consciousness: Progress and Problems«, in: *Nature Reviews Neuroscience*, 17, 2016, S. 307.

17 Siehe Koch, »*Bewusstsein – ein neurobiologisches Rätsel*«, S. 284 und weiterführende Diskussionen in der *Stanford Encyclopedia of Philosophy*, online verfügbar unter: http://tinyurl.com/consciousnessdelay (letzter Zugriff: 3. 9. 2017).

18 Über die Synchronisierung bewusster Wahrnehmung: David Eagleman, *The Brain: Die Geschichte von dir*, München 2015 sowie *Stanford Encyclopedia of Philosophy*, online verfügbar unter: http://tinyurl.com/consciousnesssync (letzter Zugriff: 3. 9. 2017).

19 Benjamin Libet, *Mind Time – wie das Gehirn Bewusstsein produziert*, Frankfurt 2007; Chun Siong Soon, Marcel Brass, Hans-Jochen Heinze, John-Dylan Haynes, »Unconscious determinants of free decisions in the human brain«, in: *Nature Neuroscience*, 11, 2008, S. 543–545, online verfügbar unter: http://www.nature.com/neuro/journal/v11/n5/full/nn.2112.html (letzter Zugriff: 3. 9. 2017).

20 Beispiele jüngster theoretischer Ansätze zum Bewusstsein: Daniel Dennett, *Philosophie des menschlichen Bewusstseins*, Hamburg 1994; Bernard Baars, *Das Schauspiel des Denkens: Neurowissenschaftliche Erkundungen*, Stuttgart 1998; Christof Koch, *Bewusstsein – ein neurobiologisches Rätsel*, Wiesbaden 2014 (Nachdruck); Gerald Edelman und Giulio Tononi, *Gehirn und Geist: Wie aus Materie Bewusstsein entsteht*, München 2002; António Damásio, *Selbst ist der Mensch: Körper, Geist und die Entstehung des menschlichen Bewusstseins*, Berlin 2011; Stanislas Dehaene, *Denken: Wie das Gehirn Bewusstsein schafft*, München 2014; Stanislas Dehaene, Michel Kerszberg und Jean-Pierre Changeux, »A Neuronal Model of a Global Workspace in Effortful Cognitive Tasks«, in: *Proceedings of the National Academy of Sciences*, 95, 1998, S. 14529–14534; Stanislas Dehaene, Lucie Charles, Jean-Rémi King und Sébastien Marti, »Toward a computational theory of conscious processing«, in: *Current Opinion in Neurobiology*, 25, 2014, S. 760–784.

21 Ausführliche Diskussion über unterschiedliche Anwendungen des Begriffs »Emergenz« in *Physik und Philosophie* von David Chalmers, online verfügbar unter: http://cse3521.artifice.cc/Chalmers-Emergence.pdf (letzter Zugriff: 3. 9. 2017).

22 Meine Argumentation, Bewusstsein sei die Art und Weise, wie Information sich anfühlt, wenn sie in einem bestimmten, komplexen Verfahren verarbeitet wird, ist online verfügbar unter: https://arxiv.org/abs/physics/0510188 und https://arxiv.org/abs/0704.0646, (letzter Zugriff: 3. 9. 2017). Siehe zudem: Max Tegmark, *Unser mathematisches Universum*, Berlin 2014. David Chalmers äußert eine ähnliche Ansicht in seinem 1996 erschienenen Buch *The Conscious Mind*: »Erfahrung ist Information, die von innen kommt, Physik ist Information, die von außen kommt«.

23 Adenauer Casali et al., »A Theoretically Based Index of Consciousness Independent of Sensory Processing and Behavior«, in: *Science Translational Medicine*, 5, 2013, 198ra105, online verfügbar unter: http://tinyurl.com/zapzip (letzter Zugriff: 3. 9. 2017).

24 Die Theorie der Integrierten Information lässt sich nicht auf kontinuierliche Systeme anwenden. Online verfügbar unter: https://arxiv.org/abs/1401.1219 (letzter Zugriff: 3. 9. 2017); siehe zudem http://journal.frontiersin.org/article/10.3389/fpsyg.2014.00063 (letzter Zugriff: 3. 9. 2017); und https://arxiv.org/abs/1601.02626 (letzter Zugriff: 3. 9. 2017).

25 Obwohl ich früher *Perceptronium* als ein Synonym für Sentronium benutzt habe, lässt dieser Name auf eine zu eng gefasste Definition schließen, zumal »Perzepte« (Resultate eines Wahrnehmungsvorgangs) lediglich jene subjektiven Erfahrungen sind, die wir auf der Grundlage von Sinneseindrücken wahrnehmen – was zum Beispiel Träume und selbst erzeugte Gedanken ausschließt.

26 Interview mit Clive Wearing, dessen Kurzzeitgedächtnis nur

30 Sekunden anhält, online verfügbar unter: https://www.youtube.com/watch?v=WmzU47i2xgw (letzter Zugriff: 3. 9. 2017).

27 Scott Aaronsons Kritik an der IIT, online verfügbar unter: http://www.scottaaronson.com/blog/?p=1799 (letzter Zugriff: 3. 9. 2017).

28 Cerrullos Kritik an der IIT, die darauf hinausläuft, dass Integration keine hinreichende Bedingung für Bewusstsein ist. Online verfügbar unter: http://tinyurl.com/cerrullocritique (letzter Zugriff: 3. 9. 2017).

29 Die Vorhersage der IIT, dass simulierte Menschen Zombies sein werden, ist online verfügbar unter: http://rstb.royalsocietypublishing.org/content/370/1668/20140167 (letzter Zugriff: 3. 9. 2017).

30 Es gibt eine latente Spannung zwischen dieser Behauptung und der Vorstellung, das Bewusstsein sei substratunabhängig, denn wenngleich die Informationsverarbeitung auf der niedrigsten Stufe anders sein sollte, ist sie definitionsgemäß auf höheren Stufen, wo sie Verhaltensweisen bestimmt, identisch.

31 Shanahans Kritik an der IIT, online verfügbar unter: http://arxiv.org/ftp/arxiv/papers/1504/1504.05696.pdf (letzter Zugriff: 3. 9. 2017).

32 Blindsehen, online verfügbar unter: http://tinyurl.com/blindsight-paper (letzter Zugriff: 3. 9. 2017).

33 Vielleicht sind wir uns nur eines winzigen Bruchteils (etwa 10–50 Bits) der Information bewusst, die in jeder Sekunde in unser Gehirn hereinkommt: K. Kupfmüller, *Nachrichtenverarbeitung im Menschen*; Tor Nørretranders, *Spüre die Welt.*

34 Gründe für und gegen »Bewusstsein ohne Zugriff«: Victor Lamme, »How Neuroscience Will Change Our View on Consciousness«, in: *Cognitive Neuroscience,* 2010, S. 204–220, online verfügbar unter: http:/www.tandfonline.com/doi/abs/10.1080/17588921003731586 (letzter Zugriff: 3. 9. 2017).

35 »Selektiver Aufmerksamkeitstest« online verfügbar unter: https://www.youtube.com/watch?v=vJG698U2Mvo (letzter Zugriff: 3. 9. 2017).

36 Siehe Lamme, »How Neuroscience Will Change our View on Consciousness«, Anm. 34.

37 Diese und ähnliche Themen werden ausführlich in Daniel Dennetts Buch *Philosophie des menschlichen Bewusstseins* erklärt.

38 Siehe Kahnemann, *Schnelles Denken, langsames Denken,* zitiert in Anm. 9.

39 Die *Stanford Encyclopedia of Philosophy* bespricht die Kontroverse um den freien Willen, online verfügbar unter: https://plato.stanford.edu/entries/freewill (letzter Zugriff: 3. 9. 2017).

40 Video von Seth Lloyd, in dem er erklärt, warum eine KI das Gefühl haben wird, einen freien Willen zu haben, online verfügbar unter: https://www.youtube.com/watch?v=Epj3DF8jDWk (letzter Zugriff: 3. 9. 2017).

41 Siehe Steven Weinberg, *Dreams of a Final Theory: The Search for the Fundamental Laws of Nature,* New York 1992.

42 Die erste gründliche wissenschaftliche Analyse unserer fernen Zukunft: Freeman J. Dyson, »Time Without End: Physics and Biology in an Open Universe«, in: *Reviews of Modern Physics* 51. Nr. 3, 1979, S. 447, online verfügbar unter: http://blog.regehr.org/extra_files/dyson.pdf (letzter Zugriff: 3. 9. 2017).

Nachwort

1 Foundational Questions Institut: http://fqxi.org (letzter Zugriff: 3. 9. 2017).
2 Der offene Brief (http://futureoflife.org/ai-open-letter/), der aus der Konferenz in Puerto Rico hervorging. Er hob hervor, dass die Forschung über Methoden, KI-Systeme robust und nutzbringend zu gestalten, wichtig sei. Außerdem müsse sie frühzeitig genug stattfinden, und es gebe konkrete Forschungsrichtungen, die schon heute eingeschlagen werden können, wie es in diesem Dokument über Forschungsprioritäten veranschaulicht wird: http://futureoflife.org/data/documents/research_priorities.pdf (letzter Zugriff: 3. 9. 2017).
3 Diese Erfahrung brachte mich außerdem dazu, neu darüber nachzudenken, wie ich persönlich Nachrichten interpretiere. Wenngleich mir offensichtlich klar war, dass die meisten Nachrichtenkanäle ihre eigene politische Agenda haben, erkannte ich jetzt, dass sie zusätzlich noch tendenziell vom Mittelpunkt aller Themen abweichen, selbst wenn es um nichtpolitische Themen geht.
4 Mein Video-Interview mit Elon Musk über KI-Sicherheit finden Sie auf YouTube: https://www.youtube.com/watch?v=rBw0eoZTY-g (letzter Zugriff: 3. 9. 2017).
5 Gute Videozusammenstellung fast aller Landeversuche von SpaceX-Raketen, die in der ersten erfolgreichen Landung auf dem Meer gipfeln: https://www.youtube.com/watch?v=AllaFzIPaG4 (letzter Zugriff: 3. 9. 2017).
6 Elon Musks Tweet über unseren Wettbewerb um Fördergeld für KI-Sicherheitsforschung: https://twitter.com/elonmusk/status/555743387056226304 (letzter Zugriff: 3. 9. 2017).
7 Elon Musks Tweet über unseren offenen Brief zum Thema KI-Sicherheit: https://twitter.com/elonmusk/status/554320532133650432 (letzter Zugriff: 3. 9. 2017).
8 Erik Sofge macht sich in »An Open Letter to Everyone Tricked into Fearing Artificial Intelligence« (*Popular Science*, 14. Januar 2015) über die Panikmache in der Berichterstattung zu unserem offenen Brief lustig: http://www.popsci.com/open-letter-everyone-tricked-fearing-ai (letzter Zugriff: 3. 9. 2017).
9 Elon Musks Tweet über seine große Spende an uns und die Welt der KI-Sicherheitsforscher: https://twitter.com/elonmusk/status/555743387056226304 (letzter Zugriff: 3. 9. 2017).
10 Die KI-Partnerschaft, von der Menschen und Gesellschaft profitieren sollen: https://www.partnershiponai.org (letzter Zugriff: 3. 9. 2017).
11 Beispiele für jüngste Berichte über KI, die Meinungen zum Ausdruck bringen: One Hundred Year Study on Artificial Intelligence and Life in 2030 (September 2016) unter http://tinyurl.com/stanfordai; Bericht des Weißen Hauses über die Zukunft der KI: http://tinyurl.com/obamaAIreport; Bericht des Weißen Hauses über KI und Arbeitsplätze: http://tinyurl.com/AIjobsreport; Bericht des IEEE über KI und menschliches Wohlbefinden, »Ethically Aligned Design, Version 1« (13. Dezember 2016): http://standards.ieee.org/develop/indconn/ec/ead_v1.pdf; Entwicklungsplan für US Robotics: http://tinyurl.com/roboticsmap (letzter Zugriff: 3. 9. 2017).

12 Unter den Prinzipien, die es nicht in meine Endfassung schafften, war dieses hier einer meiner Favoriten: »Vorsicht bei Bewusstsein: Da es keinen Konsens gibt, sollten wir forsche Vermutungen darüber vermeiden, ob fortgeschrittene KI Bewusstein oder Gefühle besitzt oder erwerben kann.« Diese Formulierung wurde häufig redigiert, und in der letzten Fassung wurde das umstrittene Wort »Bewusstsein« durch »subjektives Erleben« ersetzt – trotzdem erhielt das Prinzip nur 88 Prozent Zustimmung und verfehlte knapp die 90-Prozent-Marke, die für eine Annahme erforderlich war.

13 Falls Sie sich anschließen und unterschreiben möchten, dann können Sie es hier tun: http://futureoflife.org/ai-priciples (letzter Zugriff: 3. 9. 2017).

14 Podiumsdiskussion über Superintelligenz mit Elon Musk und anderen klugen Köpfen: http://tinyurl.com/asilomarAI (letzter Zugriff: 3. 9. 2017).

Register

1984 (Orwell) 289
1984 (Szenario) 244 f., 286–290, 301

A Beautiful Question (Wilczek) 401
AAAI s. Association for the Advancement of Artificial Intelligence
Aaronson, Scott 426, 453 f., 461
Abraham (biblische Gestalt) 273
Achtsamer Optimismus 495 f.
Acton, Lord 204
Adams, Douglas 508
Aguirre, Anthony 56, 474 f., 481, 484, 487 f., 506
Air France, Flug 447 151
Air Inter, Flug 148 151
AKI (Allgemeine Künstliche Intelligenz) 11, 50, 52, 54 f., 64, 66 ff., 75, 77 f., 82, 195–198, 200 ff., 233–236, 239, 241, 250, 285, 289, 300 f., 386, 407, 497, 500
Aktienmarkt 16, 34, 96, 122
Alcor 252
Alda, Alan 477
Algorithmen 45 f., 109, 111, 120, 146, 151, 160, 165, 184, 198, 351, 357, 379, 414, 463, 510
Allen Institute for Brain Science 420
Allgemeine Erklärung der Menschenrechte 405, 407
Alone in the Universe (Gribbin) 509
AlphaGo 122, 131–135, 385, 422, 500
Altes Testament 273
Amazon 13 f., 18, 20, 24, 172, 174, 237, 486; s. a. MTurk
Amische 244, 249, 290
Androiden 231
Animationsfilme 19 f., 22
Apokalypse 365, 342, 421, 467
Apple 139, 182, 205, 472
Aramco 156
Arbeitslosigkeit 33, 35, 185, 189, 194, 498 f.
Arbeitsmarkt 125 f., 178, 184 f., 187 f., 200; s. a. Jobs
Arcade-Spiele 122
Archipow, Wassili 169, 294, 503
Ariane 5 (Rakete) 144
Aristoteles 273 f., 400, 427
Ashley Madison 156
Asilomar-Konferenz 471, 473, 485–488, 493 ff.
Asimov, Isaac 291, 406, 471
Association for the Advancement of Artificial Intelligence (AAAI) 60, 149, 172 f., 269
Atari 83, 127 f., 130
Athletischer Quotient (AQ) 500
Atome 42 f., 90, 97, 103, 106, 109, 260, 281, 306, 319, 321, 324, 326, 331, 343, 345, 384, 429, 508
Atomkrieg 30, 142, 293 f., 296 ff.
Augustinus, hl. 506
Ausbruchsrisiko 17 ff., 206, 208 ff., 214, 216, 220 f., 223, 270, 277
Außerirdische 43, 238, 281, 301, 336 f., 360, 363 ff., 458, 466
Auto-assoziatives Gedächtnis 94 f.
Automatisches Untertiteln 96
Automatisierung 61, 73 f., 141, 167, 181–185, 190, 490
Autonome Waffensysteme (AWS) 61, 141, 166 ff., 170 f., 174 ff., 199, 492, 497
Autopilot 151, 177, 408, 502
Autos, selbstfahrende 69 f., 120 f., 149 f., 154, 163 f., 177, 199, 385, 387, 415, 422, 424

B-59 (sowjetisches U-Boot) 168 f.
BAI s. Nutzbringende-KI-Bewegung
Baidu 54, 139, 472
Bakterien 43, 45, 47, 49, 93, 348, 382, 392
Ball, John A. 363
Barnes, Julian 258

Baryonische Materie 306
»Bashdoor«-Fehler 157
Baxter-Industrieroboter 54
Belohnungen / Belohnungsfunktion 129, 220, 369, 381 f., 398, 413
Berechenbare Funktionen 110, 500
Berufe 182 ff., 186, 188, 200; s. a. Jobs
Besiedlung s. Kosmische Besiedlung
Bewusstsein 39 f., 62, 69 f., 72, 75 f., 78, 80, 166, 223, 242, 245, 263, 272 f., 275, 283 f., 347, 349, 383, 397, 404, 406 f., 414, 419–446, 448–465, 467 ff., 512, 514, 516
Bewusstsein, physikalische Korrelate 445
Bhagavad Gita 401
Big Dog (Roboter) 131
Bildklassifikation 432
binäres Multiplikationsgatter 114
Black Mirror (Sciencefictionserie) 231, 272
Blandford-Znajek-Prozess 319
Bletchley Park 268
Blindsehen 455
Blogosphäre 16
Bodin, Magnus 93
Borg (Figur aus *Star Trek*) 231, 358
Bostrom, Nick 56 f., 131, 208, 225, 236 f., 272, 280, 347, 392, 410 f., 477, 482, 493, 505, 509
Boxing (Videospiel) 130
Brain, Marshall 241, 252, 259, 261
Breakout (Atari-Spiel) 83, 127 f., 130
Breakthrough Listen (Projekt) 364
Brooks, Rodney 54, 71
Brynjolfsson, Erik 178 f., 181 f., 191, 495 f.
Bündchen, Gisele 182
Büroklammermaximierung 280 f., 284, 359
Bussard, Robert 332
Bussard-Antrieb 332, 336

C. elegans (Wurm) 438
Calhoun, John C. 274
Cameron, James 19
Candidatus Carsonella ruddii 93
Captcha-Rätsel 121
Carlsen, Magnus 109
Centre for the Study of Existential Risk 486
Chalmers, David 423–426, 454, 493, 512
Chandrasekhar, Subrahmanyan 354
Chandrasekhar-Grenze 354
Chatham-Haus-Regel 479, 481
Chita-Tegmark, Meia 51, 56, 112, 233, 471 f., 475 f., 480 ff., 488, 496
Christiano, Paul 505
Chrysler 182
Church, Alonzo 500
Citadel 476
Clark, Gregory 188
Cloud 14, 16, 18, 20, 22 ff., 166, 222, 237 f.
Cloud-Rechenzeit 14, 22
Codex Hammurapi 273
Comcast 23
Computer 17 f., 24, 26, 48, 66, 80, 84 ff., 91–94, 96, 99, 101 f., 104 f., 107 ff., 118–122, 143 f., 146, 155–158, 164 ff., 183, 186 f., 196 ff., 207, 216–220, 222, 230, 232, 235, 238, 241, 246, 260, 262 f., 265, 278, 280, 286, 322 f., 325, 339, 346, 349, 362, 386 f., 389 f., 396, 411, 427 f., 448–451, 454, 463, 475; s. a. Quantencomputer; Supercomputer
Computer, universelle 86, 101 f., 451
Computerspiele 15–19, 81, 102, 122, 126 f., 222, 255, 450
Computronium 99, 101, 124, 449 ff.
Conn, Ariel 493
Contact (Film) 339
Contact (Sagan) 336
Continuous Flash Suppression (CFS) 439 f.
Cook, Scott 182
Corey, Irwin 125
Cortana 121
CPU (Hauptprozessor) 108, 323
Crane, Louis 315
Crick, Francis 420, 438
Cybenko, George 113
Cyberkriegsführung 160, 177 f.
Cyborgs (kybernetische Organismen) 65, 74 f., 225, 231 f., 234, 240, 242 f., 246, 249 ff., 259

Daily Mail 69
Damásio, António 380

Damon, Matt 182
DARPA (Defense Advanced Research Projects Agency) 145
Dartmouth College 66
Darwin, Charles 119, 377, 379, 394, 416
Das Geheimnis des menschlichen Denkens (Kurzweil) 105
Das sechste Sterben (Kolbert) 277
Davey, Tucker 493
Davies, Paul 509
De La Beckwith, Jr., Byron 159
Deep Blue (Schachcomputer) 81, 119 f., 275, 385, 500
DeepMind 58, 81, 121, 126–133, 139, 471, 474, 486
Dehaene, Stanislas 439
Der Sternenmacher (Stapledon) 307, 363
Descartes, René 431
Deutsch, David 108, 500
Deutschland, Geburtenrate 251
Dewey, Daniel 477
Die Brüder Karamasow (Dostojewski) 371
Die Foundation-Trilogie (Asimov) 291
Die Zukunft der Intelligenz (Hawkins) 275
Dietterich, Tom 60, 269
Digitale Utopisten 51–54, 77
Digitales Athen 178 f.
Diskettenlaufwerk 92 f.
Disney 20, 23
Dissipation 375, 377 f., 384, 409, 416
DNS 43 ff., 47, 119, 209, 232, 251
Dostojewski, Fjodor 371
DQN (KI-System) 81
Dr. Seltsam oder: Wie ich lernte, die Bombe zu lieben (Film) 298
Drake, Frank 361
Drei Gesetze der Robotik 406
Drexler, Eric 288, 510
Drohnen 165 f., 168, 171, 174, 206, 299; s. a. Killerdrohnen
Dunkle Energie 328, 330, 333, 335, 337–340, 342, 344, 346, 349, 351 ff., 357 ff., 369
Dunkle Materie 508
Dyson, Freeman 306 f., 331, 340 ff., 345 f., 367, 466
Dysonsphäre 281, 307–313, 318 f., 332 f.
$E = mc^2$ 312 f., 320
Eckert, Presper 107
Effizienz 113, 199, 271, 312–316, 318 f., 322, 325, 331, 340, 346 f., 507
Egalitäres Utopia (Szenario) 243, 245, 259–264, 283, 301
Eichmann, Adolf 400
Eine Geschichte der Welt in 10 1/2 Kapiteln (Barnes) 258
Eine kurze Geschichte der Zeit (Hawking) 314
Ein-Kind-Politik 282 f.
Einkommen 180 f., 190–193, 195; s. a. Grundeinkommen
Einstein, Albert 261, 307, 312, 320, 328, 339, 344, 432, 444
Elefanten 278
Elektromagnetische Pulse (EMP) 294 f., 297
Elektronen 42, 67, 90, 107, 306, 319 ff., 332, 335, 424, 511
Eliot, T. S. 343
E-Mail 90, 137, 156 f., 204, 214, 281, 288
Emergenz 445 f., 450
Emerson, Ralph Waldo 371
Emulationen (Ems) s. Uploads
Energie 88 f., 91, 151 f., 260, 306 f., 312–323, 325, 330 f., 333, 338 f., 341 f., 346 f., 351 f., 368, 375–378, 415, 478, 508 f.
Engines of Creation (Drexler) 288
England, Jeremy 375
Entropie 374, 376, 384, 413–416
Ergosphäre 316 f.
Erinnerungen 94 f., 109 f., 117, 119, 122, 335, 450, 452, 457, 462; s. a. Gedächtnis
Eroberer (Szenario) 244 f., 277–282, 302
Ethics and Governance of Artificial Intelligence Fund 487
Ethik 64, 176 f., 389, 400–404, 407 f., 410 f., 415, 417, 420, 490, 497
Europäische Union 226
Europäische Weltraumorganisation 144
Evers, Medgar 159
Evolution 44 f., 48 ff., 53, 63, 77, 93, 113, 119, 233 f., 254, 281, 324,

361 f., 378–382, 384, 394, 411, 413 f., 416, 461, 499
Ex Machina (Film) 270, 285
Expander 336
Explosionen 236 f.
Exponentielles Wachstum 104, 106

Facebook 13, 139, 173, 182, 213, 472, 486
Faraday'scher Käfig 214
Farewell to Alms (Clark) 188
Feedforward-Netzwerk 113, 118
Fermat'sches Prinzip 373
Fermi-Paradoxon 365
Filme 15, 19–23, 30 ff.
Finanzwesen 71, 146, 177, 184, 199
Flagellen 45
»Flash Crash« von 2010 146 f., 386
FLI (Future of Life Institute) 39, 56 f., 76, 170, 173, 300, 472, 474 ff., 478, 486 f., 493, 495, 501
FLOPS (Gleitkommaoperationen) 105, 196 ff., 505
fMRT (funktionelle Magnetresonanztomographie) 162, 437, 475, 503
Ford Motors 148, 182, 475
Fortpflanzung 378–381, 384 f., 392, 398, 409, 411, 416, 461
Forward, Robert L. 308, 332 ff.
Fox 23
Franziskus, Papst 400
Freer, Cameron 414
Freier Wille 443, 462 ff., 469
Fremde-Hand-Syndrom 456
Freundliche KI 65, 221, 286, 301, 387, 393, 397, 399, 411, 415, 510
Frisbee 120 f.
Frost, Robert 343
Fügsamkeit 391
Funktionen 95–99, 108 ff., 112 f., 116, 500
Future of Humanity Institute 355, 472, 486
Future of Life Institute siehe FLI

Gale, Jesse 484
Galilei, Galileo 430 f., 446 f.
Gastfriend, Eric 484
Gates, Bill 57, 69, 248
Gedächtnis 94, 120, 123 f.; s. a. Erinnerungen
Gefühle 70, 133, 194, 243, 251, 274 f., 380–283, 409, 416
Gehirn 46 ff., 67, 84, 88, 94, 101, 105, 110 f., 116–119, 196 ff., 207, 226, 230, 232 ff., 250 f., 262, 264 f., 274, 346 ff., 380 ff., 392, 423 ff., 427 ff., 432–446, 448, 455 f., 458 f., 461, 463 f., 468, 505
Gene 93 f., 119, 362, 380 ff., 398 f., 402, 416
General Motors 182
Germanwings Flug 9525 408
Gesetz des sich beschleunigenden Nutzens 105
Gesetze und Rechtssysteme 37, 74, 76, 123 f., 141, 158–162, 184, 199, 226, 229, 402, 490, 494, 497
Gesundheitswesen 27, 36, 153 f.
Gewalt – eine neue Geschichte der Menschheit (Pinker) 409
Gibson, William 71
Glasfaserleiter 90 f.
Gleitkommaoperationen s. FLOPS
Globale Erwärmung 86, 287, 507
Globalisierung 181, 228
Go 58, 80, 83, 85, 122 f., 131–135, 385, 396, 424; s. a. AlphaGo
Gödel, Kurt 307
Goertzel, Ben 82, 266
GOFAI (Good Old-Fashioned AI) 133–136, 139
Goldene Regel 402, 511
Good, Irving J. 12, 56, 201
Google 24, 51, 53 f., 58, 81, 120, 132, 136 f., 139, 150, 173, 182, 472, 474, 486
Google Now 121
Google Übersetzer 136, 139
Gorbatschow, Michail 296
Gott 265–268, 284
Grace, Katja 505
Gravitationswellen 344, 444
Gribbin, John 509
Griffiths, Andy 51
Grigojewitsch, Walentin 169
Großer Filter 365
Grundeinkommen 191 f., 249, 259 f.
Gubrud, Mark 82
Guidice, Rick 310
Guinness Buch der Rekorde 304
Gütefunktion 412 f.

Hacker 16, 141, 155 ff., 160, 177, 215–218, 220, 222
HACMS (hoch zuverlässige Cyber-Militärsysteme) 145
Hanson, Robin 231, 365
Harari, Yuval Noah 422
Hardware 24, 26, 43–46, 48 f., 63, 77, 81, 84, 104, 108, 154, 196, 198, 218, 237, 352, 379, 393 f., 410, 450, 455, 475
Hardwareüberschuss 237
Harris, Sam 493
Harrison, Edward Robert 79
Hassabis, Demis 58, 129, 474, 493
Hawking, Stephen 57, 69, 173, 267, 314 f., 476, 484
Hawking-Strahlung 315, 508
Hawkins, Jeff 120, 275
»Heartbleed«-Fehler 157
Heartland Payment Systems 156
Hebb, Donald 117
Hebb'sche Lernregel 117 f.
Hedgefonds 15
Heisenberg, Werner 41
Heliumkerne 42
Hemineglect 435
Her (Film) 284
Herald of Free Enterprise (Fähre) 150
Hierarchien 226–210, 240, 349 f., 352
Hitler, Adolf 204, 267, 400
HITs (Human Intelligence Tasks) 14
Holliger, Philipp 93
Homo Deus (Harari) 422
Hopfield, John 95, 110, 117
Hornik, Kurt 113
Houdini, Harry 221
Hoyle, Fred 506
Huffington, Arianna 57
Huffington Post 57
Hulu 22
Humanitäre Allianz (fiktive Nichtregierungsorganisation) 36
Hut, Piet 430
Hutter, Marcus 414

IBM 81, 119 f., 184, 241, 275, 472, 486
IEEE 487
IIT (Integrierte Informationstheorie) 446–449, 453–456, 461
»ILOVEYOU«-Wurm 156, 161
Industrielle Revolution 185 f., 287
Inflationstheorie 106, 326, 330, 355
Information 43, 45–48, 87–91, 94–98, 102 f., 108, 113, 117 ff., 129, 155, 230, 348 f., 351 f., 357, 368 f., 423 ff., 427 f., 431, 433, 435, 438 f., 442, 446–449, 451 ff., 456, 458–462, 468
Inhaltsüberschuss 237
Insekten, Flugbahnen 510
Institute for Advanced Study 401
Intelligente Agenten 43, 129 f., 413
Intelligenz 12, 37, 46, 50, 58, 62–65, 71 ff., 75 ff., 78–84, 86 f., 91, 96, 103 f., 109, 111, 122 f., 140, 148, 166, 188, 195 f., 202, 221, 224, 231, 237, 280, 362, 364, 386, 390 f., 397, 399, 405, 410, 414, 416, 421, 423, 425, 467, 471, 474, 499
Intelligenz, universelle 64, 86 f.
Intelligenzexplosion 12, 65, 73 f., 76, 237 ff., 264, 304, 335, 355, 365 f., 368, 384, 392, 409
International Campaign for Robotic Arms Control 172
International Joint Conference of Artificial Intelligence 173
Internationale Mathematik-Olympiade 423
Internet 13, 17 f., 28, 32, 48 f., 71 f., 94, 119, 130, 155 f., 191 f., 212 f., 216, 223, 228, 237, 261, 282
Internet der Dinge 155
Interstellar (Film) 339
Intuition 132–135, 140
IQ 80, 83, 123
Iran Air Flug 655 167

James, William 380
Japan, Geburtenrate 251
Jennings, Ken 241
Jeopardy! 83, 85, 120, 242
Jesus von Nazareth 193
Jobs 61, 73 f., 78, 123 f., 181, 183–191, 193 f., 200; s. a. Arbeitsmarkt; Berufe

K & L Gates Endowment for Ethics and Computational Technologies 487

Kahn, Herman 298
Kant, Immanuel 401
Kardaschow, Nikolai 333
Kasparow, Garri 81, 119, 275
Katholische Kirche 272
Kawasaki 148
Ke Jie 135
Kelvin, Lord 374
Kennedy, John F. 175
Kernenergie 42, 67, 143, 152, 177, 223
Kernwaffen, gesalzene 298
Keynes, John Maynard 292
Killerdrohnen 176
Killerroboter 167, 172
KI-Nachwirkungsszenarien 243 ff.
KI-Prinzipien 488–494
KI-Sicherheitsforschung 52, 55, 57, 60, 67 f., 77, 143, 477 f., 480, 482–487, 493 f., 497, 501
Kissinger, Henry 175
Klimawandel 31, 57, 244, 293, 499, 507
Klonen 284
Knight Capital 146
Kobaltbomben 298
Koch, Christof 420, 438 f., 441 f., 446
Kohärenter extrapolierter Wille (KEW) 510
Kohlenstoff 42, 53, 87, 104, 263, 309, 354, 507
Kolbert, Elizabeth 277
Kolumbus, Christoph 230
Kommunikation 155, 177, 228 f., 308, 337 ff., 347, 349 f.
Komplexität 43
Kontrollproblem 230, 238, 269
Kosmische Besiedlung 306, 325 ff., 330, 334 f., 337, 355, 358, 364, 366, 369
Kosmokalypse 293, 340, 342, 344, 367
Kosmozid 408
Krakovna, Viktoriya 56, 475 f., 482, 484
Kramar, Janos 477, 484
Krankenakten 153
Kreativität 80, 125, 132, 134, 140, 183, 186, 200, 261
Kryptographie 228
Kubakrise 168
Kubrick, Stanley 298
Kumar, Revathi Vinoth 484
Kurzweil, Ray 53, 105 f., 131, 232, 246 f., 250, 288, 493

Landminen 168
Landschaft menschlicher Kompetenz 84 f.
Lasersegel 332–335
Leben 1.0 (biologische Stufe) 43–47, 49 f., 63, 77, 118
Leben 2.0 (kulturelle Stufe) 43 f., 46–50, 63, 77, 119
Leben 3.0 (technische Stufe) 43 f., 49 f., 62 f., 77, 87, 301
Legg, Shane 82, 482
Leonardo da Vinci 446
Leptonen 319 ff.
Lernen 45 f., 50, 54, 77, 80, 82 f., 91, 109 ff., 117–124, 131, 389, 449 f.
Lernen, maschinelles 111, 129, 153, 289
Lernen, tiefes 116, 121 f., 128–131, 133, 135, 137 f., 153
Leverhulme Centre for the Future of Intelligence 487
Libertäres Utopia (Szenario) 243, 245–253, 257, 259, 263, 301
Libet, Benjamin 443
Lichtgeschwindigkeit 90, 229, 312, 318, 324, 326, 328–331, 334 ff., 343 f., 347, 349, 356, 358 f., 366, 369, 459, 508
Lichtstahl, Weg 372 f.
Lin, Henry 114 f.
Linde, Andrei 419
Linux 261
Lloyd, Seth 107, 322 f., 346, 463, 509
Löhne s. Einkommen
Lubitz, Andreas 408
Ludditen 287
Lyft 150, 183

Macher-Bewegung 25, 148
Machine Intelligence Research Institute 486
Macmillan Dictionary of Psychology 420
Mallah, Richard 477, 482, 501
Manhattan-Projekt 12
Manna (Brain) 252, 259, 262 f.

Margolus, Norman 99, 450
Mariner I 144
Markram, Henry 505
Mars Climate Orbiter 144
Maslow, Abraham 266, 286
Materie 43, 73, 76, 79, 87, 96 ff., 101, 103 f., 107, 109 f., 114, 122 ff. 138, 195, 303 f., 306, 309, 313 ff., 318–325, 336, 338–342, 346, 351, 365, 368, 382, 384, 409, 430 f., 449 ff., 468, 507 f.
Matrix (Film) 279
Mauchly, John 107
Maxwell, James Clerk 430
McAfee, Andrew 181, 185
McCallum, John 92
McCarthy, John 66
McInnes, Colin 308
McKibben, Bill 287
Menschheit, Vernichtung 279, 281 f., 285, 302, 359, 366 f., 369, 417; s. a. Omnizid
Menschheit 2.0 (Kurzweil) 232, 288
Microsoft 24, 139, 145, 156, 173, 472, 486
Midas, König 388
Milner, Yuri 364
Mind Children (Moravec) 53, 241, 281 f., 303
Minsky, Marvin 66
Modha, Dharmendra 505
Moore'sches Gesetz 104, 106, 124
Moravec, Hans 53, 84 ff., 123, 198, 231 f., 241, 246 f., 281 f., 303, 336
Moravec'sches Paradox 84
Morris, Robert 155
Morris-Wurm 155 f.
MTurk (Amazon Mechanical Turk) 13 f., 16–20, 172 f., 209, 222, 225
Multiversum 108, 500
Musk, Elon 51, 53, 57 f., 60, 149, 163, 182, 471, 477–484, 487, 493 f.
Musk, Talulah 51

Nachkommen (Szenario) 244 f., 282–285, 302
NAND-Gatter 98–101, 103, 105, 112, 114, 124, 500
NASA 144, 310, 331
Nash-Gleichgewicht 226 ff., 350
Naturgesetze 18, 39, 67, 75, 87, 97, 107, 110, 116, 118, 122, 124, 195, 202, 221, 229, 233, 256, 304 f., 312, 314, 357, 368, 372 ff., 376, 378, 412, 416, 423, 449 f., 463, 511
NCC (neuronale Korrelate des Bewusstseins) 438, 440 f., 443 ff.
Negroponte, Nicholas 181
Netflix 22 f.
Netzknoten 352 ff., 369
Neumann, John von 107
Neuromancer (Gibson) 71
Neuronale Netzwerke 95, 101, 109–113, 115–120, 124, 130, 133 f., 136, 139, 160, 196, 449
Neuronen 47, 94 f., 103, 111–117, 124, 198, 348, 438, 440 f., 449, 454 f., 458 f., 501, 505
Neutronen 42, 236, 324, 475
New Horizons (Rakete) 331
New York Times 57
Newton, Isaac 372, 443 f.
Ng, Andrew 54, 69
Nixon, Richard 175
Noch schwierigeres Problem (NSP) 425 f., 457, 467
NOR-Gatter 101
NSA-Überwachungssysteme 288
Nuklearer Winter 31, 295 ff., 299, 507
Nutzbringende-KI-Bewegung (BAI) 51 f., 57, 60, 69 ff., 77; s. a. Puerto-Rico-Konferenz
Nutzenfunktion 412

O'Neill, Gerald 311
O'Neill-Zylinder 310 f.
Olson, Jay 336, 355, 364
Omega-Team 11, 13–25, 27–31, 33, 35 ff., 76, 203–212, 215–218, 221 ff., 225, 230, 236 f., 253, 267, 269 f., 290, 499
Omnizid 292, 297–300; s. a. Menschheit, Vernichtung
Omohundro, Steve 208, 392, 397
Open Philanthropy Project 484
OpenAI 130, 487
Opiumkrieg 288
Optimierungskraft 236, 238
Ord, Toby 355
Orion-Projekt 331
Orlow, V. P. 169

Orthogonalitätsthese 410
Orwell, George 162, 244, 287, 289
Oxford-Wörterbuch 80

Page, Larry 51, 53, 247, 471
Page, Lucy 51
Pandemien 290, 293
Pandoras Büchse (virtuelle Maschine) 17 ff.
Parallelverarbeitung 108
Pareto-Optimum 405
Pelagibacter 348
Penfield, Wilder 435
Penrose, Roger 317
Pentagon 174
Perceptronium 514
Perry, Lucas 487
Petrow, Stanislaw 170, 294, 503
Pferde 189
Phalanx-System 167
Phi (Φ) 446–449, 454
Phishing 157, 281
Phobos 1 144 f.
Pinker, Steven 409
Pistono, Federico 187
Pixelfarben 120
Planck'sche Konstante 323, 509
Planck-Satellit 327
Planeten 37, 39 f., 42 f., 71, 144, 230, 277, 279 ff., 286, 291, 297, 307, 321, 324 ff., 334, 340, 343, 355, 361–365, 375, 384, 413, 444
Platon 401
Plus (Sonnensonde) 331
Politik (Aristoteles) 273 f.
Pong 130
Popper, Karl 426 f.
Positive Psychologie 194
Privatsphäre 162 f., 199, 204, 491, 497
Probleme, Hierarchien 425
Procter & Gamble 146
Programmfehler 74, 144, 146, 149, 157, 217
Programmschrittzähler 108
Prometheus (fiktives KI-Programm) 12–33, 35 f., 204–225, 230, 237, 253, 267, 269, 281, 290 f., 386, 390 f., 422
Prostitution 188
Protonen 315, 324, 331, 340, 342, 346
Psychologie 129, 135, 194, 378, 398, 432 f., 460
Puerto-Rico-Konferenz 54, 58 f., 61, 67 f., 143, 163, 180, 235, 446, 471, 473 f., 477–480, 483, 486, 494
Pufferüberlauf 217

Qualia 64, 425 f., 458 f., 461, 467 f., 512
Quantencomputer 108 f., 322 f., 500; s. a. Computer
Quantenfluktuationen 41
Quantengravitation 315 f., 339, 345
Quantenmechanik 41, 109, 342, 376, 412, 429 f., 449
Quarks 42, 57, 67, 306, 319 ff., 335, 424, 511
Quasare 313 f., 318, 354, 369

Randolph, USS 168
Rationalität, eingeschränkte 379 ff., 385
Raumzeit 328 f., 339, 355 f., 444, 451
Rawls, John 511
Raytracing 16, 20, 22
Reagan, Ronald 169, 296
Rechenkapazität 196 ff., 325, 339, 345 ff., 414
Rechnen 87, 91, 95 ff., 99–113, 115–120, 122 ff., 322 f., 345 f., 349, 352, 368, 432, 450
Rechtswesen s. Gesetze und Rechtssysteme
Rees, Martin 364
Reichtum 179 f., 191 f., 194, 200, 248, 257
Reif, Rafael 401
Relativitätstheorie, allgemeine 328, 330, 339, 429, 444
Relativitätstheorie, spezielle 241, 328
Religion 255, 265 ff., 279, 283, 401 f.
Renaissance 291
Reproduktion 43 f., 63, 77, 93, 118, 209, 376 f., 380
Ressourcen 36, 145, 190, 224, 244, 280, 304 ff., 325 f., 357 f., 363 f., 368, 377, 379, 393–396, 416 f., 490, 492, 509
Rettungsschwimmerin, Weg 372 f.
Robock, Alan 296
Roborichter 158–161, 199

Roboter 25 f., 53 f., 69, 71 f., 78, 82, 120, 130 f., 145, 147 ff., 153 f., 172 ff., 176 f., 179, 183, 188, 191, 201 f., 206, 223 f., 232 f., 243, 246 f., 253, 260 ff., 273, 282, 284, 290 f., 334, 388, 394 f., 398, 406, 420, 422, 454, 484; s. a. Cyborgs; Uploads
Roboter in der Chirurgie 153 f., 199
Rochester, Nathaniel 66
Rodgers, William III. 167
Rolnick, David 114, 116
Römisches Reich 291, 353
Ronaldo, Cristiano 182
Roomba-Staubsaugerroboter 54
Rowling, J. K. 182
Rückfall (Szenario) 244 f., 290 ff., 301
Rückfälligkeitssoftware 161
Rückkopplungsschleifen 461
Rückpropagierung 117
Russell, Stuart 55–58, 68, 126, 130 f., 170, 175 f., 389, 476 f., 493
Rüstungswettlauf 74, 141, 171, 173, 199, 472, 492, 497
Rutherford, Ernest 67

Saatsonden 334 ff.
Sagan, Carl 333, 336, 400
Sauerstoff 42, 102, 364
Savizki, Kapitän 169
Schach 46, 50, 63, 80 f., 83, 85 f., 96 f., 109 f., 119, 122, 131, 275, 280 f., 385 f., 411 f.
Schach, Verlieren beim 280 f., 385, 411
Schadsoftware 155 f., 161, 216, 218
Schmidt, Wolfgang 288
Schokoriegel, Energiegehalt 312 f.
Schrödinger, Erwin 376, 421, 511
Schrödinger-Gleichung 430
Schutzgott (Szenario) 243, 245, 266 ff., 286, 301
Schwarmbewusstsein 460, 462
Schwarze Löcher 313–319, 338, 340, 342, 344, 354, 367 f., 431, 444, 507 f.
Sedol, Lee 131–135
seL4 145
Selbstverbesserung, rekursive 12, 17, 65, 202, 221, 237, 264, 281, 286, 390 f., 398, 411, 492
Selbstzerstörung (Szenario) 244 f., 292–300, 302
Seldon-Plan 291
Selektion, natürliche 45
Selman, Bart 482 f., 493
Sentronium 450, 514
Shakespeare, William 182
Shanahan, Murray 454 f., 457, 482
Shannon, Claude 66
Silicon Valley 182
Silizium 42, 99
Simon, Herbert 379
Simulationsverbrechen 272
Singer, Peter 411
Singularität 58, 65, 86, 392
Sinn 465 ff., 469, 471
Siri 121
Sklaven / Sklaverei 179, 262 f., 269, 273 ff., 405, 407, 420
Skype 56, 211, 474, 479
Snowden, Edward 204, 288
Software 15, 17 ff., 24, 43–49, 63, 77, 81, 91, 104, 108, 130, 144 f., 148, 152, 154 f., 157, 159 f., 184, 187 f., 198, 215 f., 218, 222, 225, 231, 233, 237, 246, 259 f., 390, 393 f., 410, 422, 462, 510
Software, quelloffene 259
Softwarefehler 123 f., 144, 152, 155, 160
Sony Pictures 156
Space Invaders 83, 130
SpaceX-Raktenstart 481
Speicher 88–95, 97, 104 f., 107 f., 110, 119, 124
Sphalerisator 313 f., 320, 322, 338
Sphaleronen 314, 319 ff., 368
Spam, kosmischer 336, 340, 344
Spiegel, Marjorie 273
Spieltheorie 226, 293, 496
Sprache 45–49, 66, 82, 96, 119, 121, 136 f., 139 f., 228, 423 f., 432
Sprachsynthese 122
Sprachtranskription 122
Stalin, Josef 204, 229
Stanford University 153, 487
Stanley, David 493
Stapledon, Olaf 307, 363
Star Trek 231, 281, 358 f.
Stasi 288
Statiten 308

Sterne 42, 111, 307 ff., 313, 319, 321, 324, 326, 332–335, 338, 340–343, 354, 362, 367, 375, 413
Stinchcombe, Maxwell 113
Stringtheorie 342
Stochastisches Gradientenverfahren 117
Stuxnet-Wurm 177
Substanzdualismus 511
Substratunabhängigkeit 91, 102 ff., 113, 123, 450 f., 468, 514
Sunway TaihuLight 196 f.
Supercomputer 197, 221, 281, 323, 349, 352, 505; s. a. Computer
Superintelligenz 51, 64 f., 69–72, 74, 76, 78, 102, 202 f., 207, 210, 220, 223, 229 ff., 233, 242–246, 248, 250, 253 f., 256, 258 f., 263–270, 273, 275 f., 279 f., 286 f., 289 f., 292, 301, 323, 334–339, 341 f., 346 f., 350 f., 353, 357, 364, 366, 368 f., 386 ff., 391 ff., 396 f., 399 f., 410–413, 415, 417, 482, 492 ff., 510
Superintelligenz (Bostrom) 57, 347, 392, 410, 477
Supernova 342, 354, 369
Sutskever, Ilya 120
Sutton, Richard 53
Synapsen 47, 94, 111 f., 117 f., 454, 505
System 1 460 f.
System 2 433, 460 f.
Szilárd, Leó 67, 298

Tallinn, Jaan 56, 58, 474 f., 493
Target 156
Techno-Skeptiker 51 f., 54, 69, 77
Teilziele 84, 224, 378, 380, 384, 392 f., 395 ff., 401, 410, 417; s. a. Ziele
Teleologie 64, 383 f.
Terminator (Film) 201 f., 278
Terminatoren (Androide) 231
Terrorismus 171, 176 f., 205, 290, 499
Tesla 150, 173, 422, 502
The Age of Em (Hanson) 231
The Dreaded Comparison (Spiegel) 273
The Eerie Silence (Davies) 509
The Elder Scrolls V: Skyrim (Computerspiel) 16
The Imitation Game (Film) 268
The Organization of Behavior (Hebb) 117
Theodizeeproblem 268
Therac-25, Strahlentherapiemaschine 154
Three Mile Island 152
Tiere / Tierrechte 273 ff., 407, 411, 417
Time Warner 23
Tipler, Frank 346
TJ Maxx 156
Todesblasen 343 f., 358 f., 369
Toffoli, Tommaso 99, 450
Tononi, Giulio 419, 446 ff., 452–455
Torvalds, Linus 261
Torwächter (Szenario) 243, 245, 264 ff., 287, 301
Totalitarismus 288, 290 f., 299
Transcendence (Film) 15, 231, 235, 267
Transportwesen 149, 152, 227 ff., 308, 350
Trojaner 156, 220
TurboTax 182
Turing, Alan 56, 86, 101, 107, 201, 268, 500
Turingmaschine, universelle 86, 101
Turingtest 137 f., 214
Twilight Zone 258
Twitter 13, 477

Uber 150, 183, 186
Überprüfung 143, 147–150, 155, 157, 199
Übersetzen 136, 138
Überwachungsstaat 162, 204, 244, 287 f.
Umgekehrtes Lernen durch Verstärkung 389
Unaufmerksamkeitsblindheit 457
Unbestimmtheitsprinzip 41
Unendliche Berechnung 345 f.
Unfälle 142 f., 148–152, 164, 168, 386, 415, 502
Ungleichheit 179, 181, 193, 497
Universum 37, 39 ff., 43, 49, 51, 65, 75, 79, 106, 108, 115, 229, 242, 264 f., 276, 293, 301, 304 f., 315, 320, 322, 324 f., 327 f., 330, 329, 333, 340, 342–346, 357, 359 ff.,

364–369, 372, 375, 377 f., 384, 396, 401, 408, 412–415, 421, 465 f., 469, 478, 507
Universum, Ende 342 f.; s. a. Kosmokalypse
Universum, Expansion 41 f., 327–330, 344 f., 367, 444
Unix-Computer 155, 157
Unser mathematisches Universum (Tegmark) 361, 472, 500, 512
Unsterblichkeit, subjektive 346, 454
Uploads 225, 231, 233, 240, 242 f., 249 ff., 259
Urada, Kenji 148
Urananreicherungsprogramm, iranisches 177
Urban, Tim 52
Urknall 39, 41, 65, 79, 323, 326 f., 329 f., 343, 356, 360
Utilitarismus 401, 403 ff., 420

Vardi, Moshe 149, 190, 486
Vassar, Michael 56
Verdopplungen, anhaltende 105 f., 124
Verhaltenskorrelate des Bewusstseins 433
Verhütung 251, 272, 381
Verifizierung 143, 145–148, 150, 154 f., 157, 199, 502
Vermächtnisprinzip 403
Verne, Jules 55
Versicherungen für KI 163
Versklavter Gott (Szenario) 243, 245, 268–277, 301
Vertebrane (fiktives Hyperinternet) 261 ff.
Video Pinball 130
Vincennes, USS 167
Vinge, Vernor 58, 392, 482
Viren (Computer) 156, 281
Virtuelle Maschinen 17
Vites (fiktive Menschen) 263 f., 283
Vladeck, David 164
Volkswagen 148
Voltaire 193

Waffen 37, 61, 69, 71, 74, 76, 78, 123 f., 141, 157, 166 ff., 170–177, 199, 205 f., 258; s. a. Autonome Waffensysteme (AWS)
Wahlrecht für KI 166
Wall Street 386
Walsh, Toby 173
Wärmetod 374 ff., 378, 413
Was ist Leben? (Schrödinger) 376
Washington Post 55
Wasserstoff 79, 312 ff., 324, 331, 437
Wasserstoffbombe 277, 294 f., 298, 312, 323, 367, 412
Watson (IBM-Computer) 120, 184, 241, 385, 500
Wearing, Clive 452
Weinberg, Steven 466 f.
Weißer Zwerg 353 f.
Weltherrschaft 28, 36, 202 f., 225, 239, 290
Weltmodell 139, 388, 393 ff., 397, 401, 410
Weltraumforschung 144; s. a. Kosmische Besiedlungen
Weltuntergangsapparate 297–300, 353
Wertevermittlung 390 f.
Westmoreland, Shawn 315
Westworld (TV-Serie) 272
Wettrüsten s. Rüstungswettlauf
White, Halbert 113
»White Christmas« (*Black Mirror*-Episode) 231, 272
»Why Does Deep and Cheap Learning Work So Well?« 114
Widerstand 236
Wikipedia 13, 20, 48
Wilczek, Frank 57, 401, 476
Williams, Robert 148
Winfrey, Oprah 182
Winograd-Herausforderung 138
Wirklich schwieriges Problem (WSP) 425 f., 468, 512
Wirtschaftswissenschaft 58, 141, 178, 181, 193, 231, 292 f., 379, 405, 412, 472, 490
Wissner-Gross, Alex 414
Wohlwollender Diktator (Szenario) 243, 245, 253–259, 266, 286, 301
Wolfram, Stephen 101
Wooley, Richard 67
Work, Robert 174
World Wide Web 155
Wurmlöcher 338 f., 353, 369

Yahoo! 156
YouTube 13, 212, 214, 223, 493
Yudkowsky, Eliezer 56, 387, 393, 482, 510

Zar-Bombe 367
Zebrafisch 438
Zehn Gebote 402
Zeitstrahl 66
Zelluläre Automaten 101
Ziele / Zielorientierung 65, 70 ff., 75 f., 78, 80, 82 ff., 123, 129, 140, 204, 207–210, 221, 224, 230, 238, 280 f., 285, 302, 355, 358, 371–378, 380–393, 395–402, 405, 409–417, 461, 463, 471, 490 f., 496, 510; s. a. Teilziele
Ziemlich schwieriges Problem (ZSP) 425 ff., 429, 461, 467 f.
Zivilisationen 43, 64, 140, 238 f., 242, 252, 259, 280 ff., 303, 305, 330, 332 ff., 336–341, 345, 351, 353–361, 363 ff., 369, 466, 508
Zombielösung 275 f.
Zoo-Hypothese 363
Zoowärter (Szenario) 244 f., 285–290, 301
Zuse, Konrad 107
Zweizustandssysteme 90